まなび
の
ずかん

機械語がわかる図鑑

松浦健一郎・司ゆき 著

技術評論社

はじめに

この本は、どんな本なの？

（つづく↗）

機械語という、コンピュータの言葉を学ぶことを通じて、コンピュータが働く仕組みを学ぶ本だよ。

パソコン、スマートフォン、タブレット、ゲーム機といった、あらゆるコンピュータに共通する仕組みが学べるんだ。

▼機械語を通じてコンピュータの仕組みを学ぶ

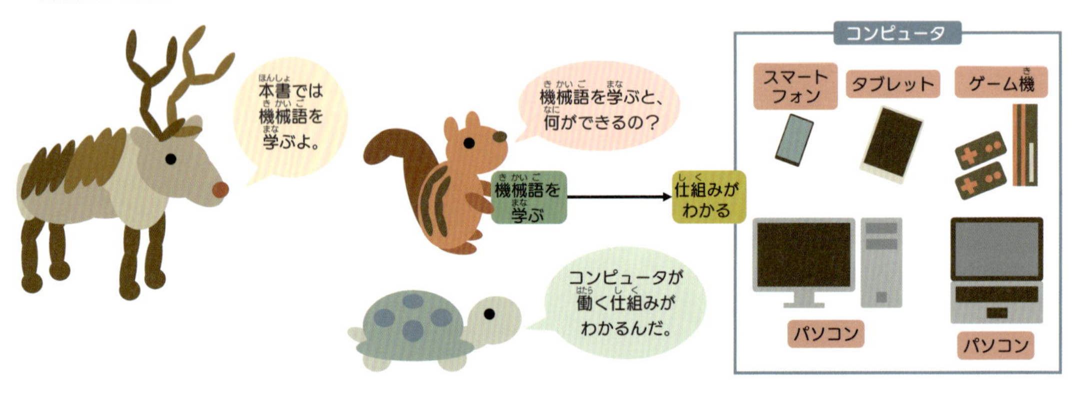

本書では機械語を学ぶよ。
機械語を学ぶと、何ができるの？
機械語を学ぶ
仕組みがわかる
コンピュータが働く仕組みがわかるんだ。
コンピュータ
スマートフォン
タブレット
ゲーム機
パソコン
パソコン

機械語って、何？

（つづく↗）

コンピュータの主要な部品であるCPU（シーピーユー）に、仕事を命令するための言語だよ。

CPUは機械語の命令を並べたプログラムを、解釈して実行するんだ。

▼CPUは機械語のプログラムを実行する

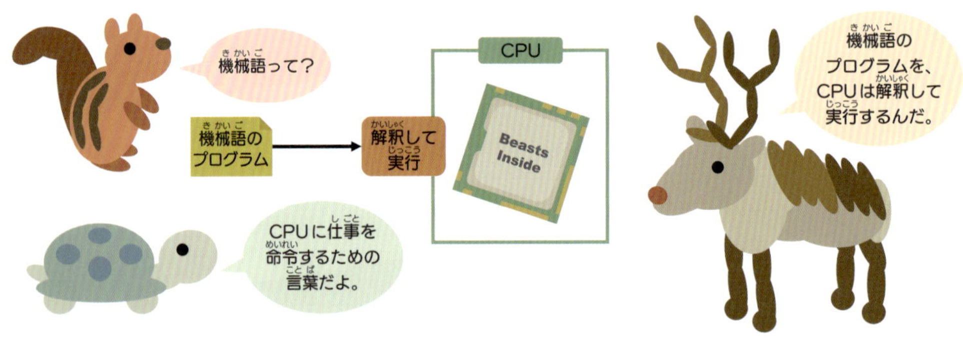

機械語って？
機械語のプログラム
解釈して実行
CPU
Beasts Inside
機械語のプログラムを、CPUは解釈して実行するんだ。
CPUに仕事を命令するための言葉だよ。

機械語って、難しい？

（つづく↗）

難しいと思われがちだけど、データのコピーとか足し算といった単純な命令で構成されているから、実は難しくないよ。

機械語を読み書きしやすくしたアセンブリ言語を使って、実際にいろいろなプログラムを書いてみよう。

▼機械語は実は難しくない

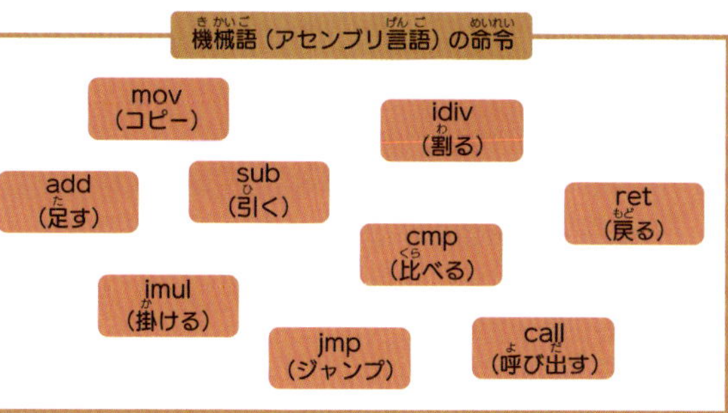

機械語（アセンブリ言語）の命令
mov
（コピー）
idiv
（割る）
add
（足す）
sub
（引く）
ret
（戻る）
cmp
（比べる）
imul
（掛ける）
jmp
（ジャンプ）
call
（呼び出す）

それぞれの命令は単純だから、難しくないよ。

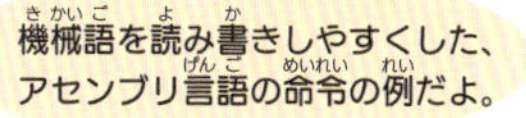

機械語を読み書きしやすくした、
アセンブリ言語の命令の例だよ。

「コピー」「足す」「比べる」…
これならわかるかも。

この本を読むと、何ができるようになるの？

コンピュータが仕事をする仕組みがわかるから、より安心してコンピュータを使ったり、自信を持ってプログラムを書いたりできるよ。

（つづく↗）

機械語を学んでおくと、機械語以外のプログラミング言語を学ぶときにも、とても理解しやすくなるんだ。

よし…機械語を学んでみよう！

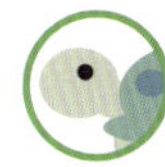

みんなで一緒に、楽しく学ぼうね。

▼キャラクター紹介

トナカイ
ウサギ
（きなこ）
ウサギ
（あん）
クジャク
ウサギ
（ごま）
ゾウ
リス
カメ

この本で学ぶには、パソコンが必要？

パソコンがなくても学べるけど、Windows 11のパソコンがあれば、プログラムを実際に動かせるよ。

（つづく↗）

無償でダウンロードできる、Visual Studioというソフトウェアを使うから、インターネット接続も必要だ。

x64という仕様に基づく、64ビットの機械語プログラミングが学べるよ。

2025年3月　**動物たち一同**

目次

本書の特長と使い方

本書ではリス・カメ・トナカイたちと一緒に、アセンブリ言語でのプログラム例を取り上げながら、コンピュータが働くしくみを一から学んでいきます。動物たちの会話を読んだりアクションを眺めたりしていくだけで、しくみがイメージできる内容になっていますので、肩の力を抜いて、リラックスして読み進めていただけたらと思います。

●テーマ
それぞれのページで学ぶ内容を示したタイトル名です。
負の整数や大きな整数を足してみよう
●会話
リスたちがフキダシで会話しながら、コンピュータや機械語のしくみを解説していきます。
●解説イラスト
リスたちがかわいいアクションで状況を示してくれます。連続するイラストには通し番号がついており、■が一連の流れの最後のイラストになっています。
●プログラム例
アセンブリ言語やC言語で書かれたプログラム例です。本書のサポートサイトから提供しているサンプルファイル（→p.40）を使い、実行して動作を確認してみてください。
●表示画面
実際に先のプログラムを実行したときの表示画面を示しています。

本書に記載された内容は、情報の提供のみを目的としています。したがって本書を用いた運用は、必ずお客様自身の責任と判断によって行ってください。これらの情報の運用の結果について、技術評論社および著者はいかなる責任も負いません。
本書記載の情報は2025年2月現在のものを掲載していますので、ご利用時には変更されている場合もあります。また、ソフトウェアに関する記述は特に断わりのないかぎり、本書発刊時の最新バージョンをもとにしています。ソフトウェアはバージョンアップされる場合があり、本書での説明とは機能内容が異なってしまうこともあり得ますので、ご了承ください。
以上の注意事項をご承諾いただいた上で本書をご利用願います。これらの注意事項をお読みいただかずにお問い合わせいただいても、技術評論社および著者は対処しかねます。あらかじめご承知おきください。

第1章

ことば

本書では「CPUのことば」である機械語を学びます。
CPUはコンピュータの中心となる部品です。

機械語（きかいご）

10111000 00000001 00000000 00000000 00000000
10111011 00000010 00000000 00000000 00000000
00000011 11000011

1-1

コンピュータってどんなもの？

コンピュータはCPU、メモリ、ストレージなどから構成されています。

そもそも、コンピュータって何？

自動的に計算をする装置、いわゆる計算機のことだよ。現在広く普及しているのは、電子回路を使った電子計算機だ。

例えば、パソコンはコンピュータなの？

（つづく↗）

うん。パソコンはパーソナルコンピュータの略で、個人向けのコンピュータという意味だ。

パーソナルコンピュータ（personal computer）の頭文字を取って、PC（ピーシー）とも呼ぶね。

コンピュータには他にもいろいろな種類があるよ。

▼いろいろなコンピュータ

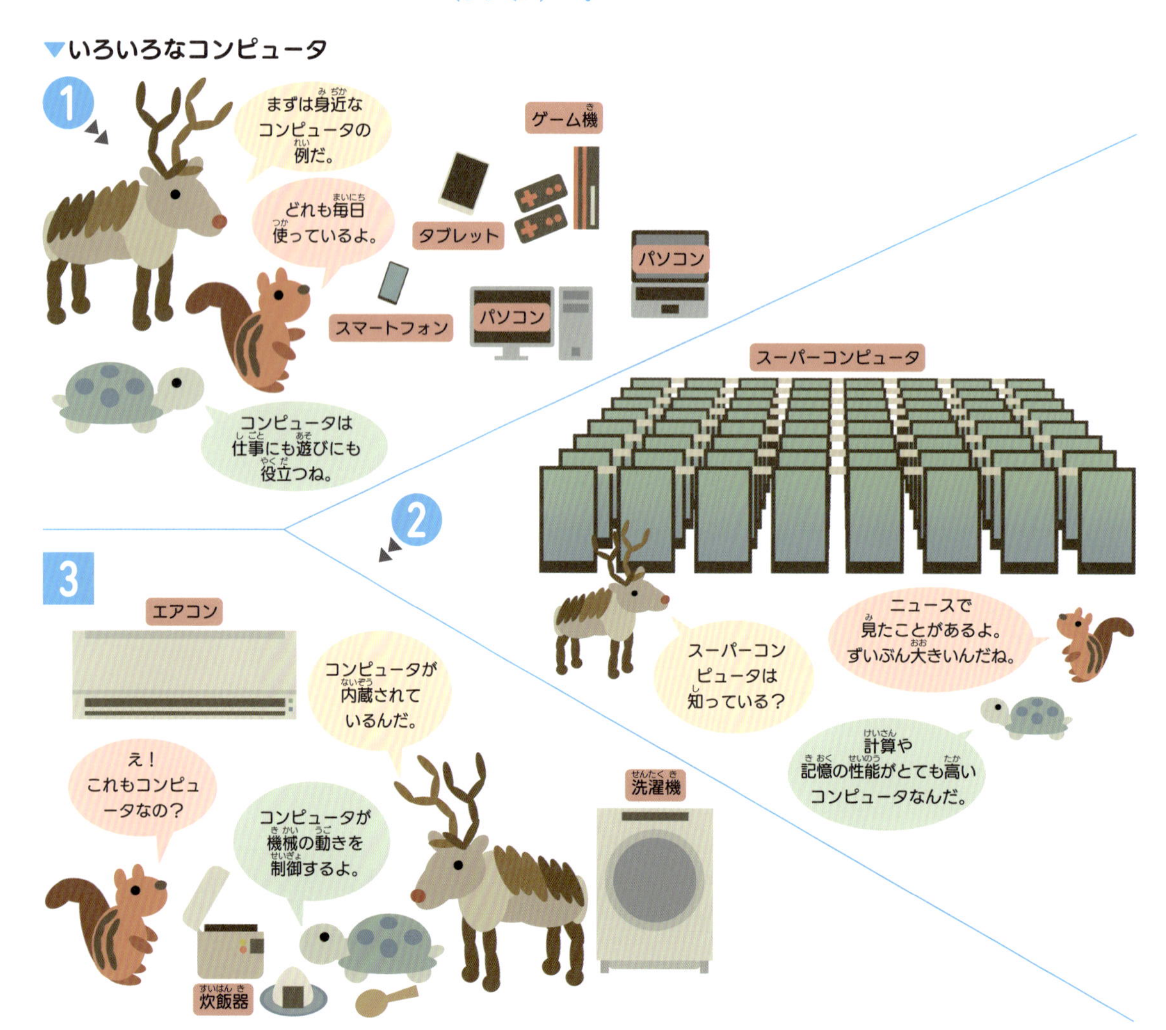

1
まずは身近なコンピュータの例だ。
どれも毎日使っているよ。
ゲーム機
タブレット
パソコン
スマートフォン
パソコン
コンピュータは仕事にも遊びにも役立つね。
2
スーパーコンピュータ
スーパーコンピュータは知っている？
ニュースで見たことがあるよ。ずいぶん大きいんだね。
計算や記憶の性能がとても高いコンピュータなんだ。
3
エアコン
コンピュータが内蔵されているんだ。
え！これもコンピュータなの？
コンピュータが機械の動きを制御するよ。
洗濯機
炊飯器

スマートフォンやパソコンがコンピュータなのは、何となく理解できるよ。どちらもアプリが動くから。

ゲーム機もゲームが動くから、似ていると言えるね。

でも炊飯器や洗濯機は、スマートフォンやパソコンとは、機能が全然違うよ？

（つづく↗）

確かに炊飯器や洗濯機は、ご飯を炊いたり、服を洗ったりするための機械だ。

それでも、コンピュータが内蔵されているんだよね。コンピュータって、一体何なんだろう？

プログラムを実行できることが、多くのコンピュータに共通する性質だよ。

▼コンピュータはプログラムを実行できる

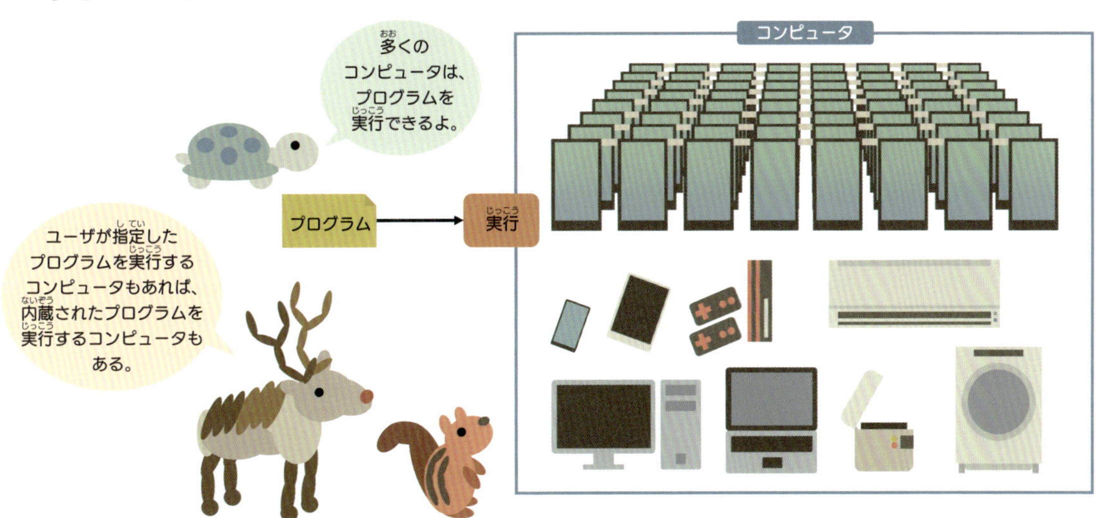
多くのコンピュータは、プログラムを実行できるよ。
ユーザが指定したプログラムを実行するコンピュータもあれば、内蔵されたプログラムを実行するコンピュータもある。
プログラム
実行
コンピュータ

プログラムって、何？

（つづく↗）

コンピュータに実行させる命令を、記述した文書のことだよ。

例えばこんな感じかな。

▼プログラム

コンピュータのプログラムは、こんな感じで書かれている。

プログラム
命令①
命令②
命令③

たくさんの命令が並んでいるね。

基本的には、コンピュータは書かれた命令を順番に実行するよ。

1-1

2

料理のレシピは、プログラムに似ているよ。
料理を作るための手順が書かれているね。
ケーキの作り方
①卵と砂糖を泡立てる
②小麦粉を混ぜる
③オーブンで焼く
指示を順番に実行する点が、プログラムと同じだ。

ゲームのプログラムは、こんな感じだ。
ゲームのプログラム
①キャラクターを描く
②入力を受け付ける
③音を出す
ゲーム以外のアプリもプログラムだよ。
ゲームもプログラムなんだね。

4

炊飯器のプログラムは、こんな雰囲気かな。
炊飯器のプログラム
①加熱する
②一定の温度になったら火力を調整する
③一定の時間がたったら加熱を止める
人間が米を炊く手順みたいだ。

洗濯機やエアコンにも、それぞれプログラムがあるよ。

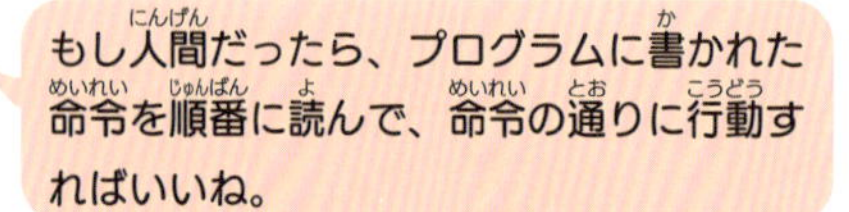

もし人間だったら、プログラムに書かれた命令を順番に読んで、命令の通りに行動すればいいいね。

ケーキを作ったり、米を炊いたりするのは、その方法で大丈夫そうだ。

（つづく↗）

一方でコンピュータは、どんな仕組みでプログラムを実行するの？

多くのコンピュータは、CPU、メモリ、ストレージといった装置が連携して、プログラムを実行するよ。

以下の図ではCPUをゾウ、メモリをクジャクになぞらえて説明するね。

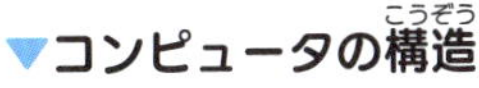

▼コンピュータの構造

アプリ
写真など
空き
ストレージ
通信路
アプリや写真などはストレージに保存するよ。
CPU
CPUはプログラムを実行するんだ。
通信路
メモリはプログラムやデータを記憶する。
メモリ
通信路はプログラムやデータの転送に使う。
CPUとメモリの間は、特に高速な転送ができることが多い。

2 ▶▶

実際のCPUは、例えばこんな形をしているよ。
Beasts Inside

3

パソコンには、例えばこんなメモリが入っているよ。

4

HDD 8TB

これはストレージの一種である、ハードディスクドライブ（HDD）の例だよ。
最近は、より高速なソリッドステートドライブ（SSD）も普及しているね。

身近なスマートフォンやパソコンやゲーム機も、巨大なスーパーコンピュータも、基本的な構造は同じだよ。

炊飯器や洗濯機に内蔵されているコンピュータも同じ？

（つづく↗）

ストレージがなかったり、CPUとメモリが1個の部品にまとめられていたりする場合もあるけど、CPUやメモリが連携してプログラムを実行することは共通だ。

CPU、メモリ、ストレージが連携して、プログラムを実行する具体的な仕組みを、次のセクションで学ぼう。

1-2

プログラムはどうやって実行する？

ストレージからメモリに読み込んだプログラムを、CPUが実行します。

スマートフォンでアプリを使うとき、どんな風に操作する？

ええと…アプリのアイコンをタップすると、アプリが起動するよ。

（つづく↗）

アプリによっては、起動前のロード、つまり読み込みに時間がかかることもあるね。

アプリをロードする際に、CPU、メモリ、ストレージがどう連携するのかを見てみよう。

▼アプリをロードする

←ストレージ

ストレージから
アプリを取ってきて。
CPU

メモリ→

ストレージに
アプリを取りに
行くよ。
通信路

アプリ
写真など
空き
ストレージ

アプリのコピーを
持って帰ろう。

4

アプリを持って
CPUに戻るよ。

5

メモリ→
←ストレージ
アプリを持って
きたよ。
ありがとう。メモリ
に記憶してもらって。
CPU

6

アプリを持って
メモリに向かうよ。

7

アプリを
持って
きたよ。
よし、
記憶しよう。
メモリ

8

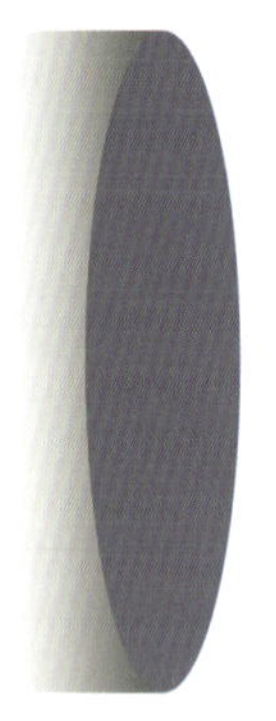

アプリのプログラムやデータを記憶したよ。必要になったら、いつでも取りに来てね。
メモリ

アプリはプログラムやデータで構成されているんだね。

うん。例えばゲームのアプリならば、プログラムと、画像や音声などのデータで構成されているよ。

ストレージに保存されているアプリを、改めてメモリに読み込むのは、なぜ？

ストレージとメモリでは、記憶容量や速度などが違うからだよ。ストレージは記憶容量が大きく、電源を切っても内容が消えないから、アプリなどを保存しておくのに向いているんだ。

（つづく↗）

写真や動画や音楽なども、ストレージに保存しておくよ。

メモリはストレージに比べると、記憶容量は小さいけど、内容を読み書きするのは高速だよ。だからアプリを実行するときには、いったんプログラムやデータをメモリに記憶させた方が、高速に実行できるんだ。

メモリに読み込んだアプリは、どうやって実行するの？

CPUとメモリが連携して、こんな風にアプリを実行するよ。

▼アプリを実行する

1
アプリを実行するために、メモリからプログラムとデータを取ってきて。
←ストレージ
CPU
メモリ→

メモリにプログラムとデータを取りに行くよ。

アプリのプログラムとデータをちょうだい。
了解、今必要なのはこの部分かな。コピーを持って帰って。
プログラムの一部
データの一部
データの一部
メモリ

CPUとメモリの間は、プログラムやデータを高速に運べるぞ。
データの一部
プログラムの一部
データの一部

5

ありがとう。
実行している間に、次の
プログラムやデータを
取ってきてね。
←ストレージ
CPU
メモリ→
データの一部
プログラムの一部
データの一部

プログラムやデータの記憶はメモリが担当し、プログラムの実行はCPUが担当するよ。

CPUはプログラムやデータを記憶できないの？

（つづく↗）

少しは記憶できるけど、あまり多くは記憶できないよ。

だから、メモリが記憶したプログラムやデータを、少しずつ取ってきてCPUが処理するんだ。

▼CPUとメモリ

CPUも
記憶はできるけど、
あまり多くのことは
記憶できない。
メモリは
多くのことを記憶できる
から、記憶を主に
担当する。
CPU
通信路
メモリ
CPUは
メモリから、プログラムや
データを少しずつ取って
きて、実行する。
プログラムの一部

メモリからCPUにプログラムやデータを毎回運ぶのは、大変じゃない？

実は大変なんだ。CPUとメモリの間でプログラムやデータを運ぶ、言い換えればCPUからメモリを読み書きするには、時間がかかるよ。

（つづく↗）

たとえコンピュータが高速でも、頻繁にメモリを読み書きすると、プログラムの実行が遅くなる可能性がある。

そこで多くのコンピュータは、キャッシュメモリと呼ばれる高速なメモリを、CPUの近くに備えているんだ。

▼キャッシュメモリ

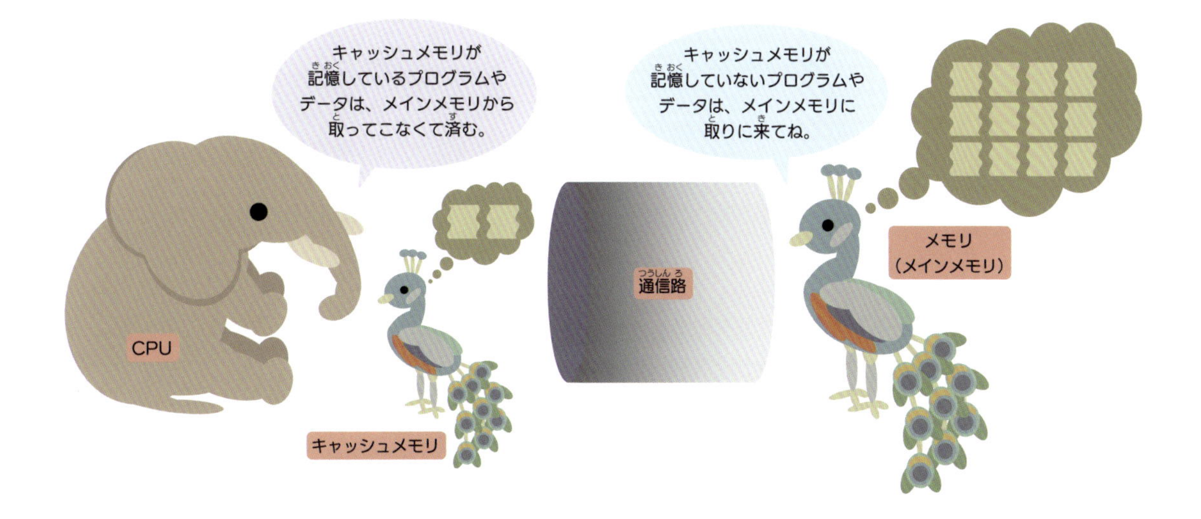
キャッシュメモリが記憶しているプログラムやデータは、メインメモリから取ってこなくて済む。
キャッシュメモリが記憶していないプログラムやデータは、メインメモリに取りに来てね。
CPU
キャッシュメモリ
通信路
メモリ
（メインメモリ）

メインメモリと呼ばれる通常のメモリに比べて、キャッシュメモリはCPUが高速に読み書きできるよ。

CPUが手元に、自分用のメモを置いているような感じかな？

うん。人間の場合も、手元のメモを見る方が、他の人に尋ねるよりも早いことがあるね。

（つづく↗）

プログラムやデータを、全部キャッシュメモリに記憶させておけばいいの？

キャッシュメモリはメインメモリに比べると、記憶容量が小さいから、たった今使うプログラムやデータしか記憶させておけないよ。

キャッシュメモリが記憶していないプログラムやデータは、メインメモリから取ってくるんだ。

これでCPU、メモリ、ストレージが連携して、プログラムを実行する仕組みを学んだよ。次のセクションでは、いよいよ機械語について学ぼう。

1-3

機械語ってどんな言葉？

CPUが直接実行できるのは、機械語で書いたプログラムだけです。

機械語って、何？

機械語はCPUに命令するための言語だよ。

マシン語とも呼ばれるね。

CPUは機械語プログラム、つまり機械語で書いたプログラムを実行できるよ。

（つづく↗）

逆に、CPUは機械語以外で書いたプログラムは、直接には実行できないんだ。

CPUが理解できる言葉は、機械語だけということ？

うん。後で説明するように、他のプログラミング言語は、機械語に変換したり翻訳したりする必要があるよ。

実際の機械語プログラムがどんなものか、見てみよう。

▼機械語

コンピュータにさせたい仕事を書いたものが、プログラムだ。

プログラム（日本語）
箱Aに1を入れる
箱Bに2を入れる
箱Aに箱Bを足す

おつかいのメモみたいだね。

コンピュータに仕事をさせるのも、人間に仕事を頼むのも、要領は同じだ。

プログラム（機械語）
10111000 00000001 00000000 00000000 00000000
10111011 00000010 00000000 00000000 00000000
00000011 11000011

さっきのプログラムを機械語で書くと、こうなるよ。

えっ！ 0と1の列だ！

これは機械語のプログラムを、2進数（0と1で表す数）で書いたものだ。

3

プログラム（機械語）	
10111000 箱Aに値を入れる	00000001 00000000 00000000 00000000 値「1」
10111011 箱Bに値を入れる	00000010 00000000 00000000 00000000 値「2」
00000011 足す	11000011 箱Aに箱Bを

機械語のプログラムの各部分は、こんな意味だよ。

えっ！ これを覚えるの？ 確かに、内容は日本語のプログラムと同じだけど…。

慣れると機械語でも読み書きできるけど、後でもっと簡単な方法を学ぶから、安心してね。

機械語って、どうして0と1の列なの？

現在主流のコンピュータは、電位の高低で0か1かを表現する、デジタル回路を使っているからだよ。

（つづく↗）

電位って何？　電圧とは違うの？

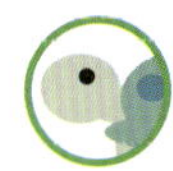

電位は高さに似ているよ。高さに相当するのが電位で、高さの差に相当するのが電圧なんだ。

電位を高さに、電流を水に見立てて、こんな例を考えてみよう。

▼電位

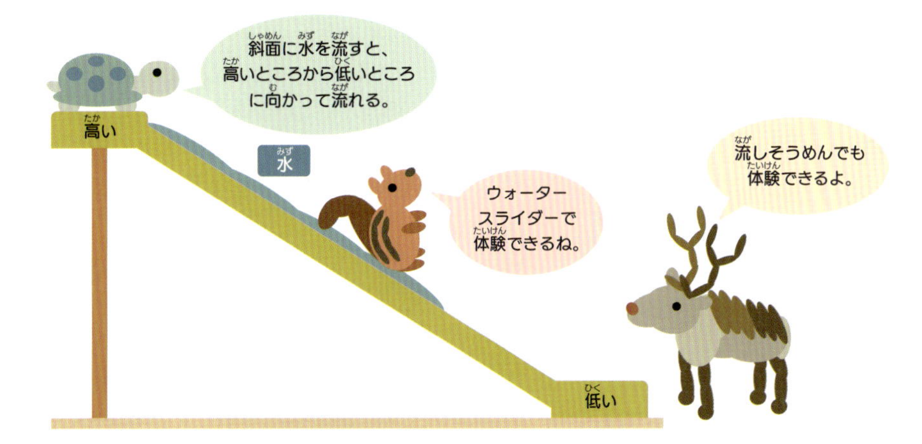

斜面に水を流すと、高いところから低いところに向かって流れる。
高い
水
ウォーター スライダーで体験できるね。
流しそうめんでも体験できるよ。
低い

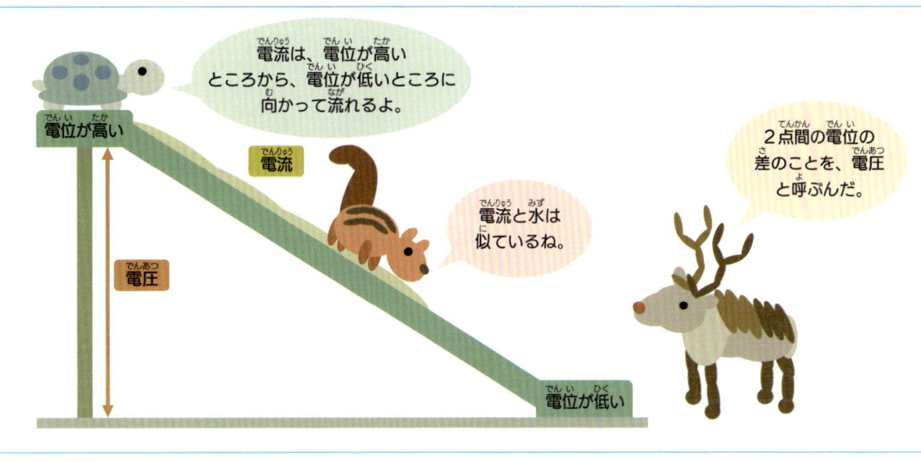

電流は、電位が高いところから、電位が低いところに向かって流れるよ。
電位が高い
電流
電圧
電流と水は似ているね。
2点間の電位の差のことを、電圧と呼ぶんだ。
電位が低い

3

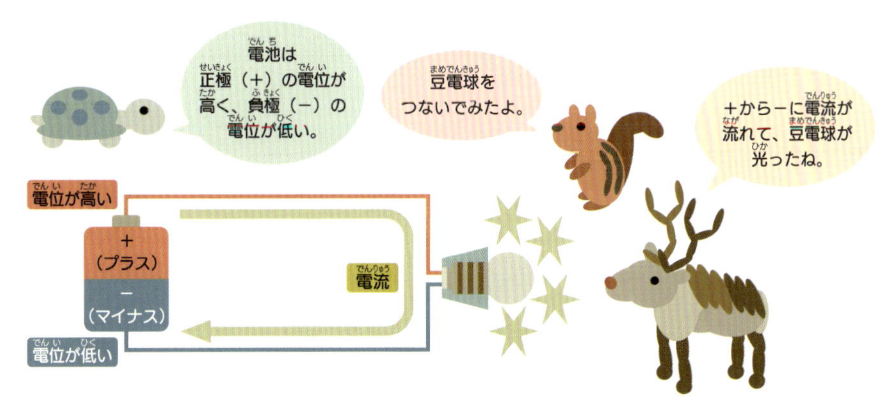

電池は正極（+）の電位が高く、負極（−）の電位が低い。
豆電球をつないでみたよ。
+から−に電流が流れて、豆電球が光ったね。
電位が高い
+（プラス）
−（マイナス）
電位が低い
電流

電子回路には、電位が高い場所と低い場所があるんだね。

うん。コンピュータの電子回路にも、電位が高い場所と低い場所があるよ。

（つづく↗）

基準の電位に対する高低差という意味で、「電圧が高い」とか「電圧が低い」という言い方もするね。

コンピュータは、電位の高低をどう使うの？

電位の高低を使って、CPUにプログラムやデータを渡す仕組みを説明するね。

▼電位で0と1を表す

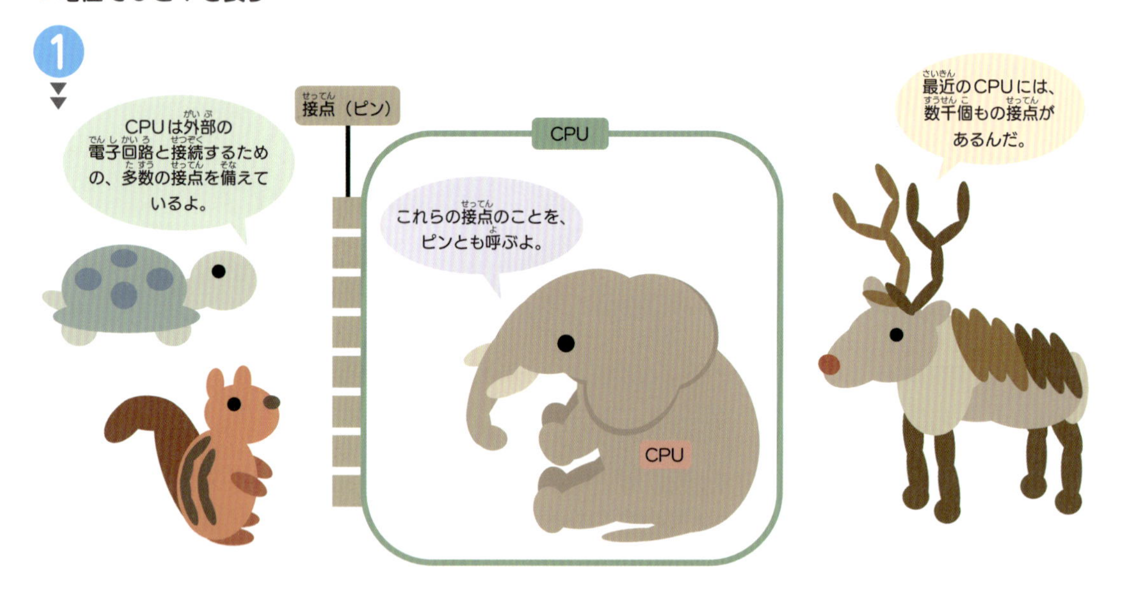
1
CPUは外部の電子回路と接続するための、多数の接点を備えているよ。
接点（ピン）
CPU
これらの接点のことを、ピンとも呼ぶよ。
CPU
最近のCPUには、数千個もの接点があるんだ。

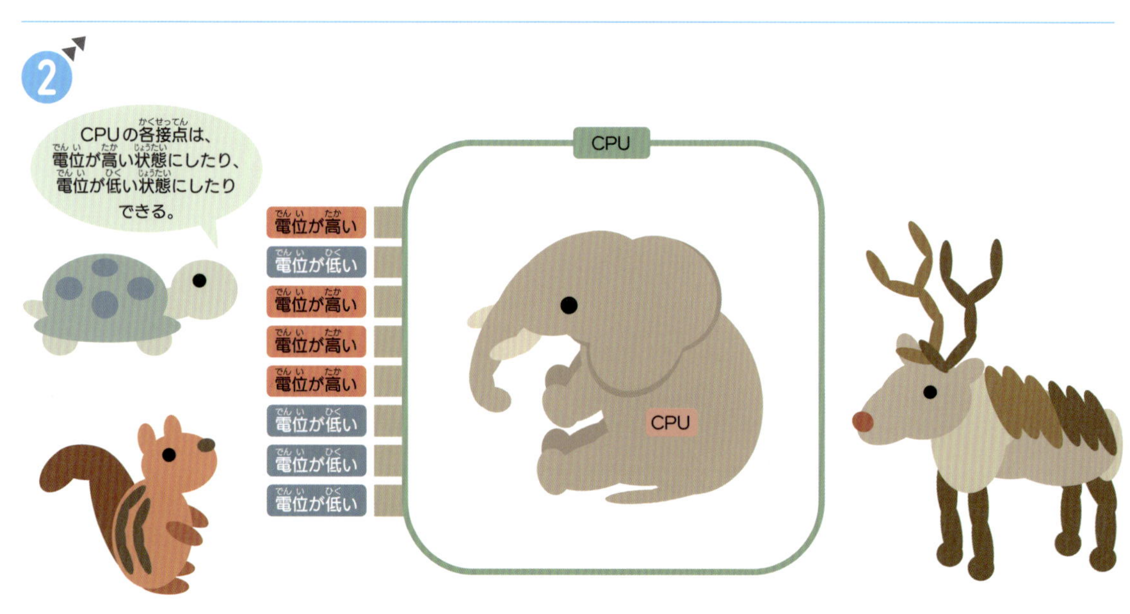
2
CPUの各接点は、電位が高い状態にしたり、電位が低い状態にしたりできる。
CPU
電位が高い
電位が低い
電位が高い
電位が高い
電位が高い
電位が低い
電位が低い
電位が低い
CPU

3

ここで、電位の高低を使って0と1を表すことを考えてみよう。正論理と呼ばれる手法では、電位が高い状態を1、電位が低い状態を0とするよ。

負論理と呼ばれる手法では、電位が高い状態を0、電位が低い状態を1とする。実際の電子回路では、正論理と負論理を組み合わせて使うんだ。

正論理

電位が高い	1
電位が低い	0

負論理

電位が高い	0
電位が低い	1

4

電位の高低を使うと、プログラムやデータをCPUに伝えられるよ。

確かに「10111000」は、さっきの機械語プログラムの一部だね。

10111000
箱Aに値を入れる

電位が高い	1
電位が低い	0
電位が高い	1
電位が高い	1
電位が高い	1
電位が低い	0
電位が低い	0
電位が低い	0

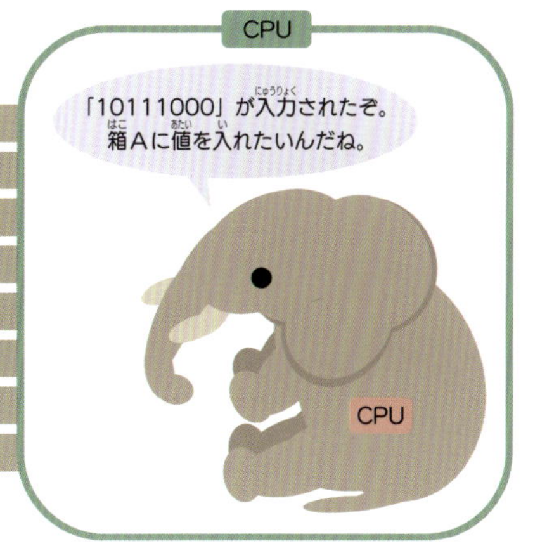
CPU
「10111000」が入力されたぞ。箱Aに値を入れたいんだね。
CPU

電位の高低を0と1に割り当てているから、コンピュータは0と1を使うんだね。

うん。0と1を使って、いろいろなプログラムやデータを表現するよ。

0と1だけだと、2以上の値を表現したいときに、困らない？

（つづく↗）

桁数を増やせば大丈夫。0と1をたくさん並べて、大きな数を表現するんだ。

0と1だけで数を表す方法を2進法と呼び、2進法で表した数を2進数と呼ぶよ。

日常の生活でよく使うのは、0から9までで数を表す10進法だね。10進法で表した数は10進数と呼ぶんだ。

2進数と10進数の対応を見てみよう。

▼2進数

10進数は0から9までの10種類の数字を使うけど、2進数は0と1の2種類だけを使うよ。

10進数	2進数
0	0
1	1
2	10
3	11
4	100
5	101
6	110
7	111
8	1000
9	1001

10進数の1は2進数でも「1」に、10進数の2は2進数では「10」になるんだね。

CPUは電位の高低で0と1を表すから、2進数との相性はバッチリだ。

2

さっきの機械語プログラムの、ここに注目してみて。10進数の1や2を、2進数で表しているよ。

機械語プログラム

10111000 箱Aに値を入れる	00000001 00000000 00000000 00000000 値「1」
10111011 箱Bに値を入れる	00000010 00000000 00000000 00000000 値「2」
00000011 足す	11000011 箱Aに箱Bを

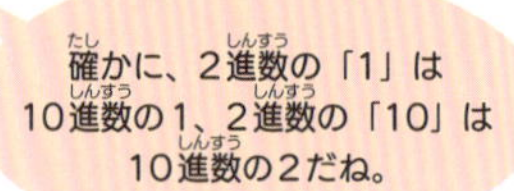
確かに、2進数の「1」は10進数の1、2進数の「10」は10進数の2だね。

10進数に比べて、2進数は桁数が増えやすいね。

数字の種類が0と1しかないからね。

（つづく↗）

後で学ぶ16進数を使うと、少ない桁数で値を表現できるよ。

なぜ「1」や「10」ではなく、「00000001」や「00000010」のように、先頭に0を付けているの？

ビットとバイトという概念について説明するね。

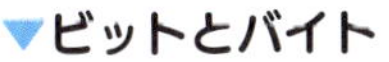

▼ビットとバイト

なぜ「1」や「10」の先頭に、0を付けているの？

00000001
00000010

2進数は、8桁ずつまとめて扱うことが多いからだよ。

2

1桁の2進数をビットと呼び、8桁の2進数をバイトと呼ぶよ。

ビット（2進数1桁）	ビット（2進数1桁）	ビット（2進数1桁）	ビット（2進数1桁）	ビット（2進数1桁）	ビット（2進数1桁）	ビット（2進数1桁）	ビット（2進数1桁）
バイト（8ビット、2進数8桁）							

このデータは8桁の2進数だから、1バイトだね。
00000001

多くのコンピュータは、データをバイト単位で扱うんだ。

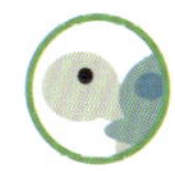

データを1バイト単位、つまり8ビット単位で扱うために、先頭に0を付けて8桁にしているんだ。

確かに「00000001」も「00000010」も、8桁になっているね。

（つづく↗）

昔のコンピュータでは1バイトが8ビット以外の場合もあったけど、今のコンピュータでは1バイトが8ビットであることが一般的だよ。

さっきのプログラムで、「00000001」や「00000010」の後に「00000000」が並んでいるのは、なぜ？

実は今回のプログラムでは、値を32ビットの2進数で表現しているんだ。

▼エンディアン

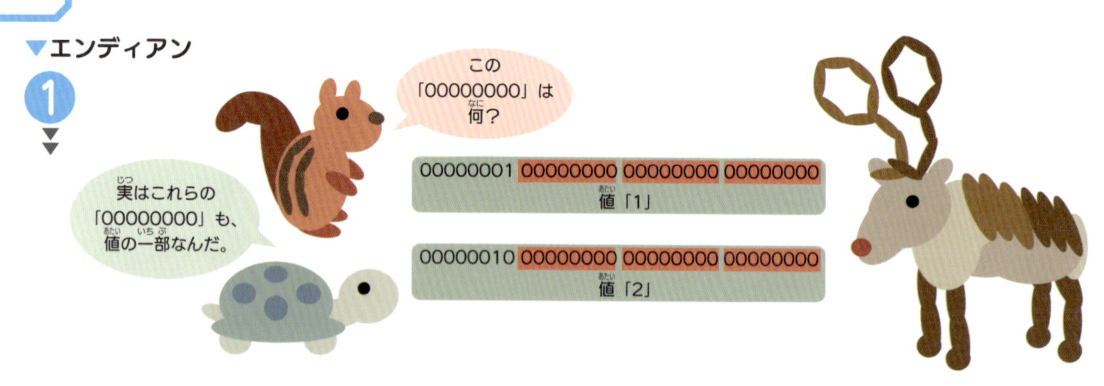
1
この「00000000」は何？
00000001 00000000 00000000 00000000
値「1」
00000010 00000000 00000000 00000000
値「2」
実はこれらの「00000000」も、値の一部なんだ。

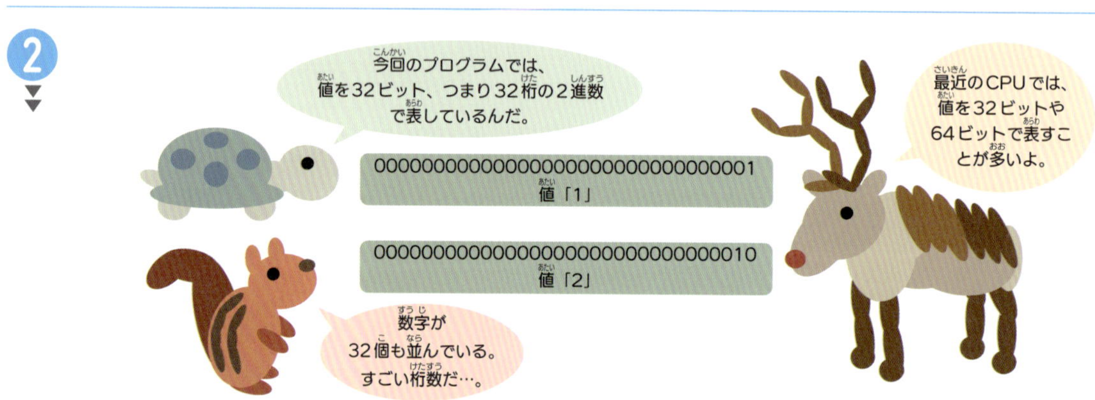
2
今回のプログラムでは、値を32ビット、つまり32桁の2進数で表しているんだ。
00000000000000000000000000000001
値「1」
00000000000000000000000000000010
値「2」
最近のCPUでは、値を32ビットや64ビットで表すことが多いよ。
数字が32個も並んでいる。すごい桁数だ…。

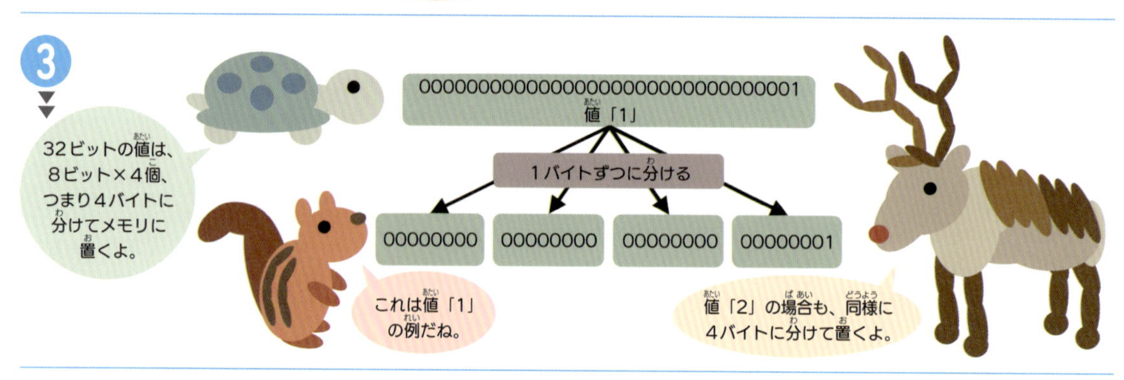
3
32ビットの値は、8ビット×4個、つまり4バイトに分けてメモリに置くよ。
00000000000000000000000000000001
値「1」
1バイトずつに分ける
00000000
00000000
00000000
00000001
これは値「1」の例だね。
値「2」の場合も、同様に4バイトに分けて置くよ。

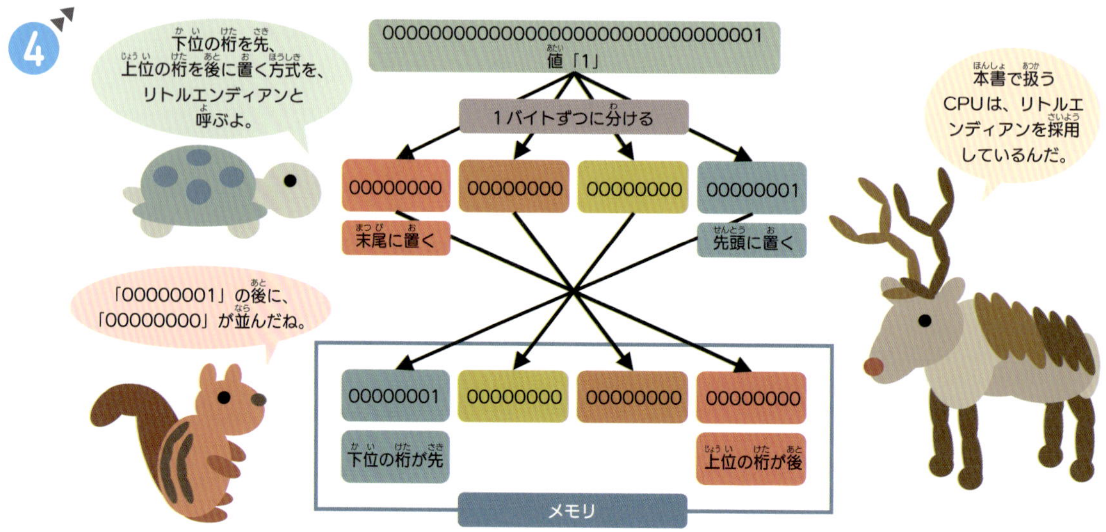
4
下位の桁を先、上位の桁を後に置く方式を、リトルエンディアンと呼ぶよ。
00000000000000000000000000000001
値「1」
1バイトずつに分ける
00000000
00000000
00000000
00000001
末尾に置く
先頭に置く
本書で扱うCPUは、リトルエンディアンを採用しているんだ。
「00000001」の後に、「00000000」が並んだね。
00000001
00000000
00000000
00000000
下位の桁が先
上位の桁が後
メモリ

5

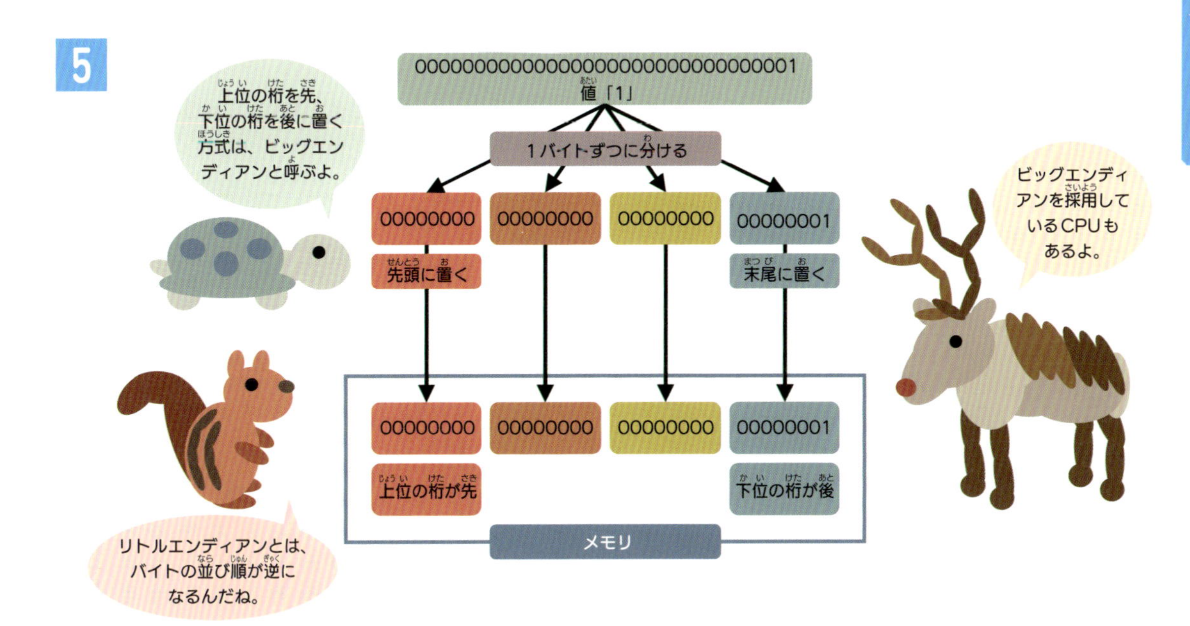
上位の桁を先、下位の桁を後に置く方式は、ビッグエンディアンと呼ぶよ。
00000000000000000000000000000001
値「1」
1バイトずつに分ける
00000000
00000000
00000000
00000001
先頭に置く
末尾に置く
00000000
00000000
00000000
00000001
上位の桁が先
下位の桁が後
メモリ
ビッグエンディアンを採用しているCPUもあるよ。
リトルエンディアンとは、バイトの並び順が逆になるんだね。

32ビットの値を8ビットずつに分けて、下位の桁から並べたから、「00000001」や「00000010」の後に「00000000」が続いていたんだ。

ビッグエンディアンに比べると、バイトの並び順を逆にするリトルエンディアンは、少し難しく感じるよ…。

確かに。リトルエンディアンは一見わかりにくいかもしれないけど、いくつかの利点があるんだ。

例えば、下位の桁だけが必要な場合に、下位の桁だけを読み込みやすい、という利点があるよ。

さっきの例だと、最初の「00000001」だけを読み込んで、後の「00000000」は無視する、といった処理がしやすいんだ。

なるほど。リトルエンディアンかビッグエンディアンかは、CPUごとに決まっているの？

（つづく↗）

そうだよ。リトルエンディアンとビッグエンディアンを切り替えられる、バイエンディアンという方式のCPUもあるよ。

自分が使うCPUがどのエンディアンか、いつも意識しておく必要がある？

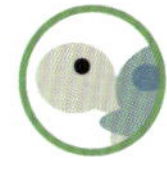
エンディアンについては、普段はそれほど意識しなくても大丈夫だよ。注意が必要なのは、エンディアンが異なるCPUの間で、データをやりとりするような場合だ。

例えば、いろいろなパソコン、スマートフォン、ゲーム機の間で通信する、オンラインゲームのプログラムを書くような場合だね。

了解。ひとまず安心したよ。

次は、2進数よりも少ない桁数で値を表現できる、16進数について学ぼう。

1-3

▼16進数

16進数は、0から9までの数字と、aからfまでの英字を使うよ。

10進数	2進数	16進数
0	0	0
1	1	1
2	10	2
3	11	3
4	100	4
5	101	5
6	110	6
7	111	7
8	1000	8
9	1001	9
10	1010	a
11	1011	b
12	1100	c
13	1101	d
14	1110	e
15	1111	f

0から9までは、10進数と16進数は同じなんだね。

aからfについては、大文字のAからFを使っても構わないよ。

2進数と16進数の対応に注目してみて。

10進数	2進数	16進数
0	0	0
1	1	1
2	10	2
3	11	3
4	100	4
5	101	5
6	110	6
7	111	7
8	1000	8
9	1001	9
10	1010	a
11	1011	b
12	1100	c
13	1101	d
14	1110	e
15	1111	f

0から15までは、2進数は4桁以下で、16進数は1桁だね。

つまり4桁以下の2進数は、1桁の16進数で表せるんだ。

8ビット、つまり1バイトの2進数は、「00000000」から「11111111」までだ。桁数を揃えるために、2進数と16進数の先頭には0を付けたよ。

10進数	2進数	16進数
0	00000000	00
1	00000001	01
2	00000010	02
⋮	⋮	⋮
127	01111111	7f
128	10000000	80
⋮	⋮	⋮
253	11111101	fd
254	11111110	fe
255	11111111	ff

10進数だと0から255まで、16進数だと00からffまでになるんだね。

8桁の2進数は、16進数にすると2桁になって、コンパクトに表せるんだ。

4

ビット（2進数1桁）	ビット（2進数1桁）	ビット（2進数1桁）	ビット（2進数1桁）	ビット（2進数1桁）	ビット（2進数1桁）	ビット（2進数1桁）	ビット（2進数1桁）
バイト（8ビット、2進数8桁、16進数2桁）							
16進数1桁（4ビット）				16進数1桁（4ビット）			

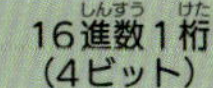

数を表すのに、どのくらいの桁数が必要なのか、整理したよ。

2進数1桁は1ビットに相当する。2進数8桁だと8ビット、つまり1バイトに相当するんだね。

16進数1桁は4ビットに相当する。16進数2桁で8ビット、つまり1バイトを表せるんだ。

16進数を使うと、2進数よりも少ない桁数で、数を表せるんだね。

（つづく↗）

うん。例えば1バイトの数は、2進数で書くと8桁だけど、16進数で書くと2桁で済むから、簡潔になるよ。

16進数を使うと、機械語プログラムもコンパクトに表せるんだ。

▼16進数で機械語を表す

16進数を使うと、機械語プログラムを短く書けるよ。

機械語プログラム（2進数）

10111000 箱Aに値を入れる	00000001 00000000 00000000 00000000 値「1」
10111011 箱Bに値を入れる	00000010 00000000 00000000 00000000 値「2」
00000011 足す	11000011 箱Aに箱Bを

↓

機械語プログラム（16進数）

b8 箱Aに値を入れる	01 00 00 00 値「1」
bb 箱Bに値を入れる	02 00 00 00 値「2」
03 足す	c3 箱Aに箱Bを

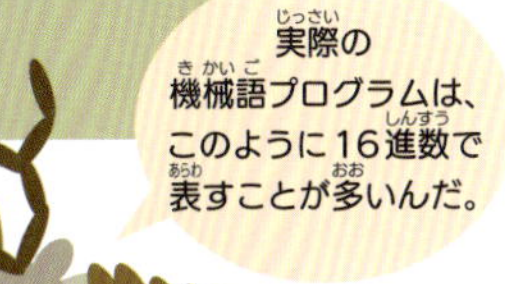
実際の機械語プログラムは、このように16進数で表すことが多いんだ。

確かに2進数のときよりも、ずっとすっきりしたね。

確かに簡潔になったね。でも、機械語を読み書きするのは、まだ難しそうだ…。

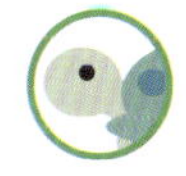
「b8」は「箱Aに値を入れる」、「bb」は「箱Bに値を入れる」、「03」は「足す」のように、どの16進数がどんな命令を表すのかを、覚える必要があるからね。

昔のCPUは命令の種類が今よりも少なかったから、16進数の命令を覚えたり、命令表から目的の命令を探したりすることも、それなりにできたよ。

（つづく↗）

今のCPUは命令の種類が多く、16進数に命令を割り当てる規則も複雑だから、16進数で機械語プログラムを書くのは難しいかもしれない。

機械語って、やっぱり難しいのかな…。

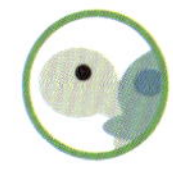
大丈夫！　次のセクションで学ぶアセンブリ言語を使えば、機械語を簡単に読み書きできるよ。

1-4

機械語とアセンブリ言語の関係

アセンブリ言語を使うと、機械語を簡単に読み書きできます。

アセンブリ言語って、何？

アセンブリ言語は、機械語を読み書きしやすくしたプログラミング言語だよ。

機械語の代わりにアセンブリ言語を使って、プログラムを読み書きできるんだ。

（つづく↗）

アセンブリ言語は、機械語の代わりになるの？

うん。アセンブリ言語は機械語を読み書きしやすい表現に置き換えているけど、プログラムの内容は機械語とほとんど同じなんだ。

機械語とアセンブリ言語のプログラムを比べてみよう。

▼アセンブリ言語

さっきの機械語プログラムに対応するアセンブリ言語プログラムは、こんな感じだよ。

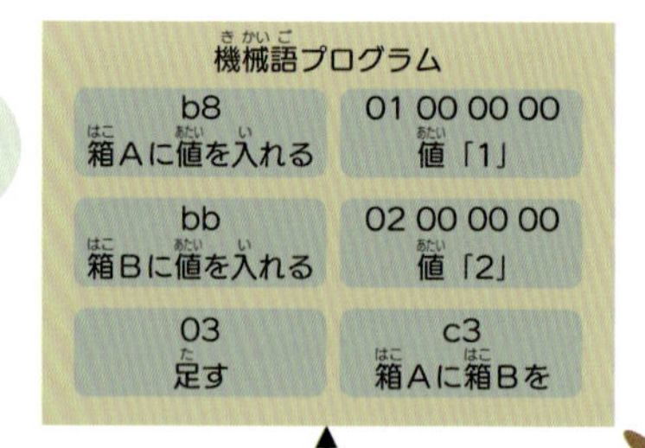

機械語プログラム

b8 箱Aに値を入れる	01 00 00 00 値「1」
bb 箱Bに値を入れる	02 00 00 00 値「2」
03 足す	c3 箱Aに箱Bを

↕

アセンブリ言語プログラム

mov 値を入れる	eax, 箱Aに	1 値「1」を
mov 値を入れる	ebx, 箱Bに	2 値「2」を
add 足す	eax, 箱Aに	ebx 箱Bを

アセンブリ言語は英語っぽいから、機械語よりもわかりやすいかも？

movは英語のmove（ムーブ）の略で「移動する」、add（アッド）は「足す」という意味だよ。

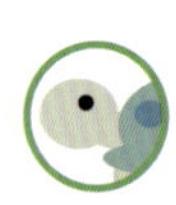
アセンブリ言語では、「b8」や「03」のような機械語を、「mov」や「add」のような英語や略語に置き換えているよ。

「b8」や「03」などを覚える代わりに、「mov」や「add」などを覚えればいいんだ。

確かにアセンブリ言語の方が、機械語よりも覚えやすそうだ。

（つづく↗）

機械語における操作の種類を表す「b8」や「03」のような値を、オペコードと呼ぶよ。

オペコード（opcode）は、オペレーションコード（operation code）の略だよ。オペレーション（操作）に対するコード（番号）、という意味だ。

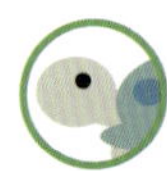
アセンブリ言語では、「b8」や「03」のようなオペコードを、「mov」や「add」のような文字列に置き換えているんだ。

これらの文字列をニーモニックと呼ぶよ。

▼アセンブリ言語の命令

1

アセンブリ言語の命令は、操作の種類を表すニーモニックと、操作の対象を表すオペランドで構成される。

ニーモニック					
ニーモニック	オペランド1				
ニーモニック	オペランド1	,	オペランド2		
ニーモニック	オペランド1	,	オペランド2	,	オペランド3

2個以上のオペランドがある場合は、カンマ（,）で区切って書いてね。

いくつかのパターンがあるんだね。オペランドの個数がいろいろだ。

2

さっきのプログラムで使った命令は、いずれもオペランドが2個のパターンだよ。

ニーモニック	オペランド1	,	オペランド2

アセンブリ言語プログラム

mov 値を入れる	eax 箱Aに	,	1 値「1」を
mov 値を入れる	ebx 箱Bに	,	2 値「2」を
add 足す	eax 箱Aに	,	ebx 箱Bを

eaxやebxって、何？

eaxやebxはCPUの内部にある記憶領域で、レジスタと呼ばれるよ。詳しくは第2章で学ぼう。

このようにアセンブリ言語の命令には、ニーモニックの部分と、オペランドの部分があるよ。

機械語やアセンブリ言語の命令は、インストラクションとも呼ばれる。

アセンブリ言語を学ぶには、いろいろなニーモニックを覚えればいいの？

（つづく↗）

うん。オペランドにもいくつかの書き方があるから、あわせて学ぼうね。

ニーモニックの種類はかなり多いから、よく使うものから覚えるのがおすすめだ。全部覚えなくても大丈夫だから、安心してね。

アセンブリ言語でプログラムを書けば、CPUで実行できるの？

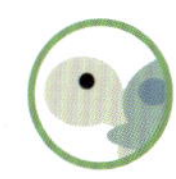

実はできないんだ。アセンブラというソフトウェアを使って、機械語に変換する必要がある。

▼アセンブラ

このプログラムを実行して。
アセンブリ言語プログラム
mov eax, 1
mov ebx, 2
add eax, ebx
そのプログラムは実行できないよ。
CPU

組んだプログラムが動かなかった…。
実は、CPUが実行できるのは、機械語だけなんだ…。
アセンブリ言語プログラム
mov eax, 1
mov ebx, 2
add eax, ebx
CPU
大丈夫。プログラムを機械語にすれば、実行できるよ。

アセンブリ言語プログラム
mov eax, 1
mov ebx, 2
add eax, ebx
アセンブル
アセンブラ
機械語プログラム
10111000 00000001 00000000 00000000 00000000
10111011 00000010 00000000 00000000 00000000
00000011 11000011
アセンブリ言語のプログラムは、アセンブラが機械語のプログラムに変換してくれる。この作業をアセンブルと呼ぶよ。

4

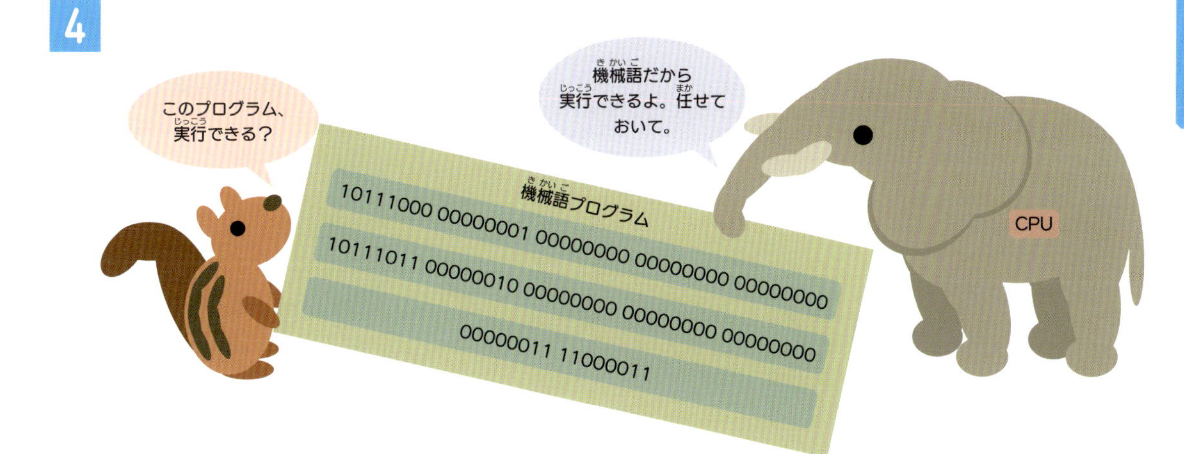
このプログラム、実行できる？
機械語だから実行できるよ。任せておいて。
機械語プログラム
10111000 00000001 00000000 00000000 00000000
10111011 00000010 00000000 00000000 00000000
00000011 11000011
CPU

アセンブリ言語プログラムを、アセンブラで変換すれば、機械語プログラムになるんだね。

うん。変換後の機械語プログラムは、CPUで実行できるよ。

アセンブラはどうやって入手するの？

幸い、無償でダウンロードして使えるアセンブラがあるよ。

ダウンロードとインストールの方法は、後で詳しく説明するね。

アセンブリ言語を使うには、アセンブラが必要なんだね。

（つづく↗）

一応、アセンブラを使わずに手作業でアセンブリ言語から機械語に変換する、ハンドアセンブルという手法はあるよ。

昔のCPUは命令がシンプルだったから、ハンドアセンブルで機械語プログラミングを楽しんでいた時期もあったよ。今のCPUは命令が複雑だから、アセンブラを使うのがおすすめかな。

これから学ぶのは、機械語ではなくてアセンブリ言語なの？

うん。アセンブリ言語は機械語とほぼ同等だから、アセンブリ言語を学べば、機械語を学んだと言えるだろう。

アセンブリ言語を学べば、あらゆるコンピュータでプログラミングができるの？

実は機械語やアセンブリ言語は、CPUの種類ごとに異なるんだ。

自分が使いたいCPU向けの、機械語やアセンブリ言語を学ぶ必要があるよ。

1-4

▼機械語やアセンブリ言語はCPUごとに異なる

機械語プログラムを用意すれば、どのCPUでも実行できる？

x64用の機械語

10111000 00000001 00000000 00000000 00000000

10111011 00000010 00000000 00000000 00000000

00000011 11000011

本書で学ぶ機械語は、x64というアーキテクチャに基づいた、IntelやAMDなどのCPUで実行できるんだ。
実行できる
IntelやAMDなどのCPU
実行できない
AppleなどのCPU

機械語はCPUごとに異なるから、その機械語に対応したCPUだけで実行できるよ。

アーキテクチャって、何？

コンピュータにおけるアーキテクチャというのは、コンピュータの構造や設計のことだよ。

本書で学ぶx64（エックスろくよん）は、64ビットCPU向けのアーキテクチャだ。Intel（インテル）やAMD（エーエムディー）といったメーカーから、x64に対応したCPUの製品が、たくさん発売されているよ。

64ビットCPUって、何？

64ビットの値を効率良く扱えるように設計されたCPUのことだよ。

同様に、8ビットCPU・16ビットCPU・32ビットCPUなどもあるんだ。

（つづく↗）

リスのパソコンは、x64に対応しているのかな…。

Windows 11が動いているパソコンならば、x64に対応したCPUを搭載しているよ。

該当するパソコンをお持ちの方は、ぜひ実際に機械語プログラミングを体験しながら、本書をお楽しみください。

本格的な機械語プログラミングは、第2章から始めるよ。

アーキテクチャごとに機械語やアセンブリ言語が異なるのは理解できたよ。今回は、x64のアセンブリ言語を学ぶの？

うん。でも、実は同じx64用のアセンブリ言語にも、いくつかの種類があるよ。

アセンブラによって、採用している書き方が異なるんだ。

▼アセンブリ言語はアセンブラごとに異なる

同じx64のアセンブリ言語でも、アセンブラによって書き方が異なるよ。

アセンブリ言語（インテル表記）		
mov 値を入れる	eax, 箱Aに	1 値「1」を
mov 値を入れる	ebx, 箱Bに	2 値「2」を
add 足す	eax, 箱Aに	ebx 箱Bを

基本的な書き方は似ているけど、順序や記号などが違うね。

アセンブリ言語（AT&T表記）		
movl 値を入れる	$1, 値「1」を	%eax 箱Aに
movl 値を入れる	$2, 値「2」を	%ebx 箱Bに
addl 足す	%ebx, 箱Bを	%eax 箱Aに

本書では上のインテル表記を使うよ。

本書ではMicrosoft（マイクロソフト）が提供している、Visual Studio（ビジュアル スタジオ）という開発環境をインストールするよ。そして、Visual Studioに付属するMASM（Microsoft Macro Assembler、マイクロソフト マクロ アセンブラ）というアセンブラを使うんだ。

MASMは短く「マスム」と呼ぶ人もいるようだ。

x64のアセンブリ言語には、インテル表記やAT&T（エーティー アンド ティー）表記といった、いくつかの書き方がある。MASMはインテル表記に対応しているから、本書でもインテル表記を学ぶよ。

AT&T表記に対応したアセンブラとしては、例えばGNU Assembler（グニュー アセンブラ）、通称GAS（ガス）と呼ばれるアセンブラがよく使われているよ。

なぜ本書では、MASMを使うことにしたの？

（つづく↗）

Windowsで動くこと、無償で使えること、インストールや使い方が簡単なことが、選んだ理由だよ。

x64を学ぶことにした理由も話しておこう。

x64に対応したCPUは、x86（エックスはちろく）という、32ビットCPU向けのアーキテクチャにも対応しているんだけど…。

でも、本書ではx86ではなく、x64を学ぶんだよね？

うん。x64の方が新しいアーキテクチャで、便利な機能がいろいろと追加されているんだ。今から学ぶなら、x64について学んだ方が役立ちそうだ、と考えたよ。

了解。次は何をするといいかな？

多くのプログラミングで使われている、コンパイラやインタプリタの仕組みについても学んでおこう。

1-5

コンパイラとインタプリタは何をしてくれる？

多くのプログラミングでは、コンパイラやインタプリタを利用します。

コンパイラとインタプリタって、何？

コンパイラは、プログラミング言語で書いたプログラムを、機械語プログラムに変換してくれるソフトウェアだよ。

インタプリタは、プログラミング言語で書いたプログラムを、機械語に翻訳しながら実行してくれるソフトウェアなんだ。

（つづく↗）

アセンブラは、アセンブリ言語で書いたプログラムを、機械語プログラムに変換してくれるソフトウェアだったね。コンパイラやインタプリタは、アセンブラとはどう違うの？

プログラミング言語には高水準言語と低水準言語があって、コンパイラやインタプリタは高水準言語を、アセンブラは低水準言語を扱うよ。

▼高水準言語と低水準言語

人間にとって読み書きしやすいプログラミング言語のことを、高水準言語と呼ぶよ。

この例では、計算を式で表しているから、確かに読み書きしやすそうだね。

高水準言語	低水準言語
C言語	機械語
int a=1;	b8 01 00 00 00
int b=2;	bb 02 00 00 00
a+=b;	03 c3
Python	アセンブリ言語
a=1	mov eax, 1
b=2	mov ebx, 2
a+=b	add eax, ebx

CPUが直接実行できる機械語は、低水準言語だよ。機械語とほぼ同等なアセンブリ言語も、低水準言語に分類される。

高水準言語は高級言語、低水準言語は低級言語とも呼ばれる。

C言語やPythonなどの高水準言語は、機械語やアセンブリ言語などの低水準言語に比べて、読み書きがしやすく思えるよ。

うん。だから実際のプログラミングでは、高水準言語が使われることが多いよ。

低水準言語は使わないの？

（つづく↗）

昔はよく使っていたよ。今は使う頻度が減ったかな。

低水準言語は命令が単純でわかりやすいけど、複雑な機能のプログラムを書こうとすると、プログラムが長くなってしまって大変なんだ。そこで、プログラムを短く書きやすい高水準言語を使うことが多いよ。

また高水準言語には、プログラムを書きやすくする工夫が、たくさん盛り込まれているんだ。それが高水準と呼ばれる理由かもしれないね。

実際には高水準言語を使うことが多いのに、低水準言語のアセンブリ言語を学ぼうとしているのは、なぜ？

アセンブリ言語を使って、CPUやメモリを直接操作してみると、コンピュータの仕組みが理解しやすくなるからだよ。

（つづく↗）

コンピュータの仕組みを理解していると、高水準言語も学びやすくなるんだ。

納得したよ。そういえば、CPUは機械語しか実行できないよね。高水準言語のプログラムは、どうやって動かすの？

コンピュータやインタプリタを使って動かすよ。まずはコンパイラの働きについて学ぼう。

▼コンパイラ

例えばC言語は、
コンパイラ方式を採用している
プログラミング言語だよ。

C言語プログラム

```
int a=1;
int b=2;
a+=b;
```

このプログラムは、そのままCPUで実行できるの？

コンパイラという
ソフトウェアを使って、
機械語プログラムに変換して
から、実行する必要が
あるよ。

2

このプログラムを
実行したいな。

C言語プログラム

```
int a=1;
int b=2;
a+=b;
```

わかった。
ちょっと待っててね。
コンパイラ

3

C言語プログラム

```
int a=1;
int b=2;
a+=b;
```

コンパイル →

機械語プログラム

```
0110000100110001…
```

コンパイラ

プログラムを
機械語に変換していく。
この作業をコンパイルと
呼ぶよ。

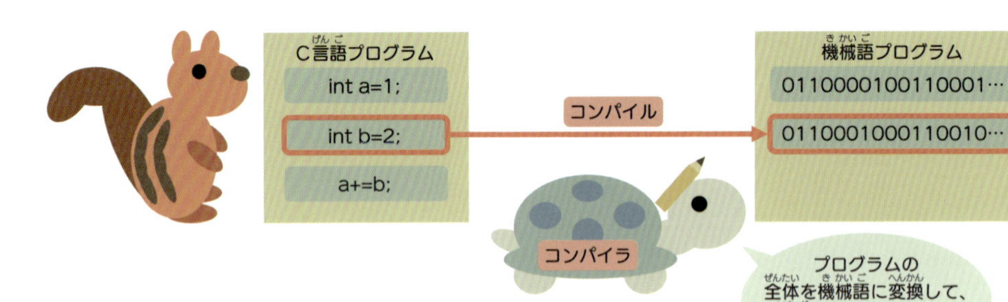
C言語プログラム
int a=1;
int b=2;
a+=b;
コンパイル
機械語プログラム
0110000100110001…
0110001000110010…
コンパイラ
プログラムの全体を機械語に変換して、一度にまとめてリスに渡そう。

5

できあがり。

C言語プログラム
int a=1;
int b=2;
a+=b;

コンパイラ

コンパイル

機械語プログラム
0110000100110001…
0110001000110010…
0111000001110010…

6

機械語プログラム
0110000100110001…
0110001000110010…
0111000001110010…
ありがとう！

コンパイル済みの機械語プログラムを渡すよ。

コンパイラ

機械語プログラムに変換するという点は、コンパイラもアセンブラも同じなんだね。

うん。ただし、コンパイラは高水準言語を機械語に変換するから、アセンブラに比べると、変換の作業がずっと複雑だよ。

（つづく↗）

アセンブリ言語と機械語はほぼ同等だから、アセンブリ言語から機械語への変換は、比較的単純な作業で済むんだ。

例えば「mov」を「b8」に、「add」を「03」に置き換えるような作業だよ。

次はインタプリタの働きについて学ぼう。

▼インタプリタ

1
例えばPythonは、インタプリタ方式を採用しているプログラミング言語だよ。
Pythonプログラム
a=1
b=2
a+=b
このプログラムも、そのままCPUでは実行できないのかな？
その通り。インタプリタというソフトウェアを使って、翻訳しながら実行するんだ。

2
このプログラムを実行して。
よし、少しずつ機械語に翻訳して、CPUに伝えるよ。
Pythonプログラム
a=1
b=2
a+=b
インタプリタ
CPU

3
まずはこの部分から。フムフム…。
Pythonプログラム
a=1
b=2
a+=b
インタプリタ
CPU

1-5

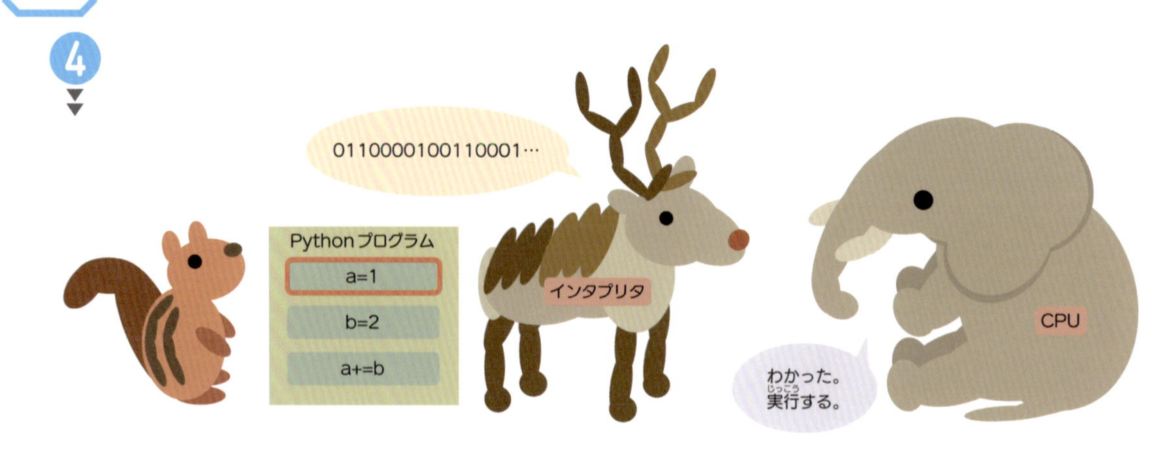
4
0110000100110001…
Pythonプログラム
a=1
b=2
a+=b
インタプリタ
CPU
わかった。
実行する。

5
次は
この部分だな。
ホウホウ…。
Pythonプログラム
a=1
b=2
a+=b
インタプリタ
CPU

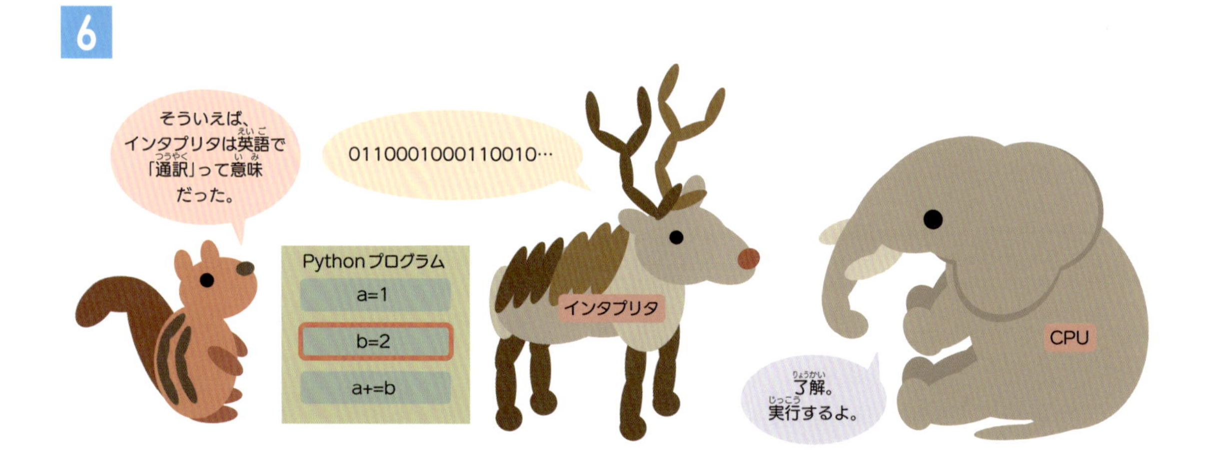
6
そういえば、
インタプリタは英語で
「通訳」って意味
だった。
0110001000110010…
Pythonプログラム
a=1
b=2
a+=b
インタプリタ
CPU
了解。
実行するよ。

コンパイラとインタプリタの違いは、何？

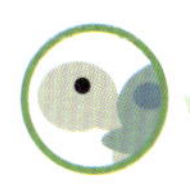
コンパイラは高水準言語のプログラムを、事前にまとめて機械語プログラムに変換しておくよ。インタプリタは高水準言語のプログラムを、その場で少しずつ機械語に翻訳しながら実行するんだ。

厳密には、インタプリタ自体が機械語プログラムになっていて、高水準言語のプログラムを解釈した上で、処理を代行するんだ。

コンパイラ方式かインタプリタ方式かは、プログラミング言語ごとに決まっているの？

（つづく↗）

プログラミング言語によって、主流の方式がだいたい決まっているよ。

両方の方式に対応しているプログラミング言語もあるね。

今回はアセンブリ言語を学ぶから、コンパイラやインタプリタではなく、アセンブラを使うんだね？

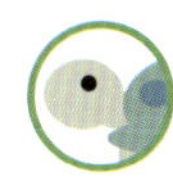
うん。でも実は、C言語とコンパイラも使うよ。C言語プログラムからアセンブリ言語プログラムを呼び出して、結果をC言語プログラムで表示するんだ。

表示の処理などは、C言語を使った方が簡単だからね。

▼C言語からアセンブリ言語を呼び出す

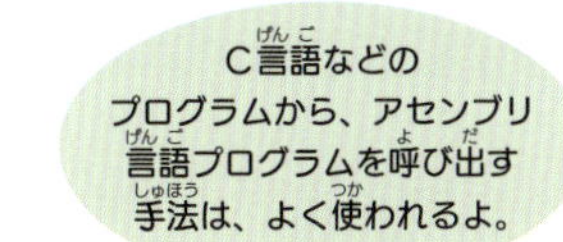
C言語などのプログラムから、アセンブリ言語プログラムを呼び出す手法は、よく使われるよ。

C言語からアセンブリ言語を呼び出して、結果はC言語に戻って表示するんだね。

C言語プログラム
- アセンブリ言語プログラムを呼び出す
- 結果を受け取って表示する

アセンブリ言語プログラム
- mov eax, ecx
  箱Aに箱Cの値を入れる
- add eax, edx
  箱Aに箱Dの値を足す
- ret
  呼び出し元に戻る

アセンブリ言語でも表示は可能だけど、C言語で表示した方が簡単なんだ。

高水準言語と低水準言語を組み合わせることは、よくあるの？

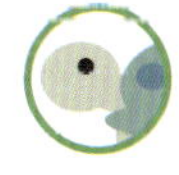
うん。プログラムの大部分は高水準言語で書いて、特に必要な部分だけ低水準言語で書く、という使い方をするよ。

特に高速にしたい部分や、ハードウェアを直接操作したい部分に、低水準言語を使うことがあるね。

（つづく↗）

両方を組み合わせるのは、なぜ？

高水準言語で楽にプログラムを書きつつ、必要に応じて低水準言語で高速化もできるからだ。

実用的でおすすめの方法だと言えるよ。本書でもこの方法を踏まえて、アセンブリ言語を学ぼう。

いよいよ次のセクションでは、開発環境をインストールするよ。

1-6

開発環境をインストールしよう

本書のプログラミングに必要なソフトウェアをインストールし、サンプルプログラムを実行してみます。

アセンブリ言語でプログラミングを楽しむには、何を用意すればいいの？

本書の場合は、Windows 11が動いているパソコンを用意してね。

（つづく↗）

このパソコンに、まずは本書のサンプルプログラムをダウンロードして、展開しよう。

本書のサポートページから、サンプルプログラムをダウンロードして、デスクトップに保存してね。

本書のサポートページ
https://gihyo.jp/book/2025/978-4-297-14740-2/support

CPUZukanSample.zipというファイルをダウンロードしたよ。次はどうすればいいの？

（つづく↗）

このファイルは圧縮ファイルだから、展開する必要があるよ。

Windowsのエクスプローラを使って、次の手順で展開してね。

▼サンプルプログラムの展開

ダウンロードした本書の圧縮ファイル（CPUZukanSample.zip）を、Windowsのエクスプローラでダブルクリックして開いてね。

デスクトップ
デスクトップ
デスクトップの検索
新規作成
並べ替え
表示
プレビュー
CPUZukanSample.zip
1 個の項目

CPUZukanSampleフォルダが表示されたら、クリックして選択した上で、Ctrl＋Cキーを押してね。右クリックメニューで「コピー」を選んでもいいよ。

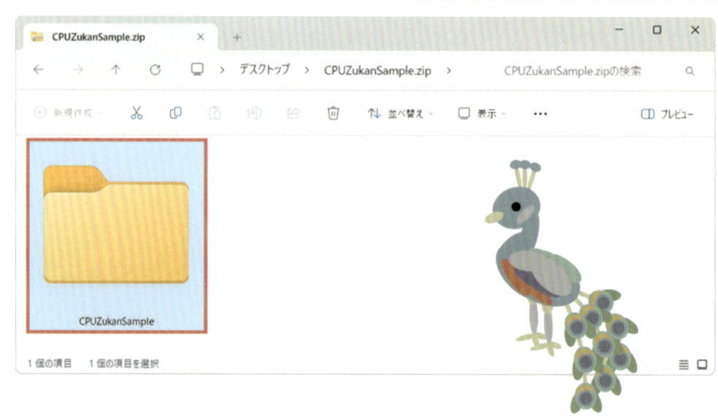

CPUZukanSample.zip
デスクトップ
CPUZukanSample.zip
CPUZukanSample.zipの検索
新規作成
並べ替え
表示
プレビュー
CPUZukanSample
1 個の項目　1 個の項目を選択

3

デスクトップに
戻って、Ctrl＋Vキーを
押すか、右クリックメニューで
「貼り付け」を選んでね。
CPUZukanSampleフォルダが
表示されたら、展開は
成功だ。

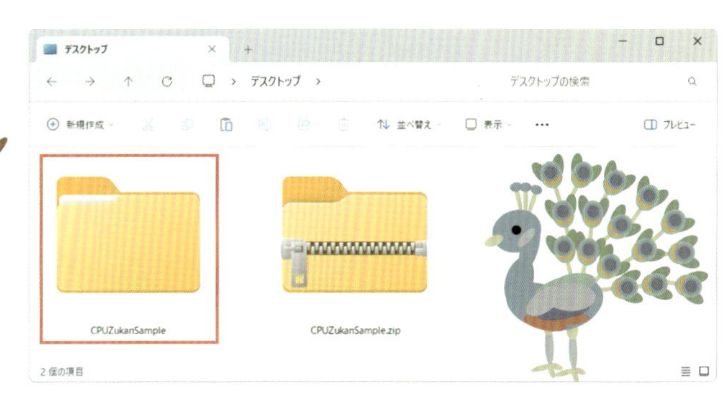
デスクトップ
デスクトップの検索
新規作成
並べ替え
表示
プレビュー
CPUZukanSample
CPUZukanSample.zip
2 個の項目

展開できたよ。サンプルプログラムの中には、何があるの？

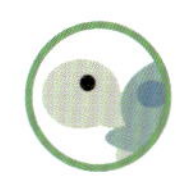
Visual Studioで開ける、Console Application.slnというファイルがあるよ。

ConsoleApplication（コンソール アプリケーション）というのは、文字の入出力を利用したソフトウェアのことだ。

（つづく↗）

コンソールアプリケーションは、グラフィックスを利用したソフトウェアに比べて、プログラムがシンプルなんだ。今回の目的は機械語の学習だから、プログラミングが簡単なコンソールアプリケーションを選んだよ。

さらに、実際にプログラミングを体験しながら学べるように、sample（サンプル）とtry（トライ）という、2種類のバージョンを用意したんだ。

▼サンプルプログラムの構成

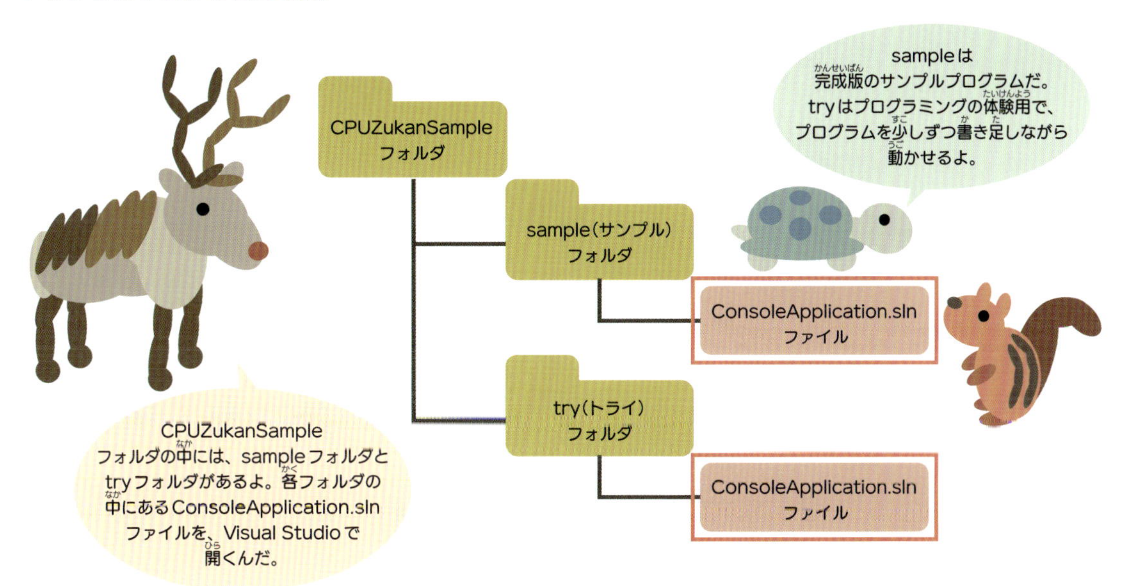
CPUZukanSample
フォルダ
sample（サンプル）
フォルダ
ConsoleApplication.sln
ファイル
try（トライ）
フォルダ
ConsoleApplication.sln
ファイル
sampleは
完成版のサンプルプログラムだ。
tryはプログラミングの体験用で、
プログラムを少しずつ書き足しながら
動かせるよ。
CPUZukanSample
フォルダの中には、sampleフォルダと
tryフォルダがあるよ。各フォルダの
中にあるConsoleApplication.sln
ファイルを、Visual Studioで
開くんだ。

sampleは完成版で、tryは体験用なんだね。どう使い分ければいいの？

例えば、tryにプログラムを書き込んで、動かしてみるのがおすすめだよ。

もし思ったように動かなかったら、sampleのプログラムと見比べて、何が違うのかを調べてみてね。

サンプルプログラムの次は、何を用意したらいいかな？

（つづく↗）

MicrosoftのVisual Studioをインストールするよ。

Visual Studioは、C言語などの各種のプログラミング言語に対応した開発環境だ。

アセンブラも付属しているから、アセンブリ言語を使った機械語プログラミングもできるよ。

Visual Studioにはいくつかのバージョンがあるけど、本書では個人ならば無償で使える、Visual Studio Community（ビジュアル スタジオ コミュニティ）を利用するよ。

まずは以下のページから、Visual Studioをダウンロードしてね。

Visual Studioのダウンロードページ
https://visualstudio.microsoft.com/ja/downloads/

▼Visual Studioのダウンロード

「コミュニティ」の「無料ダウンロード」をクリックしてね。

ダウンロード
Visual Studio 2022
Web、クラウド、デスクトップ、モバイルアプリ、サービス、ゲームを構築するための、Windows 上の .NET および C++ 開発者向けの最も包括的な IDE。
Preview
メイン リリースにまだ搭載されていない最新機能にいち早くアクセス
詳細情報 →
コミュニティ
学生、オープンソースの共同作成者、個人用の無料で強力な IDE
無料ダウンロード
Professional
小規模チームに最適なプロフェッショナルな IDE
無料試用版
Enterprise
あらゆる規模のチーム向けのスケーラブルなエンドツーエンド ソリューション
無料試用版
リリース ノート →
エディションの比較 →
オフラインでインストールする方法 →
ライセンス条項 →

ダウンロードできたよ。

次は、ダウンロードしたファイルを実行するよ。Windowsのエクスプローラで、ファイルをダブルクリックして、インストーラを起動してね。

（つづく↗）

もし、インストーラの起動時に「ユーザアカウント制御」というダイアログが表示されて、「Visual Studio Installer（ビジュアル スタジオ インストーラ）」について「このアプリがデバイスに変更を加えることを許可しますか？」と尋ねられたら、「はい」をクリックしてね。

インストールの途中で大容量のファイルをダウンロードするから、少し時間がかかる可能性があるよ。

機械語

▼Visual Studioのインストール

1
ダウンロードしたファイルを実行すると、インストーラが起動するよ。「続行」をクリックしてね。
Visual Studio Installer
作業を開始する前に、インストールを構成するためにいくつかの点を設定する必要があります。
プライバシーについて詳しくは、Microsoft プライバシーに関する声明をご覧ください。
続行すると、Microsoft ソフトウェア ライセンス条項に同意したことになります。
続行(O)

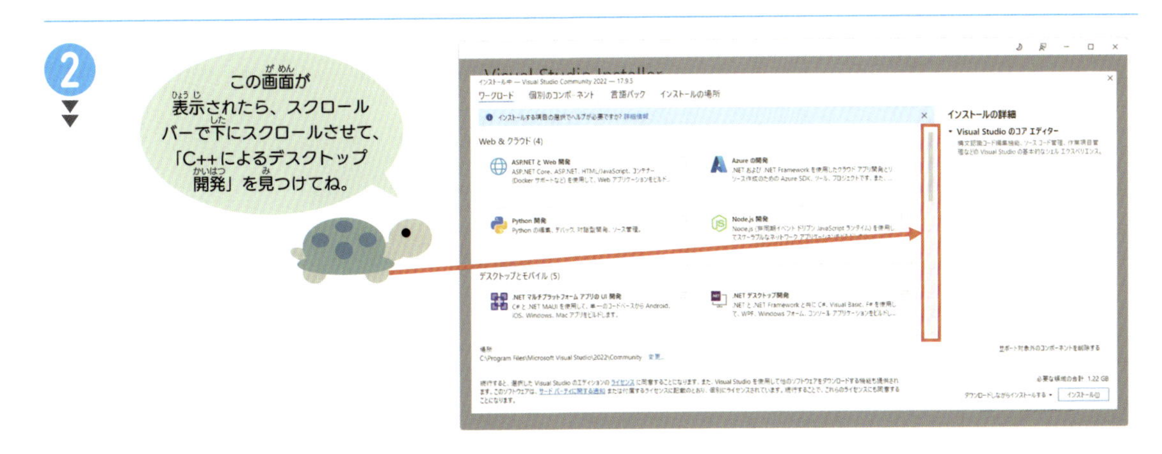
2
この画面が表示されたら、スクロールバーで下にスクロールさせて、「C++によるデスクトップ開発」を見つけてね。
ワークロード
個別のコンポーネント
言語パック
インストールの場所
Web & クラウド (4)
デスクトップとモバイル (5)
インストールの詳細

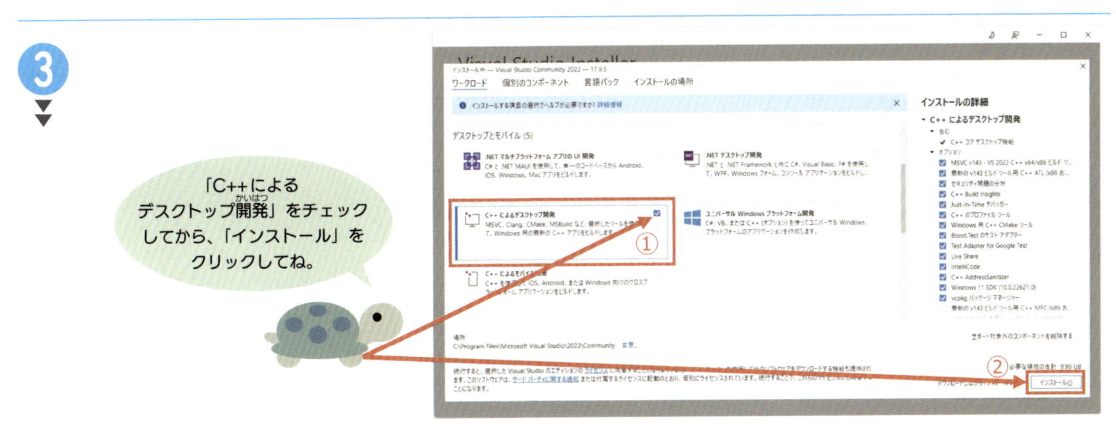
3
「C++によるデスクトップ開発」をチェックしてから、「インストール」をクリックしてね。
デスクトップとモバイル (5)
C++ によるデスクトップ開発
インストールの詳細
①
②
インストール(I)

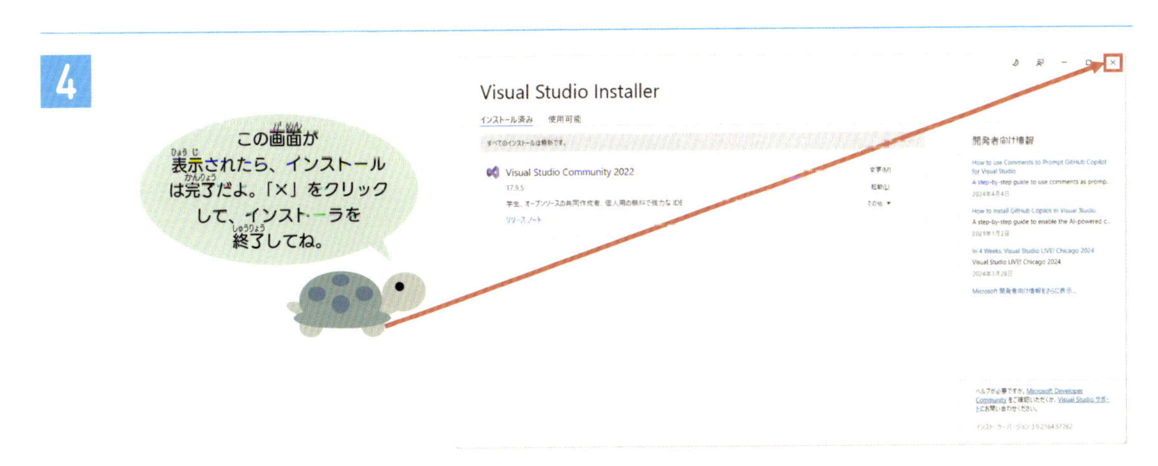
4
この画面が表示されたら、インストールは完了だよ。「×」をクリックして、インストーラを終了してね。
Visual Studio Installer
インストール済み
使用可能
Visual Studio Community 2022
開発者向け情報

インストールが終わったよ。

次はVisual Studioを起動しよう。インストールが終わると、自動的にVisual Studioが起動するよ。

（つづく↗）

もし起動していない場合や、2回目以降に起動する場合は、Windowsのスタートメニューで「Visual Studio」を検索して起動してね。

▼Visual Studioの起動

1
Visual Studioを手動で起動するには、Windowsのスタートメニューで「Visual Studio」を検索し、検索結果をクリックしてね。
スタートメニューを表示するには、キーボードの左下近くにあるWindowsキーを押してね。
キーボードで入力する
①
②
Windowsキー
Visual Studio 2022
すべて
アプリ
ドキュメント
ウェブ
設定
フォルダー
写真
最も一致する検索結果
Visual Studio 2022
アプリ
Webの検索
Visual Studio Code
visual studio
visual studio 2022
visual studio 2019
visual studio code 日本語
アプリ
Visual Studio Code
Visual Studio Installer
Visual Studio 2022
開く
最近
ConsoleApplication.sln

2
サインインの画面が表示されるよ。今回は簡単に、「今はスキップする」をクリックして先に進むね。
Visual Studio にサインイン
デバイス間で設定を同期し、リアルタイムで共同作業し、Azure サービスとシームレスに統合します。
サインイン
アカウントの作成
今はスキップする。

3
好きな配色テーマを選んでから、「Visual Studioの開始」をクリックしてね。本書では紙面で見やすいように、「淡色」を選んだよ。
Visual Studio エクスペリエンスをパーソナライズする
ワークフローのレイアウトとキーボード ショートカットを最適化します。スタイルに合った配色テーマを選択します。
これらの設定は後でいつでも変更できます。
開発設定
全般
配色テーマの選択
Visual Studio の開始

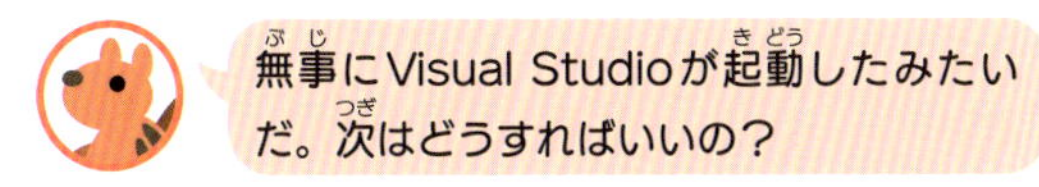
無事にVisual Studioが起動したみたいだ。次はどうすればいいの？

(つづく↗)

本書のサンプルプログラムを、Visual Studioで開いてみよう。

ここでは完成版のsampleを開くよ。

▼サンプルプログラムを開く

1

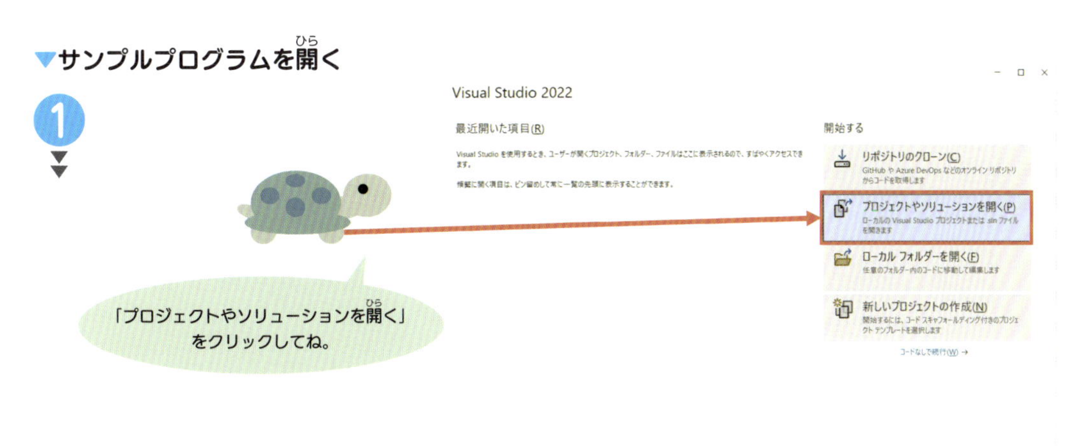
Visual Studio 2022
最近開いた項目(R)
開始する
リポジトリのクローン(C)
プロジェクトやソリューションを開く(P)
ローカル フォルダーを開く(F)
新しいプロジェクトの作成(N)
「プロジェクトやソリューションを開く」をクリックしてね。

2

↑ボタンを何度かクリックして、デスクトップに移動しよう。次にスクロールバーを使って、CPUZukanSampleフォルダを見つけてね。
プロジェクト/ソリューションを開く
①
デスクトップ
整理
新しいフォルダー
②
CPUZukanSample
ファイル名(N):
すべてのプロジェクト ファイル
プロジェクトを読み込まない(L)
開く(O)
キャンセル

3

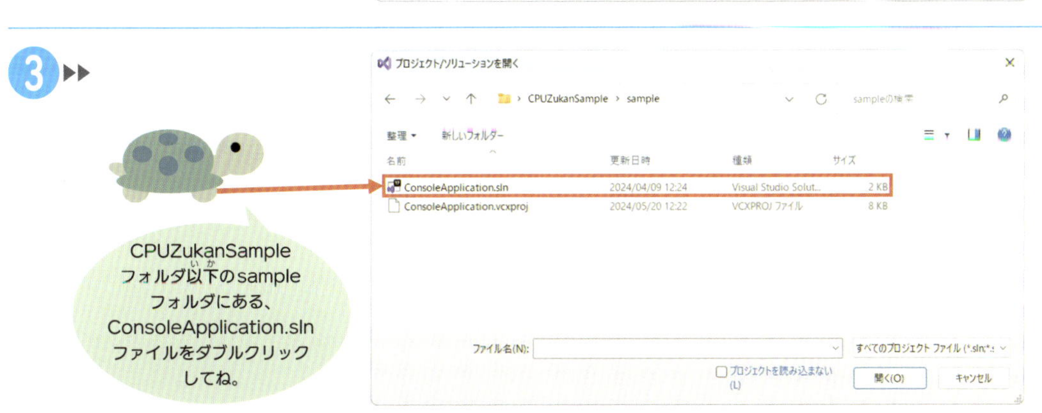
プロジェクト/ソリューションを開く
CPUZukanSample › sample
名前
更新日時
種類
サイズ
ConsoleApplication.sln
2024/04/09 12:24
2 KB
ConsoleApplication.vcxproj
2024/05/20 12:22
VCXPROJ ファイル
8 KB
開く(O)
キャンセル
CPUZukanSampleフォルダ以下のsampleフォルダにある、ConsoleApplication.slnファイルをダブルクリックしてね。

4

こんな画面が表示されたら、Visual Studioで本書のサンプルプログラムを開けているよ。

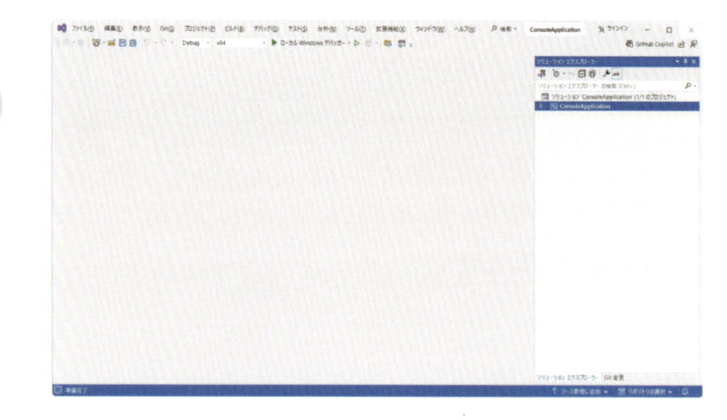

「ソリューションエクスプローラ」の「ConsoleApplication」をクリックして開き、「ソースファイル」の中にある「main.c」と「sub.asm」を、それぞれダブルクリックしてね。

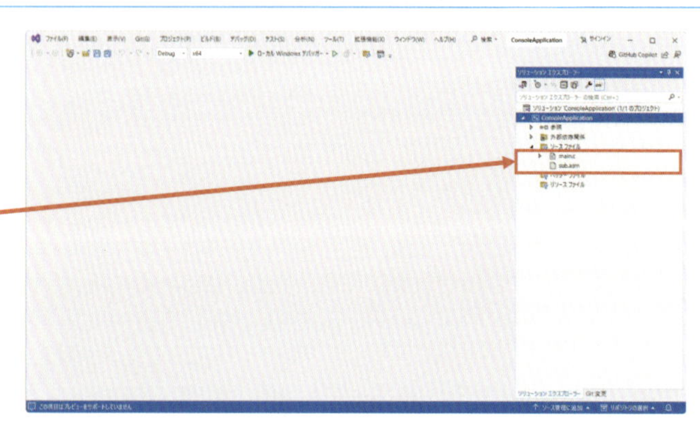

C言語のプログラム（main.c）とアセンブリ言語のプログラム（sub.asm）が開いて、この部分に表示されるよ。

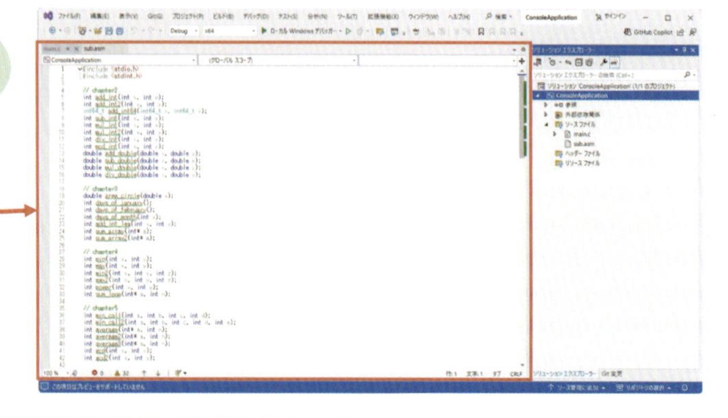

7

左上のタブをクリックすると、「main.c」と「sub.asm」を切り替えられるよ。

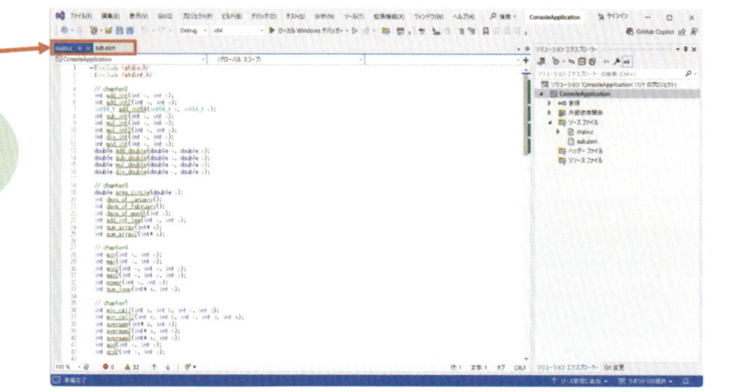

ソリューションって、何？

Visual Studioでは、開発しているソフトウェアを「ソリューション」という単位で管理するんだ。

このソリューションという言葉は、「ソフトウェアの製品」のような意味で使われているようだね。

ConsoleApplication.slnの「sln」は、ソリューション（solution）の略だと思われる。

（つづく↗）

このサンプルプログラムは、C言語のmain.cと、アセンブリ言語のsub.asmから構成されているんだね。

うん。C言語からアセンブリ言語を呼び出すから、C言語のファイルはmain（メイン）、アセンブリ言語のファイルはsub（サブ）という名前にしたよ。

sub.asmのasmは、アセンブリ（assembly）の略と思われるよ。

さっそく、サンプルプログラムを実行してみよう。

▼サンプルプログラムを実行する

プログラムを実行するには、キーボードのF5キーを押すか、「デバッグ」メニューの「デバッグの開始」をクリックしてね。

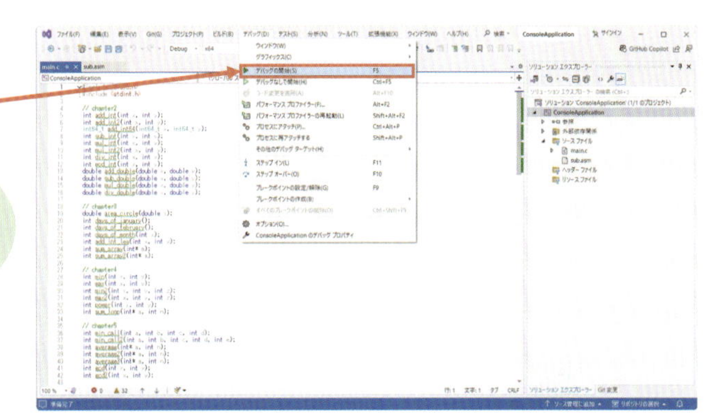

2

こんなウィンドウが開いて、プログラムの実行結果が表示されるよ。結果を確認したら、何かキーを押すか、×ボタンをクリックしてウィンドウを閉じてね。

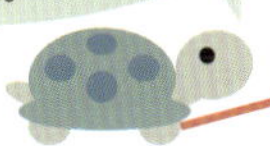

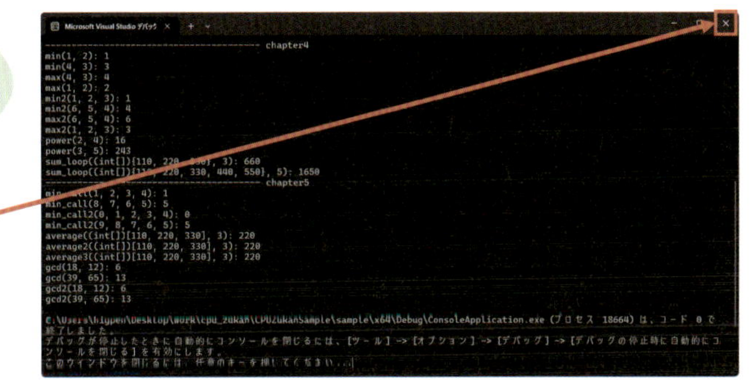
Microsoft Visual Studio デバッグ
chapter4
min(1, 2): 1
min(4, 3): 3
max(4, 3): 4
max(1, 2): 2
min2(1, 2, 3): 1
min2(6, 5, 4): 4
max2(6, 5, 4): 6
max2(1, 2, 3): 3
power(2, 4): 16
power(3, 5): 243
chapter5
min_call(8, 7, 6, 5): 5
min_call2(0, 1, 2, 3, 4): 0
min_call2(9, 8, 7, 6, 5): 5
average((int[])[110, 220, 330], 3): 220
average2((int[])[110, 220, 330], 3): 220
average3((int[])[110, 220, 330], 3): 220
gcd(18, 12): 6
gcd(39, 65): 13
gcd2(18, 12): 6
gcd2(39, 65): 13

プログラムを実行したら、文字でいろいろな情報が表示されたよ。

C言語からアセンブリ言語を呼び出して、いろいろな計算をさせているんだ。計算の結果は、C言語に戻って表示しているよ。

（つづく↗）

表示の中にあるchapter（チャプター）は、本書における章の区切りなんだ。

これで準備は完了だよ。次章からは、いよいよアセンブリ言語を使って、いろいろな計算をさせるプログラムを書いてみよう！

第2章

おぼえる

レジスタはCPUの内部にある記憶領域です。
レジスタに整数や小数を入れておいて、
いろいろな計算ができます。

レジスタ

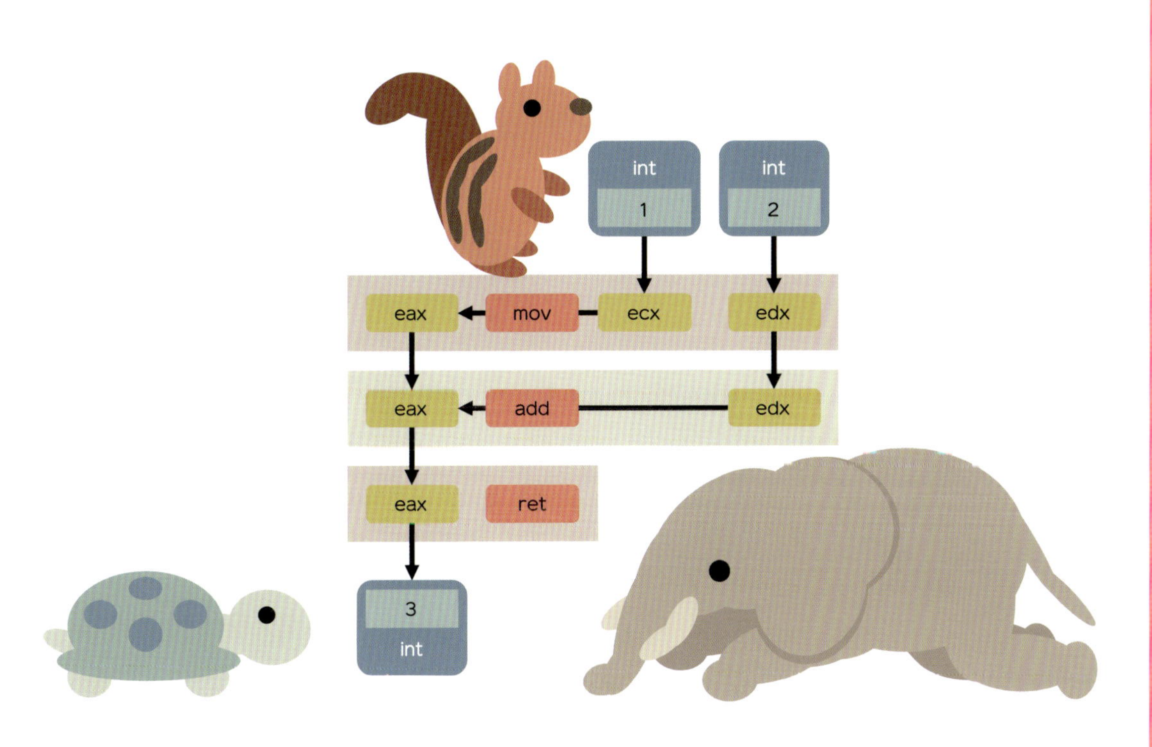
int
1
int
2
eax
mov
ecx
edx
eax
add
edx
eax
ret
3
int

2-1 レジスタには「今使いたいもの」を入れる

レジスタは小容量ですが、CPUが高速に読み書きできます。

いよいよアセンブリ言語を使ってみるよ。

最初は何から始めるの？

まずは、レジスタについて知っておくといいんじゃないかな。

うん。レジスタを使って、CPUにいろいろな計算をさせてみよう。

レジスタって、何？

（つづく↗）

レジスタはCPUの内部にある記憶領域だよ。

メモリとは違うの？

レジスタはメモリよりもずっと容量が小さいけど、CPUからとても高速に読み書きできる記憶領域なんだ。

あまり多くのデータは記憶させられないから、今使いたいデータを入れるよ。

キャッシュメモリとも違うの？

レジスタはキャッシュメモリよりもさらに容量が小さいけど、さらに高速に読み書きできるよ。

▼レジスタ

1
レジスタ
レジスタは小容量だけど、CPUから高速に読み書きできる記憶領域だよ。
メモリは大容量だけど、CPUから読み書きするのは、レジスタよりも遅いんだ。
CPU
通信路
メモリ（メインメモリ）
レジスタは小容量だから、CPUが今使いたいデータだけを入れるよ。

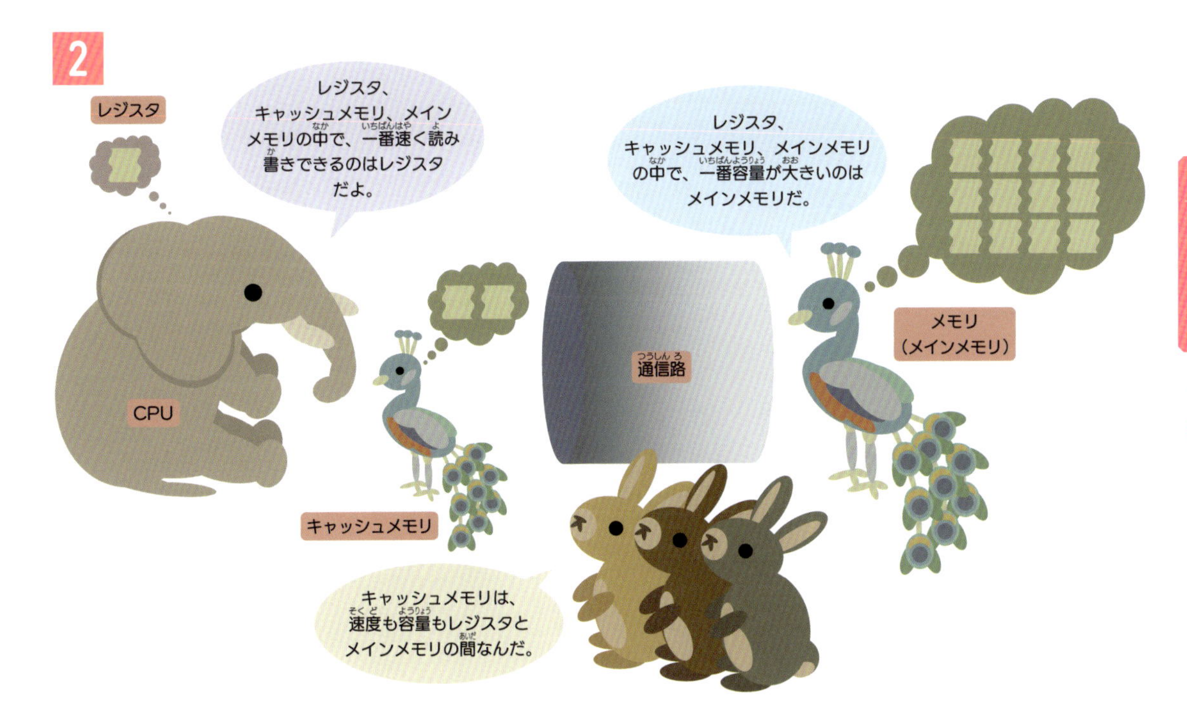
2
レジスタ
レジスタ、キャッシュメモリ、メインメモリの中で、一番速く読み書きできるのはレジスタだよ。
CPU
キャッシュメモリ
通信路
レジスタ、キャッシュメモリ、メインメモリの中で、一番容量が大きいのはメインメモリだ。
メモリ（メインメモリ）
キャッシュメモリは、速度も容量もレジスタとメインメモリの間なんだ。

CPUから読み書きする速度は、レジスタが一番速くて、次がキャッシュメモリ、一番遅いのはメインメモリなんだね。

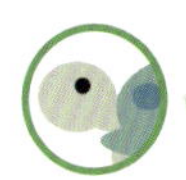

うん。容量はレジスタが一番小さくて、次がキャッシュメモリ、一番大きいのはメインメモリだよ。

だから、基本的にデータはメインメモリに記憶させておいて、今必要なデータだけをレジスタに入れるんだ。

どうして速度や容量が違う、何種類もの記憶領域に分かれているの？　一種類にまとめた方が、簡単じゃない？

理由の一つは、高速な記憶領域に向いた電子回路と、大容量の記憶領域に向いた電子回路の、方式が異なるからなんだ。

レジスタやキャッシュメモリは速度を優先する方式を、メインメモリは容量を優先する方式を、採用していることが多いよ。

（つづく↗）

さらにレジスタは、キャッシュメモリよりもCPUの中心近くに配置されているから、より高速なんだ。

レジスタとキャッシュメモリとメインメモリは、どう使い分ければいいの？

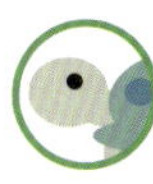

まずはレジスタだけを使ってみよう。簡単なプログラムなら、レジスタを使うだけで済むんだ。

メモリの使い方は第３章で学ぶよ。キャッシュメモリはコンピュータが自動的に制御するから、通常は気にしなくて大丈夫だ。

了解。レジスタについて、次は何を学ぶといいかな？

本書で学ぶx64アーキテクチャに、どんなレジスタがあるのかを学ぼう。

どんな種類のレジスタが使えるのかは、アーキテクチャによって違うんだ。

2-1

レジスタの種類

1

汎用レジスタ（64ビット×16個）	
rax	r8
rbx	r9
rcx	r10
rdx	r11
rsi	r12
rdi	r13
rbp	r14
rsp	r15

XMMレジスタ（128ビット×16個）	
xmm0	xmm8
xmm1	xmm9
xmm2	xmm10
xmm3	xmm11
xmm4	xmm12
xmm5	xmm13
xmm6	xmm14
xmm7	xmm15

命令ポインタ（64ビット）
rip

フラグ（64ビット）
rflags

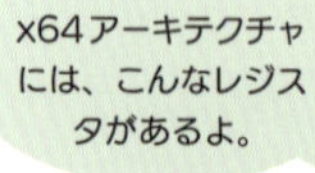
x64アーキテクチャには、こんなレジスタがあるよ。

ずいぶん、たくさんのレジスタがあるね。

実は他にもレジスタがあるけど、よく使われるこれらのレジスタについて、本書では学ぶよ。

2

まずは汎用レジスタを紹介するね。整数やアドレスの計算に使うレジスタだよ。64ビットのレジスタが16個ある。

汎用レジスタ（64ビット×16個）	
rax	r8
rbx	r9
rcx	r10
rdx	r11
rsi	r12
rdi	r13
rbp	r14
rsp	r15

整数は、小数部分がない数のことだね。アドレスって、何？

アドレスはメモリ内の位置を表す番号だよ。詳しくは第3章で学ぼう。

次は小数の計算に使うXMMレジスタだよ。128ビットのレジスタが16個ある。

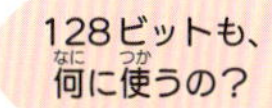

128ビットも、何に使うの？

XMMレジスタ（128ビット×16個）

xmm0	xmm8
xmm1	xmm9
xmm2	xmm10
xmm3	xmm11
xmm4	xmm12
xmm5	xmm13
xmm6	xmm14
xmm7	xmm15

32ビットの小数を同時に4個計算したり、64ビットの小数を同時に2個計算したりできるんだ。

命令ポインタは、現在実行しているプログラムの位置を表すレジスタだよ。ポインタには「何かを指し示す道具」という意味がある。

命令ポインタ（64ビット）

rip

プログラムの位置って、どうやって表すの？

プログラムが記憶されている、メモリのアドレスで表すんだ。命令ポインタは第4章で活用するよ。

5

フラグは、計算の結果やCPUの状態を表すレジスタだよ。フラグには「旗」という意味がある。

フラグ（64ビット）

rflags

フラグという言葉は、ゲームなどでも使われているね。

元々は、こういったCPUのフラグに由来する言葉だと思われるよ。フラグも第4章で活用するんだ。

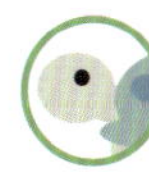

レジスタの名前は、raxのように小文字で書いても、RAXのように大文字で書いてもいいよ。movのようなニーモニックについても同様だ。

本書ではキーボードから簡単に入力できる、小文字で書くことにしたよ。

（つづく↗）

レジスタって、ずいぶん多くの種類があるんだね。どこから覚えればいいかな？

まずは整数やアドレスの計算に使う、汎用レジスタを覚えるのがおすすめだよ。

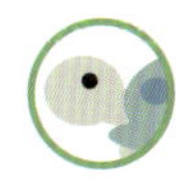

改めて、x64の汎用レジスタを詳しく紹介するね。

2-1

▼汎用レジスタ

汎用レジスタは、
64ビットの全部を使うことも、
下位の32ビットだけを使うことも
できるよ。

64ビットを使うか、
32ビットを使うかを、
どうやって区別するの？

rax
（64ビット）

使わない
（上位32ビット）

eax
（下位32ビット）

名前で区別するんだ。
例えばraxレジスタの場合は、
raxと書くと64ビットを、eaxと書くと
32ビットを使えるよ。

2

rax以外の汎用レジスタも、
64ビットと32ビットの
両方に対応しているよ。

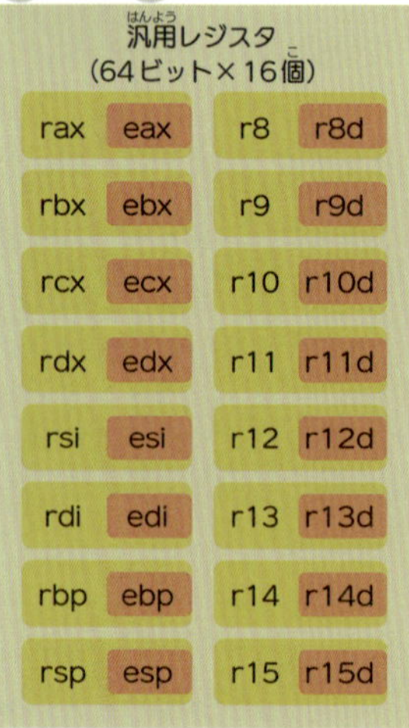

汎用レジスタ
（64ビット×16個）

64ビット	32ビット	64ビット	32ビット
rax	eax	r8	r8d
rbx	ebx	r9	r9d
rcx	ecx	r10	r10d
rdx	edx	r11	r11d
rsi	esi	r12	r12d
rdi	edi	r13	r13d
rbp	ebp	r14	r14d
rsp	esp	r15	r15d

raxやrbxなどは、
先頭のrをeに変えると、
32ビットのeaxやebxに
なるんだね。

r8～r15は、末尾にdを
付けると、32ビットの
r8d～r15dになるよ。

rax
（64ビット）

eax
（32ビット）

ax
（16ビット）

ah
（8ビット）

al
（8ビット）

レジスタによっては、16ビットや
8ビットだけを使うこともできるよ。
raxレジスタの場合は、
axと書くと下位の16ビット
だけを使えるんだね。

さらに、ahと書くとaxの
上位8ビットを、alと書くと
axの下位8ビットを使えるよ。

4

8ビット・16ビット・
32ビット・64ビットはよく使う
ビット数だから、こんな名前で
呼ばれるよ。

バイト
（8ビット）

ワード
（16ビット、2バイト）

ダブルワード
（32ビット、4バイト）

クアッドワード
（64ビット、8バイト）

8ビットをバイトと呼ぶ
ことは、以前に学んだね。

16ビットはワード、
32ビットはダブルワード、
64ビットはクアッドワード
と呼ぶんだ。

raxは64ビットレジスタとしてだけではなくて、32ビット・16ビット・8ビットのレジスタとしても使えるんだね。

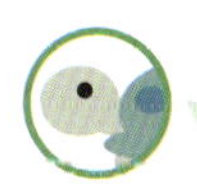
いろいろなビット数に対応している理由の一つは、CPUの発展とともにレジスタのビット数が増えてきたからだと思われるよ。

レジスタのビット数が、8ビット・16ビット・32ビット・64ビットという順で増えてきたんだ。世界初の民生用CPUである、Intelの4004というCPUは、4ビットだったよ。

（つづく↗）

今プログラムを書くときには、レジスタをどのビット数で使えばいいの？

ビット数が少ないデータを扱うときは、8ビットや16ビットを使うこともあるけど、おそらく32ビットと64ビットを使うことが多いね。

本書では、主に32ビットと64ビットを使うよ。

実際にレジスタを使ってみたいな！

うん。次のセクションでは、汎用レジスタを使って、整数の足し算をやってみよう。

2-2

整数を足してみよう

整数の足し算をするアセンブリ言語プログラムを書いてみましょう。

アセンブリ言語を使って、整数の足し算をしてみよう。

いよいよアセンブリ言語プログラムを書くんだね！

（つづく↗）

うん。C言語プログラムから、アセンブリ言語プログラムを呼び出すよ。

C言語から渡した2個の整数を、アセンブリ言語で足し算して、結果をC言語で表示するんだ。

▼C言語からアセンブリ言語を呼び出す

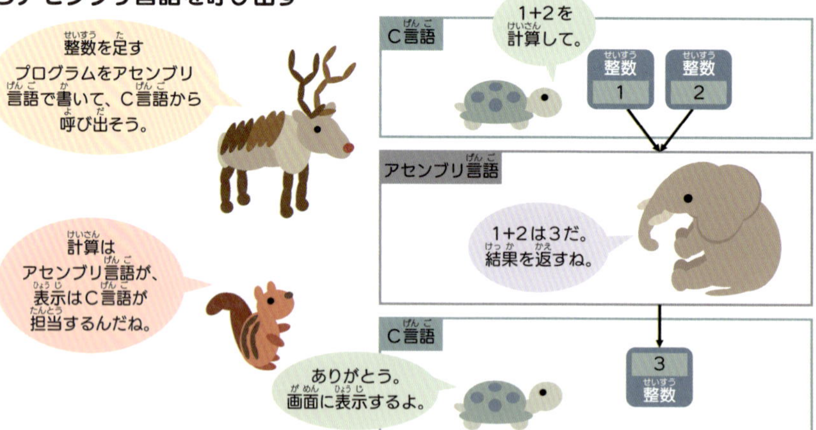

整数を足すプログラムをアセンブリ言語で書いて、C言語から呼び出そう。
計算はアセンブリ言語が、表示はC言語が担当するんだね。
C言語
1+2を計算して。
整数
1
整数
2
アセンブリ言語
1+2は3だ。結果を返すね。
C言語
ありがとう。画面に表示するよ。
3
整数

C言語から1と2を渡すと、アセンブリ言語が1+2を計算して、結果の3を返すんだね。

うん。今回のアセンブリ言語プログラムのように、いくつかの値を受け取って、結果の値を返すような処理のまとまりを、関数と呼ぶんだ。

▼関数

1

関数が受け取る値を引数、関数が返す値を戻り値と呼ぶよ。
「関数を呼び出す」というのは、関数を実行することだね。

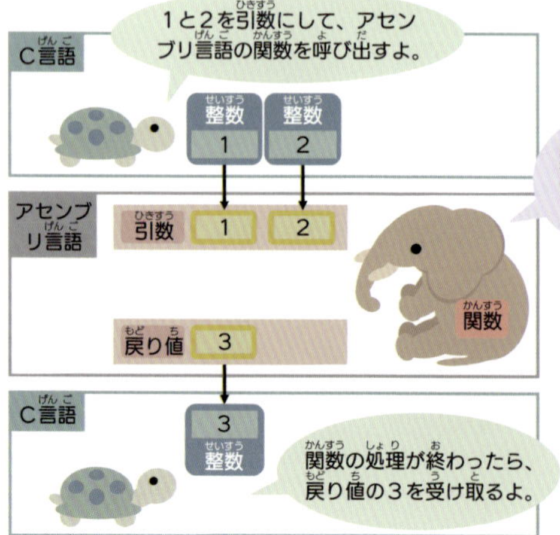

C言語
1と2を引数にして、アセンブリ言語の関数を呼び出すよ。
整数
1
整数
2
アセンブリ言語
引数
1
2
戻り値
3
関数
受け取った引数を使って、戻り値を計算するよ。
C言語
3
整数
関数の処理が終わったら、戻り値の3を受け取るよ。

2

値の種類のことを型と呼ぶよ。今回のプログラムでは、C言語のint型を使うんだ。

今回は引数にも戻り値にも、int型を使うんだね。

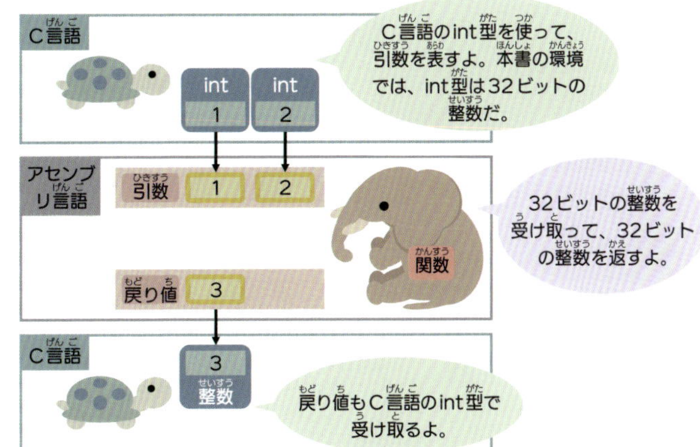
C言語
int
1
int
2
C言語のint型を使って、引数を表すよ。本書の環境では、int型は32ビットの整数だ。
アセンブリ言語
引数
1
2
32ビットの整数を受け取って、32ビットの整数を返すよ。
関数
戻り値
3
C言語
3
整数
戻り値もC言語のint型で受け取るよ。

int（イント）型って、何？

型というのは、値の種類のことだよ。多くのプログラミング言語では、整数型・浮動小数点数型・文字型といったように、扱う値をいくつかの型に分類しているんだ。

int（イント）は、C言語における整数型の一つだよ。本書の環境では32ビットの整数を表すんだ。intはinteger（インテジャー）の略で、「整数」という意味だ。

x64の汎用レジスタって、64ビットだったよね。どうして64ビットの整数ではなくて、32ビットの整数を使うの？

64ビットのCPUが主流になる前は、長らく32ビットのCPUが使われてきたんだ。そのため、C言語における基本的な整数型であるint型が、32ビットの環境が多い。

（つづく↗）

32ビットの整数でも済む場面が多い、という事情もあるよ。特に桁数が多い整数を扱うときだけ、64ビットの整数を使うんだ。32ビットの整数の方が、64ビットの整数よりも、メモリを節約できるという利点もあるね。

次のセクションで、64ビットの整数も扱うから、楽しみにしていてね。

了解。C言語からアセンブリ言語に引数を渡したり、アセンブリ言語からC言語に戻り値を返したりするには、どんな方法を使うの？

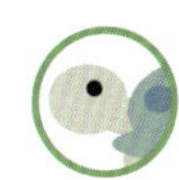

引数を渡すのにも、戻り値を返すのにも、レジスタを使うよ。

どんなレジスタを使うのかは、環境によって違うんだ。今回の環境におけるレジスタの使い方を説明するよ。

▼レジスタを使った引数と戻り値の受け渡し

1 ▸▸

2個の引数を足した結果を、戻り値として返すには…。
ecxとedxを足した結果を、eaxに入れればいいね。

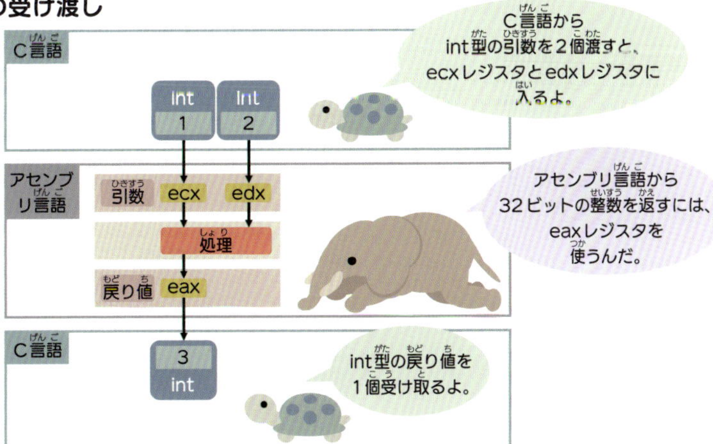
C言語
int
1
int
2
C言語からint型の引数を2個渡すと、ecxレジスタとedxレジスタに入るよ。
アセンブリ言語
引数
ecx
edx
処理
戻り値
eax
アセンブリ言語から32ビットの整数を返すには、eaxレジスタを使うんだ。
C言語
3
int
int型の戻り値を1個受け取るよ。

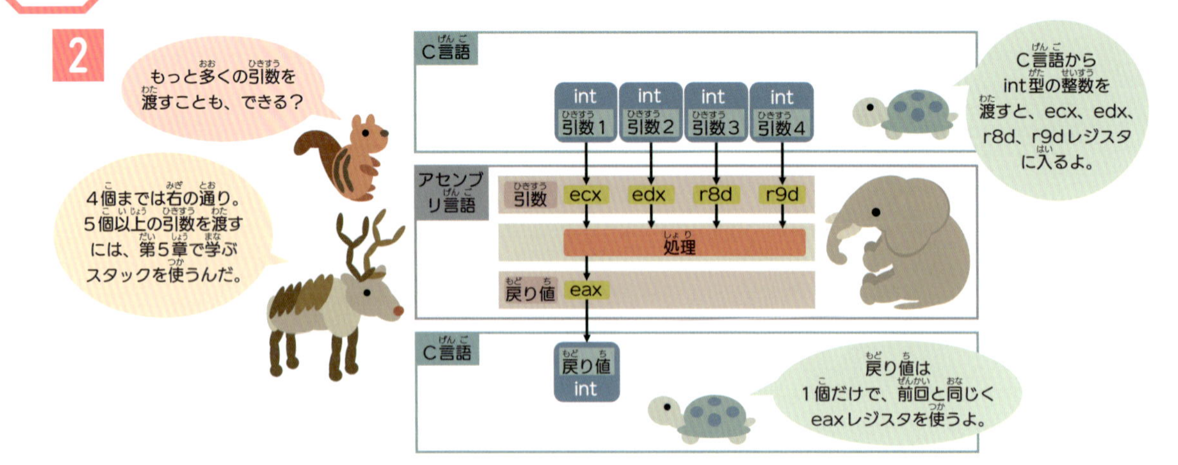

2
もっと多くの引数を渡すことも、できる？
4個までは右の通り。5個以上の引数を渡すには、第5章で学ぶスタックを使うんだ。
C言語
int 引数1
int 引数2
int 引数3
int 引数4
C言語からint型の整数を渡すと、ecx、edx、r8d、r9dレジスタに入るよ。
アセンブリ言語
引数
ecx
edx
r8d
r9d
処理
戻り値
eax
C言語
戻り値 int
戻り値は1個だけで、前回と同じくeaxレジスタを使うよ。

C言語からアセンブリ言語に渡した32ビットの整数は、ecx、edx、r8d、r9dレジスタに入るよ。

アセンブリ言語からC言語に32ビットの整数を返すには、eaxレジスタに入れておくんだ。

今回のアセンブリ言語プログラムは、2個の整数を受け取って、1個の整数を返すから…。

ecxとedxを足して、結果をeaxに入れればいいよ。

（つづく↗）

手順はシンプルだね。実際のプログラムは、どう書けばいいの？

処理の流れを図にするよ。必要なアセンブリ言語の命令を順に紹介するから、部品をはめ込むように、命令を1個ずつはめ込んでみて。

プログラミングは「手持ちの部品をどう組み合わせたら目的が達成できるのか？」を考える作業だとも言えるね。ブロックやパズルのような、面白い作業だよ。

▼整数の足し算

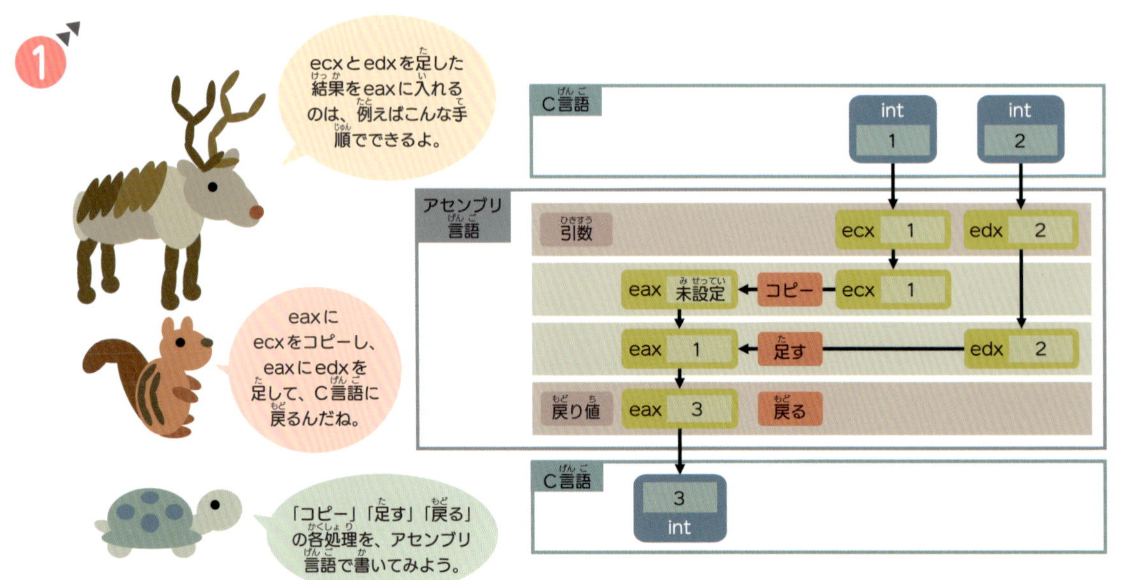

1
ecxとedxを足した結果をeaxに入れるのは、例えばこんな手順でできるよ。
C言語
int 1
int 2
アセンブリ言語
引数
ecx 1
edx 2
eax 未設定
コピー
ecx 1
eax 1
足す
edx 2
戻り値
eax 3
戻る
C言語
3 int
eaxにecxをコピーし、eaxにedxを足して、C言語に戻るんだね。
「コピー」「足す」「戻る」の各処理を、アセンブリ言語で書いてみよう。

2

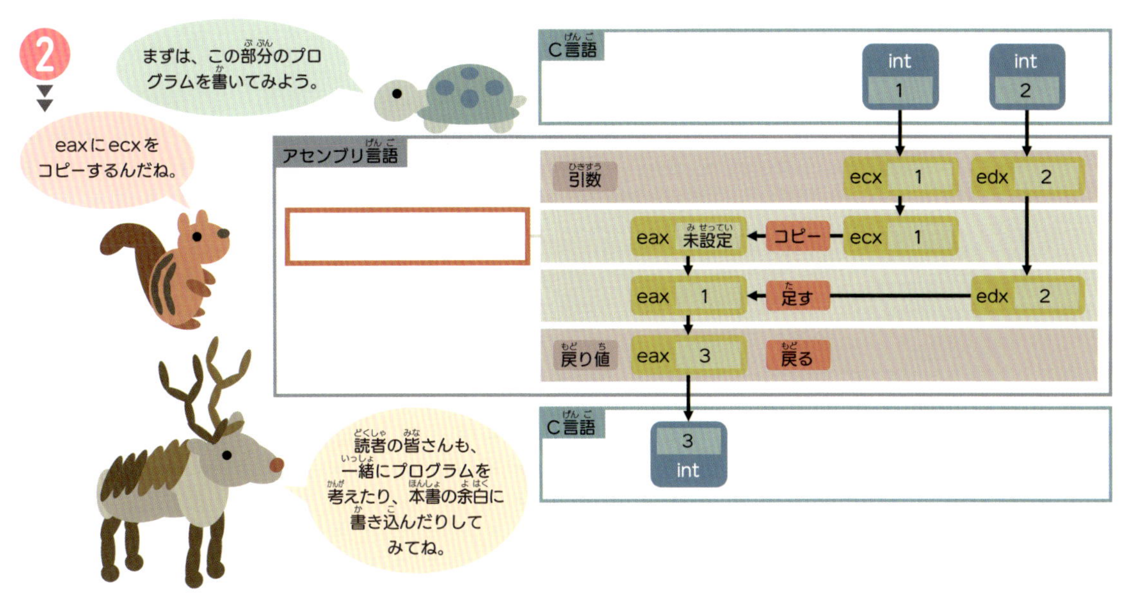
まずは、この部分のプログラムを書いてみよう。
eaxにecxをコピーするんだね。
読者の皆さんも、一緒にプログラムを考えたり、本書の余白に書き込んだりしてみてね。
C言語
int
1
int
2
アセンブリ言語
引数
ecx 1
edx 2
eax 未設定
コピー
ecx 1
eax 1
足す
edx 2
戻り値
eax 3
戻る
C言語
3
int

3

mov命令を使うと、レジスタ1にレジスタ2の値をコピーできるよ。
レジスタ1とレジスタ2には、raxやeaxなどの汎用レジスタを指定してね。
記法
mov
レジスタ1
,
レジスタ2
動作
レジスタ1
コピー
レジスタ2
movはmove（ムーブ）の略で、「移動する」という意味だ。
これでプログラムが書けそうだ。movを使って、eaxにecxの値をコピーするには…。
リスたちが鉛筆を持ったら、プログラムを書く準備ができたサインだよ。読者の皆さんも、一緒に書いてみてね。

4

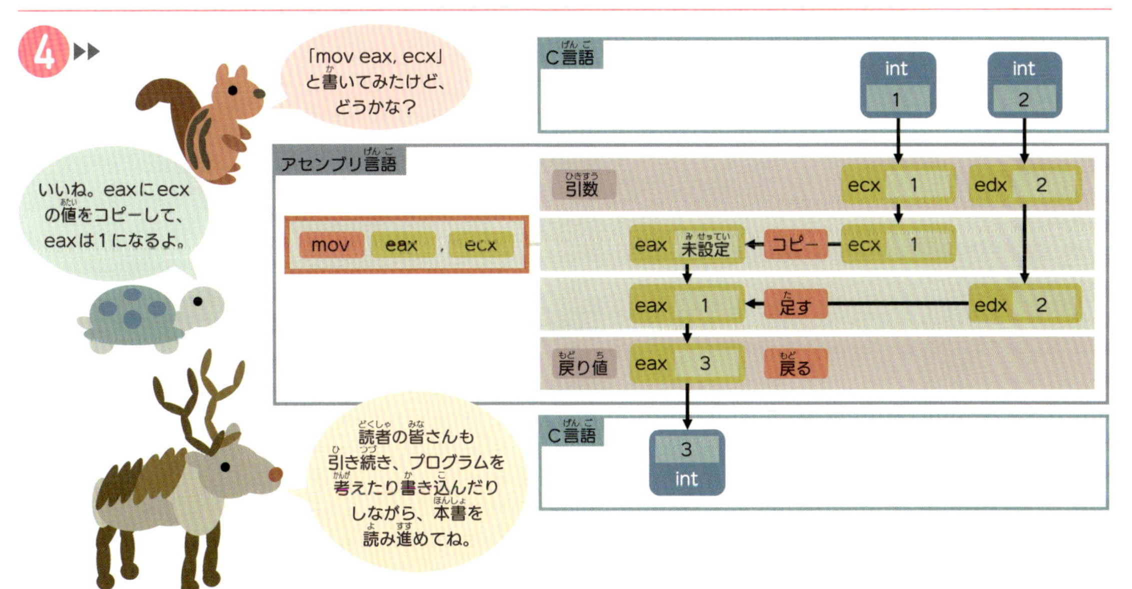
「mov eax, ecx」と書いてみたけど、どうかな？
いいね。eaxにecxの値をコピーして、eaxは1になるよ。
読者の皆さんも引き続き、プログラムを考えたり書き込んだりしながら、本書を読み進めてね。
C言語
int
1
int
2
アセンブリ言語
mov
eax
,
ecx
引数
ecx 1
edx 2
eax 未設定
コピー
ecx 1
eax 1
足す
edx 2
戻り値
eax 3
戻る
C言語
3
int

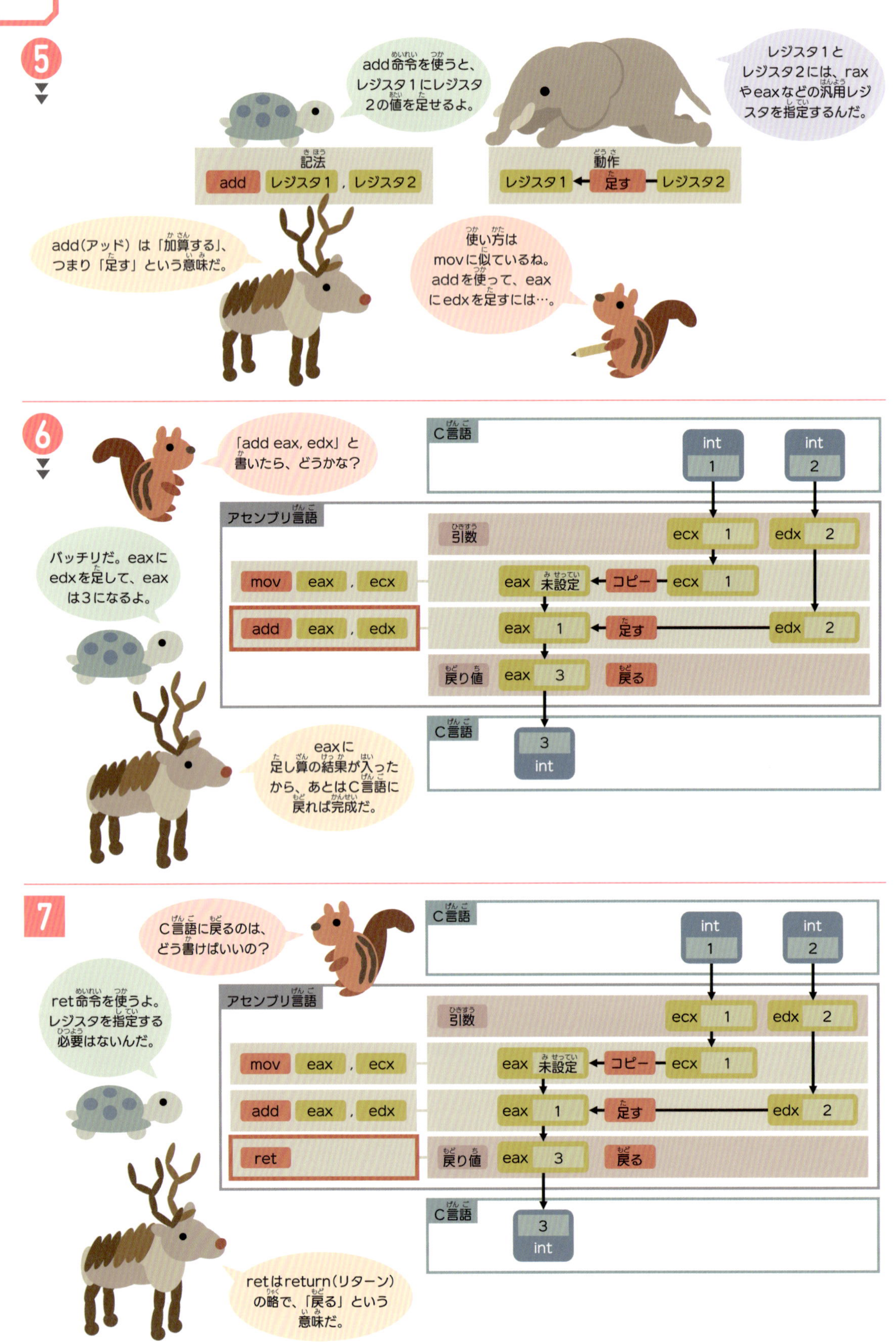
5
add命令を使うと、レジスタ1にレジスタ2の値を足せるよ。
レジスタ1とレジスタ2には、raxやeaxなどの汎用レジスタを指定するんだ。
記法
add レジスタ1 , レジスタ2
動作
レジスタ1 ← 足す ― レジスタ2
add(アッド)は「加算する」、つまり「足す」という意味だ。
使い方はmovに似ているね。addを使って、eaxにedxを足すには…。
6
「add eax, edx」と書いたら、どうかな？
C言語
int 1
int 2
アセンブリ言語
引数
ecx 1
edx 2
mov eax , ecx
eax 未設定 ← コピー ― ecx 1
add eax , edx
eax 1 ← 足す ― edx 2
戻り値 eax 3 戻る
バッチリだ。eaxにedxを足して、eaxは3になるよ。
C言語
3 int
eaxに足し算の結果が入ったから、あとはC言語に戻れば完成だ。
7
C言語に戻るのは、どう書けばいいの？
C言語
int 1
int 2
ret命令を使うよ。レジスタを指定する必要はないんだ。
アセンブリ言語
引数
ecx 1
edx 2
mov eax , ecx
eax 未設定 ← コピー ― ecx 1
add eax , edx
eax 1 ← 足す ― edx 2
ret
戻り値 eax 3 戻る
C言語
3 int
retはreturn(リターン)の略で、「戻る」という意味だ。

movはコピー、addは足す、retは戻る、だね。覚えられるかな…。

一度に覚えられなくても、忘れても大丈夫。使うときに、本書などを見て思い出せばいいよ。

addはアッドと読めばよさそうだけど、movやretのような略語は、どう読めばいいの？

（つづく↗）

人によって読み方が違うんだ。例えばmovは「ムーブ」や「ムブ」、retは「リターン」や「リット」などの読み方がある。

略語については読み方に幅があるから、発音しやすい読み方を見つけてみてね。

了解。これでアセンブリ言語プログラムは完成したかな？

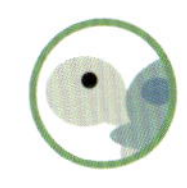

ほぼ完成だよ。あとはアセンブリ言語プログラムを関数にするために、もう少しだけプログラムを書く必要があるよ。

▼アセンブリ言語プログラムを関数にする

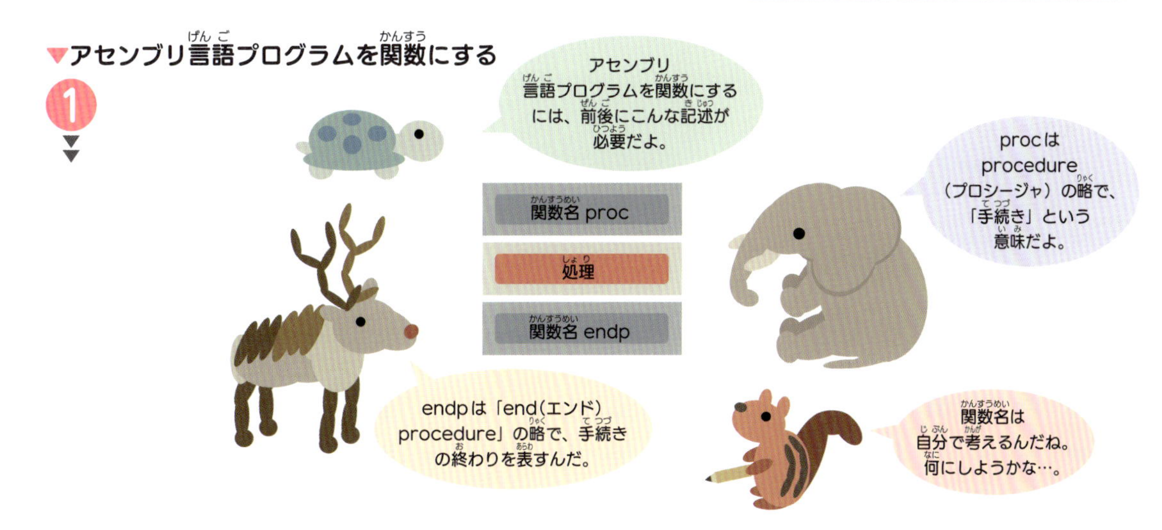

1
アセンブリ言語プログラムを関数にするには、前後にこんな記述が必要だよ。
関数名 proc
処理
関数名 endp
procはprocedure（プロシージャ）の略で、「手続き」という意味だよ。
endpは「end(エンド) procedure」の略で、手続きの終わりを表すんだ。
関数名は自分で考えるんだね。何にしようかな…。

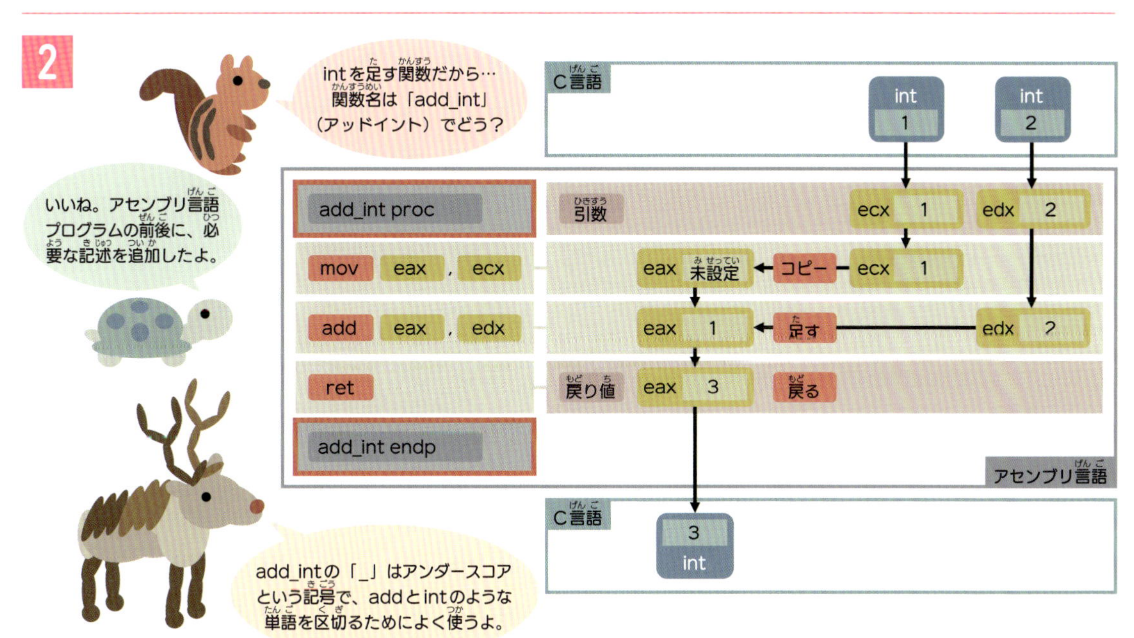

2
intを足す関数だから…関数名は「add_int」（アッドイント）でどう？
いいね。アセンブリ言語プログラムの前後に、必要な記述を追加したよ。
add_intの「_」はアンダースコアという記号で、addとintのような単語を区切るためによく使うよ。
C言語
int 1
int 2
add_int proc
引数
ecx 1
edx 2
mov eax , ecx
eax 未設定
コピー
ecx 1
add eax , edx
eax 1
足す
edx 2
ret
戻り値
eax 3
戻る
add_int endp
アセンブリ言語
C言語
3 int

これでアセンブリ言語プログラムは完成だよ。

やった！　上手く動くといいな。

完成したプログラムを掲載しておくね。プログラムの説明も書いておいたよ。

「; eaxにecxをコピー」のような部分が、説明なの？

（つづく↗）

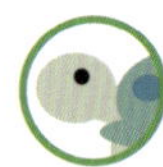
うん。セミコロン（;）から行末までの部分は、コメントと呼ばれる書き方だよ。コメントは、プログラムの説明などを書くために使うんだ。

プログラムを入力する場合、コメントの部分は入力しなくていいよ。例えば「; eaxにecxをコピー」は入力せずに、「mov eax, ecx」だけを入力すれば大丈夫だ。

次の行は「add eax, edx」だけを、その次の行は「ret」だけを入力すればいいんだね。

整数を足すadd_int関数（アセンブリ言語）

```
add_int proc
    mov eax, ecx      ; eaxにecxをコピー
    add eax, edx      ; eaxにedxを足す
    ret               ; 戻る
add_int endp
```

mov、add、retの行は、行頭に空白が入っているね。

これはプログラムを見やすくするための空白なんだ。このように行頭に空白やタブを入れる書き方を、インデントと呼ぶよ。

空白には半角空白と全角空白があるけど、インデントには半角空白を使ってね。

（つづく↗）

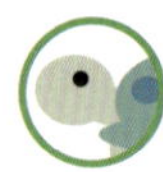
タブを入力する場合は、Tabキーを押してね。空白よりも幅が広いから、インデントに便利だよ。

プログラムを入力する場合、インデントは省略してもいいよ。空白やタブを入れずに、行頭から「mov eax, ecx」のように入力しても大丈夫だ。

了解。これでプログラムを実行できるの？

あともう少し。アセンブリ言語の関数を呼び出すための、C言語プログラムが必要だよ。

▼アセンブリ言語の関数をC言語から呼び出す

各引数の型と名前を、カンマ（,）で区切って並べるんだ。引数名は自由に決めてね。

C言語からアセンブリ言語の関数を呼び出すには、プロトタイプ宣言を書く必要があるよ。

プロトタイプ宣言

戻り値型 関数名(型 引数名 , …);

よし、書いてみよう。今回の関数名はadd_int、引数は2個でint型、戻り値もint型だから…。

2

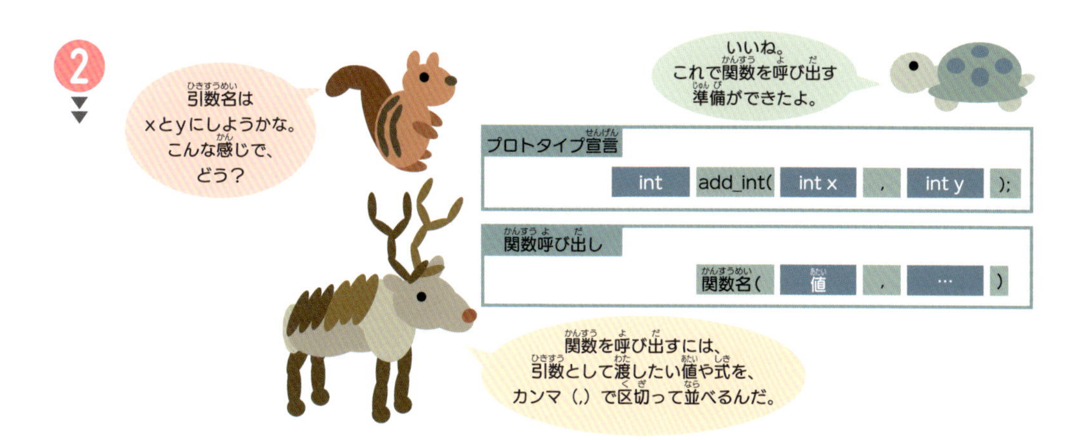

引数名はxとyにしようかな。こんな感じで、どう？
いいね。これで関数を呼び出す準備ができたよ。
プロトタイプ宣言
int
add_int(
int x
,
int y
);
関数呼び出し
関数名(
値
,
…
)
関数を呼び出すには、引数として渡したい値や式を、カンマ（,）で区切って並べるんだ。

3

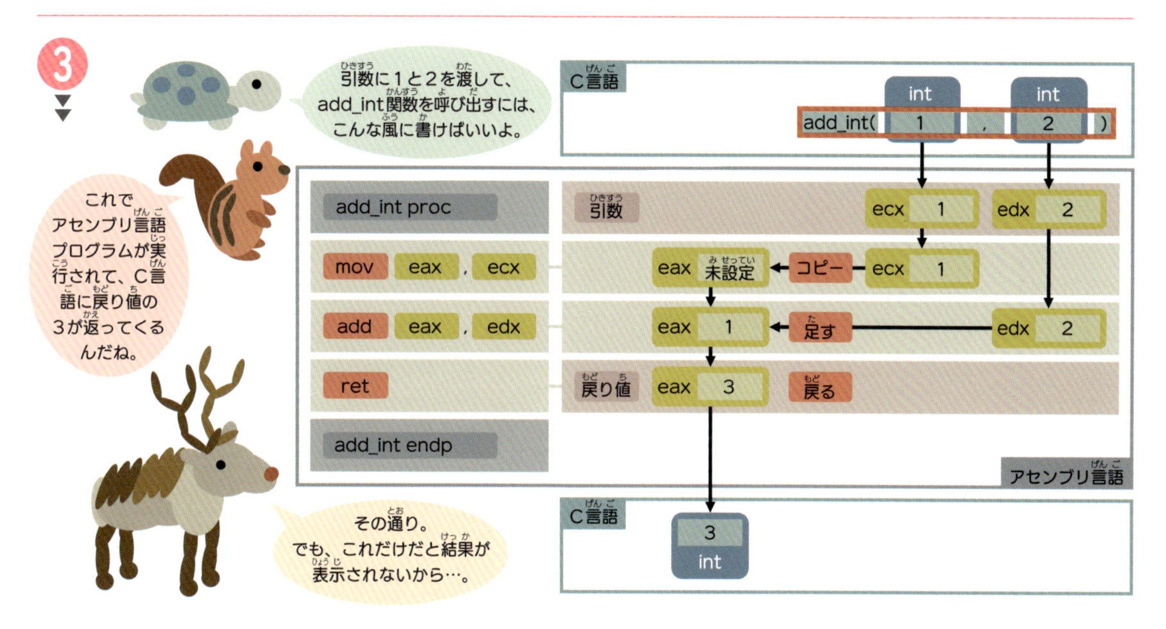

引数に1と2を渡して、add_int関数を呼び出すには、こんな風に書けばいいよ。
C言語
int
int
add_int(
1
,
2
)
これでアセンブリ言語プログラムが実行されて、C言語に戻り値の3が返ってくるんだね。
add_int proc
引数
ecx
1
edx
2
mov
eax
,
ecx
eax
未設定
コピー
ecx
1
add
eax
,
edx
eax
1
足す
edx
2
ret
戻り値
eax
3
戻る
add_int endp
アセンブリ言語
その通り。でも、これだけだと結果が表示されないから…。
C言語
3
int

4

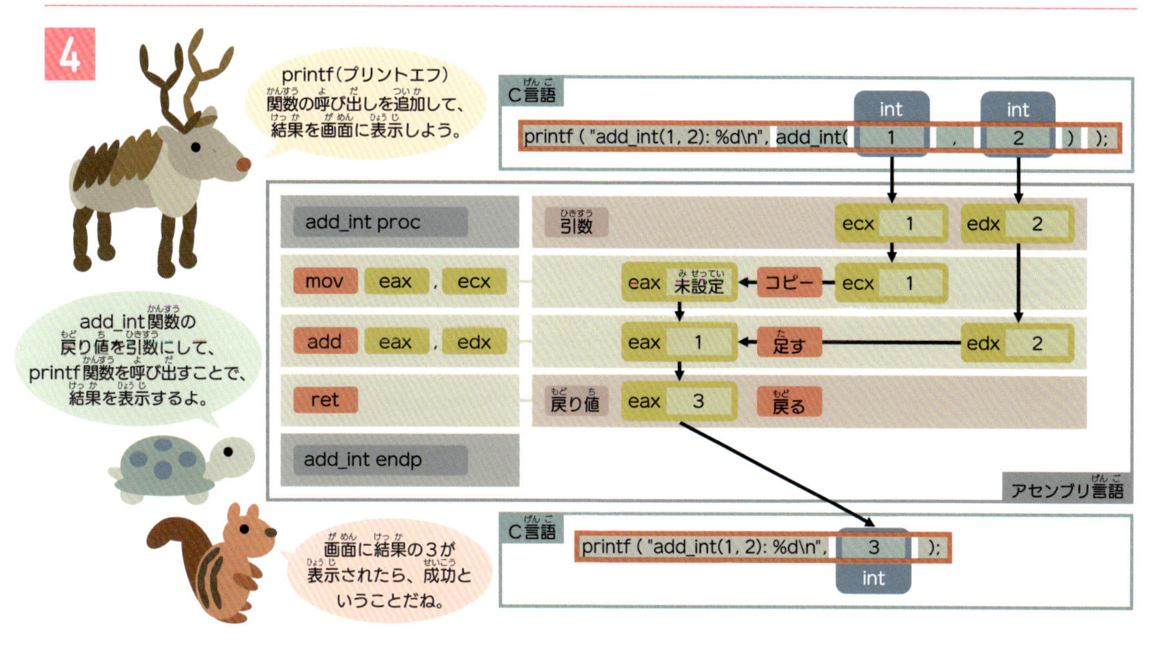

printf（プリントエフ）関数の呼び出しを追加して、結果を画面に表示しよう。
C言語
int
int
printf ("add_int(1, 2): %d\n", add_int(
1
,
2
)
);
add_int関数の戻り値を引数にして、printf関数を呼び出すことで、結果を表示するよ。
add_int proc
引数
ecx
1
edx
2
mov
eax
,
ecx
eax
未設定
コピー
ecx
1
add
eax
,
edx
eax
1
足す
edx
2
ret
戻り値
eax
3
戻る
add_int endp
アセンブリ言語
C言語
printf ("add_int(1, 2): %d\n",
3
);
int
画面に結果の3が表示されたら、成功ということだね。

C言語プログラムには、関数のプロトタイプ宣言と、関数の呼び出しが必要なんだね。

その通り。さらに本書のプログラムでは、結果を表示するために、C言語のprintf関数を呼び出すよ。

(つづく↗)

printf関数の詳しい使い方は知らなくても、本書は読み進められるようにしてあるから、安心してね。

以下が完成したC言語プログラムだ。

add_int関数のプロトタイプ宣言(C言語)

```
int add_int(int x, int y);
```

add_int関数の呼び出しと結果の表示(C言語)

```
printf("add_int(1, 2): %d\n", add_int(1, 2));
```

add_int関数を引数の1と2で呼び出していることがわかるように、「add_int(1, 2): 結果」と表示するようにしたよ。

実行すると、「add_int(1, 2): 3」と表示されるはずだ。

早く実行してみたいな！

いよいよ実行できるよ。Visual Studioを使って、実際に動かしてみよう。

(つづく↗)

第1章で紹介した、体験用のサンプルプログラムを使うよ。Visual Studioを起動して、CPUZukanSampleフォルダ以下の、try(トライ)フォルダにある、ConsoleApplication.slnファイルを開いてね。

Windowsのエクスプローラで、tryフォルダにあるConsoleApplication.slnファイルをダブルクリックして、Visual Studioを起動してもいいよ。

体験用のサンプルプログラムを開いたら、まずは以下のように実行してみてね。

▼体験用のサンプルプログラムを実行する

1

「ソリューションエクスプローラ」の「ConsoleApplication」をクリックして開き、「ソースファイル」の中にある「main.c」と「sub.asm」を、それぞれダブルクリックしてね。

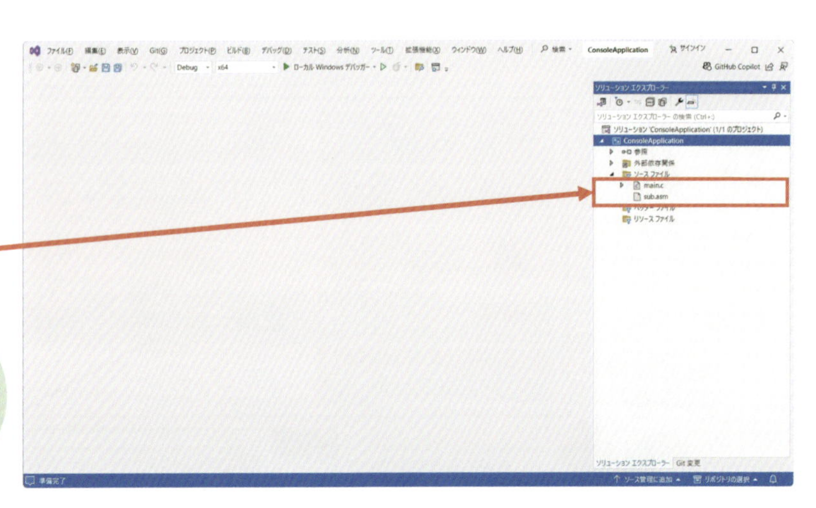
ConsoleApplication
main.c
sub.asm

キーボードのF5キーを押すか、「デバッグ」メニューの「デバッグの開始」をクリックして、プログラムを実行してね。

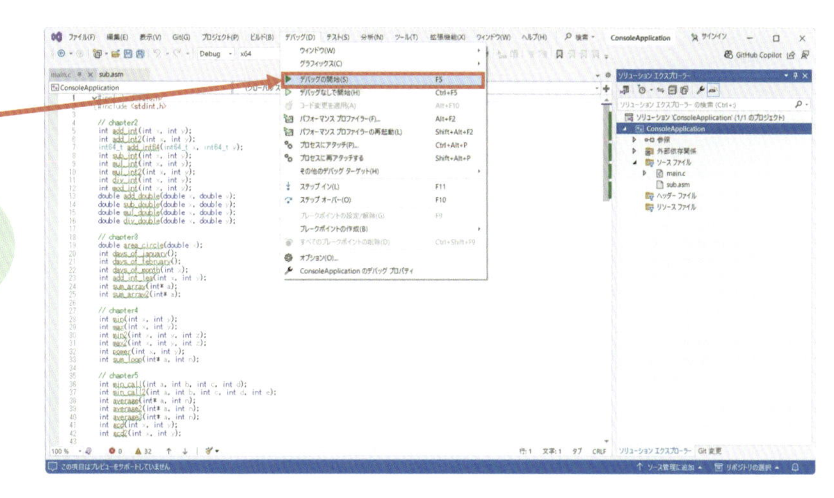

デバッグの開始(S) F5
デバッグなしで開始(H) Ctrl+F5

3

こんなウィンドウが開いて、プログラムの実行結果が表示されるよ。結果を確認したら、何かキーを押すか、×ボタンをクリックしてウィンドウを閉じてね。

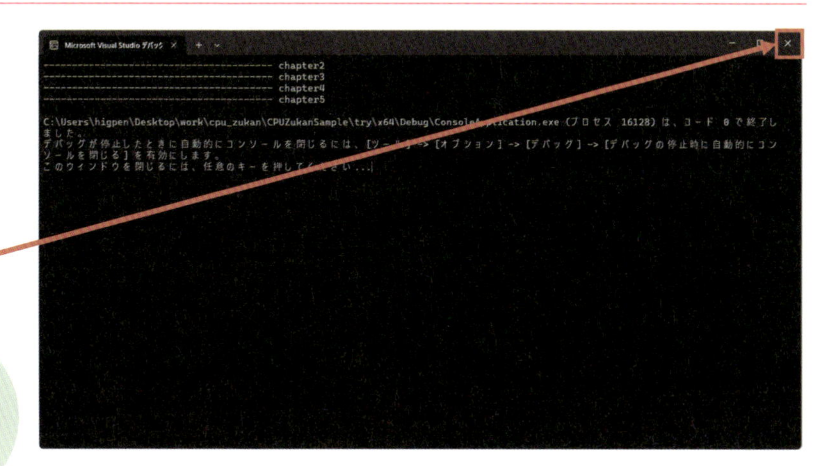

chapter2
chapter3
chapter4
chapter5

無事に実行できた？

まだ足し算の結果は表示されていないけど、実行できたよ。

（つづく↗）

よし。それでは、整数を足すプログラムを書き込んで、もう一度実行してみよう。

以下の手順に沿って、プログラムを変更してみてね。

2-2

▼体験用のサンプルプログラムを変更する

1

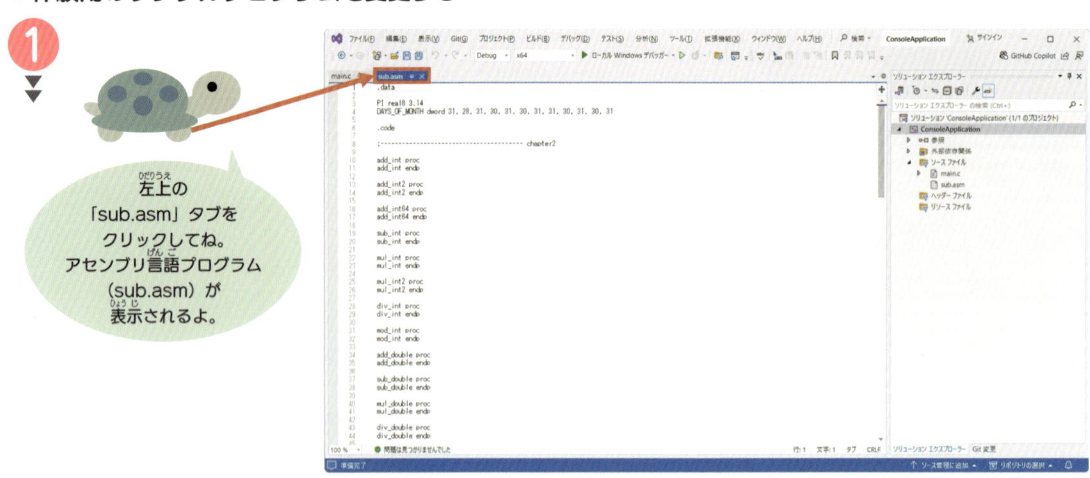

左上の
「sub.asm」タブを
クリックしてね。
アセンブリ言語プログラム
(sub.asm) が
表示されるよ。

2

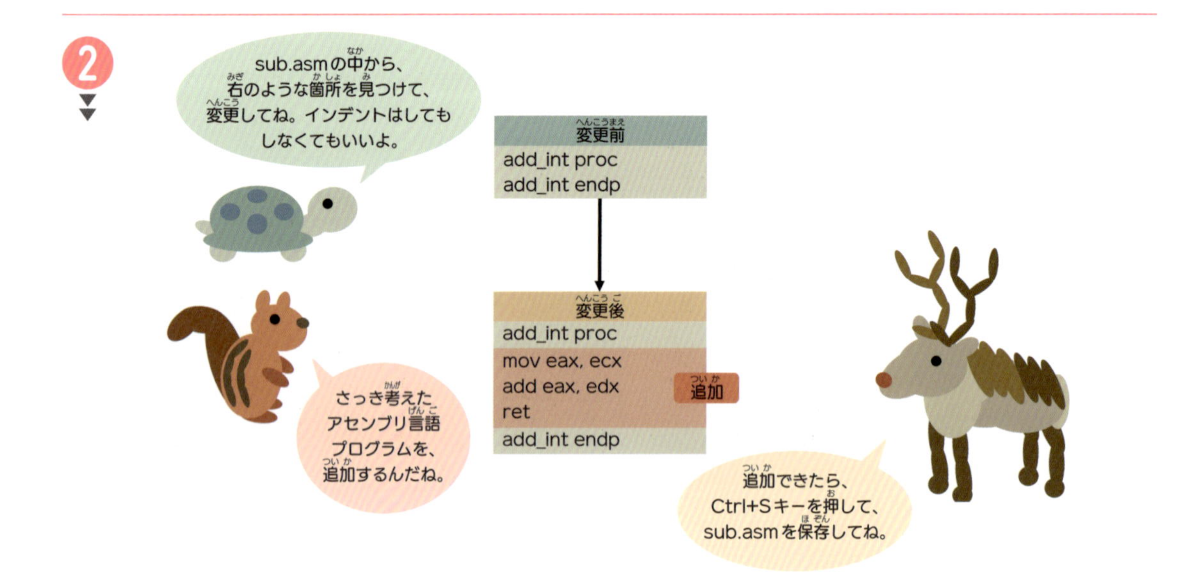

sub.asmの中から、
右のような箇所を見つけて、
変更してね。インデントはしても
しなくてもいいよ。
変更前
add_int proc
add_int endp
変更後
add_int proc
mov eax, ecx
add eax, edx
ret
add_int endp
追加
さっき考えた
アセンブリ言語
プログラムを、
追加するんだね。
追加できたら、
Ctrl+Sキーを押して、
sub.asmを保存してね。

3

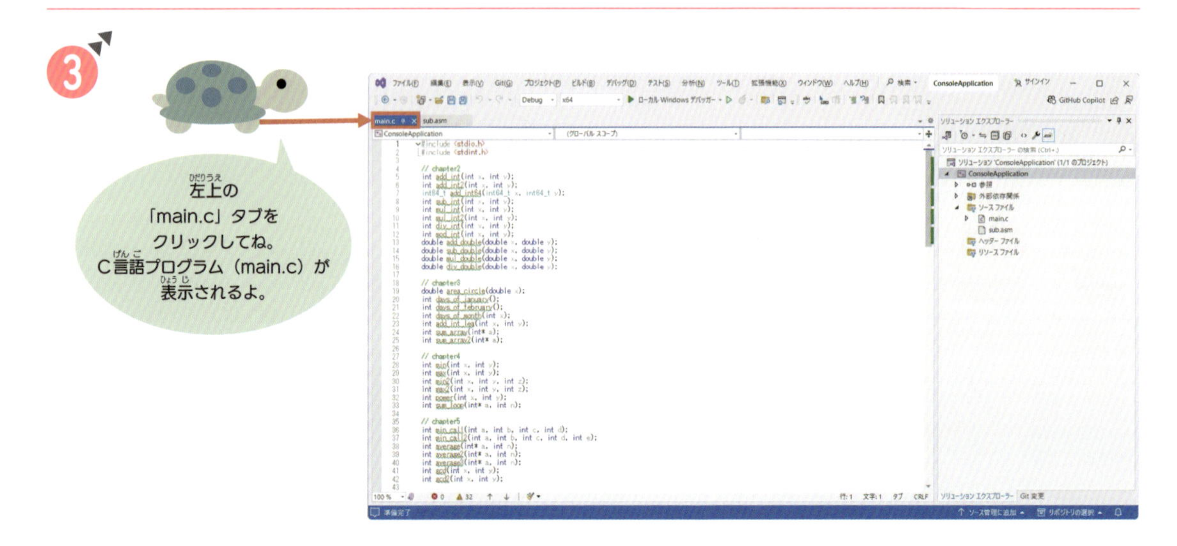

左上の
「main.c」タブを
クリックしてね。
C言語プログラム (main.c) が
表示されるよ。

4

main.cの中から、
右のような箇所を見つけて、
変更してね。変更できたら、
Ctrl+Sキーを押して、main.cを
保存するよ。

変更前

削除 // printf("add_int(1, 2): %d\n", add_int(1, 2));

変更後

printf("add_int(1, 2): %d\n", add_int(1, 2));

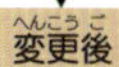

先頭の「//」を
削除するんだね。

「//」を削除すると、
printf関数とadd_int関数を
呼び出す処理が、実行されるように
なるよ。

5

キーボードの
F5キーを押して、
プログラムを実行してみてね。
1+2の結果が3と表示されたら、
成功だよ。

Microsoft Visual Studio デバッグ
add_int(1, 2): 3
chapter2
chapter3
chapter4
chapter5
C:\Users\higpen\Desktop\work\cpu_zukan\CPUZukanSample\try\x64\Debug\ConsoleApplication.exe (プロセス 19732) は、コード 0 で終了しました。
デバッグが停止したときに自動的にコンソールを閉じるには、[ツール] -> [オプション] -> [デバッグ] -> [デバッグの停止時に自動的にコンソールを閉じる] を有効にします。
このウィンドウを閉じるには、任意のキーを押してください...
結果を確認したら、何かキーを押すか、×ボタンをクリックして、ウィンドウを閉じてね。

「add_int(1, 2): 3」と表示されたよ。成功かな？

成功だよ！　初めてのアセンブリ言語プログラムが、無事に動いたね。

ところで、プロトタイプ宣言は書かなかったけど、大丈夫？

(つづく↗)

大丈夫。入力を楽にするために、体験用のサンプルプログラムには、あらかじめプロトタイプ宣言を書いておいたんだ。

main.cの先頭近くを見ると、add_int関数のプロトタイプ宣言が見つかるよ。

printf関数の先頭に書いてあった「//」は、何？

スラッシュ(/)を2個並べた「//」は、C言語でコメントを書くための記法だよ。

入力を楽にするために、printf関数の呼び出しをあらかじめ書いておき、「//」を使ってコメントにしておいたんだ。

「//」を削除するだけで、コメントではなくなって、printf関数が実行されるようになるよ。

(つづく↗)

なるほど。もっとプログラムを書いてみたいな。

さっきのプログラムとは別の方法で、整数を足すプログラムを書いてみよう。

そうしよう。こんな手順を考えてみて。

▼整数を足す別の方法

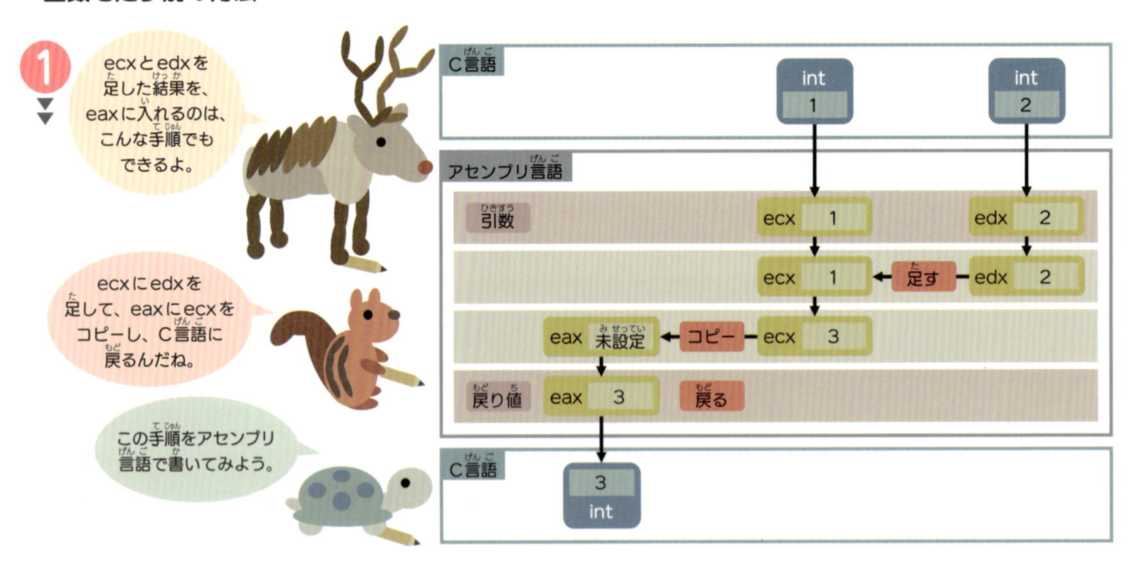
1
ecxとedxを足した結果を、eaxに入れるのは、こんな手順でもできるよ。
ecxにedxを足して、eaxにecxをコピーし、C言語に戻るんだね。
この手順をアセンブリ言語で書いてみよう。
C言語
int
1
int
2
アセンブリ言語
引数
ecx 1
edx 2
ecx 1
足す
edx 2
eax 未設定
コピー
ecx 3
戻り値
eax 3
戻る
C言語
3
int

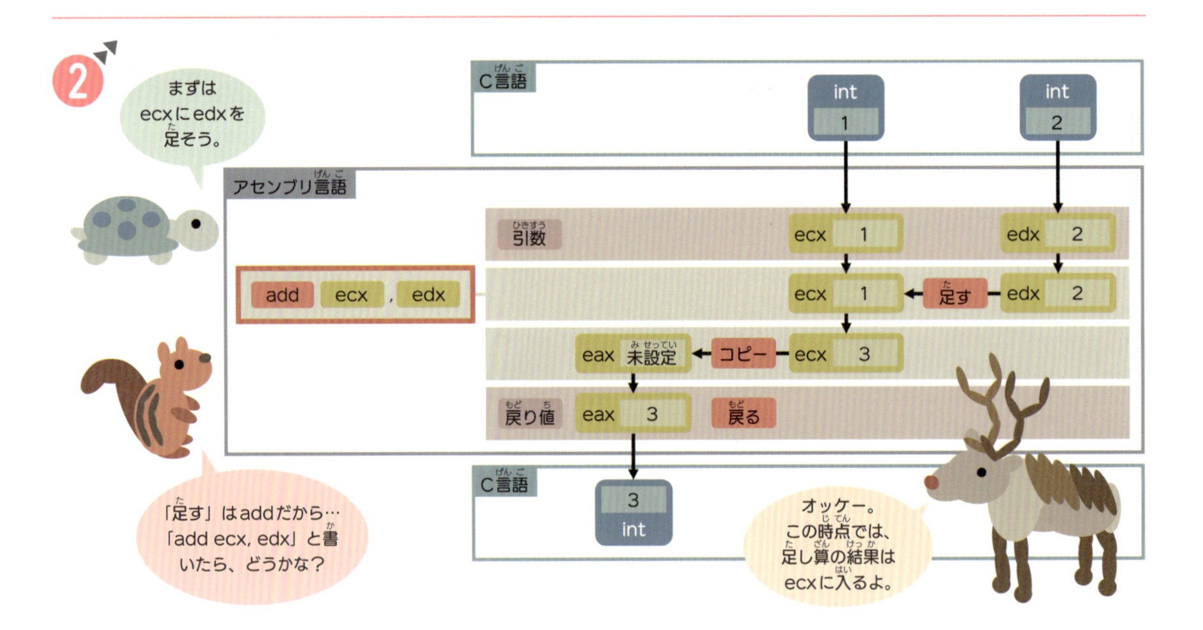
2
まずはecxにedxを足そう。
C言語
int
1
int
2
アセンブリ言語
add ecx , edx
引数
ecx 1
edx 2
ecx 1
足す
edx 2
eax 未設定
コピー
ecx 3
戻り値
eax 3
戻る
C言語
3
int
「足す」はaddだから…「add ecx, edx」と書いたら、どうかな？
オッケー。この時点では、足し算の結果はecxに入るよ。

3

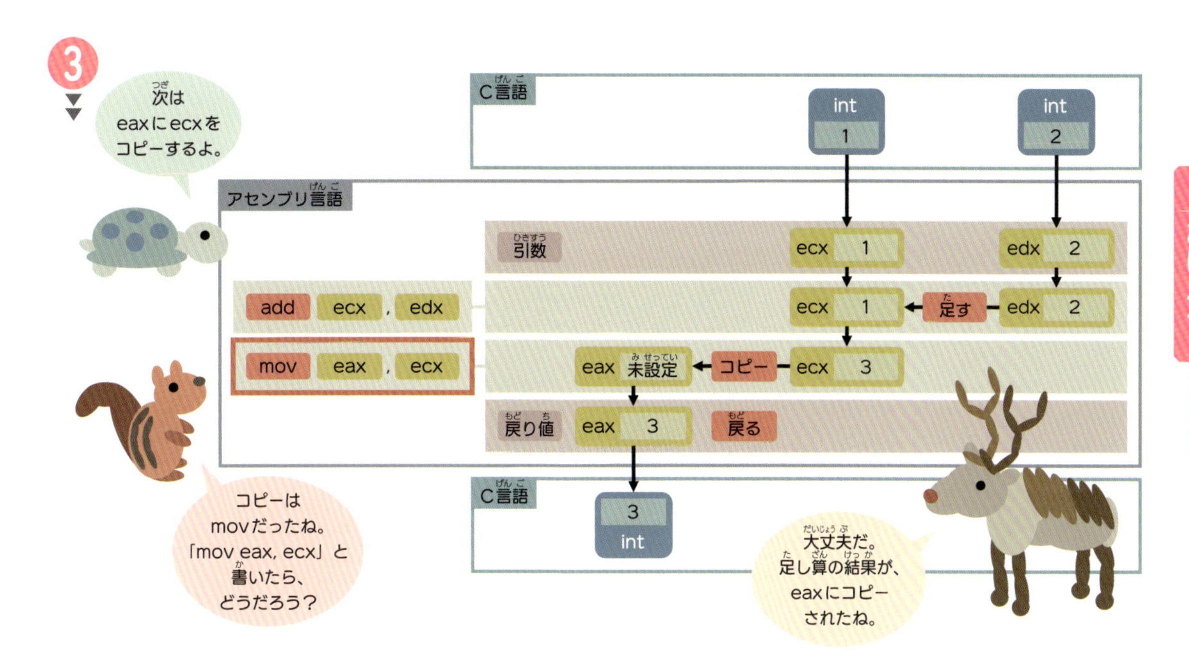
次は
eaxにecxを
コピーするよ。
C言語
int
1
int
2
アセンブリ言語
引数
ecx 1
edx 2
add ecx , edx
ecx 1
足す
edx 2
mov eax , ecx
eax 未設定
コピー
ecx 3
戻り値
eax 3
戻る
C言語
3
int
コピーは
movだったね。
「mov eax, ecx」と
書いたら、
どうだろう？
大丈夫だ。
足し算の結果が、
eaxにコピー
されたね。

4

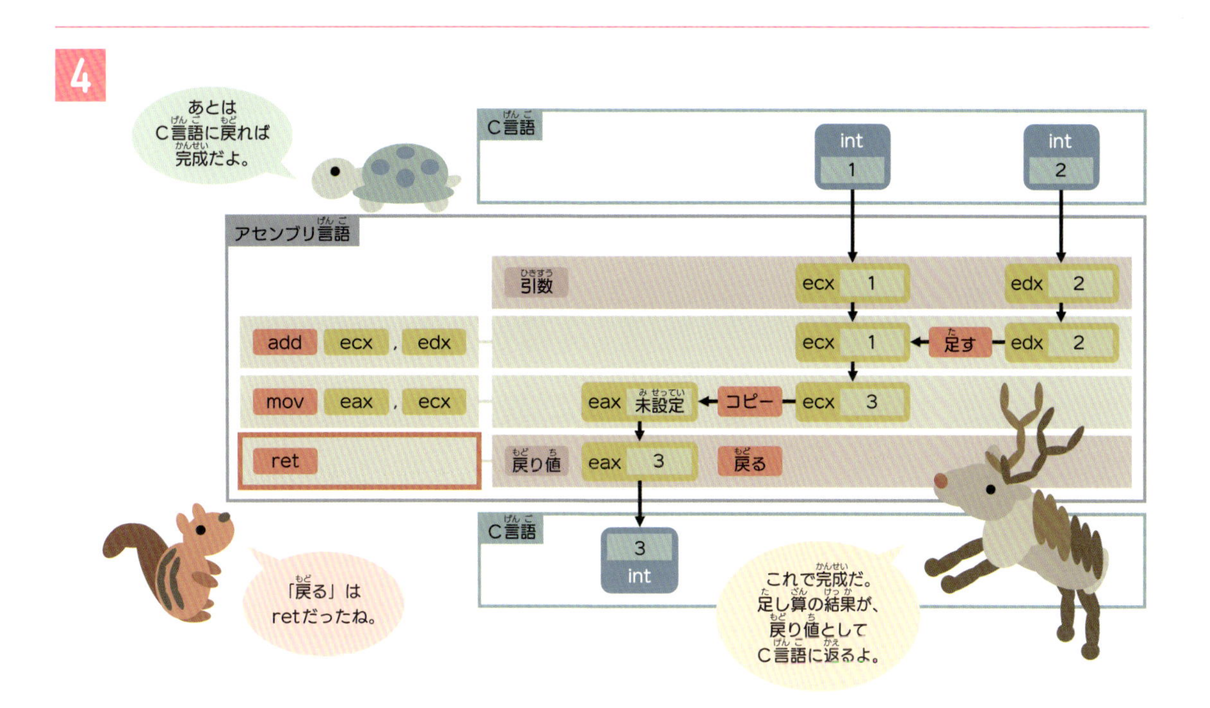
あとは
C言語に戻れば
完成だよ。
C言語
int
1
int
2
アセンブリ言語
引数
ecx 1
edx 2
add ecx , edx
ecx 1
足す
edx 2
mov eax , ecx
eax 未設定
コピー
ecx 3
ret
戻り値
eax 3
戻る
C言語
3
int
「戻る」は
retだったね。
これで完成だ。
足し算の結果が、
戻り値として
C言語に返るよ。

さっきのプログラムでは、最初にmov、次にaddだった。今度のプログラムでは、最初にadd、次にmovなんだね。

うん。ecxとedxの値を足して、結果をeaxに入れるのは、どちらのプログラムでも同じだよ。

（つづく↗）

このように、同じ目的を達成するプログラムでも、いくつもの書き方があるんだ。

完成したプログラムは以下の通り。関数名はadd_int2にしたよ。

整数を足すadd_int2関数（アセンブリ言語）

```
add_int2 proc
    add ecx, edx     ; ecxにedxを足す
    mov eax, ecx     ; eaxにecxをコピー
    ret              ; 戻る
add_int2 endp
```

このプログラムも動かしてみたいな。

sub.asmを開いて、以下の（変更前）の箇所を見つけてね。そして（変更後）のように、アセンブリ言語プログラムを書き込むんだ。

add_int2関数（sub.asm、変更前）

```
add_int2 proc
add_int2 endp
```

add_int2関数（sub.asm、変更後）

```
add_int2 proc
    add ecx, edx
    mov eax, ecx
    ret
add_int2 endp
```

書き込んで保存したよ。C言語の方はどうしたらいいかな？

main.cを開いて、以下の（変更前）の箇所を見つけてね。そして「//」を削除して、（変更後）の状態にするんだ。

add_int2関数の呼び出し(main.c、変更前)

```
//printf("add_int2(1, 2): %d\n", add_int2(1, 2));
```

add_int2関数の呼び出し(main.c、変更後)

```
printf("add_int2(1, 2): %d\n", add_int2(1, 2));
```

こちらも書き込んで保存したよ。実行してみるね！

以下のように表示されたら、成功だ。

(つづく↗)

以下では省略したけど、前回のadd_int関数の実行結果も一緒に表示されるよ。

実行結果:add_int2関数で整数を足す

```
add_int2(1, 2): 3
```

無事に動いたよ！

よかった。この本を読んでいる皆さんも、パソコンを持っていたら、ぜひ実際に動かしてみてください。

結構長い道のりだった…。でも、機械語やアセンブリ言語って、難しいかなと思っていたけど、それほど難しくないかも？

その通り、案外難しくないよ。mov、add、retといった、シンプルな機能の命令で構成されているからね。

アセンブリ言語を使って、もっと面白いこともできる？

よし。一緒にアセンブリ言語の深淵をのぞきに出かけよう。

次は、CPUが整数の足し算を実行する仕組みについて、詳しく学ぶよ。

2-3

負の整数や大きな整数を足してみよう

CPUが負の整数を表す仕組みや、大きな整数を足したときの動きについて、詳しく学んでみましょう。

コンピュータは2進数を使うということを、以前学んだね。

2進数は、0と1だけの数だったね。

（つづく↗）

うん。コンピュータの内部では、足し算なども2進数で実行しているんだ。

さっき書いた足し算のプログラムでは、「1+2」を計算したね。

この「1+2」という計算を、2進数で表してみよう。

▼2進数の足し算

10進数の1を、32ビットの2進数で表すと、こうなるよ。

2進数（32ビット）	10進数
00000000000000000000000000000001	1

0が31桁あって、1が1桁あるから、全部で32桁、つまり32ビットだね。

10進数の1は、2進数でも1だけど、ここでは32ビットに揃えるために、上位に0を並べたよ。

2

10進数の1と2を、32ビットの2進数で表したものを、足してみよう。

	2進数（32ビット）	10進数
	00000000000000000000000000000001	1
+	00000000000000000000000000000010	2

桁数が多いから、大変かな…？

10進数と同じように、桁ごとに足せばいいよ。

3

この場合は
繰り上がりがないから、
難しくないよ。

	2進数（32ビット）	10進数
	00000000000000000000000000000001	1
+	00000000000000000000000000000010	2
	00000000000000000000000000000011	3

本当だ。
ほとんどの桁が0
だったから、意外
と簡単だった。

この後で、
繰り上がりがある
足し算もやって
みるよ。

桁数が多いから大変かと思ったけど、意外に簡単だったよ。

0と1しか使わないことに注意は必要だけど、10進数の足し算と手順は同じなんだ。

次は負の整数、つまりマイナスの整数を足してみよう。

負の整数を足すと、正の整数、つまりプラスの整数を引いたのと同じ結果になるよ。

（つづく↗）

前のセクションで書いた、add_int関数を使うよ。

同じadd_int関数で、負の整数も足せるの？

実は足せるんだ。試しに「−1+2」「−1+1」「−1+−2」を、それぞれ計算してみよう。

main.cで以下の箇所を見つけて、先頭の//を削除してね。

add_int関数で負の整数を足す(main.c)

```
printf("add_int(-1, 2): %d\n", add_int(-1, 2));
printf("add_int(-1, 1): %d\n", add_int(-1, 1));
printf("add_int(-1, -2): %d\n", add_int(-1, -2));
```

プログラムを変更したよ。

保存したら、実行してみてね。以下の結果が表示されれば成功だよ。

実行結果:add_int関数で負の整数を足す

```
add_int(-1, 2): 1
add_int(-1, 1): 0
add_int(-1, -2): -3
```

2-3

「−1+2」は1、「−1+1」は0、「−1+−2」は−3だね。正しいみたいだ。

（つづく↗）

よかった。次は「−1+1」を例に、CPUが負の整数をどのように表すのかを学ぼう。

2の補数表現という方法を使うよ。

▼2の補数表現

2の補数表現を使って、10進数の−1を32ビットの2進数で表すと、こうなるよ。

2進数（32ビット）	10進数
11111111111111111111111111111111	−1
00000000000000000000000000000001	1

1だけが並んでいるね！

32ビットの全ての桁が1になるんだ。

2

	2進数	10進数
	11111111111111111111111111111111	−1
+	00000000000000000000000000000001	1
	00000000000000000000000000000000	0

この1だけが並んだ2進数が、10進数の−1を表すのは、どうして？

−1を表す2進数と、1を表す2進数を足して、下位の32ビットだけを残すと、0になるようにしてあるんだ。

1を足すと0になるから、−1を表しているということだ。

32桁の1111…と、1を足すのは、どうやって計算するの？

（つづく↗）

繰り上がりがある2進数の足し算だね。実際に計算してみよう。

0と1しかないことに注意は必要だけど、繰り上がりがある10進数の足し算と、要領は同じだよ。

▼繰り上がりがある2進数の足し算

まずは2進数の1と1を足してみるよ。

	2進数	
		1
+		1
	1	0

2進数の1+1は10、つまり10進数の2になるんだね。

10進数では1+1が2になるけど、2進数では桁が増えて10になることに注意してね。

2
今度は2進数の11と1を足してみよう。
2進数
1 1
+ 1
これは、どうやって計算するの？
10進数の計算と同じ要領で、繰り上がりを処理するんだ。
3
2進数
1 1
+ 1
1
+ 1 0
まずは下位の1+1を計算するよ。
1+1は10だったね。
その通り。この繰り上がった1を、上位の1と足すんだ。
4
2進数
1 1
+ 1
1
+ 1 0
1 0 0
上位の1と、繰り上がった1を足したら、完成だよ。
1+1だから、また10だね
最終的な結果は100になる。この11+1=100という計算は、10進数の3+1=4という計算に相当するよ。
5
−1を表す2進数と、1を表す2進数の足し算に戻ってみよう。
2進数
10進数
11111111111111111111111111111111
−1
+
00000000000000000000000000000001
1
100000000000000000000000000000000
桁は増えたけど、11+1=100と同じ要領で計算できるよ。
結果は1が1桁で、0が32桁あるから、全部で33ビットになったね。

6

足し算の結果のうち、下位の32ビットだけを残すよ。

	2進数	10進数
	11111111111111111111111111111111	−1
+	00000000000000000000000000000001	1
下位の32ビットだけを残す	100000000000000000000000000000000	
	00000000000000000000000000000000	0

最上位のビットは捨てて、全体を32ビットにするんだ。

下位の32ビットだけを残すと、確かに0になったね。

なるほど、32桁の1111…と、1を足して、さらに下位の32ビットだけを残すと、0になるんだね。

うん。1を足すと0になるから、32桁の1111…が−1を表す、という理屈だよ。

（つづく↗）

−1は1111111111111111111111 1111111111だけど、−2や−3などは、どんな数になるの？

2の補数表現を作る方法を紹介するね。

「反転して1を足す」と覚えると簡単だよ。

▼2の補数表現の作り方

1

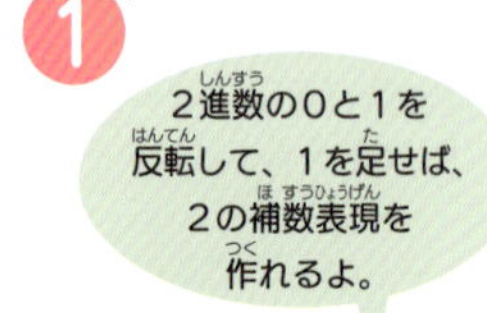
2進数の0と1を
反転して、1を足せば、
2の補数表現を
作れるよ。

2進数	10進数
00000000000000000000000000000001	1
↓ 0と1を反転する	
11111111111111111111111111111110	
↓ 1を足す	
11111111111111111111111111111111	−1

本当だ。1から−1を作れたね。

実はこの計算は、100000000000000000000000000000000から1を引くのと、同じ計算なんだ。

2

今度は
−1に対して、同じ
計算をしてみて。

2進数	10進数
11111111111111111111111111111111	−1

↓ 0と1を反転する

2進数	10進数
00000000000000000000000000000000	

↓ 1を足す

2進数	10進数
00000000000000000000000000000001	1

−1を反転して
1を足したら、
1に戻ったよ！

これで
正の数と負の数を、自由に
行き来できるね。

他の数でも試してみよう。例えば−2を作るには…。

2は00000000000000000000000000000010だから、これを反転して、1を足せばいいよ。

反転すると11111111111111111111111111111101、さらに1を足すと11111111111111111111111111111110だ。

−3も計算してみよう。3は00000000000000000000000000000011だよ。

反転して11111111111111111111111111111100、1を足して11111111111111111111111111111101、で正しいかな？

（つづく↗）

その通り。これで、どんな負の整数でも作れるようになったね。

やった！　次は何をしよう？

大きな整数同士を足すと、何が起こるのかを見てみよう。

10億+20億は？

30億かな？

その通り。では、add_int関数を使って、10億+20億を計算してみよう。

main.cで以下の箇所を見つけて、先頭の//を削除してね。

add_int関数で大きな整数を足す(main.c)

```
printf("add_int(1000000000, 2000000000): %d\n",
    add_int(1000000000, 2000000000));
```

プログラムを変更したら、実行してみてね。

結果は−1294967296？　30億なら、3000000000になるはずなのに…。

実行結果:add_int関数で大きな整数を足す

```
add_int(1000000000, 2000000000): -1294967296
```

どうして結果がおかしな値になったの？

計算の結果が、32ビットの整数で表せる範囲を超えてしまったからだ。

（つづく↗）

このように、計算の結果が正しく表せる範囲を超えてしまうことを、オーバーフローと呼ぶよ。

オーバーフローというのは、水などがあふれることだ。

32ビットの整数で表せる値の範囲と、オーバーフローについて、詳しく説明するね。

▼オーバーフロー

1

負の数は
最上位のビットが
1になっていることに
注目してね。

2の補数表現を使うと、
32ビットの2進数で、10進数の
−2147483648から2147483647まで
を表せるよ。

2進数（32ビット）	10進数
00000000000000000000000000000000	0
00000000000000000000000000000001	1
⋮	⋮
01111111111111111111111111111111	2147483647
10000000000000000000000000000000	−2147483648
⋮	⋮
11111111111111111111111111111111	−1

最上位のビットが1

前半が正の数で、
後半が負の数
なんだね。

2

10進数の
1000000000+2000000000を、
2進数で計算すると、こうなるよ。

	2進数	10進数
	00111011100110101100101000000000	1000000000
+	01110111001101011001010000000000	2000000000
最上位のビットが1	10110010110100000101111000000000	−1294967296

あっ、最上位のビットが
1になったから、負の数と
して解釈されちゃうんだね。

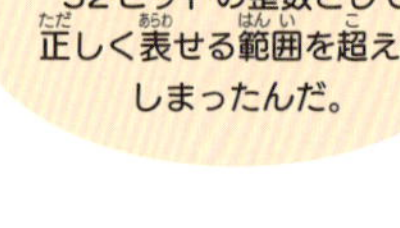
計算の結果が、
32ビットの整数として
正しく表せる範囲を超えて
しまったんだ。

32ビットの整数として表せるのは、−21億4748万3648から21億4748万3647までの範囲なんだ。

30億はこの範囲を超えているから、正しく表せなかったんだね。

（つづく↗）

うん。さらに、今回は結果の最上位のビットが1だから、負の数として扱われたんだ。

2の補数表現では、最上位のビットを見れば、正の数か負の数かがわかるよ。最上位のビットが0ならば正の数、1ならば負の数なんだ。

わかりやすいね。でも、こんな風にオーバーフローが起きると、正しい値が得られないんだね。

うん。オーバーフローが起きないように、扱う値の範囲に注意してプログラムを書く必要があるよ。

正しく10億+20億を計算するには、どうしたらいいのかな？

64ビットの整数を使ってみよう。

（つづく↗）

64ビットの整数は、−9223372036854775808から9223372036854775807までの値を表せるから、10億+20億を正しく計算できるよ。

これだけあれば、リスが普段やる計算には、たいてい足りそうだ！

64ビットの整数を足すプログラムを書いてみよう。32ビットの整数を足すプログラムと、同じ要領で書けるよ。

まずは64ビットの整数を、引数として渡したり、戻り値として返す方法を紹介しよう。

▼64ビットの整数の引数と戻り値

1

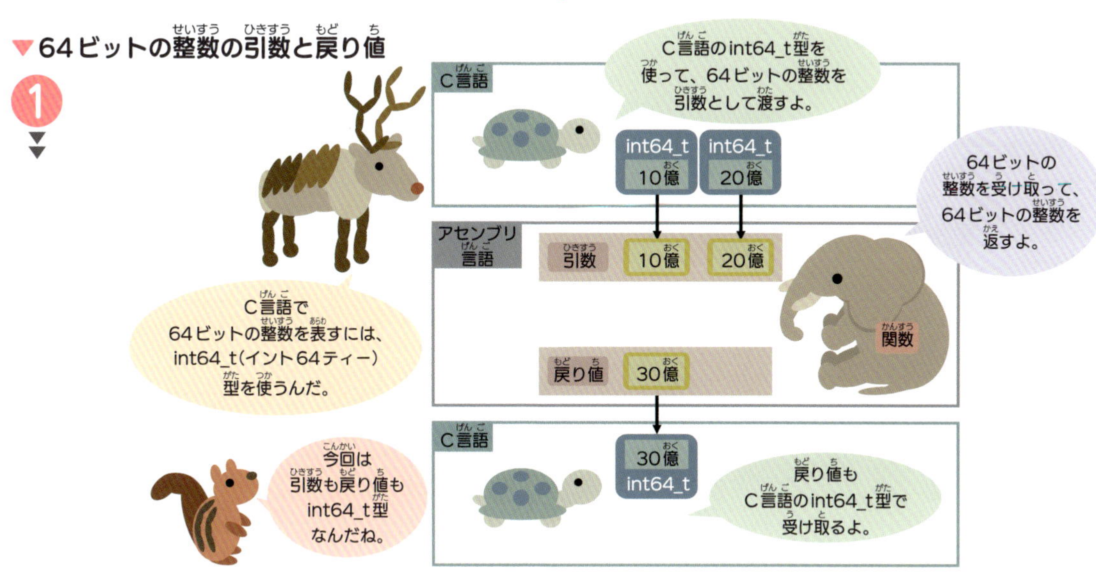

C言語
C言語のint64_t型を使って、64ビットの整数を引数として渡すよ。
int64_t 10億
int64_t 20億
アセンブリ言語
引数 10億 20億
64ビットの整数を受け取って、64ビットの整数を返すよ。
関数
戻り値 30億
C言語で64ビットの整数を表すには、int64_t(イント64ティー)型を使うんだ。
C言語
30億 int64_t
今回は引数も戻り値もint64_t型なんだね。
戻り値もC言語のint64_t型で受け取るよ。

2

引数が4個までは右の通り。5個以上の場合は、第5章で学ぶスタックを使うんだ。
今回は引数が2個だから、rcxとrdxを使うんだね。

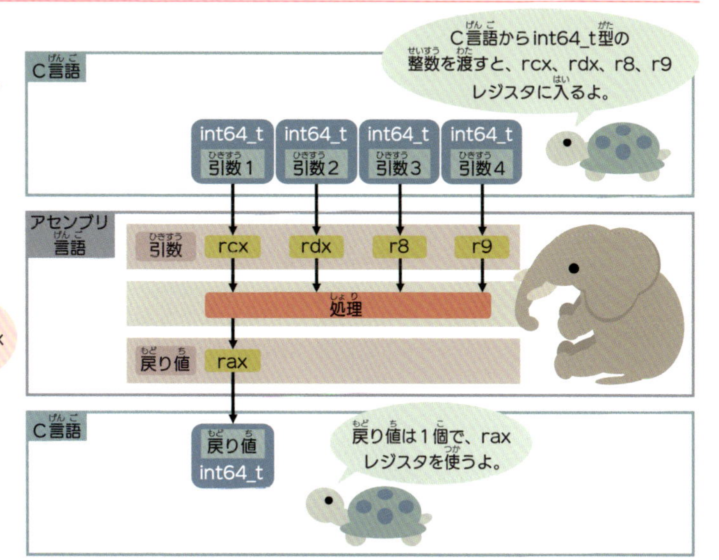

C言語
C言語からint64_t型の整数を渡すと、rcx、rdx、r8、r9レジスタに入るよ。
int64_t 引数1
int64_t 引数2
int64_t 引数3
int64_t 引数4
アセンブリ言語
引数 rcx rdx r8 r9
処理
戻り値 rax
C言語
戻り値 int64_t
戻り値は1個で、raxレジスタを使うよ。

引数にはrcx、rdx、r8、r9レジスタを、戻り値にはraxレジスタを使うんだね。

（つづく↗）

うん。32ビットの整数を扱ったときとは、レジスタの呼び名が違うから注意してね。

それでは、64ビットの整数を足すプログラムを書いてみよう。

▼64ビットの整数の足し算

1

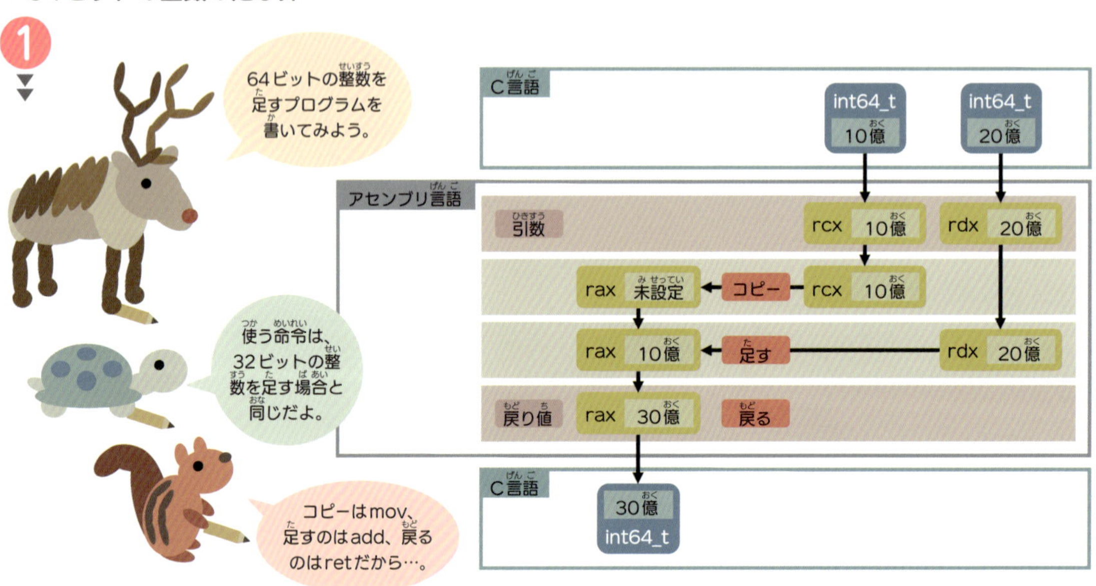
64ビットの整数を足すプログラムを書いてみよう。
使う命令は、32ビットの整数を足す場合と同じだよ。
コピーはmov、足すのはadd、戻るのはretだから…。
C言語
int64_t 10億
int64_t 20億
アセンブリ言語
引数
rcx 10億
rdx 20億
rax 未設定
コピー
rcx 10億
rax 10億
足す
rdx 20億
戻り値
rax 30億
戻る
C言語
30億 int64_t

2

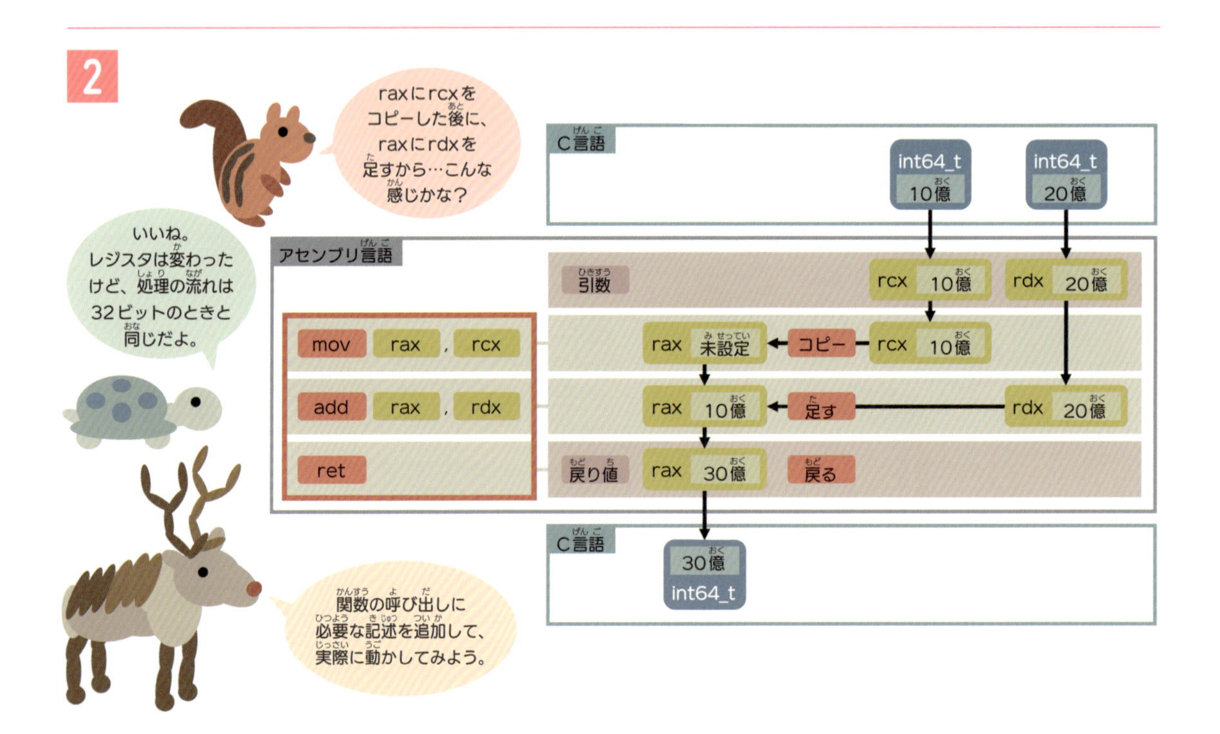
raxにrcxをコピーした後に、raxにrdxを足すから…こんな感じかな？
いいね。レジスタは変わったけど、処理の流れは32ビットのときと同じだよ。
C言語
int64_t 10億
int64_t 20億
アセンブリ言語
mov rax , rcx
add rax , rdx
ret
引数
rcx 10億
rdx 20億
rax 未設定
コピー
rcx 10億
rax 10億
足す
rdx 20億
戻り値
rax 30億
戻る
C言語
30億 int64_t
関数の呼び出しに必要な記述を追加して、実際に動かしてみよう。

できた！　レジスタが違うだけで、使う命令は32ビットの整数を足すプログラムと同じだね。

(つづく↗)

うん。完成したプログラムは次の通り。関数名はadd_int64にしたよ。

sub.asmでadd_int64を見つけて、以下のように変更してね。コメントは入力しなくていいよ。

64ビットの整数を足すadd_int64関数(sub.asm)

```
add_int64 proc
    mov rax, rcx        ; raxにrcxをコピー
    add rax, rdx        ; raxにrdxを足す
    ret                 ; 戻る
add_int64 endp
```

add_int64関数を呼び出す、C言語プログラムも必要だね。

(つづく↗)

うん。10億+20億を計算するプログラムを用意したよ。

main.cで以下の箇所を見つけて、先頭の//を削除してね。

add_int64関数で大きな整数を足す(main.c)

```
printf("add_int64(1000000000, 2000000000): %lld\n",
    add_int64(1000000000, 2000000000));
```

プログラムを保存したよ。実行してみるね。

以下の結果が表示されたら、成功だよ。

実行結果:add_int64関数で大きな整数を足す

```
add_int64(1000000000, 2000000000): 3000000000
```

今度は成功だ！　無事に30億と表示されたよ。

よかった。多くの場合は32ビットの整数を使えば済むけど、値が32ビットで表せない場合は、このように64ビットの整数を使うといいよ。

次のセクションでは、整数の引き算と掛け算をやってみよう。足し算と同じ要領でできるよ。

2-4

整数を引いたり掛けたりしてみよう

整数の引き算や掛け算をするアセンブリ言語プログラムを書いてみましょう。

まずは整数の引き算をやってみよう。

(つづく↗)

整数の引き算には、どんな命令を使うの？

sub(サブ)命令を使うよ。プログラムの流れは、足し算と同じで大丈夫だ。

▼整数の引き算

1
sub命令を使うと、レジスタ1からレジスタ2の値を引けるよ。
レジスタ1とレジスタ2には、raxやeaxなどの汎用レジスタを指定してね。
記法
sub レジスタ1 , レジスタ2
動作
レジスタ1 ← 引く ← レジスタ2
subはsubtract(サブトラクト)の略で、「減算する」つまり「引く」という意味だ。
使い方は足し算のadd命令に似ているね。

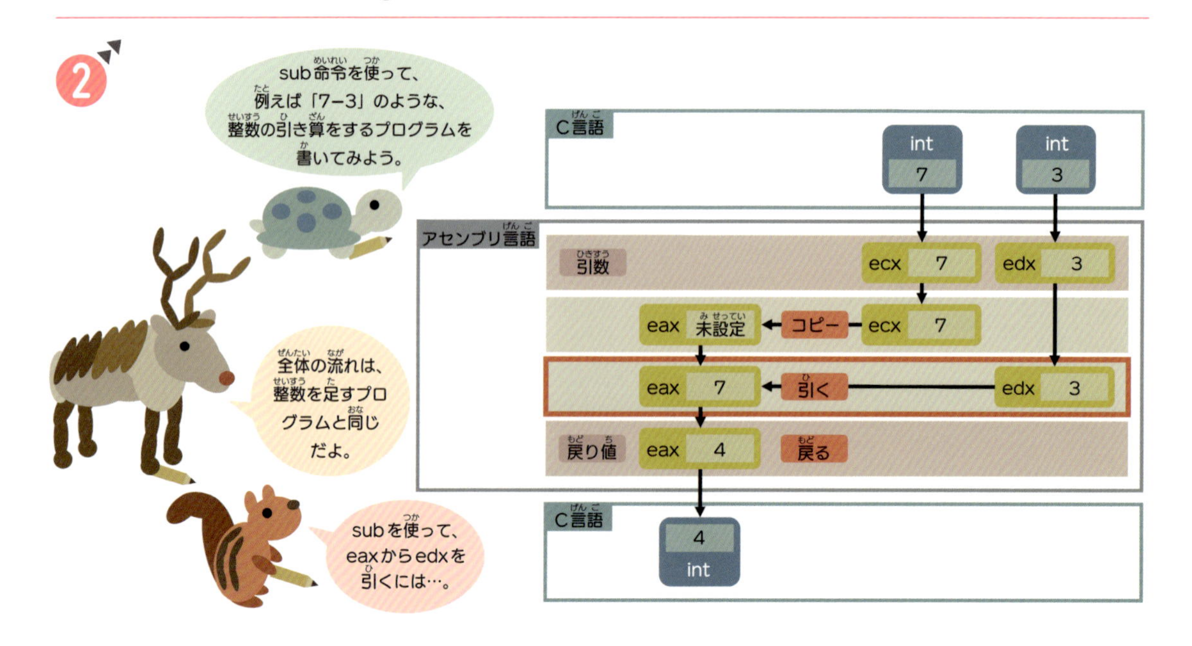
2
sub命令を使って、例えば「7−3」のような、整数の引き算をするプログラムを書いてみよう。
全体の流れは、整数を足すプログラムと同じだよ。
subを使って、eaxからedxを引くには…。
C言語
int 7
int 3
アセンブリ言語
引数
ecx 7
edx 3
eax 未設定 ← コピー ← ecx 7
eax 7 ← 引く ← edx 3
戻り値
eax 4
戻る
C言語
4
int

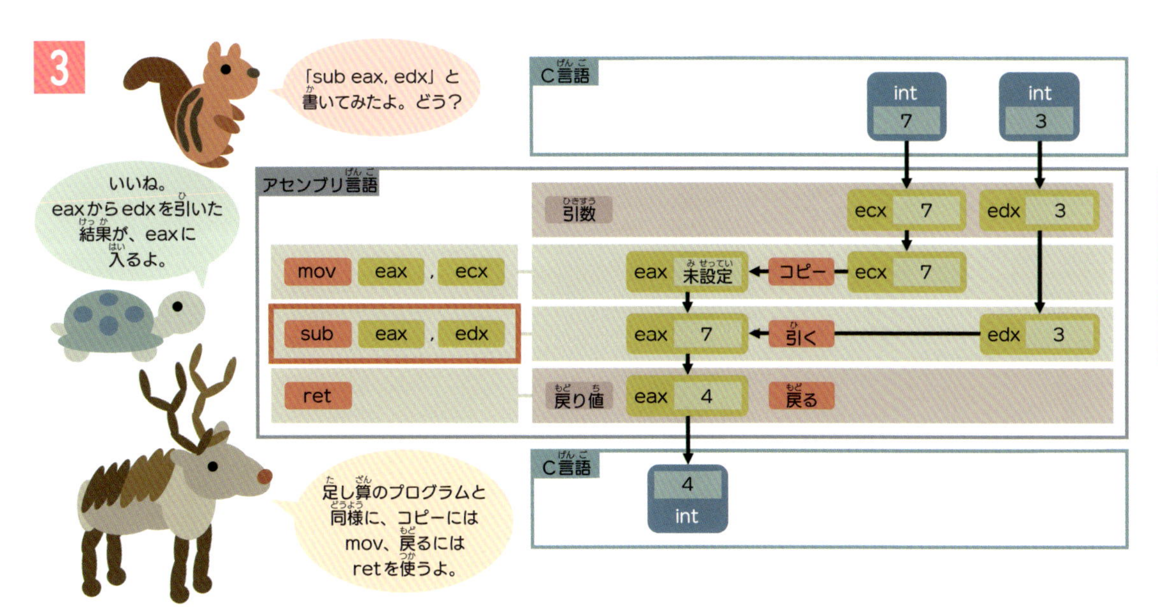
3
「sub eax, edx」と書いてみたよ。どう？
いいね。eaxからedxを引いた結果が、eaxに入るよ。
足し算のプログラムと同様に、コピーにはmov、戻るにはretを使うよ。
C言語
int 7
int 3
アセンブリ言語
引数
ecx 7
edx 3
mov eax , ecx
eax 未設定
コピー
ecx 7
sub eax , edx
eax 7
引く
edx 3
ret
戻り値
eax 4
戻る
C言語
4 int

足し算との違いは、add命令をsub命令に変えたことだけだね。

（つづく↗）

うん。完成したプログラムは以下の通り。関数名はsub_intにしたよ。

sub.asmでsub_intを見つけて、以下のように変更してね。コメントは入力しなくていいよ。

整数を引くsub_int関数（sub.asm）

```
sub_int proc
    mov eax, ecx      ; eaxにecxをコピー
    sub eax, edx      ; eaxからedxを引く
    ret               ; 戻る
sub_int endp
```

変更して保存したよ。

（つづく↗）

C言語プログラムを変更して、sub_int関数を呼び出そう。「7−3」を計算してみるよ。

main.cで以下の箇所を見つけて、先頭の//を削除してね。

sub_int関数を呼び出す（main.c）

```
printf("sub_int(7, 3): %d\n", sub_int(7, 3));
```

実行結果：整数の引き算

```
sub_int(7, 3): 4
```

プログラムを保存して、実行するね。

左記の結果が表示されたら成功だ。

「7−3」は4だから、正しく動いたね！

うん。足し算と同様に、負の数の引き算もできるから、よかったら試してみてね。

sub_int関数を呼び出す「sub_int(7, 3)」という部分の、7や3を変更するんだ。

この調子で、掛け算もやってみよう。掛け算にはimul命令を使うよ。

（つづく↗）

プログラムの流れは、足し算や引き算と同じで大丈夫だ。

imulって、どう読めばいいの？

imulはsigned multiply（サインド マルチプライ）を表す命令だ。「サインド マルチプライ」と読んでもいいし、短く「アイムル」などと読んでもいいんじゃないかな。

整数の掛け算

imul命令を使うと、レジスタ1にレジスタ2の値を掛けられるよ。

レジスタ1とレジスタ2には、raxやeaxなどの汎用レジスタを指定してね。

記法

imul レジスタ1 , レジスタ2

動作

レジスタ1 ← 掛ける ― レジスタ2

使い方は足し算のadd命令に似ているね。

imulは符号付きの乗算、つまり掛け算を行うんだ。

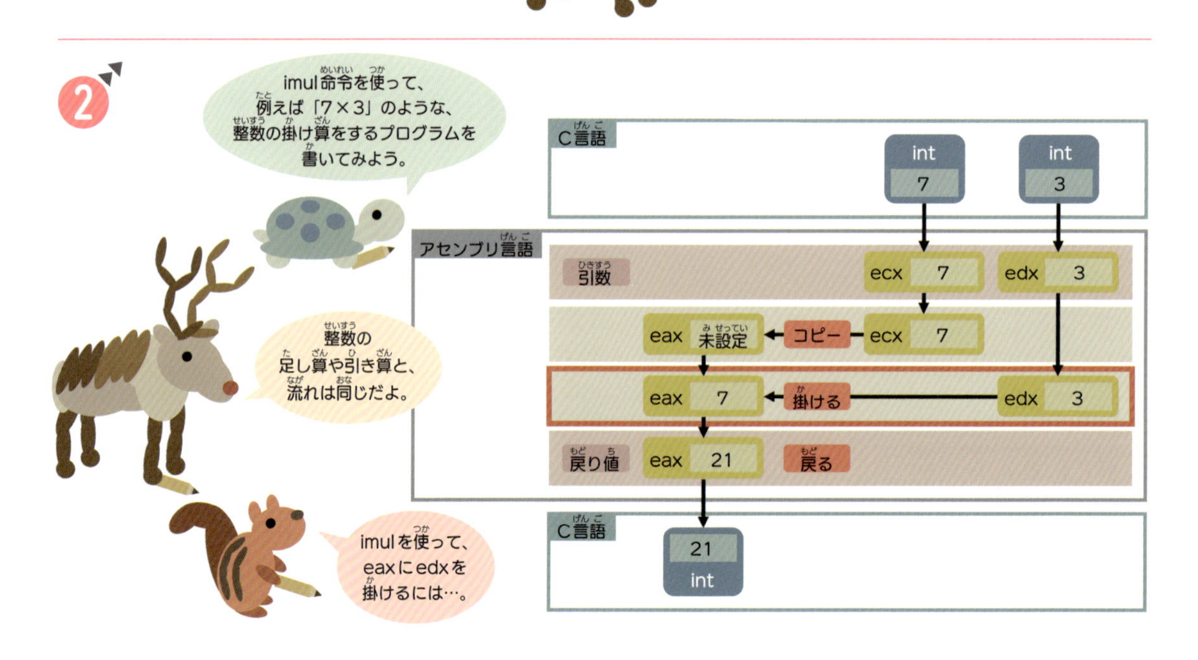

2
imul命令を使って、例えば「7×3」のような、整数の掛け算をするプログラムを書いてみよう。
整数の足し算や引き算と、流れは同じだよ。
imulを使って、eaxにedxを掛けるには…。
C言語
int
7
int
3
アセンブリ言語
引数
ecx 7
edx 3
eax 未設定
コピー
ecx 7
eax 7
掛ける
edx 3
戻り値
eax 21
戻る
C言語
21
int

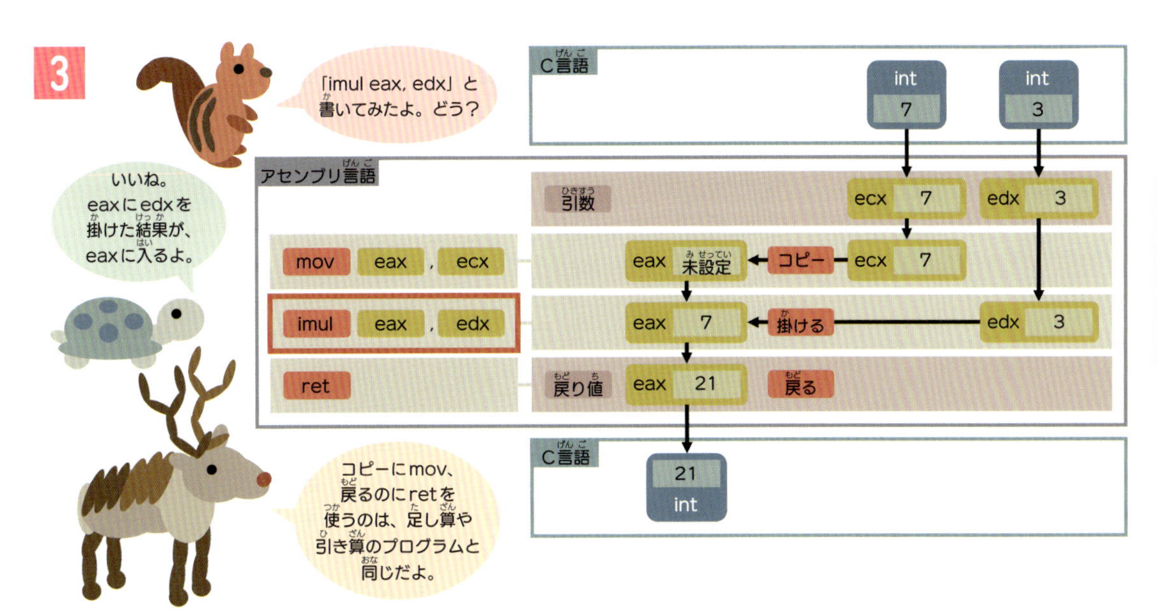
3
「imul eax, edx」と書いてみたよ。どう？
いいね。eaxにedxを掛けた結果が、eaxに入るよ。
コピーにmov、戻るのにretを使うのは、足し算や引き算のプログラムと同じだよ。
C言語
int
7
int
3
アセンブリ言語
引数
ecx 7
edx 3
mov eax , ecx
eax 未設定
コピー
ecx 7
imul eax , edx
eax 7
掛ける
edx 3
ret
戻り値
eax 21
戻る
C言語
21
int

完成したプログラムは以下の通り。関数名はmul_intにしたよ。

（つづく↗）

sub.asmでmul_intを見つけて、以下のように変更してね。

「;」以後のコメントは、入力しなくていいんだったね。

整数を掛けるmul_int関数（sub.asm）

```
mul_int proc
    mov eax, ecx        ; eaxにecxをコピー
    imul eax, edx       ; eaxにedxを掛ける
    ret                 ; 戻る
mul_int endp
```

変更して保存したよ。

（つづく↗）

次はC言語プログラムからmul_int関数を呼び出そう。「7×3」を計算してみるよ。

main.cで以下の箇所を見つけて、先頭の//を削除してね。

mul_int関数を呼び出す（main.c）

```
printf("mul_int(7, 3): %d\n", mul_int(7, 3));
```

実行結果：整数の掛け算

```
mul_int(7, 3): 21
```

変更したよ。保存して実行するね。

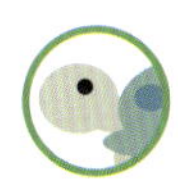

左記の結果が表示されたら成功だよ。

2-4

「7×3」は21だから、これも正しく動いたね！

よかった。足し算や引き算と同様に、掛け算でも負の数が使えるから、試してみてね。

（つづく↗）

実は今回のようなeaxレジスタに対する掛け算の場合は、imul命令をもう少し簡単に書けるんだ。

簡単な書き方も紹介するね。

▼eaxに対する掛け算

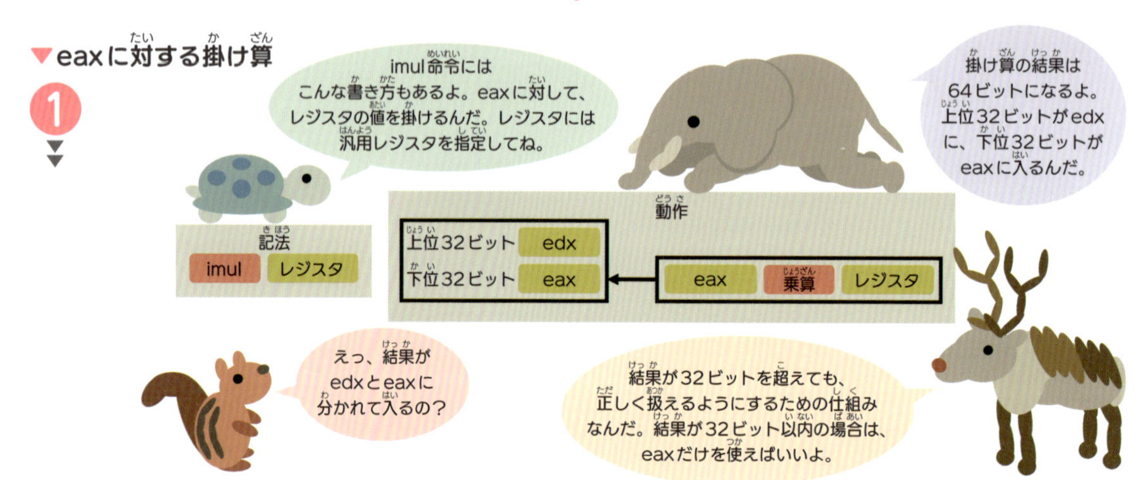

1
imul命令には
こんな書き方もあるよ。eaxに対して、
レジスタの値を掛けるんだ。レジスタには
汎用レジスタを指定してね。
掛け算の結果は
64ビットになるよ。
上位32ビットがedx
に、下位32ビットが
eaxに入るんだ。
記法
imul
レジスタ
動作
上位32ビット
edx
下位32ビット
eax
eax
乗算
レジスタ
えっ、結果が
edxとeaxに
分かれて入るの？
結果が32ビットを超えても、
正しく扱えるようにするための仕組み
なんだ。結果が32ビット以内の場合は、
eaxだけを使えばいいよ。

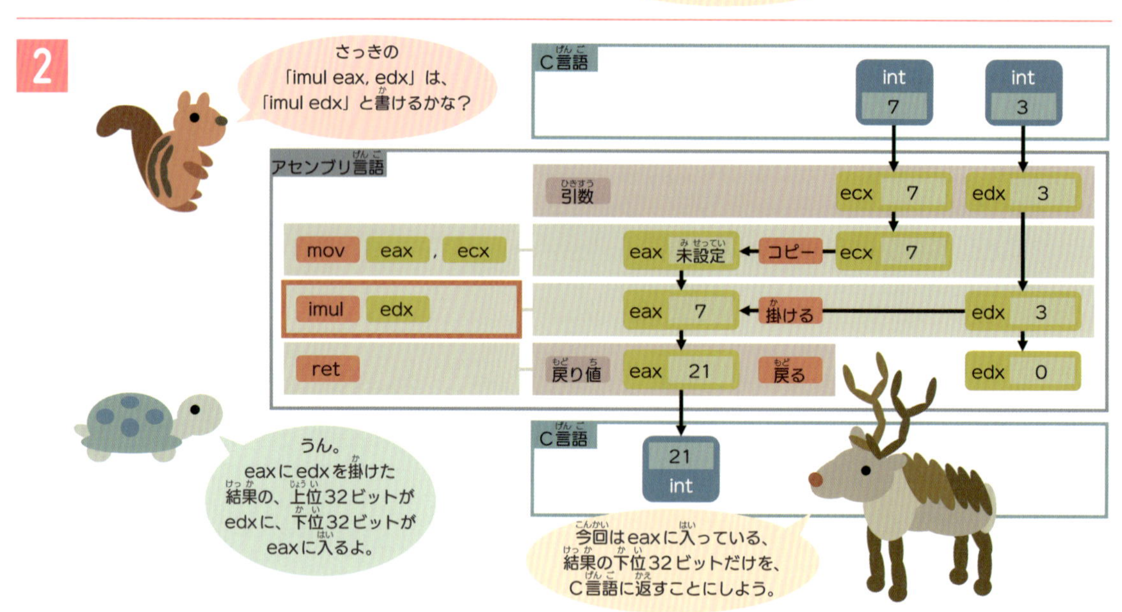

2
さっきの
「imul eax, edx」は、
「imul edx」と書けるかな？
C言語
int
7
int
3
アセンブリ言語
引数
ecx
7
edx
3
mov
eax
,
ecx
eax
未設定
コピー
ecx
7
imul
edx
eax
7
掛ける
edx
3
ret
戻り値
eax
21
戻る
edx
0
C言語
21
int
うん。
eaxにedxを掛けた
結果の、上位32ビットが
edxに、下位32ビットが
eaxに入るよ。
今回はeaxに入っている、
結果の下位32ビットだけを、
C言語に返すことにしよう。

eaxレジスタに対する掛け算には、特別な書き方が用意されているんだね。

うん。汎用レジスタは、どれもほぼ同じように使えるけど、一部の機能は特定のレジスタだけで使えるんだ。

（つづく↗）

raxレジスタに対する掛け算にも、同様に簡単な書き方が用意されているよ。

どうしてeaxやraxは特別扱いなの？

特定のレジスタでしか使えない機能が多かった、昔のCPUの仕様に由来していると思われるよ。

例えば、x64アーキテクチャの先祖である、Intelの8086というCPUでは、imul命令はaxやalでしか使えなかったんだ。

以前に学んだようにx64では、axはraxの下位16ビット、alはraxの下位8ビットだよ。

eaxに対する掛け算の場合、「imul eax, edx」と「imul edx」の、どちらで書くといいの？

（つづく↗）

どちらで書いても正しく動くよ。でも、実は「imul eax, edx」よりも「imul edx」の方が、機械語プログラムを1バイト短くできるんだ。

一般的には機械語プログラムが短い方が、高速になる可能性があるよ。今回の場合は体感できるような速度の差は出ないから、どちらでもわかりやすい方で書いてね。

了解。以下が完成したプログラムだね。

うん。関数名はmul_int2にしたよ。

sub.asmでmul_int2を見つけて、以下のように変更してね。

整数を掛けるmul_int2関数（sub.asm）

```
mul_int2 proc
    mov eax, ecx      ; eaxにecxをコピー
    imul edx          ; eaxにedxを掛ける
    ret               ; 戻る
mul_int2 endp
```

次は、C言語プログラムからmul_int2関数を呼び出すんだね。

（つづく↗）

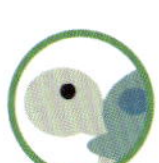
うん。mul_int関数と同様に、「7×3」を計算してみよう。

main.cで以下の箇所を見つけて、先頭の//を削除してね。

mul_int2関数を呼び出す（main.c）

```
printf("mul_int2(7, 3): %d\n", mul_int2(7, 3));
```

変更完了。保存して実行するね。

以下の結果が表示されたら成功だよ。

実行結果：mul_int2関数による整数の掛け算

```
mul_int2(7, 3): 21
```

（つづく↗）

これで、整数に対する足し算・引き算・掛け算ができたね。

割り算もできる？

少しだけプログラムが難しくなるから、次のセクションで挑戦してみよう。

2-5

整数を割ってみよう

整数の割り算をするアセンブリ言語プログラムを書いてみましょう。

整数の割り算には、どんな命令を使うの？

idiv命令を使うよ。idivはsigned divide（サインド ディバイド）を表す命令だ。

（つづく↗）

「サインド ディバイド」と読んでも、短く「アイディブ」などと読んでもいいと思うよ。

idiv命令は、レジスタの使い方に少し注意が必要なんだ。

▼割り算を行うidiv命令

idiv命令はこう書くよ。edxとeaxに入っている64ビットの値を、レジスタの値で割るんだ。レジスタには汎用レジスタを指定してね。
割り算の結果は、商がeaxに、余りがedxに入るよ。

記法
idiv
レジスタ

動作
余り edx
商 eax
割られる数
上位32ビット edx
下位32ビット eax
割る
割る数
レジスタ

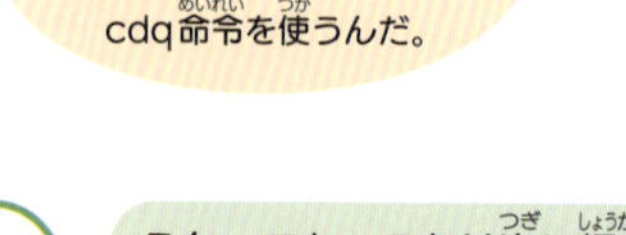

edxとeaxが割られる数、レジスタが割る数ということ？
そうだよ。割られる数をedxとeaxに入れるには、次に紹介するcdq命令を使うんだ。

ええと…割られる数は、上位32ビットをedxに、下位32ビットをeaxに入れる必要があるんだね。

うん。でも、これは次に紹介するcdq命令を使えばできるから、安心してね。

▼符号を拡張するcdq命令

cdq命令はこう書くよ。レジスタは指定しないんだ。
記法
cdq

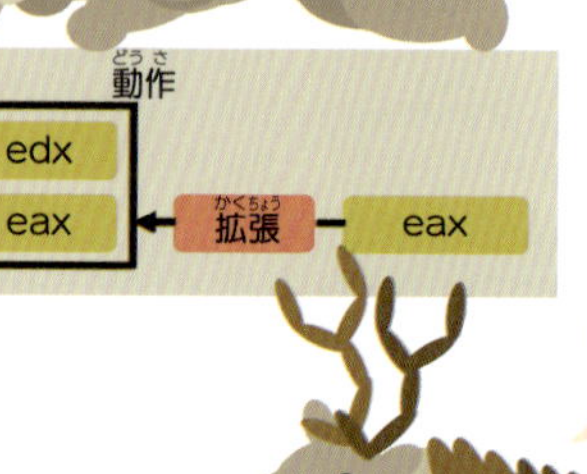

eaxの値を32ビットから64ビットに拡張して、上位32ビットをedxに、下位32ビットをeaxに格納するよ。
動作
上位32ビット edx
下位32ビット eax
拡張
eax

32ビットから64ビットへの拡張って、どんな処理をしているの？
2の補数表現に基づいて、eaxが正の数ならばedxを0で埋めて、eaxが負の数ならばedxを1で埋めるんだ。この処理を符号拡張と呼ぶよ。

cdqって、どう読むといいかな？

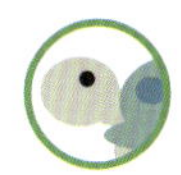

cdqはconvert doubleword to quadword（コンバート ダブルワード トゥ クアッドワード）を表す命令だよ。ダブルワードつまり32ビットの値を、クアッドワードつまり64ビットの値に、変換するという意味だ。

「コンバート ダブルワード トゥ クアッドワード」は長いから、単純に「シーディーキュー」と読めばいいんじゃないかな。

了解。このcdq命令は、具体的にはどんな処理をするの？

eaxに正の数が入っているときは、edxを00000000000000000000000000000000、つまり0にするよ。

（つづく↗）

eaxに負の数が入っているときは、edxを11111111111111111111111111111111、つまり−1にするんだ。

こうすると、eaxに入っていた32ビットの値と、cdq命令の結果としてedxとeaxに入る64ビットの値が、2の補数表現において、同じ整数を表すようになるんだ。

もし難しく感じたら、「まずcdq命令を実行し、次にidiv命令を実行する」という手順を覚えるだけでも、とりあえずは大丈夫だよ。

わかった。これで割り算ができるかな？

うん、できるよ。割り算にedxとeaxを使う都合で、レジスタの間で値を移動させる処理が少し複雑だけど、じっくりプログラムを書いてみよう。

整数の割り算

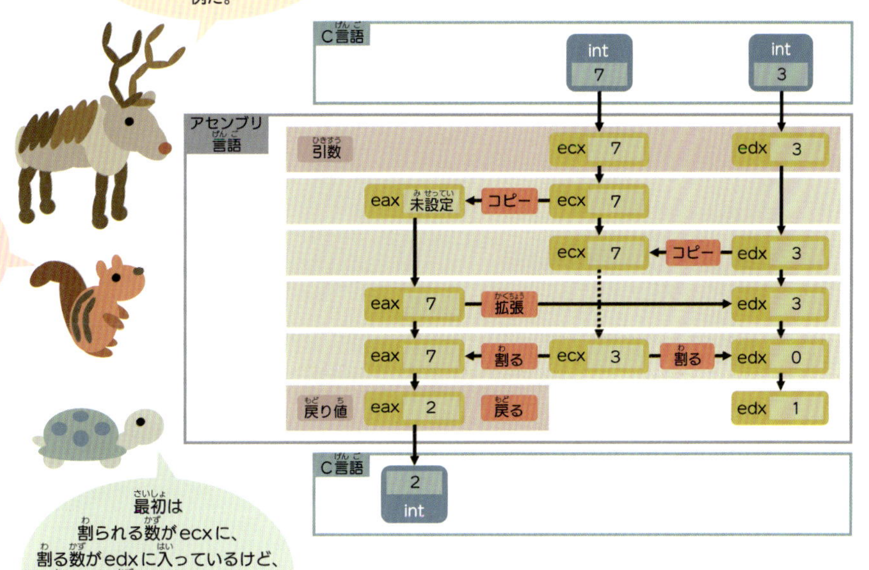
整数を割るプログラムの流れを考えてみたよ。これは「7÷3」の例だ。
今までの足し算・引き算・掛け算に比べると、だいぶん流れが複雑だね。
最初は割られる数がecxに、割る数がedxに入っているけど、割られる数をedxとeaxに、割る数をecxに入れているんだ。
C言語
int 7
int 3
アセンブリ言語
引数
ecx 7
edx 3
eax 未設定
コピー
ecx 7
ecx 7
コピー
edx 3
eax 7
拡張
edx 3
eax 7
割る
ecx 3
割る
edx 0
戻り値
eax 2
戻る
edx 1
C言語
2
int

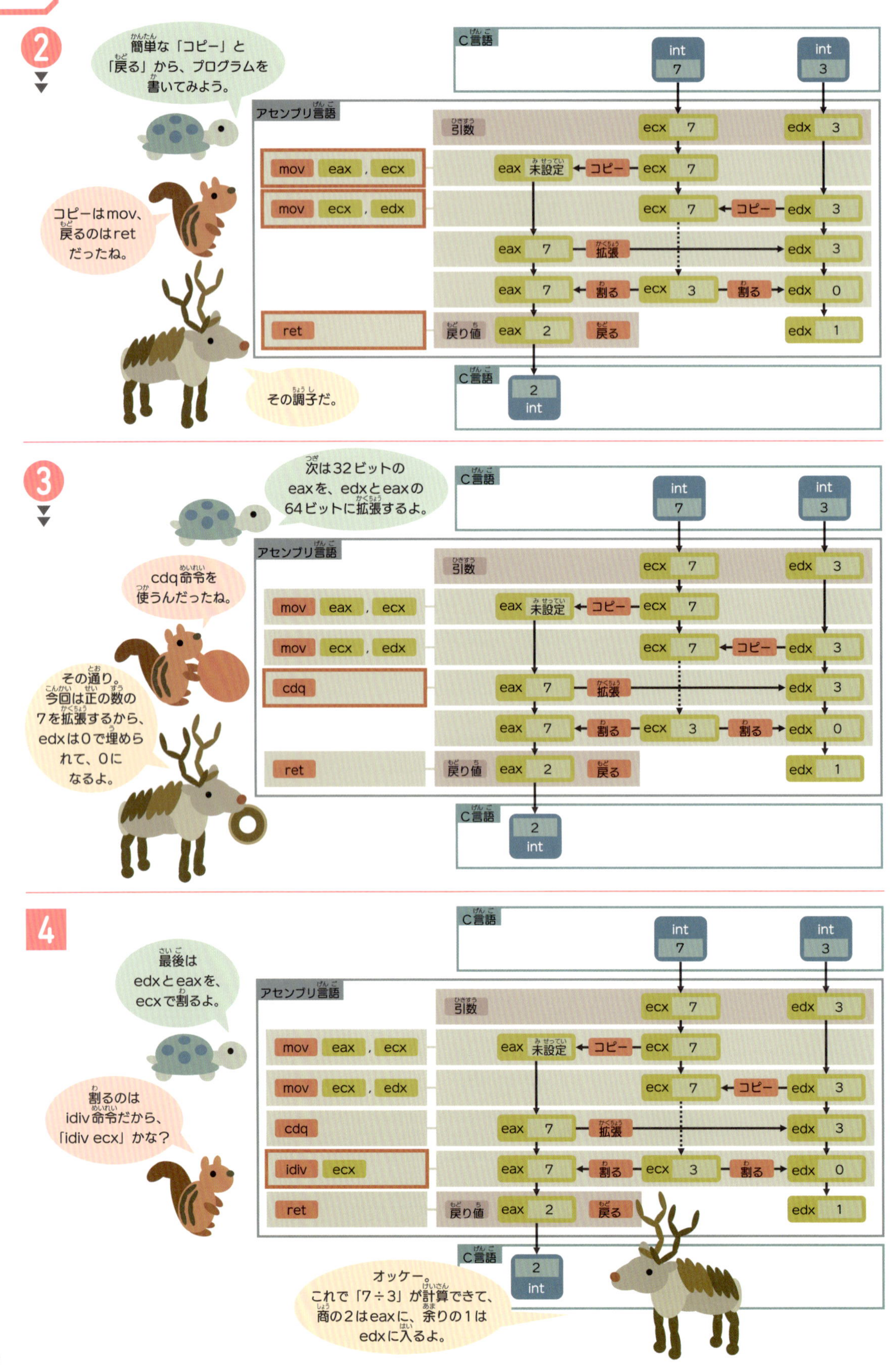
2
簡単な「コピー」と「戻る」から、プログラムを書いてみよう。
コピーはmov、戻るのはretだったね。
その調子だ。
C言語
int 7
int 3
アセンブリ言語
引数
ecx 7
edx 3
mov eax , ecx
eax 未設定
コピー
mov ecx , edx
拡張
割る
ret
戻り値
eax 2
戻る
edx 0
edx 1
2 int
3
次は32ビットのeaxを、edxとeaxの64ビットに拡張するよ。
cdq命令を使うんだったね。
その通り。今回は正の数の7を拡張するから、edxは0で埋められて、0になるよ。
cdq
4
最後はedxとeaxを、ecxで割るよ。
割るのはidiv命令だから、「idiv ecx」かな？
idiv ecx
オッケー。これで「7÷3」が計算できて、商の2はeaxに、余りの1はedxに入るよ。

idiv命令を使うと、割り算の商はeaxに、余りはedxに入るんだったね。

その通り。今回はeaxに入っている商を、そのまま戻り値にすればいいね。edxに入っている余りは、ここでは使わないよ。

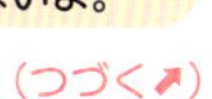
(つづく↗)

以下が完成したプログラムだ。関数名はdiv_intにしたよ。

sub.asmでdiv_intを見つけて、以下のように変更してね。

整数を割るdiv_int関数(sub.asm)

```
div_int proc
    mov eax, ecx      ; eaxにecxをコピー
    mov ecx, edx      ; ecxにedxをコピー
    cdq               ; eaxをedxとeaxに拡張
    idiv ecx          ; edxとeaxをecxで割る
    ret               ; 戻る
div_int endp
```

変更して保存したよ。

(つづく↗)

次はC言語プログラムからdiv_int関数を呼び出して、「7÷3」を計算してみよう。

main.cで以下の箇所を見つけて、先頭の//を削除してね。

div_int関数を呼び出す(main.c)

```
printf("div_int(7, 3): %d\n", div_int(7, 3));
```

変更できたよ。保存して実行するね。

以下の結果が表示されたら成功だ。

実行結果:整数の割り算

```
div_int(7, 3): 2
```

「7÷3」は2だから、正しく計算できたかな?

オッケー。これで整数の割り算ができたね。

(つづく↗)

割り算の余りも表示できるかな?

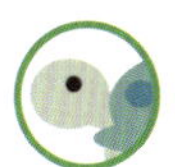

edxに入っている余りを、戻り値にすればいいよ。

▼割り算の余り

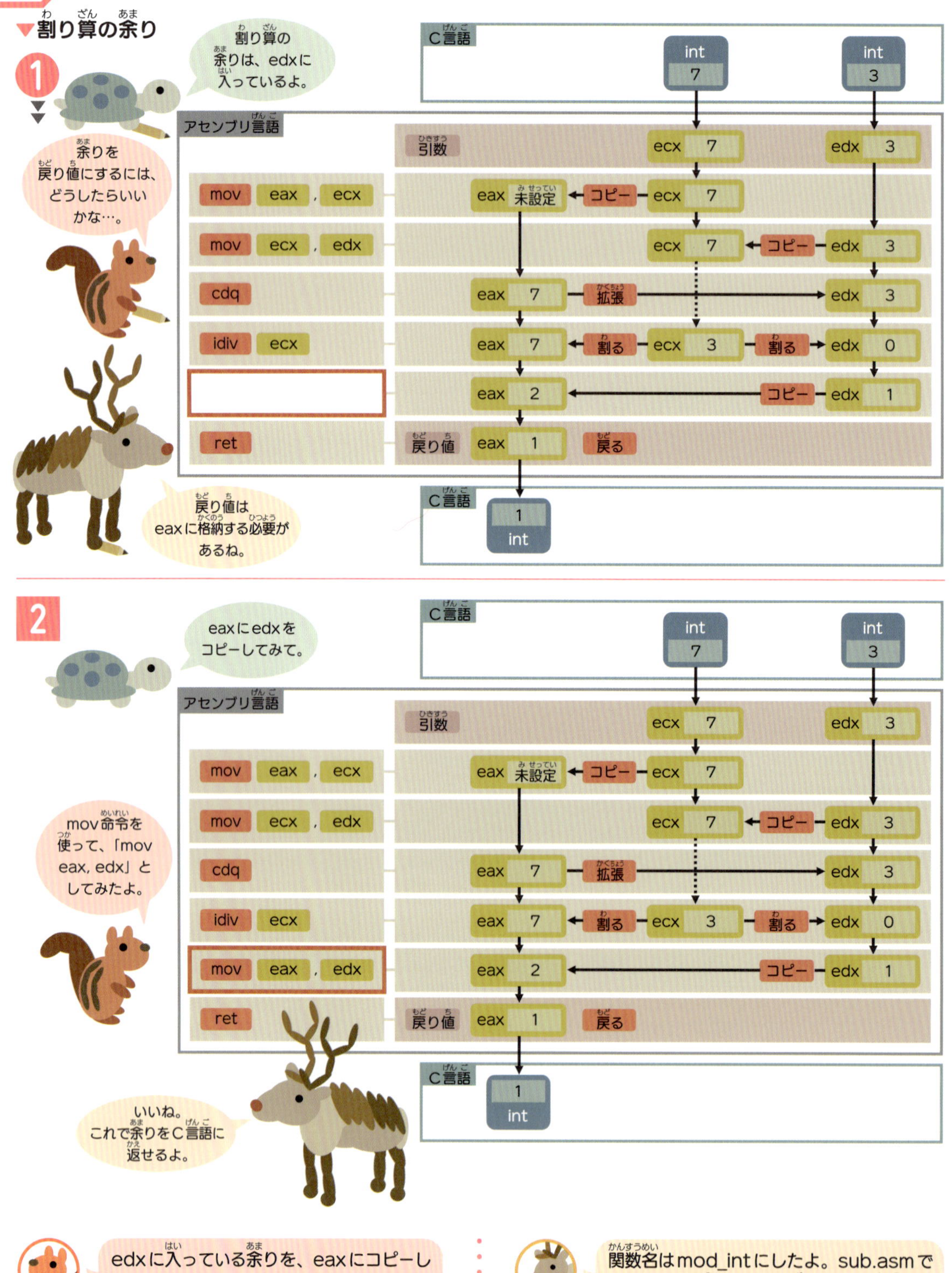
1
割り算の余りは、edxに入っているよ。
余りを戻り値にするには、どうしたらいいかな…。
戻り値はeaxに格納する必要があるね。
C言語
int 7
int 3
アセンブリ言語
引数
ecx 7
edx 3
mov eax , ecx
eax 未設定
コピー
mov ecx , edx
cdq
拡張
idiv ecx
割る
ret
戻り値
eax 1
戻る
2
eaxにedxをコピーしてみて。
mov命令を使って、「mov eax, edx」としてみたよ。
mov eax , edx
いいね。これで余りをC言語に返せるよ。

edxに入っている余りを、eaxにコピーして…。これでできたかな？

バッチリだ。次のページにあるのが完成したプログラムだよ。

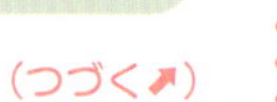
（つづく↗）

関数名はmod_intにしたよ。sub.asmでmod_intを見つけて、次のように変更してね。

mod（モッド）はmodulo（モジュロ）の略で、割り算の余りのことだよ。

割り算の余りを返すmod_int関数(sub.asm)

```
mod_int proc
    mov eax, ecx     ; eaxにecxをコピー
    mov ecx, edx     ; ecxにedxをコピー
    cdq              ; eaxをedxとeaxに拡張
    idiv ecx         ; edxとeaxをecxで割る
    mov eax, edx     ; eaxにedxをコピー
    ret              ; 戻る
mod_int endp
```

div_int関数との違いは、最後の「mov eax, edx」だけだったね。

(つづく↗)

うん。C言語プログラムからmod_int関数を呼び出して、「7÷3」の余りを表示してみよう。

main.cで以下の箇所を見つけて、先頭の//を削除してね。

mod_int関数を呼び出す(main.c)

```
printf("mod_int(7, 3): %d\n", mod_int(7, 3));
```

変更したよ。保存して実行してみよう。

以下の結果が表示されたら成功だよ。

実行結果:割り算の余り

```
mod_int(7, 3): 1
```

「7÷3」の余りは1だから、正しく計算できたみたいだ。

やったね。これで整数の足し算・引き算・掛け算・割り算を制覇したよ。

割り算だけ少し複雑だったけど、足し算・引き算・掛け算は同じ要領だったから、思ったよりも簡単だったよ。

それはよかった。次のセクションでは、小数の計算をしてみよう。

2-6

小数の計算をしてみよう

小数の足し算・引き算・掛け算・割り算をするアセンブリ言語プログラムを書いてみましょう。

浮動小数点数レジスタを使って、0.1や2.3といった小数の計算をしてみよう。

浮動小数点数って、何？

コンピュータで小数を扱うための仕組みの一つだよ。32ビットや64ビットなどの決まったビット数で、幅広い範囲の値を表せることが特徴だ。

多くのCPUは、IEEE754（アイトリプルイー754）という仕様に基づいた浮動小数点数に対応しているよ。今回は64ビットの浮動小数点数を使おう。

（つづく↗）

幅広い範囲の値を表せるって、どういうこと？

桁数が多い大きな値と、小数点以下に0がたくさん並んだ細かい値の、どちらも表せるということだよ。

例えば64ビットの浮動小数点数は、大きな値は18000…（0が300個）…0000程度まで、細かい値は0.000…（0が300個）…000022程度まで表せるよ。

何だかリスが想像できる範囲を超えているよ…。小数を扱うレジスタって、以前に学んだかな？

うん。本章の最初に学んだXMMレジスタだよ。

▼XMMレジスタ

浮動小数点数の計算には、XMMレジスタを使うよ。

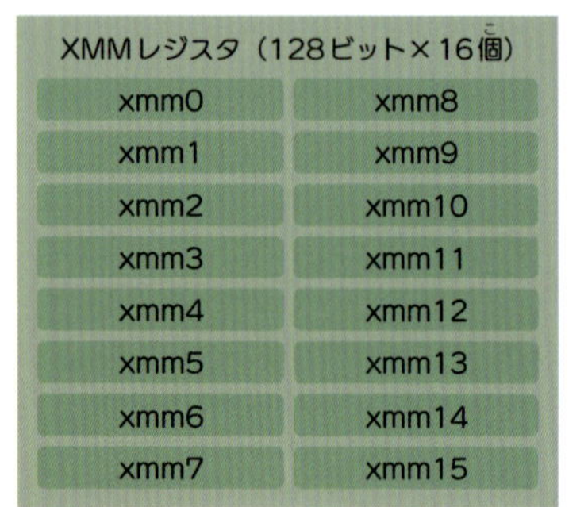

XMMレジスタ（128ビット×16個）	
xmm0	xmm8
xmm1	xmm9
xmm2	xmm10
xmm3	xmm11
xmm4	xmm12
xmm5	xmm13
xmm6	xmm14
xmm7	xmm15

その通り。
本書では64ビットの小数を、1個ずつ計算してみるよ。

32ビットや64ビットの小数を、2個以上同時に計算できるんだっけ…。

x64アーキテクチャのCPUには、何種類かの浮動小数点数レジスタが搭載されているよ。XMMレジスタはその中の一つなんだ。

なぜ、今回はXMMレジスタを使うの？

（つづく↗）

x64の全てのCPUで使える浮動小数点数レジスタの中から、できるだけ新しいものを選んだよ。

実は同じx64のCPUでも、製品ごとに使える浮動小数点数レジスタが違うんだ。

了解。XMMレジスタは、どうやって使うの？

（つづく↗）

例えば、「1.1+2.2」を計算するアセンブリ言語プログラムを考えてみよう。

XMMレジスタを使って、C言語プログラムとの間で引数や戻り値を受け渡しするよ。

▼浮動小数点数の引数と戻り値の受け渡し

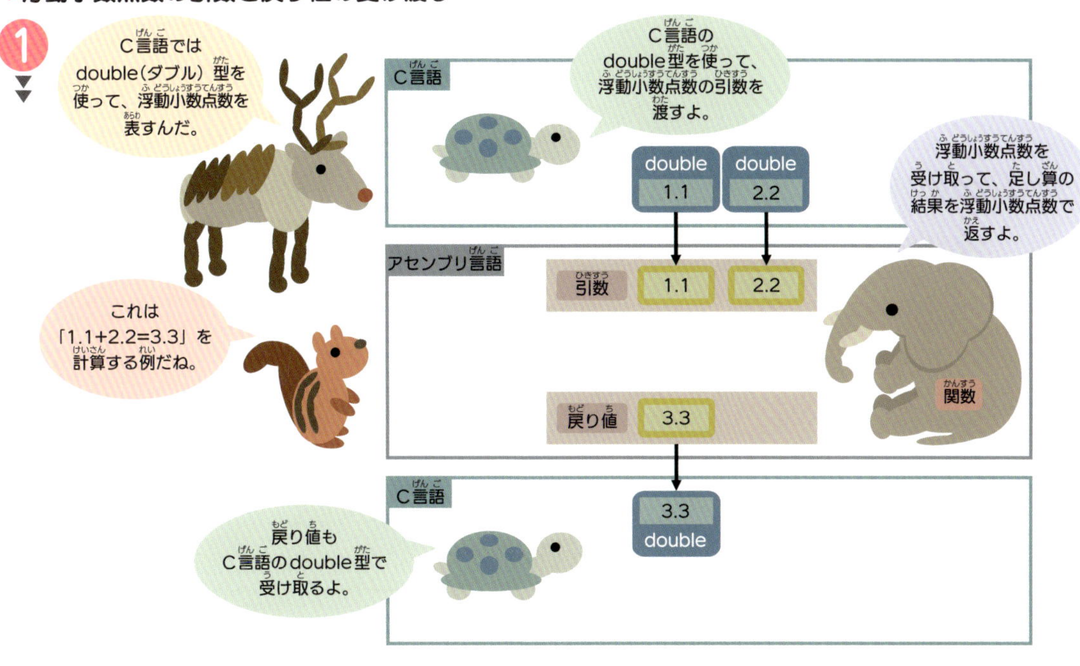

1
C言語では double（ダブル）型を使って、浮動小数点数を表すんだ。
これは「1.1+2.2=3.3」を計算する例だね。
C言語
C言語の double型を使って、浮動小数点数の引数を渡すよ。
double 1.1
double 2.2
浮動小数点数を受け取って、足し算の結果を浮動小数点数で返すよ。
アセンブリ言語
引数 1.1 2.2
戻り値 3.3
関数
C言語
3.3 double
戻り値も C言語の double型で受け取るよ。

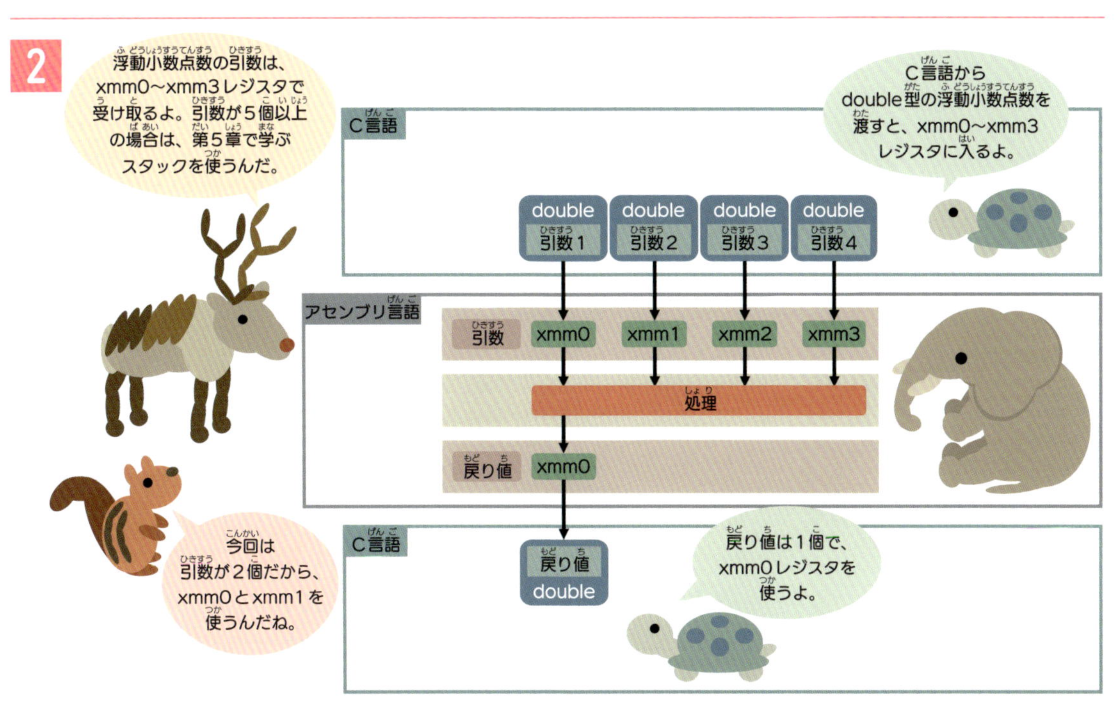

2
浮動小数点数の引数は、xmm0～xmm3レジスタで受け取るよ。引数が5個以上の場合は、第5章で学ぶスタックを使うんだ。
C言語
C言語から double型の浮動小数点数を渡すと、xmm0～xmm3レジスタに入るよ。
double 引数1
double 引数2
double 引数3
double 引数4
アセンブリ言語
引数 xmm0 xmm1 xmm2 xmm3
処理
戻り値 xmm0
C言語
戻り値 double
戻り値は1個で、xmm0レジスタを使うよ。
今回は引数が2個だから、xmm0とxmm1を使うんだね。

今回のプログラムでは、64ビットの浮動小数点数を使うんだったね。

うん。C言語プログラムでは、double(ダブル)型を使って、64ビットの浮動小数点数を扱うよ。

アセンブリ言語プログラムでは、浮動小数点数の引数をxmm0、xmm1、xmm2、xmm3レジスタで受け取るんだ。

(つづく↗)

xmm0からxmm3まで、番号が順番になっているから、わかりやすいね。

確かにそうだね。戻り値を返すには、xmm0を使うよ。

さっそく、浮動小数点数を足すプログラムを書いてみよう。

▼浮動小数点数の足し算

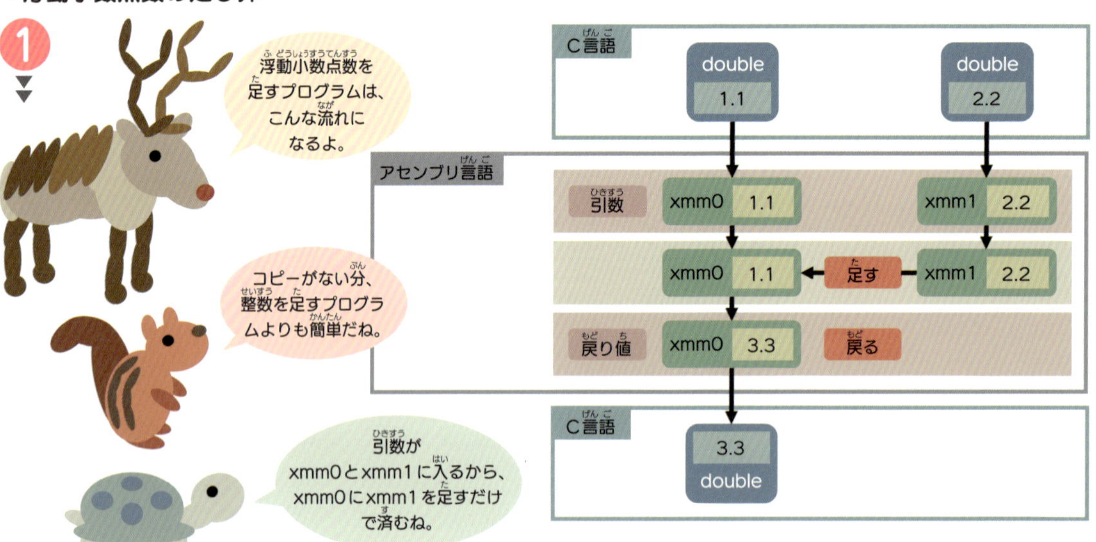
1
浮動小数点数を足すプログラムは、こんな流れになるよ。
コピーがない分、整数を足すプログラムよりも簡単だね。
引数がxmm0とxmm1に入るから、xmm0にxmm1を足すだけで済むね。
C言語
double
1.1
double
2.2
アセンブリ言語
引数
xmm0
1.1
xmm1
2.2
xmm0
1.1
足す
xmm1
2.2
戻り値
xmm0
3.3
戻る
C言語
3.3
double

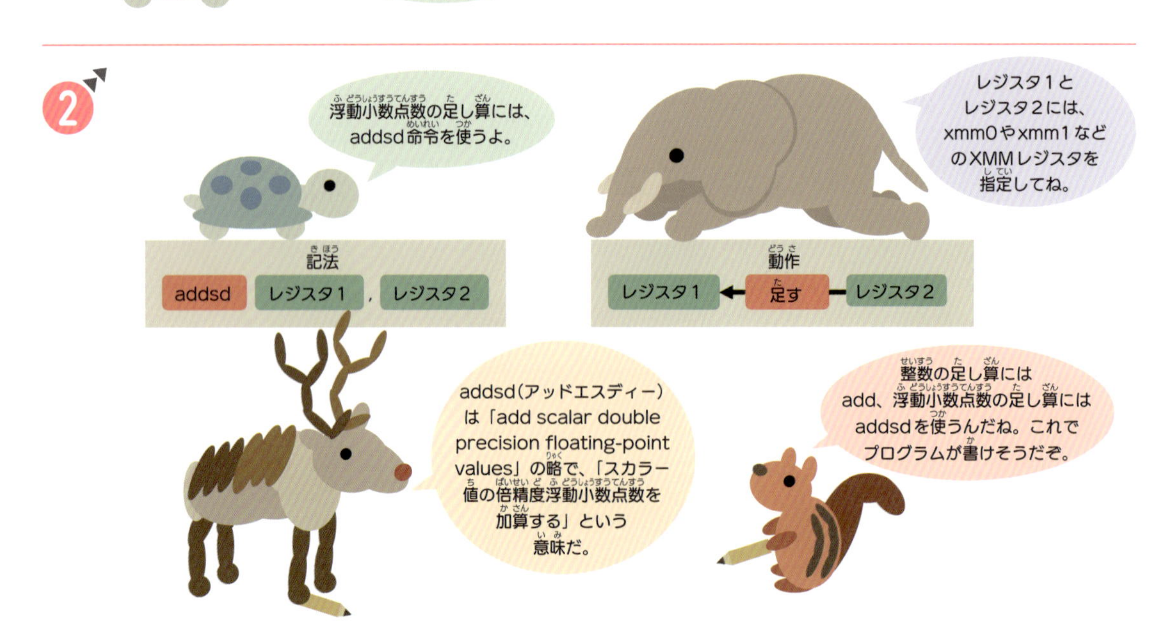
2
浮動小数点数の足し算には、addsd命令を使うよ。
記法
addsd
レジスタ1
,
レジスタ2
レジスタ1とレジスタ2には、xmm0やxmm1などのXMMレジスタを指定してね。
動作
レジスタ1
足す
レジスタ2
addsd(アッドエスディー)は「add scalar double precision floating-point values」の略で、「スカラー値の倍精度浮動小数点数を加算する」という意味だ。
整数の足し算にはadd、浮動小数点数の足し算にはaddsdを使うんだね。これでプログラムが書けそうだぞ。

3

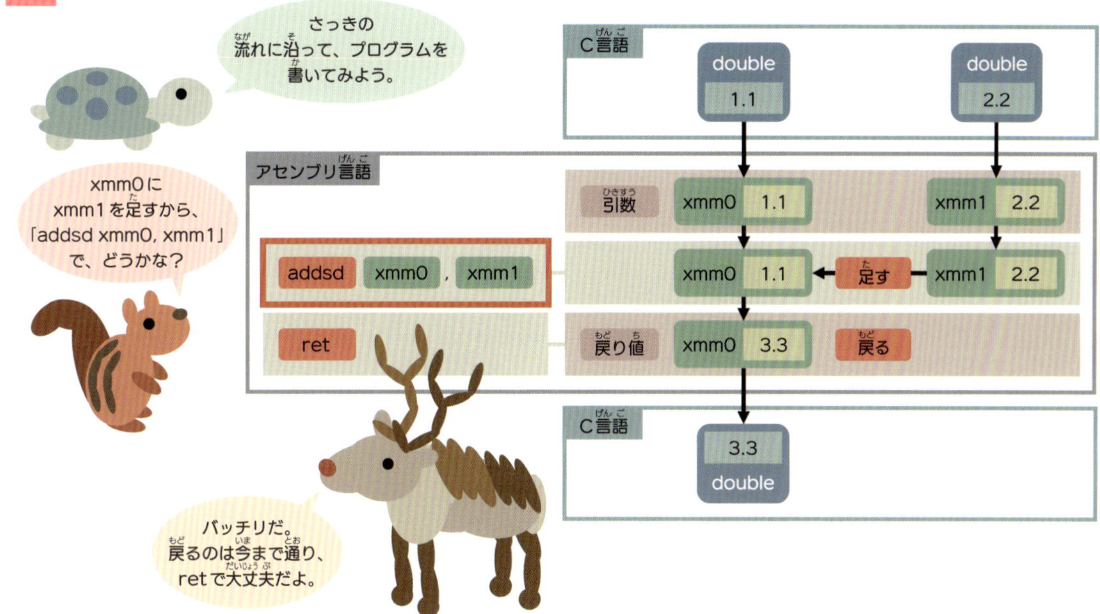
さっきの
流れに沿って、プログラムを
書いてみよう。
xmm0に
xmm1を足すから、
「addsd xmm0, xmm1」
で、どうかな？
バッチリだ。
戻るのは今まで通り、
retで大丈夫だよ。
C言語
double
1.1
double
2.2
アセンブリ言語
引数
xmm0 1.1
xmm1 2.2
addsd xmm0 , xmm1
xmm0 1.1
足す
xmm1 2.2
ret
戻り値
xmm0 3.3
戻る
C言語
3.3
double

addsd命令の説明にあった、「スカラー値の倍精度浮動小数点数を加算する」って、何？

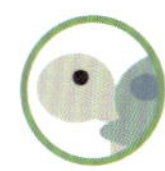

スカラー値というのは、例えば1.1や2.2のような、単独の値のことだよ。

倍精度浮動小数点数というのは、64ビットの浮動小数点数のことだ。32ビットの浮動小数点数は、単精度浮動小数点数と呼ばれる。

加算は足し算のことだね。したがって、「スカラー値の倍精度浮動小数点数を加算する」というのは、「単独の64ビットの浮動小数点数を足す」ということだよ。

（つづく↗）

了解。addsdはどう読めばいいかな？

毎回「アッド スカラー ダブル プレシジョン フローティング ポイント バリューズ」と読むのは大変だから、短く「アッド エス ディー」でもいいんじゃないかな。

完成したプログラムは次のページの通り。関数名はadd_doubleにしたよ。

sub.asmでadd_doubleを見つけて、次のように変更してね。

浮動小数点数を足すadd_double関数(sub.asm)

```
add_double proc
    addsd xmm0, xmm1        ; xmm0にxmm1を足す
    ret                     ; 戻る
add_double endp
```

とても簡単なプログラムになったね。整数の足し算よりも簡単なくらいだ。

xmm0にxmm1を足して、そのまま戻り値にすればいいからね。

こんなに簡単なら、整数の計算は使わずに、浮動小数点数の計算だけを使うといい？

実は一般的に、整数の計算の方が、浮動小数点数の計算よりも高速なんだ。だから、小数を使わない場合は、整数の計算を使うのがおすすめだよ。

(つづく↗)

なるほど。小数が必要なときだけ、浮動小数点数を使うんだね。

うん。C言語プログラムは以下の通り。add_double関数を呼び出して、「1.1+2.2」を計算するよ。

main.cで以下の箇所を見つけて、先頭の//を削除してね。

add_double関数を呼び出す(main.c)

```
printf("add_double(1.1, 2.2): %g\n", add_double(1.1, 2.2));
```

変更して保存したよ。実行するね。

以下の結果が表示されたら成功だよ。

実行結果:浮動小数点数の足し算

```
add_double(1.1, 2.2): 3.3
```

「1.1+2.2」は3.3だから、正しく計算できたみたいだ。

(つづく↗)

よかった。この調子で、浮動小数点数の引き算・掛け算・割り算もやってみよう。

どの計算も、足し算と同じ要領でできるよ。

浮動小数点数の引き算・掛け算・割り算

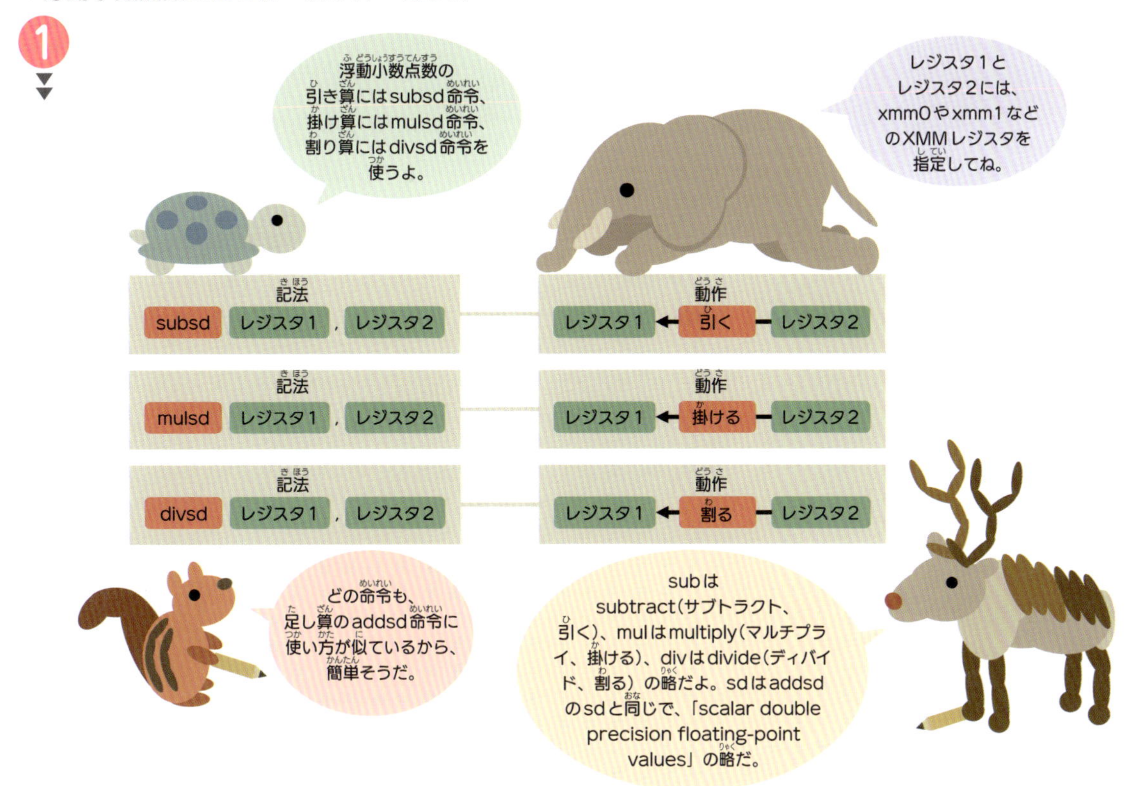

1
浮動小数点数の引き算にはsubsd命令、掛け算にはmulsd命令、割り算にはdivsd命令を使うよ。
レジスタ1とレジスタ2には、xmm0やxmm1などのXMMレジスタを指定してね。
記法
subsd レジスタ1 , レジスタ2
動作
レジスタ1 ← 引く ー レジスタ2
記法
mulsd レジスタ1 , レジスタ2
動作
レジスタ1 ← 掛ける ー レジスタ2
記法
divsd レジスタ1 , レジスタ2
動作
レジスタ1 ← 割る ー レジスタ2
どの命令も、足し算のaddsd命令に使い方が似ているから、簡単そうだ。
subはsubtract(サブトラクト、引く)、mulはmultiply(マルチプライ、掛ける)、divはdivide(ディバイド、割る)の略だよ。sdはaddsdのsdと同じで、「scalar double precision floating-point values」の略だ。

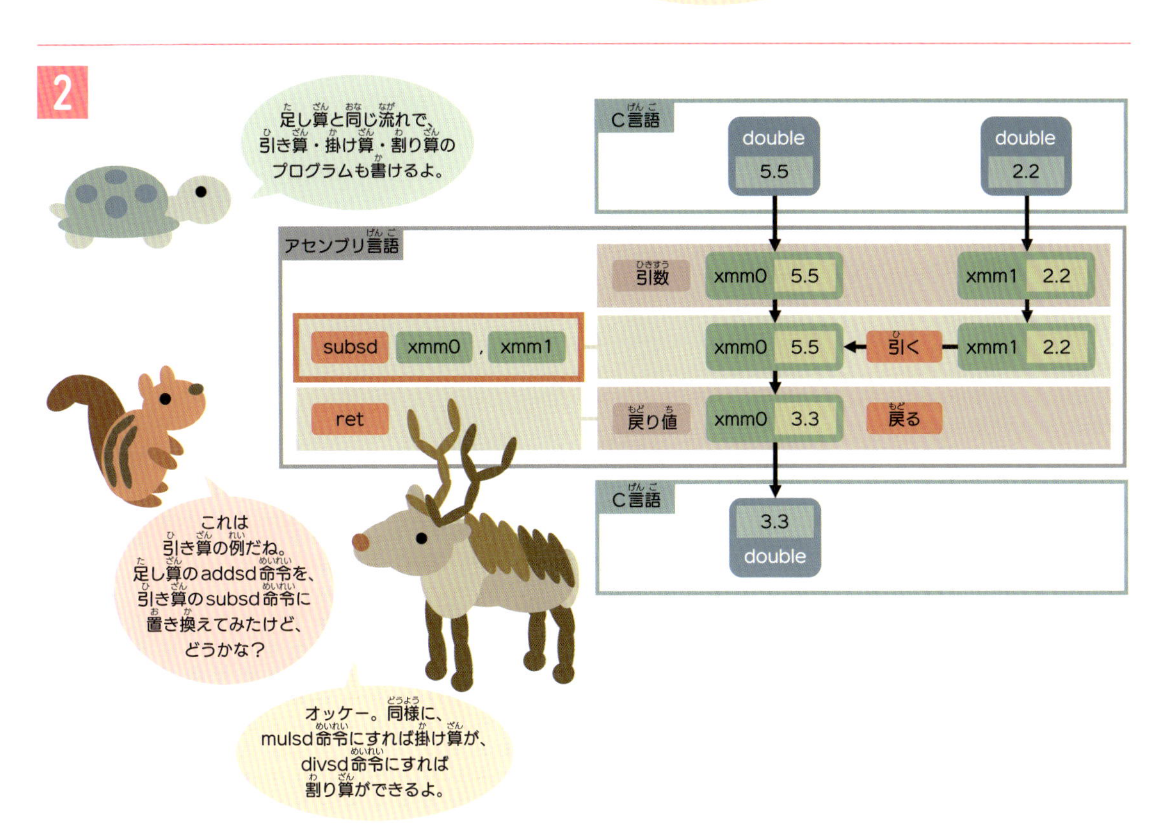

2
足し算と同じ流れで、引き算・掛け算・割り算のプログラムも書けるよ。
C言語
double 5.5
double 2.2
アセンブリ言語
引数
xmm0 5.5
xmm1 2.2
subsd xmm0 , xmm1
xmm0 5.5 ← 引く ー xmm1 2.2
ret
戻り値
xmm0 3.3
戻る
C言語
3.3 double
これは引き算の例だね。足し算のaddsd命令を、引き算のsubsd命令に置き換えてみたけど、どうかな?
オッケー。同様に、mulsd命令にすれば掛け算が、divsd命令にすれば割り算ができるよ。

浮動小数点数の足し算・引き算・掛け算・割り算は、どれも同じ要領でできるから簡単だね。

うん。浮動小数点数の命令は比較的最近に設計されたから、昔に設計された整数の命令に比べて、使いやすくなっているんじゃないかな。

subsd、mulsd、divsdは、どう読むといいかな？

（つづく↗）

例えば「サブ エスディー」「マル エスディー」「ディブ エスディー」のように、短く読んでもいいと思うよ。

以下が完成した引き算のプログラムだ。関数名はsub_doubleにしたよ。

sub.asmでsub_doubleを見つけて、以下のように変更してね。

浮動小数点数を引くsub_double関数（sub.asm）

```
sub_double proc
    subsd xmm0, xmm1        ; xmm0 から xmm1 を引く
    ret                     ; 戻る
sub_double endp
```

subsdの代わりに、mulsdやdivsdを使えば、掛け算や割り算もできるかな。

できるよ。以下が掛け算と割り算のプログラムだ。関数名はmul_doubleとdiv_doubleにしたよ。

sub.asmでmul_doubleとdiv_doubleを見つけて、それぞれ以下のように変更してね。

浮動小数点数を掛けるmul_double関数（sub.asm）

```
mul_double proc
    mulsd xmm0, xmm1        ; xmm0 に xmm1 を掛ける
    ret                     ; 戻る
mul_double endp
```

浮動小数点数を割るdiv_double関数(sub.asm)

```
div_double proc
    divsd xmm0, xmm1      ; xmm0をxmm1で割る
    ret                   ; 戻る
div_double endp
```

C言語プログラムは以下の通り。それぞれ「5.5−2.2」「5.5×2.2」「5.5÷2.2」を計算するよ。

main.cで以下の箇所を見つけて、先頭の//を削除してね。

sub_double関数・mul_double関数・div_double関数を呼び出す(main.c)

```
printf("sub_double(5.5, 2.2): %g\n", sub_double(5.5, 2.2));
printf("mul_double(5.5, 2.2): %g\n", mul_double(5.5, 2.2));
printf("div_double(5.5, 2.2): %g\n", div_double(5.5, 2.2));
```

変更して保存したよ。実行してみるね。

以下の結果が表示されたら成功だよ。

実行結果:浮動小数点数の引き算・掛け算・割り算

```
sub_double(5.5, 2.2): 3.3
mul_double(5.5, 2.2): 12.1
div_double(5.5, 2.2): 2.5
```

「5.5−2.2」は3.3、「5.5×2.2」は…。

12.1だね。「5.5÷2.2」は2.5だ。

正しく計算できたみたいだ。

これで整数と小数の両方について、足し算・引き算・掛け算・割り算ができるようになったね。

(つづく↗)

整数の計算には汎用レジスタ、小数の計算には浮動小数点数レジスタを使うんだ。

レジスタの使い方に、少し自信がついてきたぞ。

簡単なプログラムならば、レジスタを使うだけで書けるよ。ぜひいろいろなプログラムを書いてみてね。

次章ではメモリも使ってみよう。もっと複雑な処理ができるようになるよ。

第3章

もっとおぼえる

メモリは大容量の記憶領域です。
レジスタに入りきらないデータは、
メモリに置いておきます。

メモリ

3-1

普段はデータをメモリに置く

多くのプログラムでは、レジスタに入りきらない量のデータを扱うので、データをメモリに置きます。

メモリについて、何から学ぶといいかな？

まずはレジスタ、キャッシュメモリ、メインメモリが、それぞれどんな性質なのかを復習しよう。

▼レジスタ、キャッシュメモリ、メインメモリ

レジスタ

レジスタは高速だけど小容量だから、今使うデータだけを置くよ。
CPU
キャッシュメモリ

通信路
メモリ（メインメモリ）
プログラムやデータは、大容量なメモリに置いておくよ。
キャッシュメモリは自動的に、CPUが最近使ったデータを覚えるんだ。

メインメモリは、レジスタよりも読み書きが遅いけど、レジスタよりも大容量なんだ。

だから、普段はデータをメインメモリに置いておき、今必要なデータをレジスタに読み込んで使うよ。

キャッシュメモリはどう使うの？

キャッシュメモリは、最近CPUが読み書きしたデータを覚えてくれるんだ。自動的に制御されるから、通常は気にしなくても大丈夫だよ。

（つづく↗）

最近使ったデータをまた使いたくなったときに、運良くキャッシュメモリにそのデータが残っていれば、メインメモリから取り寄せなくて済むから、高速になるという仕組みだよ。

以後はメインメモリのことを、簡単にメモリと呼ぶね。

今まではレジスタだけを使ってきたけど、次はメモリも使うの？

うん。レジスタとメモリが、どう連携するのかを見てみよう。

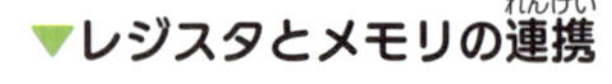

▼レジスタとメモリの連携

1

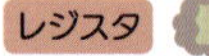

レジスタ

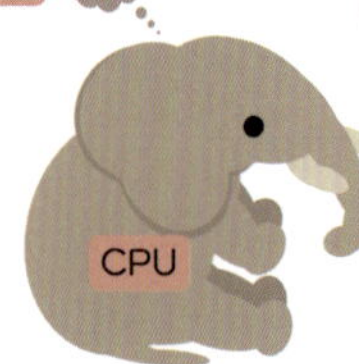

CPU
計算などに必要なデータを、メモリから読み込むよ。

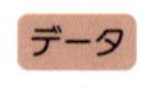

データ

データがキャッシュメモリにある場合はキャッシュメモリから、ない場合はメインメモリから読み出すんだ。

CPUから要求されたデータのコピーを、CPUに渡すよ。
メモリ

2

レジスタ

計算の結果などのデータを、メモリに書き出すよ。

CPU

データ

CPUから渡されたデータを記憶するよ。

メモリ

レジスタを次の計算に使う前に、今の計算の結果をメモリに保存しておくんだ。

多くのプログラムでは、データは主にメモリに置き、必要なデータをレジスタに読み込んで使うよ。

レジスタで計算した結果は、メモリに書き出すんだ。そうすれば、レジスタを上書きしても構わなくなって、次の計算に使えるようになるよ。

（つづく↗）

なるほど。メモリが主な記憶領域で、レジスタは一時的な記憶領域なんだね。

うん。リスのパソコンは、どのくらいの容量のメモリを積んでいるの？

ええと…8GBだったかな。でも、8GBって何？

GBはギガバイトという意味だ。メモリの容量について学んでみよう。

▼メモリの容量

単位	バイト数
KB（キロバイト）	1024バイト
MB（メガバイト）	1024×1024＝1048576バイト
GB（ギガバイト）	1024×1024×1024＝1073741824バイト
TB（テラバイト）	1024×1024×1024×1024＝1099511627776バイト

メモリの容量には、こんな単位が使われるよ。

例えば8GBのメモリは、何バイトかな…。

8589934592バイト、約86億バイトだね。

パソコンのメモリは、今は8GBや16GBなどの製品が多いかな。

8GBの場合は、約86億バイトなんだね。これはどのくらいの量なの？

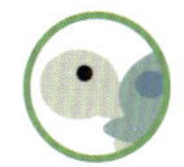

英字だと86億文字程度、漢字だと…表現方法によるけど、29億文字くらいかな。

400字詰めの原稿用紙で、716万枚くらいだ。

（つづく↗）

すごい量だね。でも、パソコンを使っていると、メモリが足りなくなることがあるよ。

パソコンで扱うのは文章だけではなくて、画像・動画・音声などの、大容量のデータも扱うからね。

確かに。そういえば、km（キロメートル）は1000メートルで、kg（キログラム）は1000グラムだよね。どうしてKBは1000バイトではなく、1024バイトなの？

国際単位系では、キロは1000、メガは1000×1000＝1000000、ギガは1000×1000×1000＝1000000000、テラは1000×1000×1000×1000＝1000000000000と決められているんだ。

でも、メモリの容量は一般に2のべき乗（2を何度も掛けた数）だから、2の10乗（2×2×2×2×2×2×2×2×2×2）の1024を、キロと呼ぶ習慣があるよ。

（つづく↗）

1000か1024かを区別するために、KBの代わりにKiB（キビバイト）、MBの代わりにMiB（メビバイト）、GBの代わりにGiB（ギビバイト）、TBの代わりにTiB（テビバイト）と呼ぶ方法もあるんだ。

なるほど。アセンブリ言語からメモリを使うには、どうすればいいの？

メモリのどこを読み書きするのかを、アドレスという整数を使って指定するよ。

一般にアドレスは16進数で示すけど、本書ではわかりやすさを優先して、10進数で示すね。

▼アドレスを使ってメモリを読み書きする

メモリのどこを読み書きするのかは、アドレスという整数を使って、1バイト単位で指定するよ。

メモリ	
アドレス	データ
0	1バイトのデータ
1	1バイトのデータ
2	1バイトのデータ
3	1バイトのデータ
⋮	⋮

メモリには、アドレスごとに1バイトのデータを格納できるんだね。

アドレスは0以上の整数だよ。
各アドレスが表す場所を、「0番地」「1番地」などと呼ぶんだ。

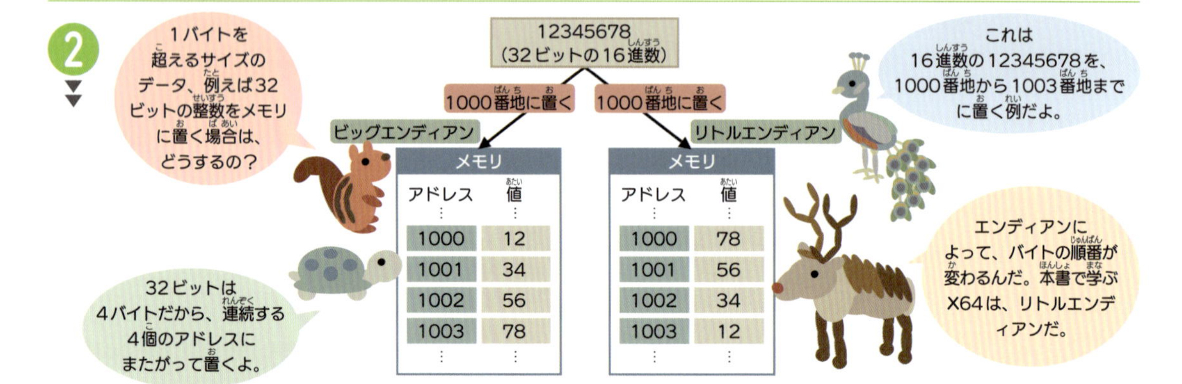
2
1バイトを超えるサイズのデータ、例えば32ビットの整数をメモリに置く場合は、どうするの？
12345678（32ビットの16進数）
1000番地に置く
1000番地に置く
ビッグエンディアン
リトルエンディアン
メモリ
アドレス 値
1000 12
1001 34
1002 56
1003 78
メモリ
アドレス 値
1000 78
1001 56
1002 34
1003 12
これは16進数の12345678を、1000番地から1003番地までに置く例だよ。
32ビットは4バイトだから、連続する4個のアドレスにまたがって置くよ。
エンディアンによって、バイトの順番が変わるんだ。本書で学ぶX64は、リトルエンディアンだ。

3
データが2個以上のアドレスに分かれる場合は、一番小さなアドレスを指定して読み書きするよ。
「1000番地に12345678を書く」のように指定するんだね。
12345678（32ビットの16進数）
1000番地に置く
メモリ
アドレス 値
1000 12345678
1004 次の値
この例では1000番地から1003番地にデータを置くけど、一番小さな1000番地を指定してね。
次の値は1004番地以降に置く必要があるよ。

CPUで「1000番地に12345678を書く」のような命令を実行すると、メモリにデータを書き込めるの？

うん。一方で「1000番地から4バイトのデータを読む」のような命令を実行すると、メモリからデータを読み出せるよ。

「レジスタに1000番地のデータを足す」のように、メモリから読んだデータを、足し算などの計算に使うこともできるんだ。

（つづく↗）

メモリって意外と簡単に使えそう。でも、1000番地や2000番地といった、アドレスを覚えておくのが大変そうだ…。

どのアドレスに何を置いたのかを、メモに書いておけばいいけど、確かに手間はかかるね。

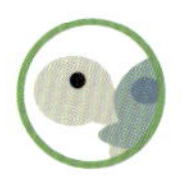

大丈夫。実はデータを置いた場所に、名前を付けられるんだ。

名前には、英字と数字、そして_（アンダースコア）などの記号が使えるよ。

▼名前を使ってメモリを読み書きする

どのアドレスにデータを置いたのか、覚えておくのが大変そうだ…。

メモリ

名前	アドレス	値
PI（円周率）	1000	3.14
	⋮	⋮
DAYS_OF_MONTH（月の日数）	1100	31
	1104	28
	1108	31
	⋮	⋮

この例では、1000番地にPI、1100番地にDAYS_OF_MONTHという名前を付けているね。
アセンブラが名前をアドレスに変換してくれるから、人間はアドレスではなく名前を指定して、データを読み書きできるよ。

大丈夫。アセンブリ言語を使えば、データを置いた場所に名前を付けられるよ。

この例では、例えばアドレスの1000を指定する代わりに、PI（パイ）を指定すればいいの？

その通り。アセンブラがPIという名前を、アドレスの1000に変換してくれるよ。

（つづく↗）

わかりやすい名前を付けておけば、どこに何を置いたのか、迷わずに済むね。

これなら安心だ。さっそくメモリを使ってみたいな。

次は実際にメモリを使って、計算をしてみよう。

3-2

メモリにデータを置いてみよう

メモリに置いたデータを、計算に使うプログラムを書いてみましょう。

メモリを使って、どんなプログラムを書くの？

円の面積を計算してみよう。

（つづく↗）

円の面積は…半径×半径×円周率、だったかな。

うん。今回は円周率をメモリに置いて、計算に使うよ。

円周率は3.14として、64ビットの浮動小数点数で表すことにしよう。

▼円周率をメモリに置く

円周率をメモリに置こう。説明のために、アドレスは仮に1000番地とするよ。

メモリ

名前	アドレス	値
PI(円周率)	1000	3.14

今回は円周率を64ビットの浮動小数点数で表すよ。

円周率だから、名前はPI(パイ)にしたんだね。

64ビットだから、1000番地から1007番地までの、8バイトを使うことになる。

メモリにデータを置くには、どうするの？

（つづく↗）

アセンブリ言語で置く方法と、C言語で置く方法があるよ。今回はアセンブリ言語で置く方法を使おう。

アセンブリ言語プログラムには、データを書くための領域と、コード（プログラム）を書くための領域があるんだ。

▼メモリにデータを置く

アセンブリ言語プログラムの「.data」の後にデータを、「.code」の後にコード（プログラム）を書くよ。

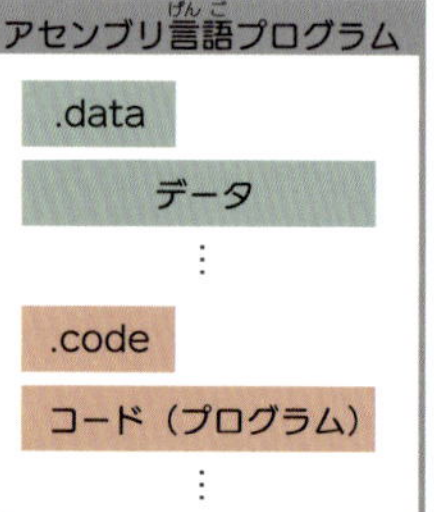

アセンブリ言語プログラム
.data
データ
⋮
.code
コード（プログラム）
⋮

使うアセンブラによって、書き方が異なるから注意してね。

データやコードは、それぞれ好きな行数書けるんだね。

2

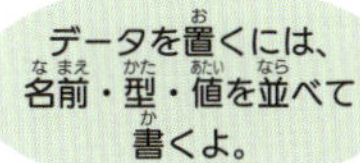

データを置くには、名前・型・値を並べて書くよ。

データ		
名前	型	値
PI	real8	3.14

real8って、何？

real(リアル) は実数 (real number)、8は8バイト (64ビット) を表すよ。

.dataと書かれた領域に、「名前 型 値」という形式で、データを置くんだね。

うん。.dataやreal8などの書き方は、アセンブラによって異なるから注意してね。

本書とは違うアセンブラを使う場合は、そのアセンブラのマニュアルを調べてみてね。

(つづく↗)

今回のプログラムには、「PI real8 3.14」と書けばいいの？

実は、サンプルプログラムにはもう書いておいたんだ。

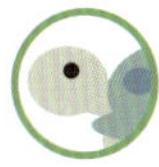
第2章と同様に、体験用のサンプルプログラムを使うよ。sub.asmを開いて、以下のように書かれていることを確認してね。

円周率のデータ(sub.asm)

```
PI real8 3.14
```

確認できたよ。sub.asmの先頭近くに書かれていたね。

(つづく↗)

うん。では、円の面積を計算するプログラムを書こう。

第2章で学んだ、浮動小数点数を使うよ。

▼円の面積を計算する

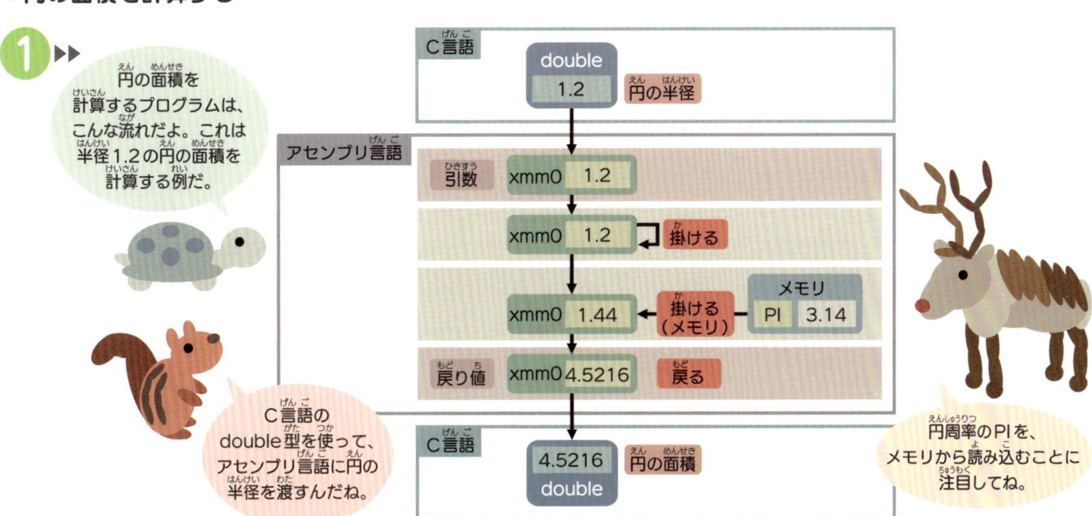

1
円の面積を計算するプログラムは、こんな流れだよ。これは半径1.2の円の面積を計算する例だ。
C言語
double
1.2
円の半径
アセンブリ言語
引数
xmm0 1.2
xmm0 1.2
掛ける
メモリ
xmm0 1.44
掛ける(メモリ)
PI 3.14
戻り値
xmm0 4.5216
戻る
C言語
4.5216
double
円の面積
C言語のdouble型を使って、アセンブリ言語に円の半径を渡すんだね。
円周率のPIを、メモリから読み込むことに注目してね。

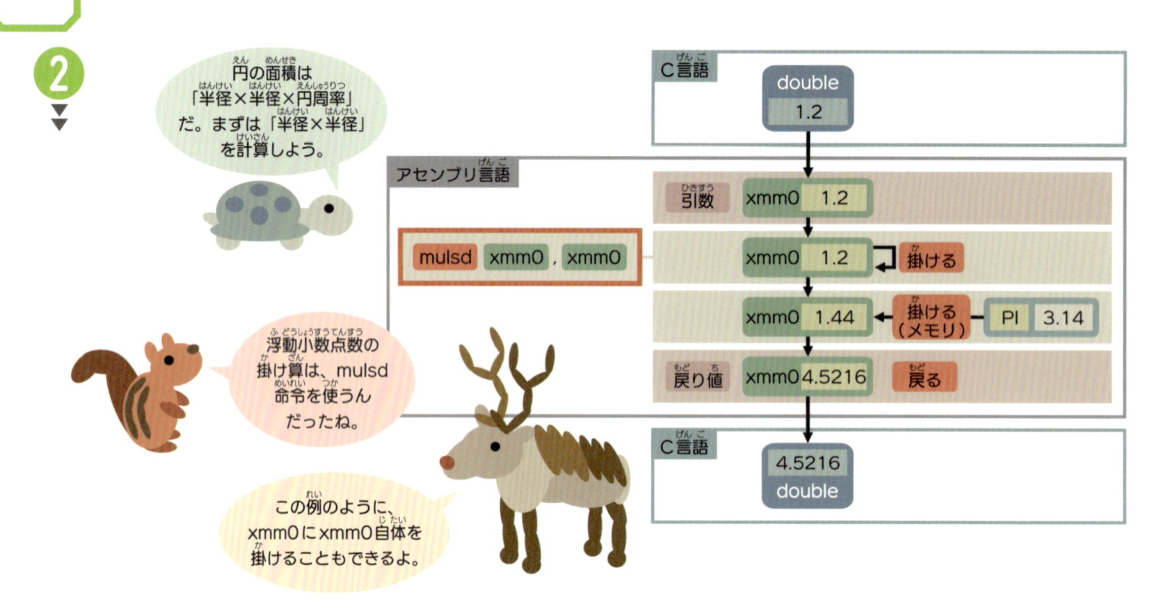
2
円の面積は「半径×半径×円周率」だ。まずは「半径×半径」を計算しよう。
C言語
double
1.2
アセンブリ言語
引数
xmm0 1.2
mulsd xmm0 , xmm0
xmm0 1.2
掛ける
xmm0 1.44
掛ける(メモリ)
PI 3.14
戻り値
xmm0 4.5216
戻る
浮動小数点数の掛け算は、mulsd命令を使うんだったね。
C言語
4.5216
double
この例のように、xmm0にxmm0自体を掛けることもできるよ。

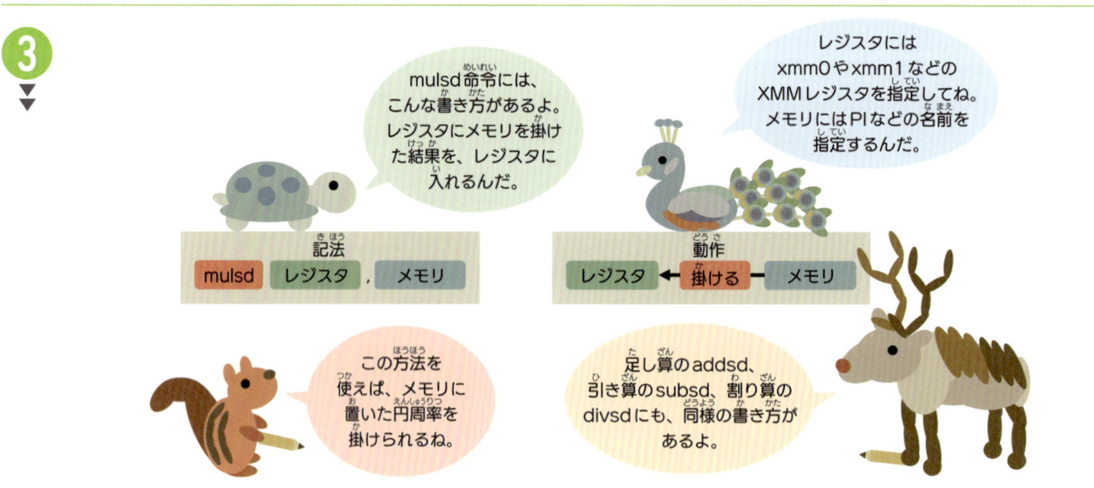
3
mulsd命令には、こんな書き方があるよ。レジスタにメモリを掛けた結果を、レジスタに入れるんだ。
レジスタにはxmm0やxmm1などのXMMレジスタを指定してね。メモリにはPIなどの名前を指定するんだ。
記法
mulsd レジスタ , メモリ
動作
レジスタ 掛ける メモリ
この方法を使えば、メモリに置いた円周率を掛けられるね。
足し算のaddsd、引き算のsubsd、割り算のdivsdにも、同様の書き方があるよ。

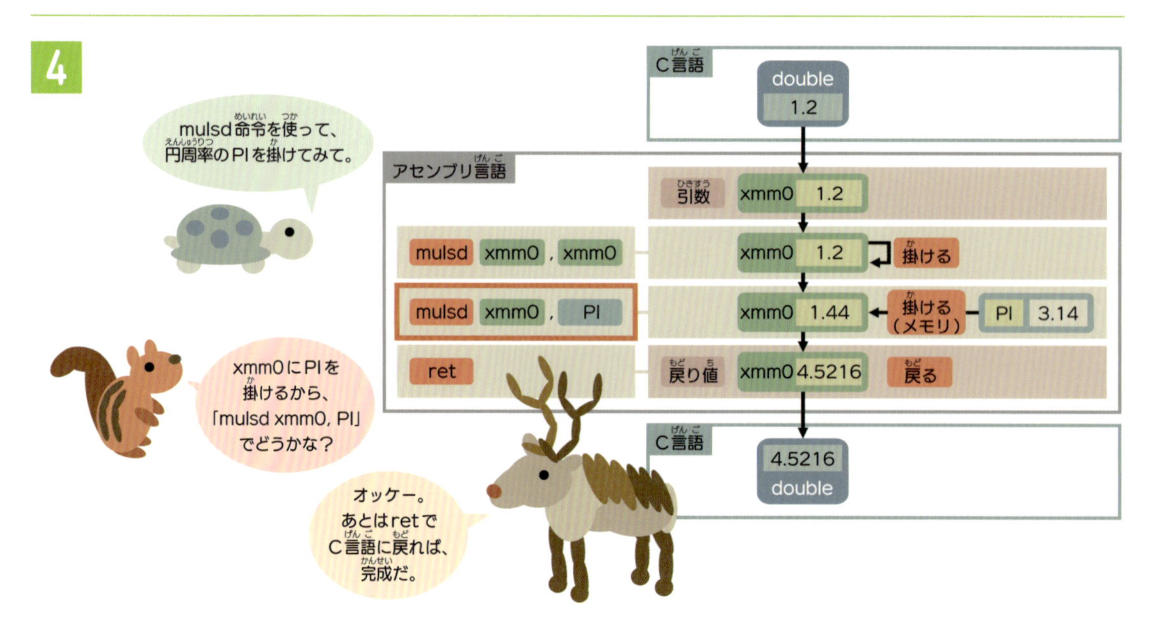
4
mulsd命令を使って、円周率のPIを掛けてみて。
C言語
double
1.2
アセンブリ言語
引数
xmm0 1.2
mulsd xmm0 , xmm0
xmm0 1.2
掛ける
mulsd xmm0 , PI
xmm0 1.44
掛ける(メモリ)
PI 3.14
ret
戻り値
xmm0 4.5216
戻る
xmm0にPIを掛けるから、「mulsd xmm0, PI」でどうかな?
C言語
4.5216
double
オッケー。あとはretでC言語に戻れば、完成だ。

mulsd命令は、「レジスタ掛けるレジスタ」だけではなく、「レジスタ掛けるメモリ」も計算できるんだね。

うん。mulsd命令と同様にメモリを指定できる命令は、数多くあるよ。

どの命令でメモリを指定できるのかについては、詳しくはCPUのマニュアルを見る必要がある。本書では、よく使う命令の例を紹介するよ。

(つづく↗)

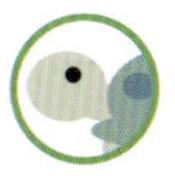

完成したプログラムは以下の通り。関数名はarea_circleにしたよ。

area(エリア)は面積、circle(サークル)は円という意味だ。

sub.asmでarea_circleを見つけて、以下のように変更してね。

第2章と同様に、「;」以降はコメントだから、入力しなくていいよ。

円の面積を計算するarea_circle関数(sub.asm)

```
area_circle proc
    mulsd xmm0, xmm0      ; xmm0にxmm0を掛ける
    mulsd xmm0, PI        ; xmm0にPIを掛ける
    ret                   ; 戻る
area_circle endp
```

さっそく実行してみたいな。

(つづく↗)

C言語プログラムは以下の通り。area_circle関数を呼び出して、半径1.2の円の面積を計算するよ。

main.cで以下の箇所を見つけて、先頭の//を削除してね。

area_circle関数を呼び出す(main.c)

```
printf("area_circle(1.2): %g\n", area_circle(1.2));
```

変更して保存したよ。実行してみるね。

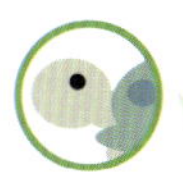

以下の結果が表示されたら成功だよ。

実行結果:円の面積

```
area_circle(1.2): 4.5216
```

1.2×1.2×3.14は…。

4.5216だから、正しく計算できているよ。

(つづく↗)

よかった。無事にメモリを使った計算ができたね。

うん。次はメモリにもっと多くのデータを置いてみよう。

3-3

メモリにたくさんのデータを置いてみよう

メモリに置いた多数のデータの中から、特定のデータを取り出すプログラムを書きましょう。

メモリを使って、今度はどんなプログラムを書くの？

月の日数を返すプログラムを書いてみよう。

例えば、1月ならば31、2月ならば28を返すんだ。

（つづく↗）

日数はどうやって計算するの？

月ごとの日数をデータにして、メモリに置いておこう。

1月から12月まで、12個のデータが必要だよ。

▼月ごとの日数をメモリに置く

月ごとの日数をメモリに置こう。説明のために、アドレスは仮に1000番地からとするよ。

メモリ		
名前	アドレス	値
DAYS_OF_MONTH（月の日数）	1000	31
	1004	28
	1008	31
	1012	30
	1016	31
	1020	30
	1024	31
	1028	31
	1032	30
	1036	31
	1040	30
	1044	31

日数だから、浮動小数点数ではなくて、整数にしたんだね。

この例では、値を32ビットの整数で表すから、値ごとに4バイトのメモリを使うよ。

名前はDAYS_OF_MONTH（デイズオブマンス）、つまり「月の日数」としたよ。

このデータを使って、どんなプログラムを書くの？

指定した月の日数を返すのが目標だよ。

（つづく↗）

いくつかの段階に分けて、この目標を達成しよう。

まずはアセンブリ言語で、メモリに多数のデータを置く方法を説明するね。

▼メモリに多数のデータを置く

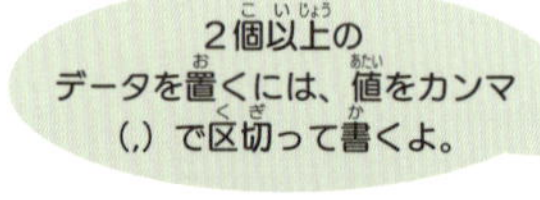
2個以上のデータを置くには、値をカンマ（,）で区切って書くよ。

データ		
名前	型	値
DAYS_OF_MONTH	dword	31, 28, 31, 30, 31, 30, 31, 31, 30, 31, 30, 31

dwordって、何？

dword（ディーワード）は double word（ダブルワード）の略で、32ビット（4バイト）の整数を表すよ。

今回は12ヶ月分の日数に相当する、12個の値を並べて書くんだね。

（つづく↗）

うん。サンプルプログラムには、あらかじめデータを書いておいたよ。

sub.asmを開いて、以下のように書かれていることを確認してね。

月ごとの日数のデータ（sub.asm）

```
DAYS_OF_MONTH dword 31, 28, 31, 30, 31, 30, 31, 31, 30, 31, 30, 31
```

確認したよ。次はプログラムを書くの？

うん。手始めに、1月の日数を返すプログラムを書いてみよう。

▼1月の日数を返す

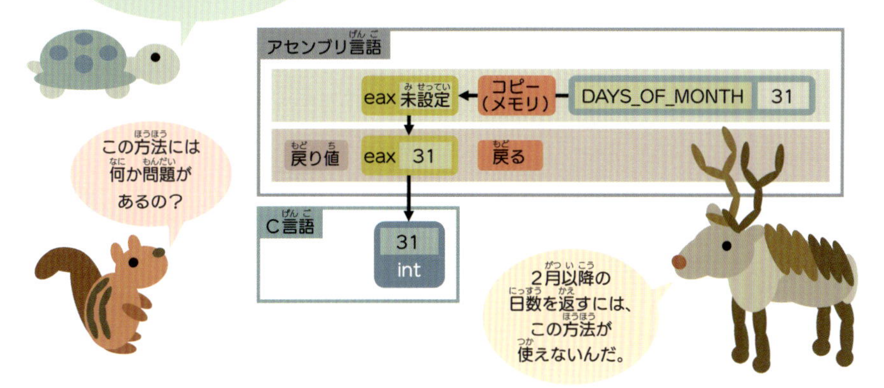

1月の日数を返すには、単純にDAYS_OF_MONTHを読み出す方法もあるけど…。
アセンブリ言語
eax 未設定
コピー（メモリ）
DAYS_OF_MONTH
31
戻り値
eax 31
戻る
C言語
31
int
この方法には何か問題があるの？
2月以降の日数を返すには、この方法が使えないんだ。

2月以降の日数も返せるように、今回はDAYS_OF_MONTHのアドレスをrdxに入れた上で、rdxを使ってメモリを読むよ。

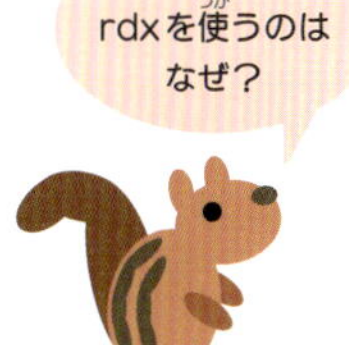

edxではなく、rdxを使うのはなぜ？

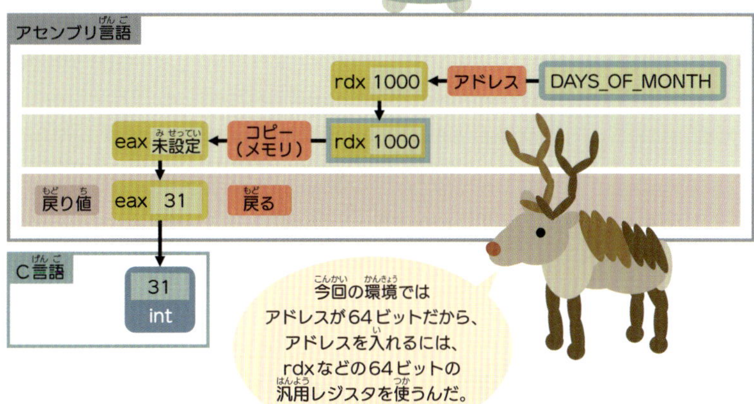

アセンブリ言語
rdx 1000
アドレス
DAYS_OF_MONTH
eax 未設定
コピー（メモリ）
rdx 1000
戻り値
eax 31
戻る
C言語
31
int
今回の環境ではアドレスが64ビットだから、アドレスを入れるには、rdxなどの64ビットの汎用レジスタを使うんだ。

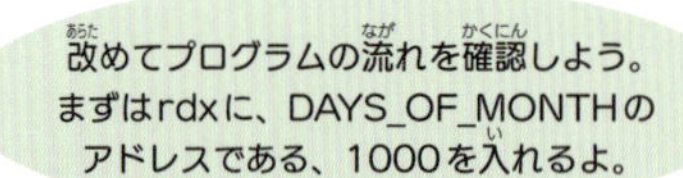
改めてプログラムの流れを確認しよう。
まずはrdxに、DAYS_OF_MONTHの
アドレスである、1000を入れるよ。

次は
rdxを使って、
1000番地のデータを
eaxにコピーするん
だね。

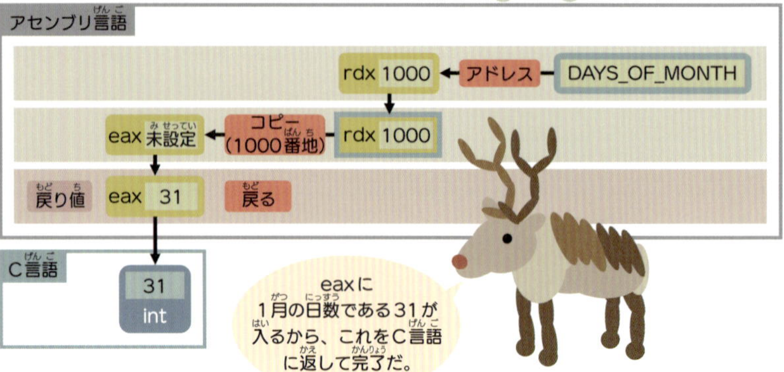
アセンブリ言語
rdx 1000
アドレス
DAYS_OF_MONTH
eax 未設定
コピー
(1000番地)
rdx 1000
戻り値
eax 31
戻る
C言語
31
int
eaxに
1月の日数である31が
入るから、これをC言語
に返して完了だ。

メモリのアドレスを
レジスタに入れるには、
lea命令を使うよ。

レジスタには
raxやeaxなどの汎用レジ
スタを指定してね。メモリ
にはDAYS_OF_MONTH
などの名前を指定
するんだ。

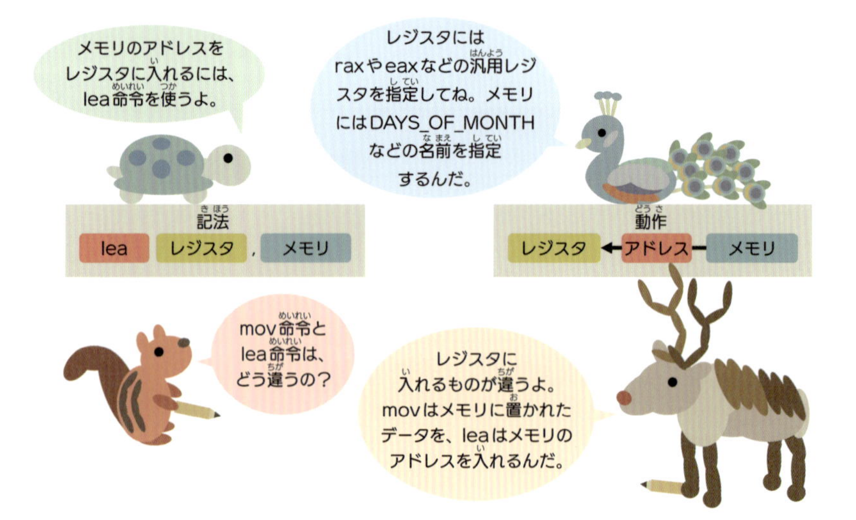
記法
lea
レジスタ
,
メモリ
動作
レジスタ
アドレス
メモリ
mov命令と
lea命令は、
どう違うの？
レジスタに
入れるものが違うよ。
movはメモリに置かれた
データを、leaはメモリの
アドレスを入れるんだ。

rdxに
DAYS_OF_MONTHの
アドレスを入れてみて。

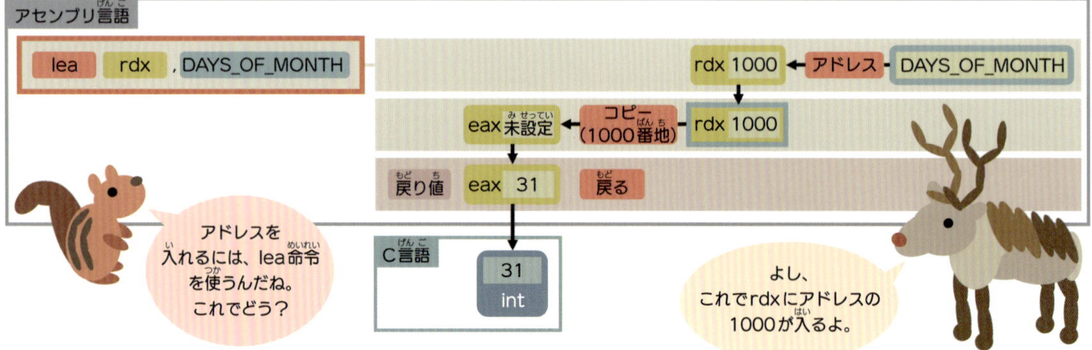
アセンブリ言語
lea
rdx
, DAYS_OF_MONTH
rdx 1000
アドレス
DAYS_OF_MONTH
eax 未設定
コピー
(1000番地)
rdx 1000
戻り値
eax 31
戻る
C言語
31
int
アドレスを
入れるには、lea命令
を使うんだね。
これでどう？
よし、
これでrdxにアドレスの
1000が入るよ。

6

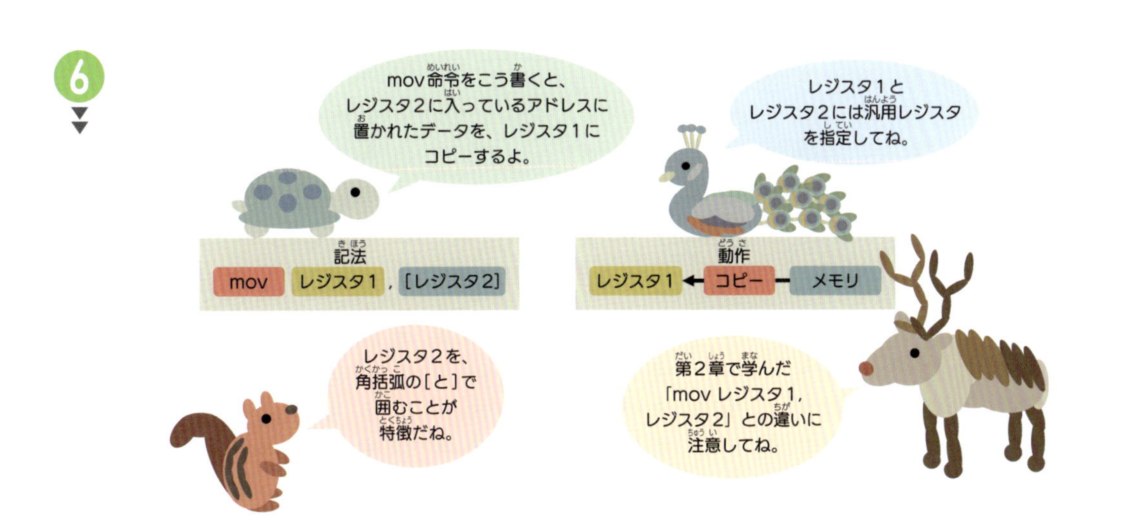

movを命令をこう書くと、レジスタ2に入っているアドレスに置かれたデータを、レジスタ1にコピーするよ。
レジスタ1とレジスタ2には汎用レジスタを指定してね。
記法
mov レジスタ1 , [レジスタ2]
動作
レジスタ1 ← コピー ― メモリ
レジスタ2を、角括弧の[と]で囲むことが特徴だね。
第2章で学んだ「mov レジスタ1, レジスタ2」との違いに注意してね。

7

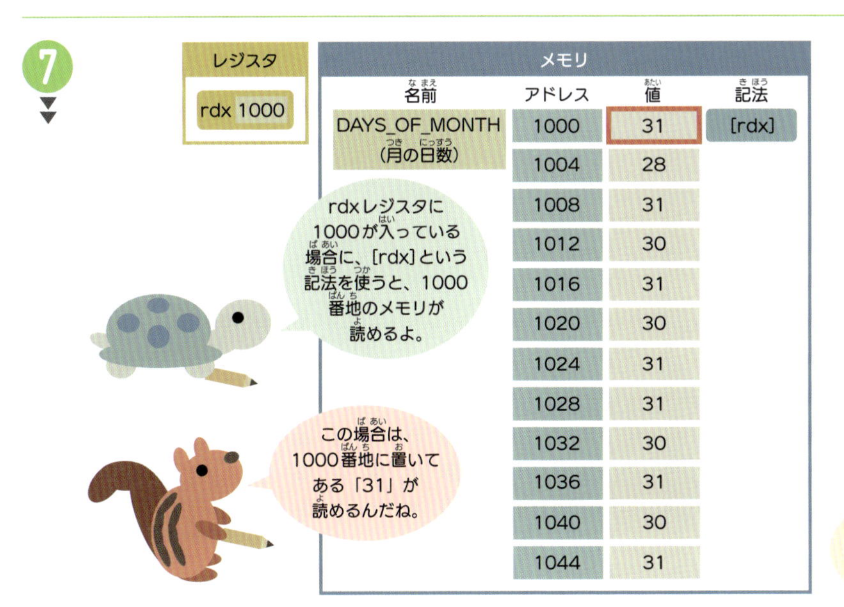

レジスタ
rdx 1000
rdxレジスタに1000が入っている場合に、[rdx]という記法を使うと、1000番地のメモリが読めるよ。
この場合は、1000番地に置いてある「31」が読めるんだね。

メモリ

名前	アドレス	値	記法
DAYS_OF_MONTH（月の日数）	1000	31	[rdx]
	1004	28	
	1008	31	
	1012	30	
	1016	31	
	1020	30	
	1024	31	
	1028	31	
	1032	30	
	1036	31	
	1040	30	
	1044	31	

同様に[rdx]という記法を使って、1000番地のメモリに値を書くこともできるよ。

8

rdxを使って、1000番地のデータをeaxにコピーしてみて。

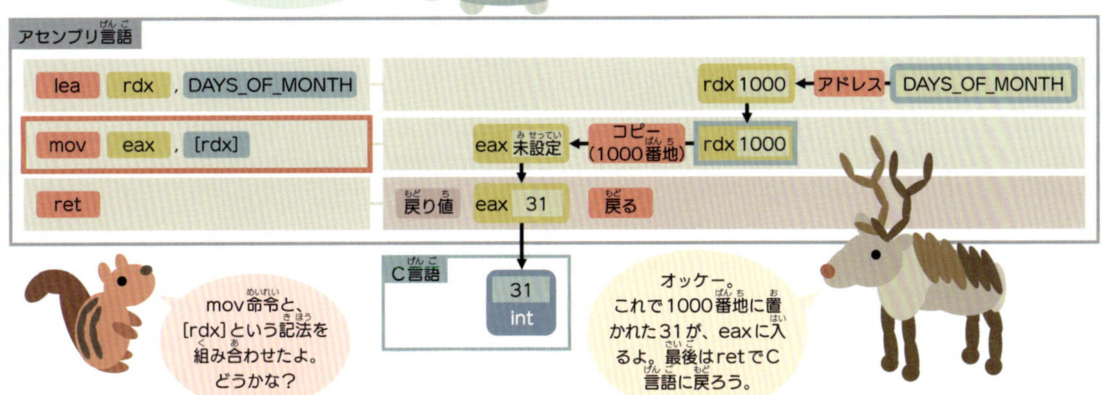

アセンブリ言語
lea rdx , DAYS_OF_MONTH
rdx 1000 ← アドレス ― DAYS_OF_MONTH
mov eax , [rdx]
eax 未設定 ← コピー（1000番地） ― rdx 1000
ret
戻り値 eax 31 戻る
C言語
31 int
movを命令と、[rdx]という記法を組み合わせたよ。どうかな？
オッケー。これで1000番地に置かれた31が、eaxに入るよ。最後はretでC言語に戻ろう。

意外と大がかりな作業だったね。

うん。2月以降の日数を返すことも考えて、プログラムを設計したからね。

1月の日数を返すだけなら、「mov eax, DAYS_OF_MONTH」でもいいんだけどね。

lea命令って、どう読めばいいかな？

leaはload effective address（ロードエフェクティブ アドレス）の略で、「実効アドレスを読み込む」という意味なんだ。

（つづく↗）

leaの短い読み方としては、例えば「リア」や「レア」などがあるよ。

「エルイーエー」のように、アルファベットをそのまま読む方法もあるね。

了解。発音しやすい読み方を探してみるね。

以下が完成したプログラムだ。関数名はdays_of_january、つまり「1月の日数」にしたよ。

sub.asmでdays_of_januaryを見つけて、以下のように変更してね。

1月の日数を返すdays_of_january関数（sub.asm）

```
days_of_january proc
    lea rdx, DAYS_OF_MONTH      ; rdxにDAYS_OF_MONTHのアドレスを入れる
    mov eax, [rdx]              ; eaxにアドレス「rdx」に置かれた値をコピー
    ret                         ; 戻る
days_of_january endp
```

変更して保存したよ。

（つづく↗）

C言語プログラムは以下の通り。days_of_january関数を呼び出して、1月の日数を表示するよ。

main.cで以下の箇所を見つけて、先頭の//を削除してね。

days_of_january関数を呼び出す（main.c）

```
printf("days_of_january: %d\n", days_of_january());
```

こっちも変更して保存したよ。1月の日数だから、31が表示されたら成功かな？

うん。実行結果は以下の通りだよ。

実行結果：1月の日数

```
days_of_january: 31
```

これで第一段階は完成だよ。

やった。次は何をしよう？

（つづく↗）

2月の日数を返すプログラムを書いてみよう。

アドレスを指定する新しい方法を学ぶよ。

▼2月の日数を返す

mov命令をこう書くと、「レジスタ2+整数」や「レジスタ2−整数」のアドレスに置かれたデータを、レジスタ1にコピーするよ。

記法

mov	レジスタ1,	[レジスタ2+整数]
mov	レジスタ1,	[レジスタ2−整数]

レジスタ1とレジスタ2には汎用レジスタを指定してね。

動作

レジスタ1 ← コピー ― メモリ

この記法は、どんな場面で使うといいの？

レジスタ2に入っているアドレスの、前や後にあるデータを読み書きするときに使うよ。

---

2 ▸▸

レジスタ

rdx 1000

メモリ

名前	アドレス	値	記法
DAYS_OF_MONTH（月の日数）	1000	31	[rdx]
	1004	28	[rdx+4]
	1008	31	[rdx+8]
	1012	30	[rdx+12]
	1016	31	[rdx+16]
	1020	30	[rdx+20]
	1024	31	[rdx+24]
	1028	31	[rdx+28]
	1032	30	[rdx+32]
	1036	31	[rdx+36]
	1040	30	[rdx+40]
	1044	31	[rdx+44]

rdxレジスタに1000が入っている場合に、[rdx+整数]という記法を使うと、1000番地より後のメモリが読めるよ。

今回は1004番地のメモリを読みたいから、[rdx+4]と書けばいいかな。

その通り。1004番地に置かれた28が読めるよ。

プログラムを書いてみよう。
最初のlea命令と、最後のret命令は、前回のプログラムと同じだよ。

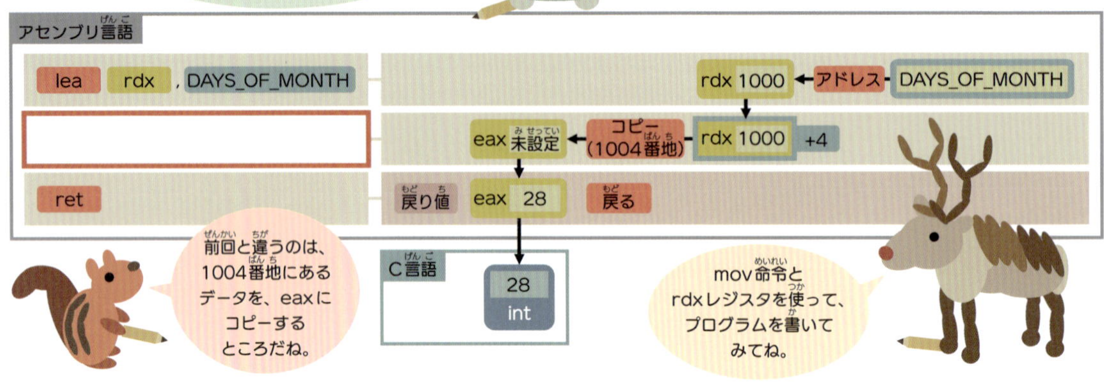
アセンブリ言語
lea rdx , DAYS_OF_MONTH
ret
rdx 1000 ← アドレス DAYS_OF_MONTH
eax 未設定 ← コピー (1004番地) rdx 1000 +4
戻り値 eax 28 戻る
C言語
28
int
前回と違うのは、1004番地にあるデータを、eaxにコピーするところだね。
mov命令とrdxレジスタを使って、プログラムを書いてみてね。

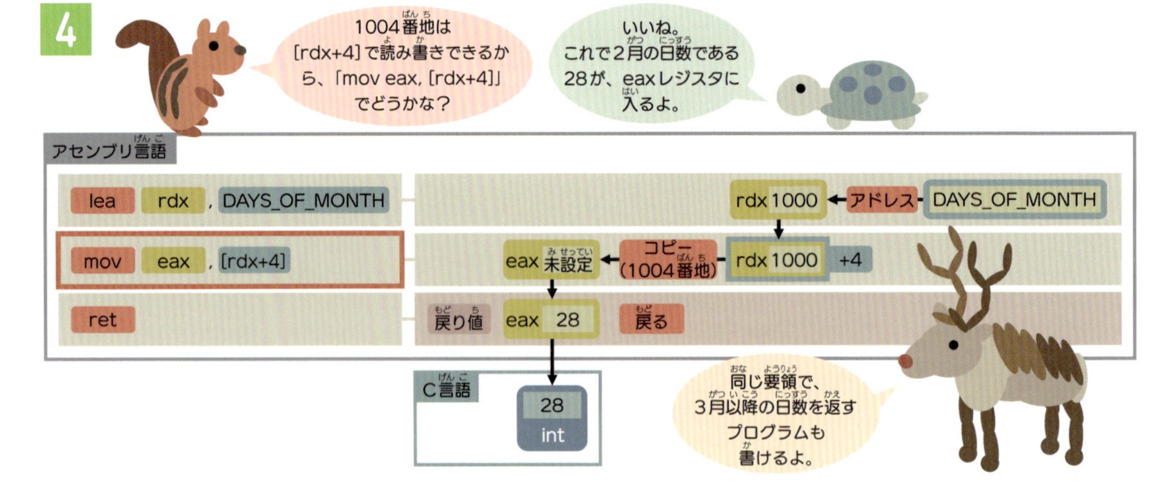
4
1004番地は[rdx+4]で読み書きできるから、「mov eax, [rdx+4]」でどうかな？
いいね。これで2月の日数である28が、eaxレジスタに入るよ。
アセンブリ言語
lea rdx , DAYS_OF_MONTH
mov eax , [rdx+4]
ret
rdx 1000 ← アドレス DAYS_OF_MONTH
eax 未設定 ← コピー (1004番地) rdx 1000 +4
戻り値 eax 28 戻る
C言語
28
int
同じ要領で、3月以降の日数を返すプログラムも書けるよ。

アドレスを指定する方法って、いろいろあるんだね。

うん。メモリのアドレスを指定する方法のことを、アドレッシングモードと呼ぶよ。後で紹介するように、X64にはもっと複雑なアドレッシングモードもあるんだ。

実はアドレッシングモードというのは、オペランドを指定する方法のことなんだ。だから、メモリではなくレジスタや値を指定する場合も、アドレッシングモードと呼ぶよ。

命令がいろいろあるだけではなくて、アドレッシングモードもいろいろあるんだね。覚えられるかな…。

(つづく↗)

大丈夫。アドレッシングモードの種類は、それほど多くはないから、きっと覚えられるよ。

同じアドレッシングモードが、多くの命令で使えるんだ。だから、アドレッシングモードを覚えてしまえば、いろいろな命令を使いこなせるようになるよ。

命令によって、使えるアドレッシングモードは違うの？

違うけど、似ている命令も多いから、使いこなすのはそれほど大変じゃないよ。

まずは本書で紹介する、代表的な命令とアドレッシングモードの組み合わせを、使いこなしてみてね。

了解。以下が完成したプログラムだね。

（つづく↗）

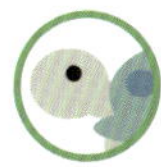
うん。関数名はdays_of_february（2月の日数）にしたよ。

sub.asmでdays_of_februaryを見つけて、以下のように変更してね。

2月の日数を返すdays_of_february関数（sub.asm）

```
days_of_february proc
    lea rdx, DAYS_OF_MONTH      ; rdxにDAYS_OF_MONTHのアドレスを入れる
    mov eax, [rdx+4]            ; eaxにアドレス「rdx+4」に置かれた値をコピー
    ret                         ; 戻る
days_of_february endp
```

今回は[rdx+1]ではなく、[rdx+4]のメモリを読むことに注意してね。

rdxに1000が入っていて、2月の日数は1004番地にあるからだね。

その通り。日数を32ビットの整数で表したから、日数ごとに4バイトのメモリを使うんだ。

（つづく↗）

だから、日数を置いた番地が1000、1004、1008…のように、4バイトおきになっているんだね。

うん。以下のC言語プログラムを使って、days_of_february関数を呼び出してみよう。2月の日数を表示するよ。

main.cで以下の箇所を見つけて、先頭の//を削除してね。

days_of_february関数を呼び出す（main.c）

```
printf("days_of_february: %d\n", days_of_february());
```

変更して保存したよ。2月の日数だから、28が表示されたら成功かな？

うん。実行結果は以下の通りだよ。

実行結果：2月の日数

```
days_of_february: 28
```

これで、1月と2月の日数を返すプログラムができたね。

3月以降の日数を返すプログラムも、同様に書けるよ。

（つづく↗）

そういえば、指定した月の日数を返すのが目標だったね。

うん。いよいよ次のセクションでは、指定した月の日数を返すプログラムを書いてみよう。

3-4 たくさんのデータの中から指定されたデータを取り出そう

メモリに置いた多数のデータの中から、引数で指定されたデータを取り出すプログラムを書きましょう。

引数で月を指定すると、その月の日数を戻り値として返すような、アセンブリ言語プログラムを書いてみよう。

（つづく↗）

C言語プログラムから、日数を知りたい月を指定するんだね。

その通り。例えば、C言語プログラムから4を指定すると、アセンブリ言語プログラムが30を返すようにするんだ。

▼指定した月の日数を返す

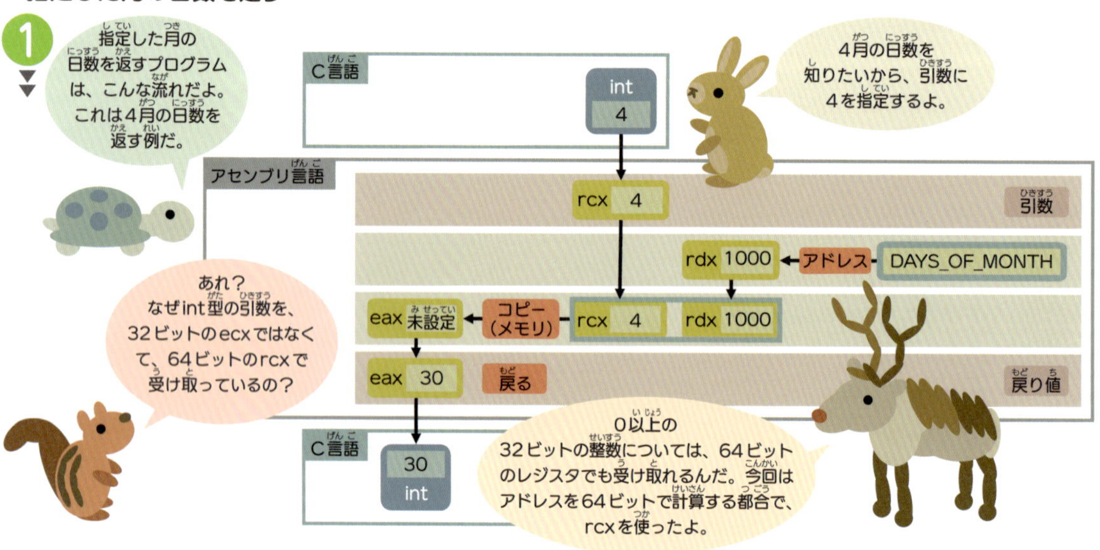

1
指定した月の日数を返すプログラムは、こんな流れだよ。これは4月の日数を返す例だ。
C言語
int
4
4月の日数を知りたいから、引数に4を指定するよ。
アセンブリ言語
rcx 4
引数
rdx 1000
アドレス
DAYS_OF_MONTH
あれ？なぜint型の引数を、32ビットのecxではなくて、64ビットのrcxで受け取っているの？
eax 未設定
コピー（メモリ）
rcx 4
rdx 1000
eax 30
戻る
戻り値
C言語
30
int
0以上の32ビットの整数については、64ビットのレジスタでも受け取れるんだ。今回はアドレスを64ビットで計算する都合で、rcxを使ったよ。

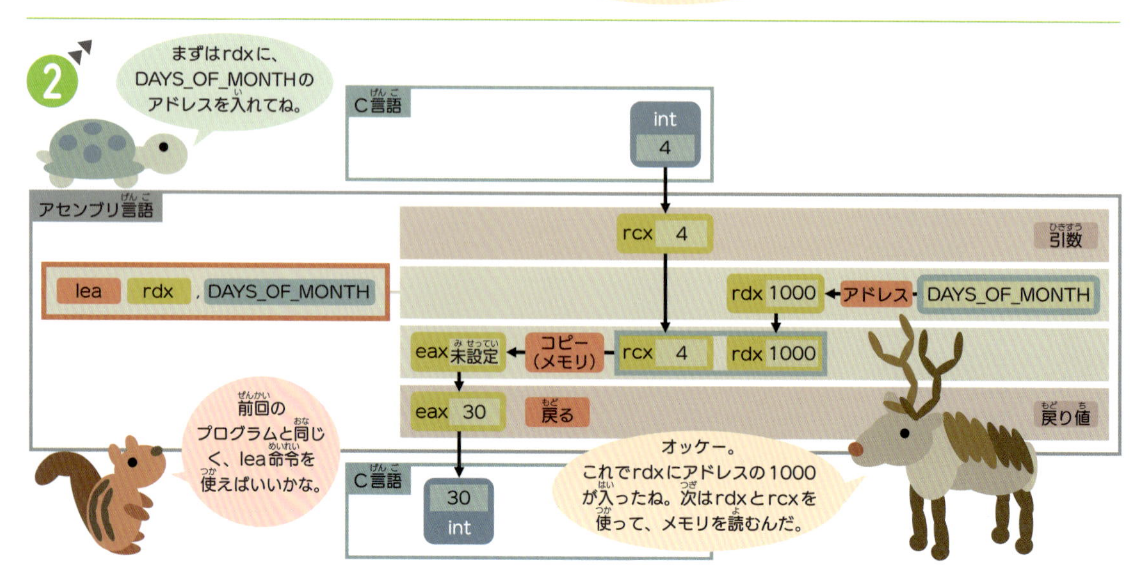

2
まずはrdxに、DAYS_OF_MONTHのアドレスを入れてね。
C言語
int
4
アセンブリ言語
lea
rdx
, DAYS_OF_MONTH
rcx 4
引数
rdx 1000
アドレス
DAYS_OF_MONTH
eax 未設定
コピー（メモリ）
rcx 4
rdx 1000
eax 30
戻る
戻り値
前回のプログラムと同じく、lea命令を使えばいいかな。
C言語
30
int
オッケー。これでrdxにアドレスの1000が入ったね。次はrdxとrcxを使って、メモリを読むんだ。

レジスタ	
rdx	1000
rcx	1～12

メモリ		
名前	アドレス	値
DAYS_OF_MONTH（月の日数）	1000	31
	1004	28
	1008	31
	1012	30
	1016	31
	1020	30
	1024	31
	1028	31
	1032	30
	1036	31
	1040	30
	1044	31

rdxに1000、rcxに月（1～12）が入っているときに、指定された月の日数をメモリから読むことが、今回のポイントだよ。

例えばrcxが1のときは1000番地から、rcxが2のときは1004番地から読むんだね。どうすればできるの？

次に説明する記法を使って、rdxとrcxから、読みたいアドレスを計算するんだ。

mov命令をこう書くと、「レジスタ2+レジスタ3×倍率＋整数」や「レジスタ2+レジスタ3×倍率－整数」のアドレスに置かれたデータを、レジスタ1にコピーするよ。

レジスタには汎用レジスタを指定してね。レジスタ2とレジスタ3のビット数は、揃える必要があるよ。

記法
mov レジスタ1, [レジスタ2+レジスタ3*倍率＋整数]
mov レジスタ1, [レジスタ2+レジスタ3*倍率－整数]

動作
レジスタ1 ← コピー ― メモリ

*は掛け算を表すんだね。倍率はどう書くの？

倍率には2か4か8を書くよ。「*倍率」を省略すると、1倍になるんだ。*はアスタリスクという記号だよ。

レジスタ	
rdx	1000
rcx	1～12

メモリ	
アドレス	値
1000	31
1004	28
1008	31
1012	30
1016	31
1020	30
1024	31
1028	31
1032	30
1036	31
1040	30
1044	31

アドレス	
rcx	[rdx+rcx]
1	1001
2	1002
3	1003
4	1004
5	1005
6	1006
7	1007
8	1008
9	1009
10	1010
11	1011
12	1012

例えば[rdx+rcx]と書くと、右の表のようなアドレスを計算できるよ。

[rdx+rcx]は、rcxが1のときは1001番地、rcxが2のときは1002番地になるんだね。

計算したアドレスが、値が置かれている1000番地・1004番地・1008番地…となるように、書き方を調整しよう。

6

今回の値は4バイトおきに置かれているよ。rcxに掛ける倍率を調整してみて。

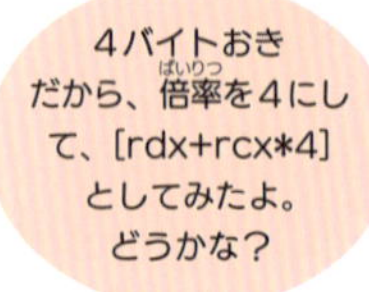
4バイトおきだから、倍率を4にして、[rdx+rcx*4]としてみたよ。どうかな？

レジスタ

レジスタ	
rdx	1000
rcx	1~12

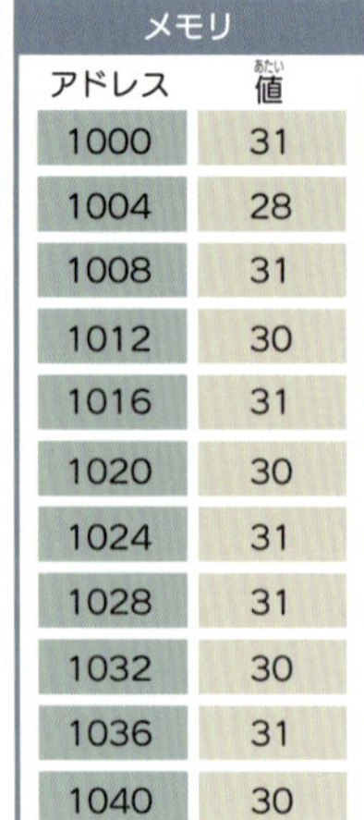

メモリ

アドレス	値
1000	31
1004	28
1008	31
1012	30
1016	31
1020	30
1024	31
1028	31
1032	30
1036	31
1040	30
1044	31

アドレス

rcx	[rdx+rcx*4]
1	1004
2	1008
3	1012
4	1016
5	1020
6	1024
7	1028
8	1032
9	1036
10	1040
11	1044
12	1048

いいね。計算したアドレスが、目標のアドレスに近づいてきたよ。

7

計算したアドレスの1004、1008、1012…を、目標の1000、1004、1008…にするには、どうしたらいいかな？

アドレスから4を引いて、[rdx+rcx*4−4]としたらどうかな？

レジスタ

レジスタ	
rdx	1000
rcx	1~12

メモリ

アドレス	値
1000	31
1004	28
1008	31
1012	30
1016	31
1020	30
1024	31
1028	31
1032	30
1036	31
1040	30
1044	31

アドレス

rcx	[rdx+rcx*4−4]
1	1000
2	1004
3	1008
4	1012
5	1016
6	1020
7	1024
8	1028
9	1032
10	1036
11	1040
12	1044

オッケー。計算したアドレスが、目標のアドレスに一致したよ。これで月の日数が読めるね。

8

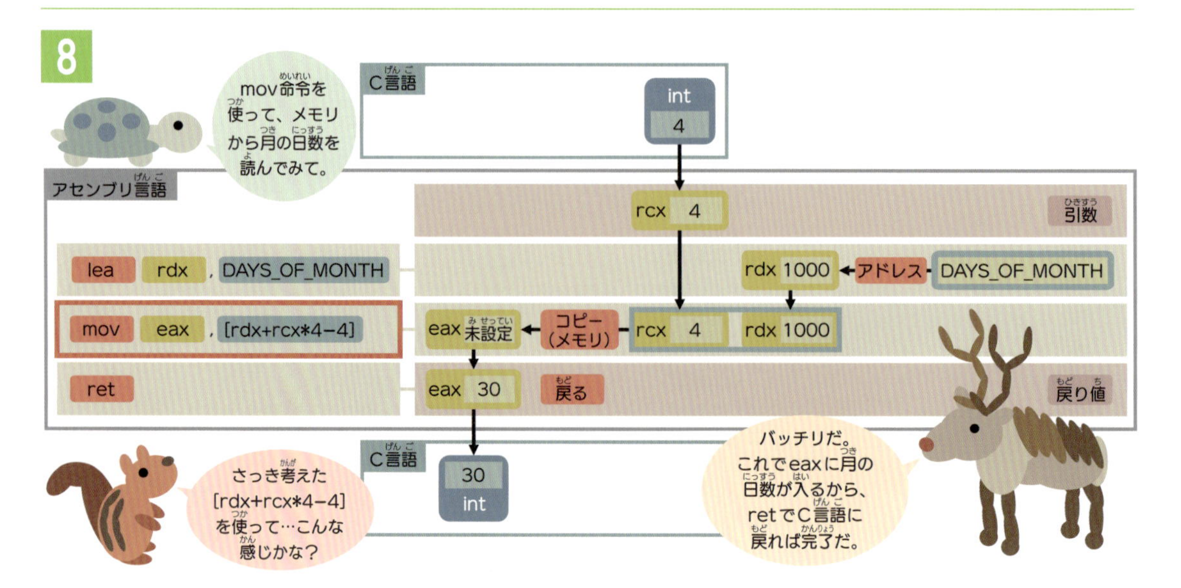
mov命令を使って、メモリから月の日数を読んでみて。
C言語
int
4
アセンブリ言語
rcx 4
引数
lea rdx , DAYS_OF_MONTH
rdx 1000
アドレス
DAYS_OF_MONTH
mov eax , [rdx+rcx*4−4]
eax 未設定
コピー（メモリ）
rcx 4
rdx 1000
ret
eax 30
戻る
戻り値
C言語
30
int
さっき考えた[rdx+rcx*4−4]を使って…こんな感じかな？
バッチリだ。これでeaxに月の日数が入るから、retでC言語に戻れば完了だ。

アドレスの計算を考えるのは大変だったけど、プログラムはシンプルに書けたね。

うん。プログラムを設計するときは、さっきのようなメモリの図を描いて、実際に1000や1004といったアドレスを計算してみるといいよ。

(つづく↗)

メモリの図は、メモ用紙などに簡単に描くのがおすすめだ。テキストエディタや表計算ソフトウェアを使って設計する方法もあるね。

了解。以下が完成したプログラムだね。

関数名はdays_of_month(月の日数)にしたよ。

sub.asmでdays_of_monthを見つけて、以下のように変更してね。

指定した月の日数を返すdays_of_month関数(sub.asm)

```
days_of_month proc
    lea rdx, DAYS_OF_MONTH      ; rdxにDAYS_OF_MONTHのアドレスを入れる
    mov eax, [rdx+rcx*4-4]      ; eaxにアドレス「rdx+rcx*4-4」に置かれた値をコピー
    ret                         ; 戻る
days_of_month endp
```

変更して保存したよ。

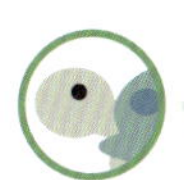
C言語プログラムは以下の通り。days_of_month関数を呼び出して、指定した月の日数を表示するよ。

(つづく↗)

main.cで以下の箇所を見つけて、先頭の//を削除してね。1月～4月の日数を表示するから、4行あるよ。

days_of_month関数を呼び出す(main.c)

```
printf("days_of_month(1): %d\n", days_of_month(1));
printf("days_of_month(2): %d\n", days_of_month(2));
printf("days_of_month(3): %d\n", days_of_month(3));
printf("days_of_month(4): %d\n", days_of_month(4));
```

実行結果:指定した月の日数

```
days_of_month(1): 31
days_of_month(2): 28
days_of_month(3): 31
days_of_month(4): 30
```

実行してみるね。1月～4月の日数だから…31、28、31、30で正しいかな?

うん。実行結果は上記の通り。これで、指定した月の日数を表示するプログラムは完成だよ。

C言語プログラムを変更して、5月以降の日数も表示してみてね。

(つづく↗)

メモリのアドレスを計算する方法を、たくさん学んだね!

うん。今までに学んだアドレッシングモードは、いろいろな命令で使えるから、これからアセンブリ言語プログラムを書く中で、ずっと役立つ知識になるよ。

lea命令を使った計算についても、学んでおこうよ。

どんなことができるの？ lea命令はアドレスをレジスタに入れるのに使ったよね。

（つづく↗）

うん。lea命令は、整数の足し算・引き算・掛け算にも使えるんだ。

lea命令を使って、2個の整数を足すプログラムを書いてみよう。

▼lea命令を使った足し算

lea命令はアドレスの計算に使うことが多いけど、今回は普通の整数の計算に使ってみよう。以下の「レジスタ2+整数」などを計算した結果が、レジスタ1に入るよ。

記法

lea	レジスタ1,	[レジスタ2+整数]
lea	レジスタ1,	[レジスタ2−整数]
lea	レジスタ1,	[レジスタ2+レジスタ3]
lea	レジスタ1,	[レジスタ2+レジスタ3*倍率+整数]
lea	レジスタ1,	[レジスタ2+レジスタ3*倍率−整数]

レジスタには汎用レジスタを指定してね。レジスタ2とレジスタ3のビット数は、揃える必要があるよ。

足し算・引き算・掛け算の命令を組み合わせるよりも、プログラムを短く書けるし、高速になることもあるよ。

ずいぶん複雑な計算ができそうだね。

2

lea命令を使って、足し算のプログラムを書いてみよう。

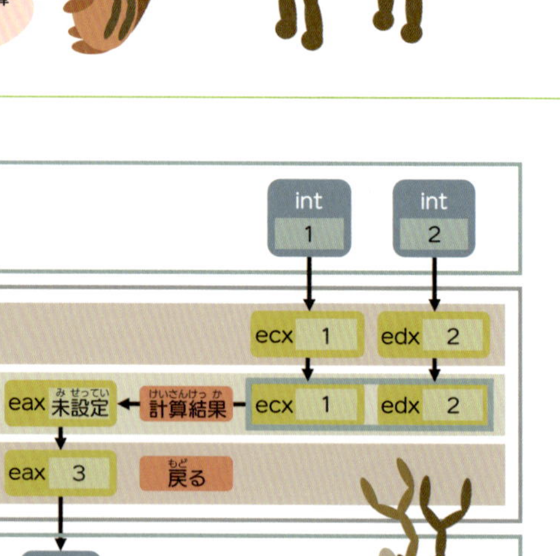
C言語
int
1
int
2
アセンブリ言語
引数
ecx 1
edx 2
eax 未設定
計算結果
ecx 1
edx 2
戻り値
eax 3
戻る
C言語
3
int

addの代わりにleaを使って、ecxとedxを足すんだね。

足し算の結果はeaxに入れてね。

以前はmov命令とadd命令で足し算のプログラムを書いたけど、今回はlea命令だけで短く済むんだね。

うん。プログラムが短くなると、キャッシュメモリにプログラムが収まりやすくなって、高速になる可能性があるよ。

（つづく↗）

lea命令は、1個の命令で足し算・引き算・掛け算をこなせるんだ。上手に使うと、個別に計算するよりも高速なことがある。

なるほど。lea命令が使えそうな場面では、ぜひ使ってみるね。

3

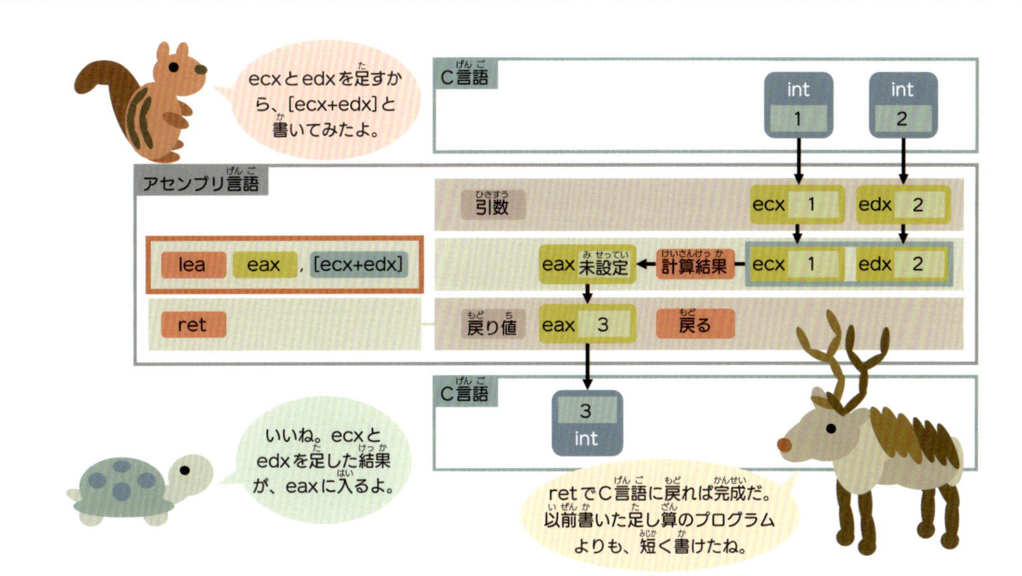

ecxとedxを足すから、[ecx+edx]と書いてみたよ。
C言語
int
1
int
2
アセンブリ言語
引数
ecx 1
edx 2
lea
eax
[ecx+edx]
eax 未設定
計算結果
ecx 1
edx 2
ret
戻り値
eax 3
戻る
C言語
3
int
いいね。ecxとedxを足した結果が、eaxに入るよ。
retでC言語に戻れば完成だ。以前書いた足し算のプログラムよりも、短く書けたね。

完成したプログラムは以下の通り。関数名はadd_int_leaにしたよ。

sub.asmでadd_int_leaを見つけて、以下のように変更してね。

lea命令を使って整数を足すadd_int_lea関数(sub.asm)

```
add_int_lea proc
    lea eax, [ecx+edx]      ; ecxとedxを足してeaxに入れる
    ret                     ; 戻る
add_int_lea endp
```

変更して保存したよ。

(つづく↗)

C言語プログラムは以下の通り。add_int_lea関数を呼び出して、「1+2」を計算するよ。

main.cで以下の箇所を見つけて、先頭の//を削除してね。

add_int_lea関数を呼び出す(main.c)

```
printf("add_int_lea(1, 2): %d\n", add_int_lea(1, 2));
```

実行結果:lea命令を使った整数の足し算

```
add_int_lea(1, 2): 3
```

実行してみるよ。「1+2」は3だね。

うん。上記の結果が表示されたら成功だよ。

(つづく↗)

lea命令を使って足し算ができたよ。次は何をしよう?

C言語からアセンブリ言語にデータを渡してみよう。

うん。次のセクションでは、C言語から渡したいくつかのデータを、アセンブリ言語で処理してみるよ。

3-5

メモリを使ってC言語からアセンブリ言語にデータを渡そう

C言語でメモリに置いたデータを、アセンブリ言語に渡して計算するプログラムを書きましょう。

C言語からアセンブリ言語にデータを渡すために、今まではレジスタを使ってきたね。

一方で、多くのデータを渡すときは、メモリを使うと便利なんだ。

（つづく↗）

メモリを使って、どうやってデータを渡すの？

まず、C言語の配列という機能を使って、メモリにデータを置くよ。

次に、配列の先頭を表すアドレスを、引数としてアセンブリ言語に渡すんだ。

▼C言語からアセンブリ言語にアドレスを渡す

C言語の配列を使うと、メモリに好きな個数のデータを置けるよ。

メモリ

アドレス	値
1000	110
1004	220
1008	330

この例では、1000番地、1004番地、1008番地に、それぞれデータが置かれているね。

これらのデータをアセンブリ言語に渡すには、配列の先頭を表すアドレスである、1000を渡すんだ。

アセンブリ言語は、配列の先頭を表すアドレスを、レジスタで受け取るよ。

このアドレスを使って、メモリに置かれたデータを読み書きするんだ。

（つづく↗）

具体的には、どんなプログラムになるの？

例えば、C言語の配列で渡した3個の整数を、アセンブリ言語で合計してみよう。

▼3個の整数を合計する

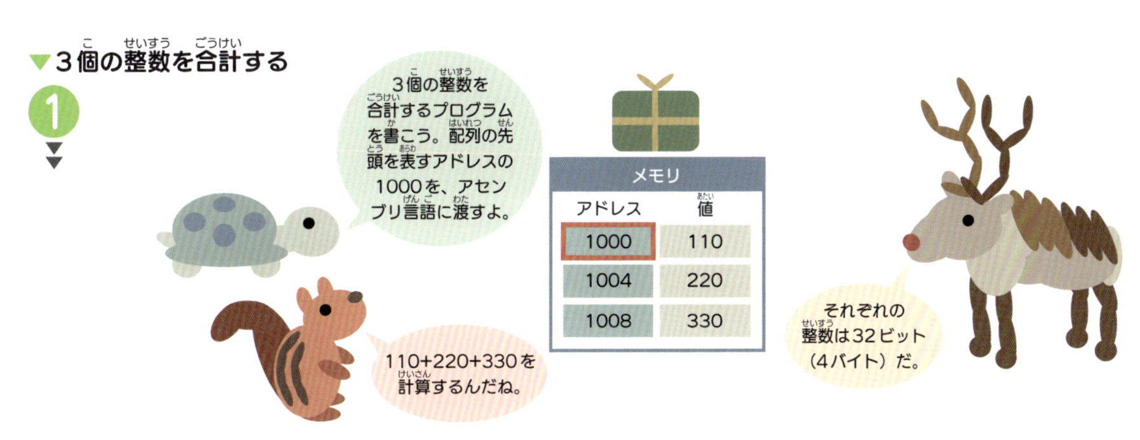

1
3個の整数を合計するプログラムを書こう。配列の先頭を表すアドレスの1000を、アセンブリ言語に渡すよ。
110+220+330を計算するんだね。
メモリ
アドレス
値
1000
110
1004
220
1008
330
それぞれの整数は32ビット（4バイト）だ。

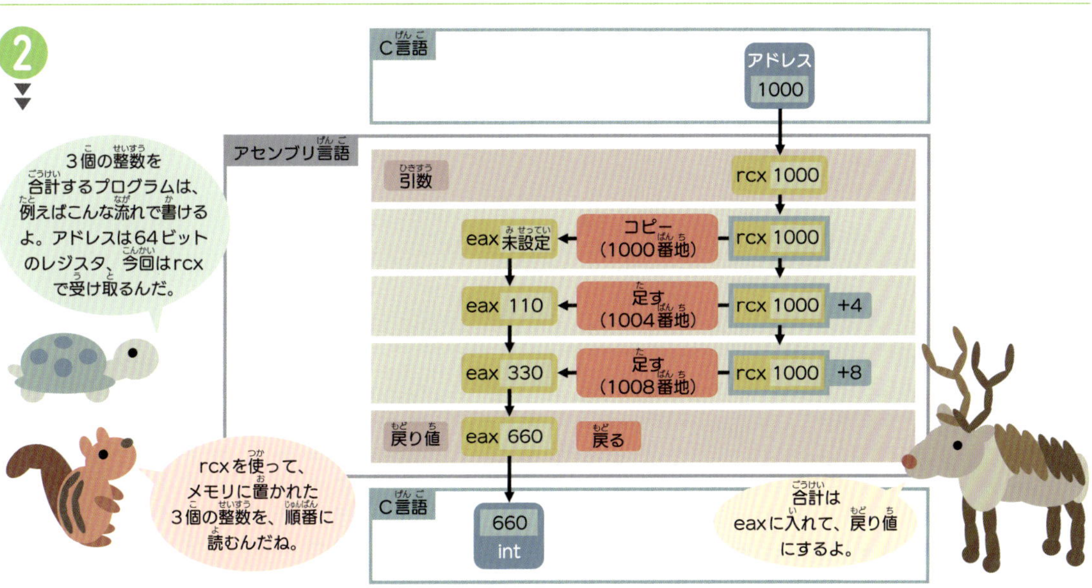

2
3個の整数を合計するプログラムは、例えばこんな流れで書けるよ。アドレスは64ビットのレジスタ、今回はrcxで受け取るんだ。
C言語
アドレス
1000
アセンブリ言語
引数
rcx 1000
eax 未設定
コピー（1000番地）
rcx 1000
eax 110
足す（1004番地）
rcx 1000 +4
eax 330
足す（1008番地）
rcx 1000 +8
戻り値
eax 660
戻る
C言語
660
int
rcxを使って、メモリに置かれた3個の整数を、順番に読むんだね。
合計はeaxに入れて、戻り値にするよ。

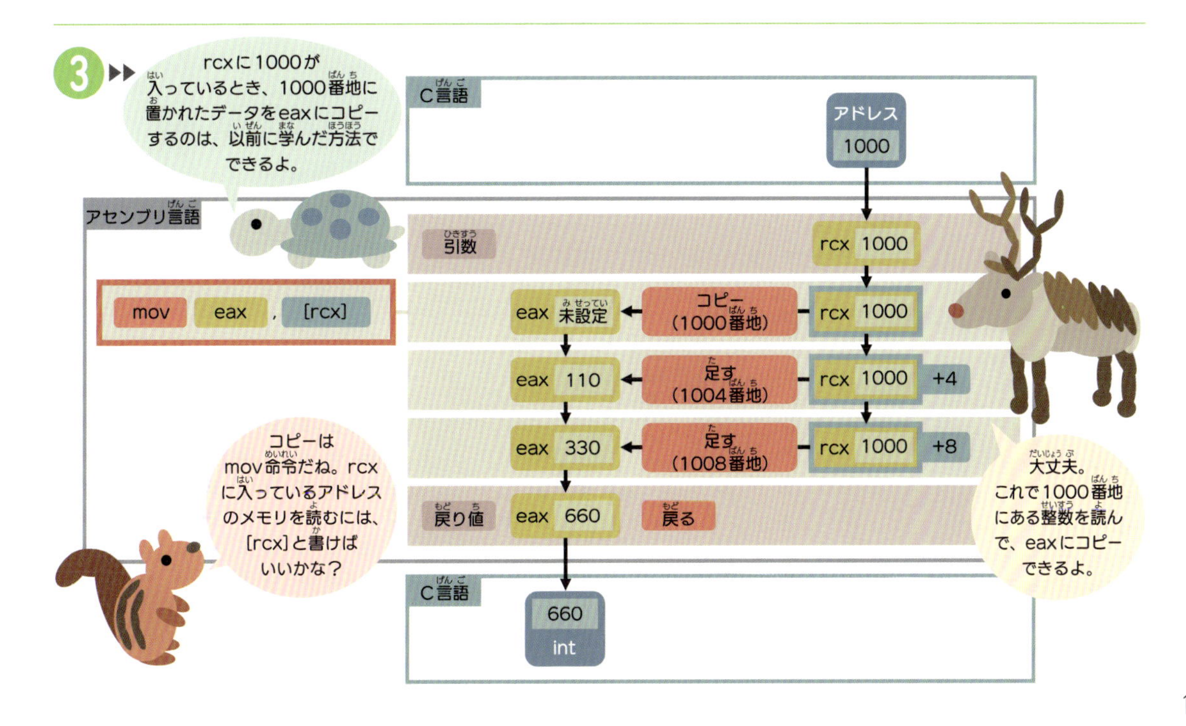

3
rcxに1000が入っているとき、1000番地に置かれたデータをeaxにコピーするのは、以前に学んだ方法でできるよ。
C言語
アドレス
1000
アセンブリ言語
mov eax , [rcx]
引数
rcx 1000
eax 未設定
コピー（1000番地）
rcx 1000
eax 110
足す（1004番地）
rcx 1000 +4
eax 330
足す（1008番地）
rcx 1000 +8
戻り値
eax 660
戻る
C言語
660
int
コピーはmov命令だね。rcxに入っているアドレスのメモリを読むには、[rcx]と書けばいいかな？
大丈夫。これで1000番地にある整数を読んで、eaxにコピーできるよ。

3-5

4

add命令をこう書くと、レジスタ2に入っているアドレスの前後に置かれたデータを読んで、レジスタ1に足せるよ。
記法
add レジスタ1 , [レジスタ2+整数]
add レジスタ1 , [レジスタ2−整数]
この[レジスタ2+整数]のような書き方は、mov命令でも使ったね。

レジスタ1とレジスタ2には汎用レジスタを指定してね。
動作
レジスタ1 ← 足す − メモリ
mov命令で使った、[レジスタ2+レジスタ3*倍率+整数]のような書き方も、add命令で使えるよ。

5

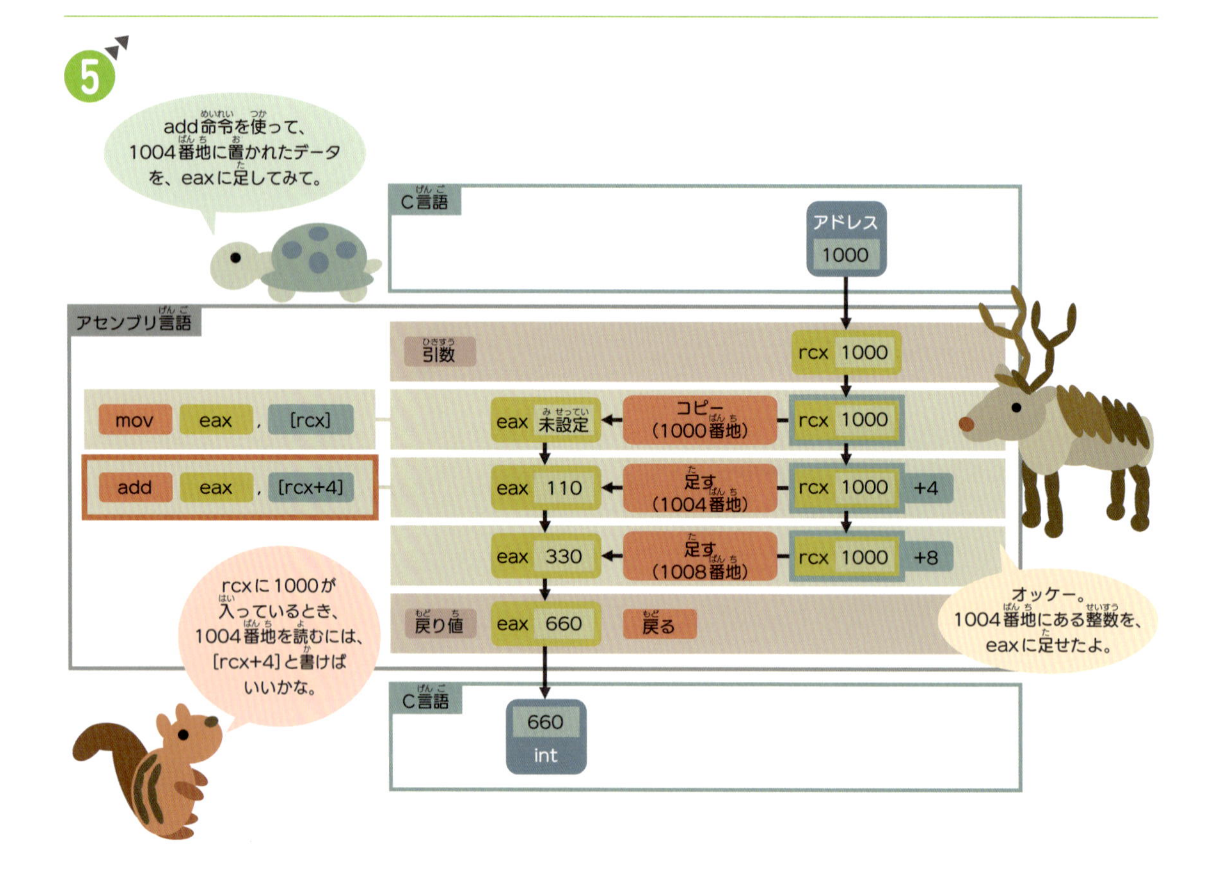
add命令を使って、1004番地に置かれたデータを、eaxに足してみて。
C言語
アドレス
1000
アセンブリ言語
引数
rcx 1000
mov eax , [rcx]
eax 未設定
コピー (1000番地)
rcx 1000
add eax , [rcx+4]
eax 110
足す (1004番地)
rcx 1000 +4
eax 330
足す (1008番地)
rcx 1000 +8
戻り値
eax 660
戻る
rcxに1000が入っているとき、1004番地を読むには、[rcx+4]と書けばいいかな。
オッケー。1004番地にある整数を、eaxに足せたよ。
C言語
660
int

6

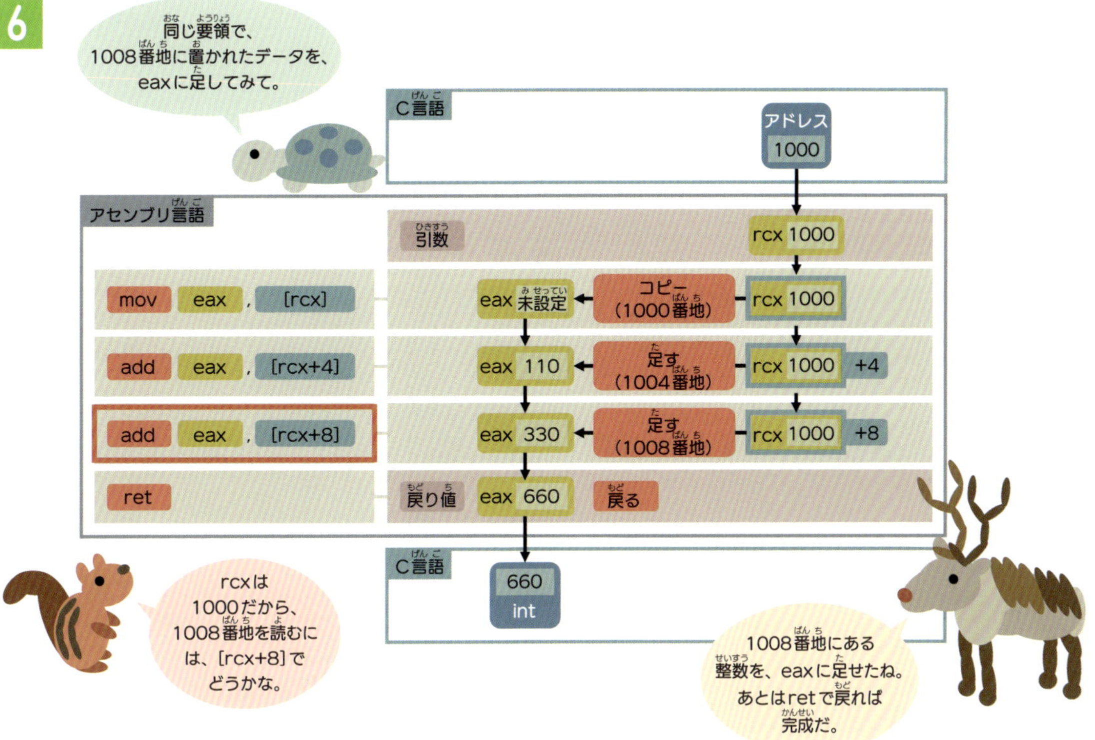

同じ要領で、1008番地に置かれたデータを、eaxに足してみて。
C言語
アドレス
1000
アセンブリ言語
引数
rcx 1000
mov eax, [rcx]
eax 未設定
コピー（1000番地）
rcx 1000
add eax, [rcx+4]
eax 110
足す（1004番地）
rcx 1000 +4
add eax, [rcx+8]
eax 330
足す（1008番地）
rcx 1000 +8
ret
戻り値
eax 660
戻る
C言語
660
int
rcxは1000だから、1008番地を読むには、[rcx+8]でどうかな。
1008番地にある整数を、eaxに足せたね。あとはretで戻れば完成だ。

C言語からアドレスを受け取った後は、月の日数を返すプログラムに似ているね。

うん。C言語から渡された配列は、アセンブリ言語でメモリに置いたデータと、同じ方法で読み書きできるよ。

以前学んだアドレッシングモードを思い出しながら、プログラムを理解してみてね。

（つづく↗）

以下が完成したプログラムだね。

うん。関数名はsum_arrayにしたよ。

sum（サム）は合計、array（アレイ）は配列のことだ。

sub.asmでsum_arrayを見つけて、以下のように変更してね。

3個の整数を合計するsum_array関数（sub.asm）

```
sum_array proc
    mov eax, [rcx]        ; eaxにアドレス「rcx」に置かれた値をコピー
    add eax, [rcx+4]      ; eaxにアドレス「rcx+4」に置かれた値を足す
    add eax, [rcx+8]      ; eaxにアドレス「rcx+8」に置かれた値を足す
    ret                   ; 戻る
sum_array endp
```

変更して保存したよ。C言語プログラムは？

以下の通りだ。sum_array関数を呼び出して、110+220+330を計算するよ。

（つづく↗）

このプログラムでは、C言語の複合リテラルという機能を使って、配列を作っているよ。

main.cで以下の箇所を見つけて、先頭の//を削除してね。

sum_array関数を呼び出す(main.c)

```
printf("sum_array((int[]){110, 220, 330}): %d\n", sum_array((int[]){110, 220, 330}));
```

実行してみるよ。110+220+330は…660かな？

その通り。以下の結果が表示されたら成功だよ。

実行結果:3個の整数の合計

```
sum_array((int[]){110, 220, 330}): 660
```

この方法を使って、もっと多くの整数を合計できるかな？

できるよ。復習を兼ねて、5個の整数を合計するプログラムを書いてみよう。

▼5個の整数を合計する

5個の整数を合計するプログラムを書こう。3個の場合と同様に、配列の先頭を表すアドレスの1000を、アセンブリ言語に渡すよ。

110+220+330+440+550を計算するんだね。

メモリ

アドレス	値
1000	110
1004	220
1008	330
1012	440
1016	550

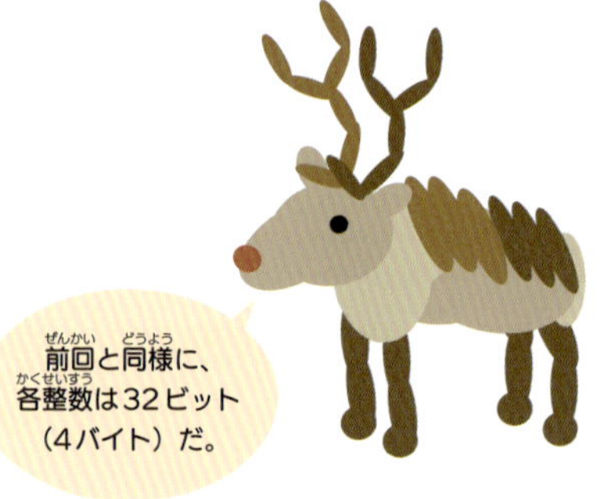
前回と同様に、各整数は32ビット（4バイト）だ。

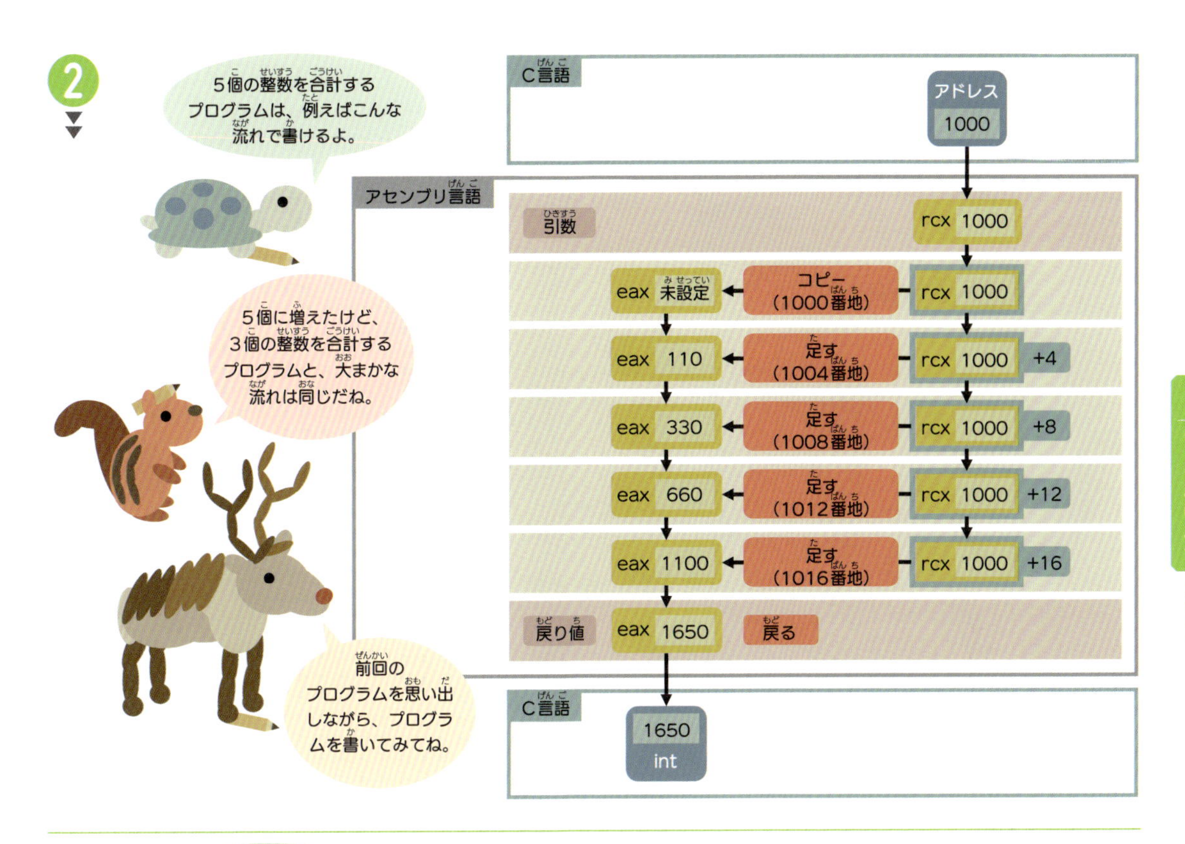
2
5個の整数を合計するプログラムは、例えばこんな流れで書けるよ。
5個に増えたけど、3個の整数を合計するプログラムと、大まかな流れは同じだね。
前回のプログラムを思い出しながら、プログラムを書いてみてね。
C言語
アドレス 1000
アセンブリ言語
引数
rcx 1000
eax 未設定 ← コピー (1000番地) ― rcx 1000
eax 110 ← 足す (1004番地) ― rcx 1000 +4
eax 330 ← 足す (1008番地) ― rcx 1000 +8
eax 660 ← 足す (1012番地) ― rcx 1000 +12
eax 1100 ← 足す (1016番地) ― rcx 1000 +16
戻り値 eax 1650 戻る
C言語
1650
int

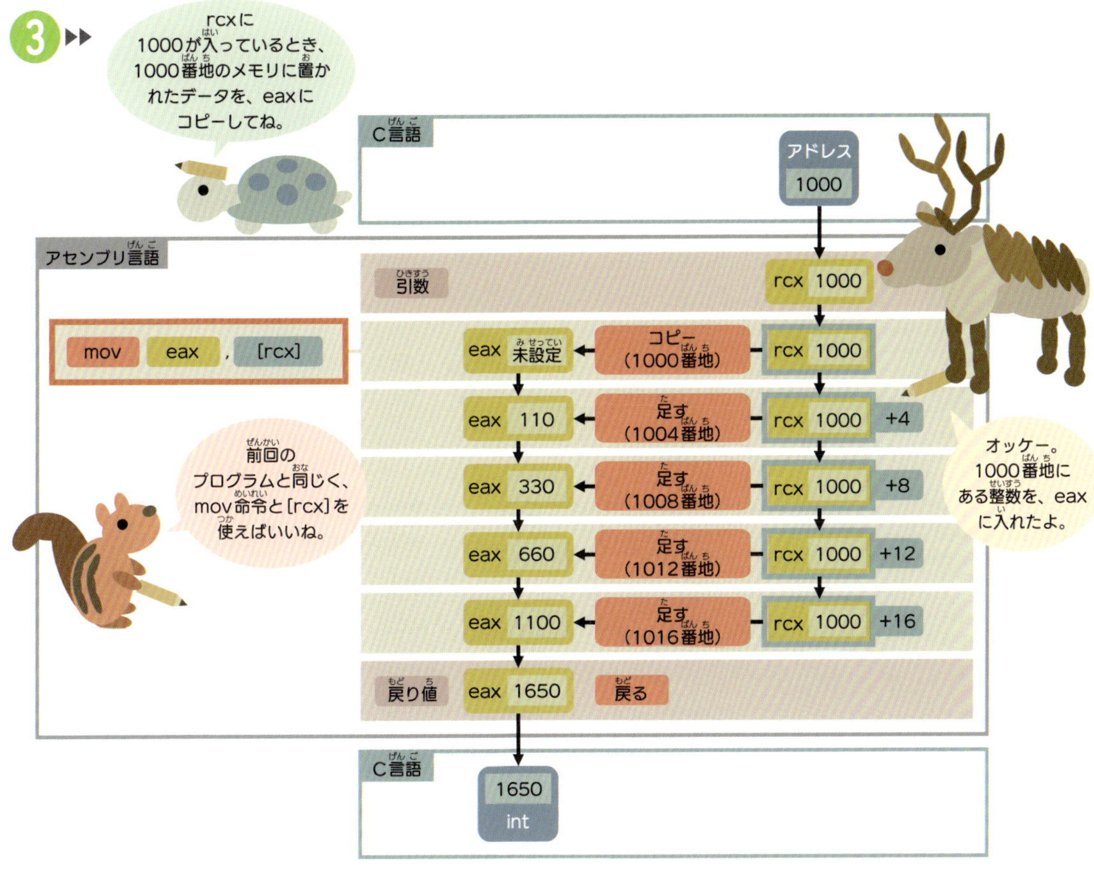
3
rcxに1000が入っているとき、1000番地のメモリに置かれたデータを、eaxにコピーしてね。
C言語
アドレス 1000
アセンブリ言語
mov eax , [rcx]
引数
rcx 1000
eax 未設定 ← コピー (1000番地) ― rcx 1000
eax 110 ← 足す (1004番地) ― rcx 1000 +4
eax 330 ← 足す (1008番地) ― rcx 1000 +8
eax 660 ← 足す (1012番地) ― rcx 1000 +12
eax 1100 ← 足す (1016番地) ― rcx 1000 +16
戻り値 eax 1650 戻る
前回のプログラムと同じく、mov命令と[rcx]を使えばいいね。
オッケー。1000番地にある整数を、eaxに入れたよ。
C言語
1650
int

3-5

4

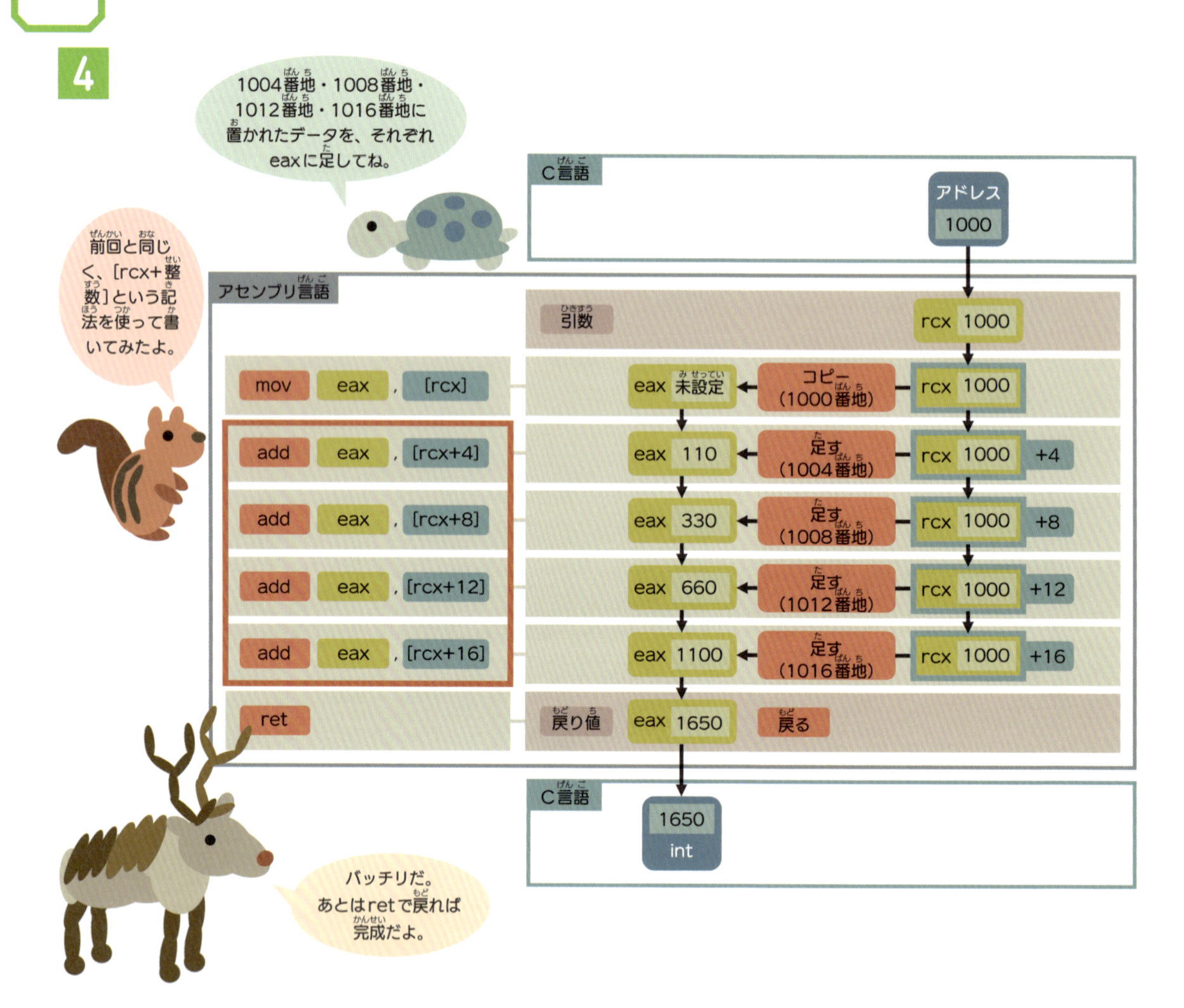

1004番地・1008番地・1012番地・1016番地に置かれたデータを、それぞれeaxに足してね。
前回と同じく、[rcx+整数]という記法を使って書いてみたよ。
C言語
アドレス
1000
アセンブリ言語
引数
rcx 1000
mov eax , [rcx]
eax 未設定
コピー (1000番地)
rcx 1000
add eax , [rcx+4]
eax 110
足す (1004番地)
rcx 1000 +4
add eax , [rcx+8]
eax 330
足す (1008番地)
rcx 1000 +8
add eax , [rcx+12]
eax 660
足す (1012番地)
rcx 1000 +12
add eax , [rcx+16]
eax 1100
足す (1016番地)
rcx 1000 +16
ret
戻り値
eax 1650
戻る
C言語
1650
int
バッチリだ。あとはretで戻れば完成だよ。

3個の整数と同じ要領で、5個の整数を合計したよ。

(つづく↗)

よし。完成したプログラムは以下の通りだ。

関数名はsum_array2にしたよ。sub.asmでsum_array2を見つけて、以下のように変更してね。

5個の整数を合計するsum_array2関数(sub.asm)

```
sum_array2 proc
    mov eax, [rcx]        ; eaxにアドレス「rcx」に置かれた値をコピー
    add eax, [rcx+4]      ; eaxにアドレス「rcx+4」に置かれた値を足す
    add eax, [rcx+8]      ; eaxにアドレス「rcx+8」に置かれた値を足す
    add eax, [rcx+12]     ; eaxにアドレス「rcx+12」に置かれた値を足す
    add eax, [rcx+16]     ; eaxにアドレス「rcx+16」に置かれた値を足す
    ret                   ; 戻る
sum_array2 endp
```

変更して保存したよ。

オッケー。C言語プログラムは以下の通りだ。

(つづく↗)

sum_array2関数を呼び出して、110+220+330+440+550を計算するよ。

main.cで以下の箇所を見つけて、先頭の//を削除してね。

sum_array2関数を呼び出す(main.c)

```
printf("sum_array2((int[]){110, 220, 330, 440, 550}): %d\n",
    sum_array2((int[]){110, 220, 330, 440, 550}));
```

変更して保存したら、実行してみてね。

(つづく↗)

ええと、110+220+330+440+550は…。

1650だよ。以下の結果が表示されたら成功だ。

実行結果:5個の整数の合計

```
sum_array2((int[]){110, 220, 330, 440, 550}): 1650
```

これで3個と5個の整数を合計できたね。

うん。でも、この方法で合計するのは、データの個数が多くなると大変だよね…。

いいところに気づいたね。例えば100個の整数を合計しようとすると、プログラムを100行くらい書く必要があるよ。

合計する個数が変わるたびに、プログラムを書き直すのも大変だ…。

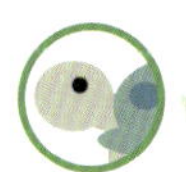

全くその通り。実は、次章で学ぶジャンプ命令を使うと、もっとプログラムが書きやすくなるよ。

さっそく次章にジャンプだ。

第4章

とぶ

プログラムは上から下へ
実行するのが基本ですが、
ジャンプを使うと指定した場所に移動できます。

ジャンプ

je
jz
jg
jnle
jl
jnge
jle
jng
jmp
jne
jnz
jge
jnl

4-1

ジャンプ命令でプログラムの好きな場所にとぶ

条件に応じて処理を変えたいときや、プログラムの一部を繰り返したいときは、ジャンプ命令を使います。

ジャンプ命令って、何？

プログラムの中の指定した場所にとぶ命令だよ。

▼ジャンプ命令

1

プログラムに書いた命令は、通常は上から下へ順番に実行するよ。

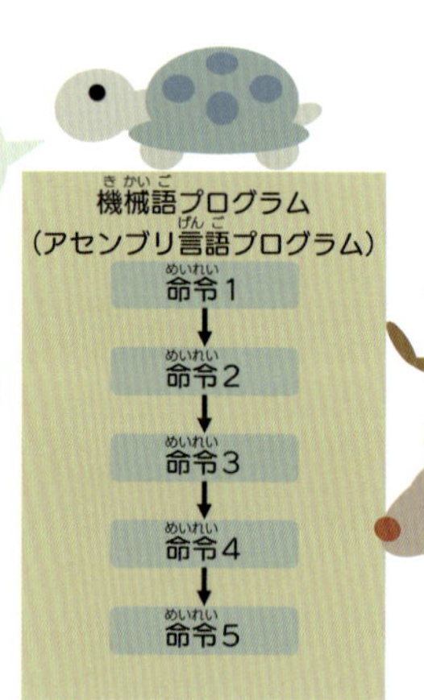

機械語プログラム
（アセンブリ言語プログラム）
命令1
命令2
命令3
命令4
命令5

今までのプログラムも、上から下へ実行していたね。

単純なプログラムについては、上から下へ実行するだけで済むよ。

2

ジャンプ命令を使うと、プログラムの中の指定した場所に飛べるよ。

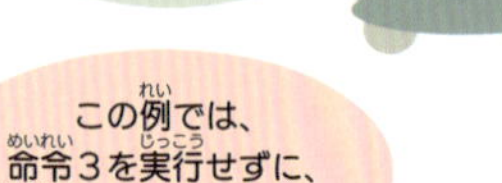

この例では、命令3を実行せずに、命令4に飛んでいるね。

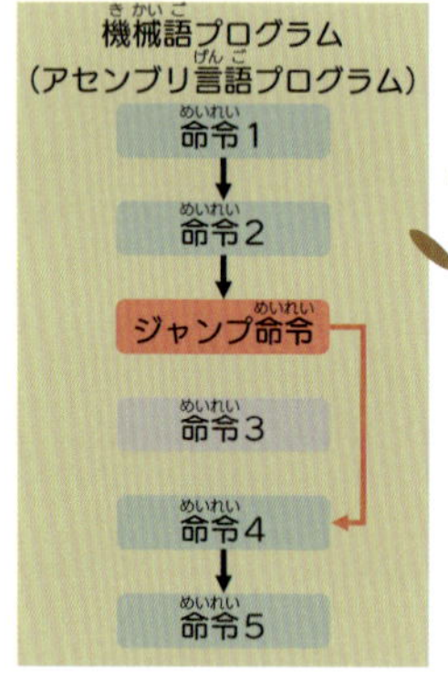

機械語プログラム
（アセンブリ言語プログラム）
命令1
命令2
ジャンプ命令
命令3
命令4
命令5

2個以上の命令をまとめて飛び越すこともできるよ。

3

ジャンプ命令は、プログラムの上にも下にも飛ぶことができるよ。

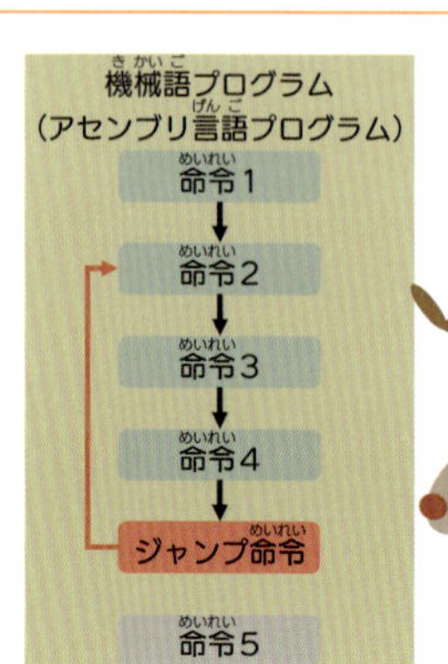

機械語プログラム
（アセンブリ言語プログラム）
命令1
命令2
命令3
命令4
ジャンプ命令
命令5

この例では、以前に実行した命令2に戻っているね。

ジャンプ命令を使うと、このように同じ命令を繰り返し実行することもできるんだ。

ジャンプ命令は、プログラムの上でも下でも、指定した場所にとべるんだね。

（つづく↗）

うん。ジャンプ先は、まだ実行していない命令でも、一度実行したことがある命令でも大丈夫だよ。

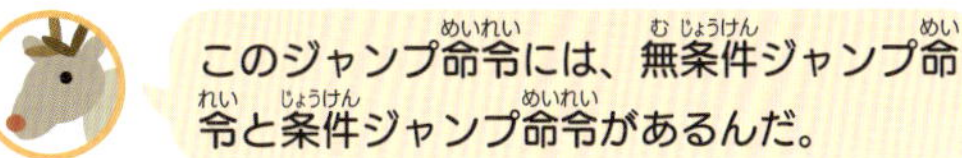
このジャンプ命令には、無条件ジャンプ命令と条件ジャンプ命令があるんだ。

▼無条件ジャンプ命令と条件ジャンプ命令

1

無条件ジャンプ命令は、指定した場所にジャンプするだけの、単純な命令だよ。

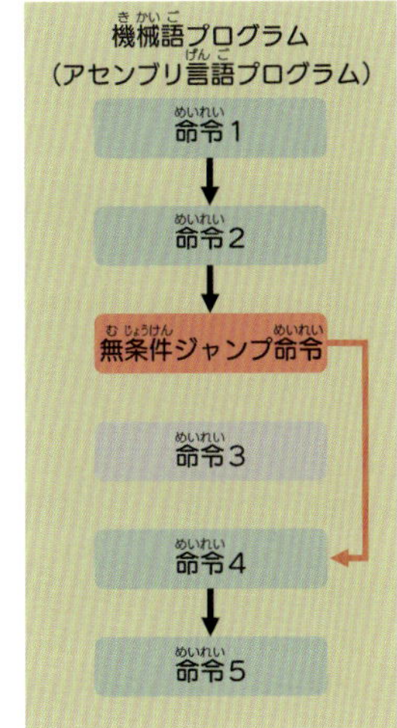
機械語プログラム
（アセンブリ言語プログラム）
命令1
命令2
無条件ジャンプ命令
命令3
命令4
命令5

後で紹介するjmp命令は、無条件ジャンプ命令だよ。

2

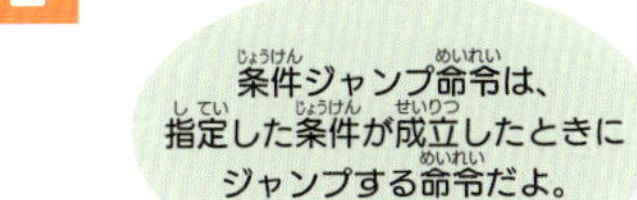
条件ジャンプ命令は、指定した条件が成立したときにジャンプする命令だよ。

この例では、条件が不成立のときはジャンプせず、普通に次の命令3を実行するんだね。

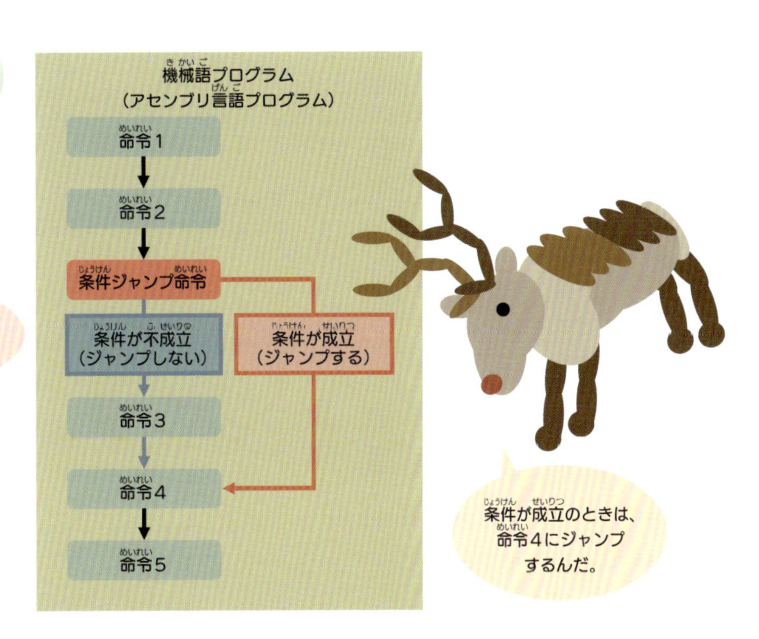
機械語プログラム
（アセンブリ言語プログラム）
命令1
命令2
条件ジャンプ命令
条件が不成立
（ジャンプしない）
条件が成立
（ジャンプする）
命令3
命令4
命令5
条件が成立のときは、命令4にジャンプするんだ。

必ずジャンプするのが無条件ジャンプ命令で、条件に応じてジャンプするのが条件ジャンプ命令なんだね。

うん。両方を合わせてジャンプ命令と呼ぶよ。

（つづく↗）

分岐命令と呼ぶこともあるね。

ジャンプ命令は、どんな仕組みで動いているの？

CPUがジャンプ命令を実現する仕組みを説明するね。

▼ジャンプの仕組み

1

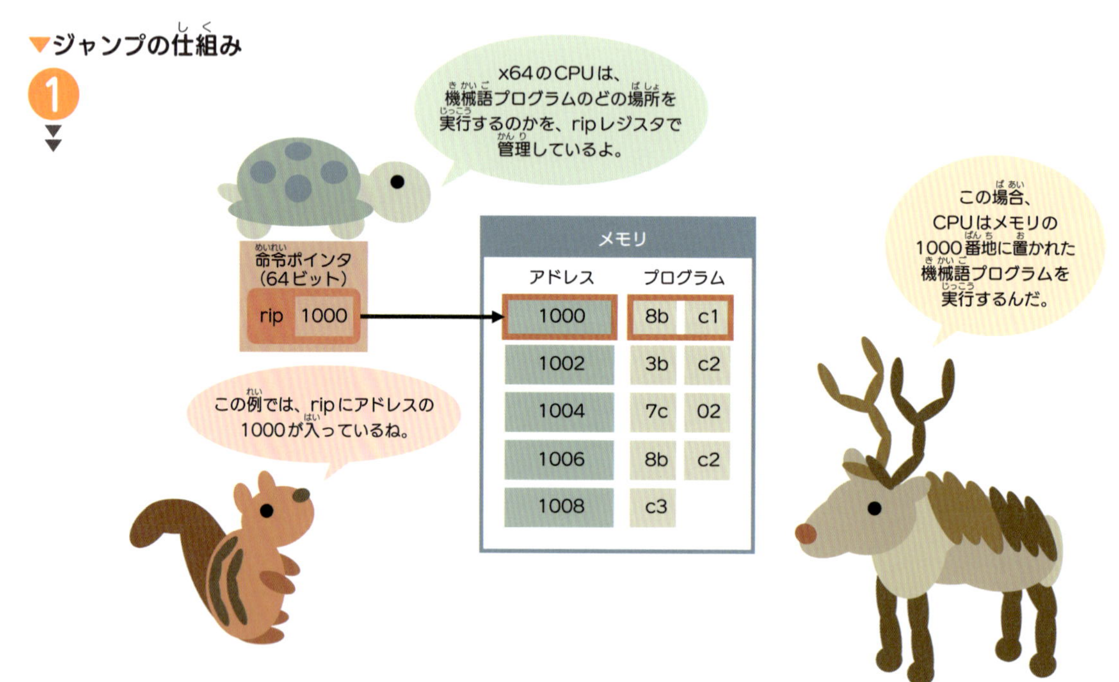
x64のCPUは、機械語プログラムのどの場所を実行するのかを、ripレジスタで管理しているよ。
命令ポインタ（64ビット）
rip 1000
メモリ
アドレス
プログラム
1000
1002
1004
1006
1008
8b c1
3b c2
7c 02
8b c2
c3
この例では、ripにアドレスの1000が入っているね。
この場合、CPUはメモリの1000番地に置かれた機械語プログラムを実行するんだ。

2

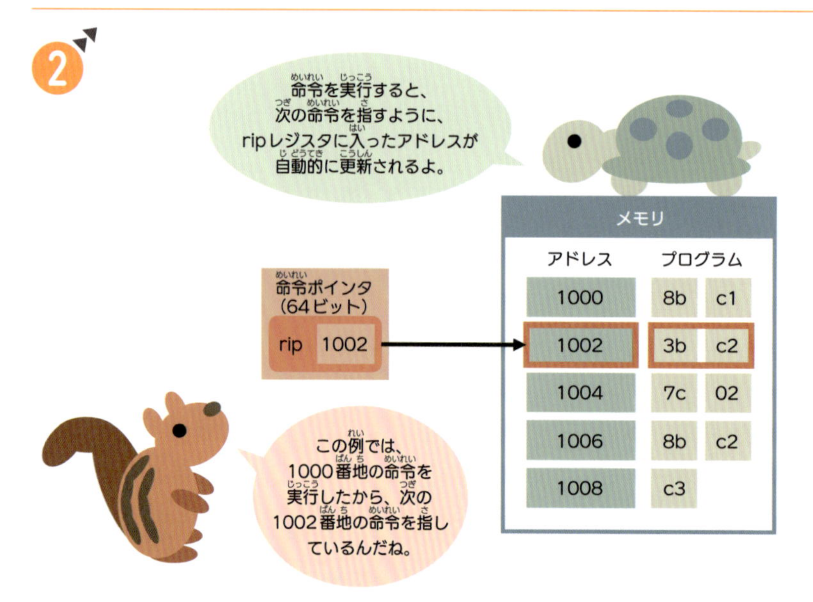
命令を実行すると、次の命令を指すように、ripレジスタに入ったアドレスが自動的に更新されるよ。
メモリ
アドレス
プログラム
命令ポインタ（64ビット）
rip 1002
1000
1002
1004
1006
1008
8b c1
3b c2
7c 02
8b c2
c3
この例では、1000番地の命令を実行したから、次の1002番地の命令を指しているんだね。

その通り。この例のように、通常はプログラムを上から下へ実行するように、ripのアドレスが更新されるんだ。

3

ジャンプ命令を実行すると、
指定されたジャンプ先の命令を指す
ように、ripレジスタのアドレスが
更新されるよ。

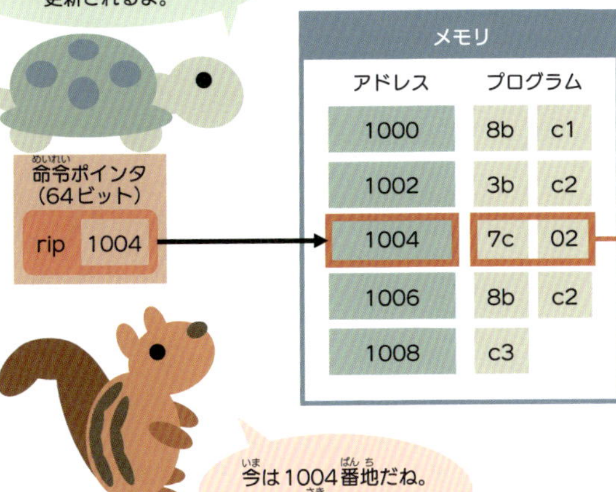

命令ポインタ
(64ビット)
rip 1004
メモリ
アドレス プログラム
1000 8b c1
1002 3b c2
1004 7c 02
1006 8b c2
1008 c3
2バイト後に
ジャンプする
今は1004番地だね。
ジャンプ先はどこなの？

これは2バイト後、
つまり2バイト下にジャンプする
例だ。通常だったら1006番地に
進むところだけど、ここではさらに
2バイト下の1008番地に
ジャンプするよ。

4

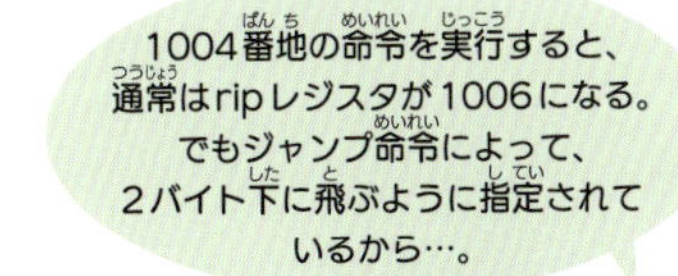

1004番地の命令を実行すると、
通常はripレジスタが1006になる。
でもジャンプ命令によって、
2バイト下に飛ぶように指定されて
いるから…。

命令ポインタ
(64ビット)
rip 1008
メモリ
アドレス プログラム
1000 8b c1
1002 3b c2
1004 7c 02
1006 8b c2
1008 c3
ripレジスタは、1006に
2を足した1008になる、
ということかな。

その通り。
CPUはジャンプ先の
1008番地に置かれた命令を
実行するよ。

ripレジスタのripって、どんな意味なの？

rはregister(レジスタ)、ipはinstruction pointer(インストラクション ポインタ)つまり命令ポインタを意味するよ。

命令ポインタのことを、プログラムカウンタと呼ぶ場合もあるね。

(つづく↗)

ジャンプ命令を使うと、どんなプログラムが書けるの？

ジャンプ命令は、プログラムの典型的な構造である、条件分岐やループを実現するのに役立つんだ。

条件分岐って、何？

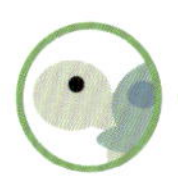

条件が成立したときと、成立しなかったときで、実行する処理を変えることだよ。

条件分岐

1

条件ジャンプ命令を使うと、条件の成立・不成立に応じて、実行する処理を変えられるよ。

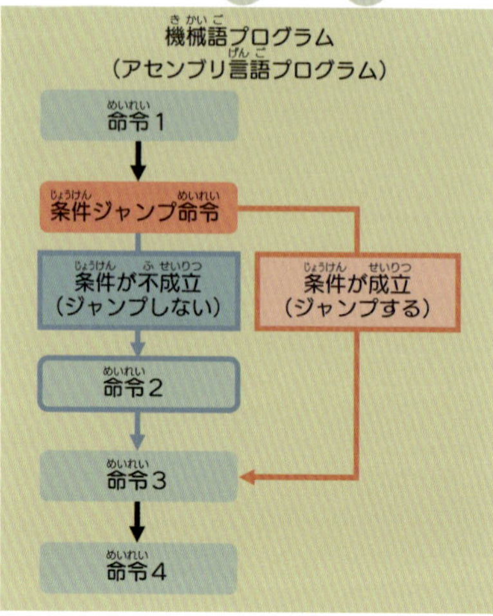

機械語プログラム
（アセンブリ言語プログラム）
命令1
条件ジャンプ命令
条件が不成立
（ジャンプしない）
条件が成立
（ジャンプする）
命令2
命令3
命令4

命令2は、条件が不成立のときだけ実行するよ。

この例では、条件が成立すると、命令3にジャンプするんだね。

2

無条件ジャンプ命令を組み合わせると、こんなプログラムも書けるよ。

ええと…命令2を実行した後に、無条件ジャンプ命令で命令4にジャンプしているね。

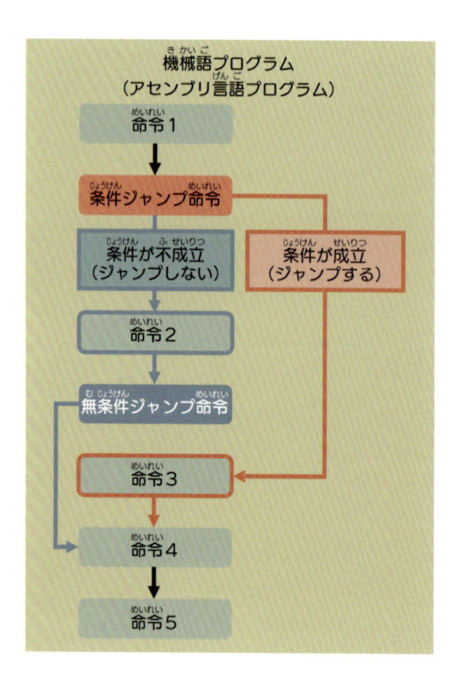

機械語プログラム
（アセンブリ言語プログラム）
命令1
条件ジャンプ命令
条件が不成立
（ジャンプしない）
条件が成立
（ジャンプする）
命令2
無条件ジャンプ命令
命令3
命令4
命令5

命令2は条件が不成立のときだけ実行し、命令3は条件が成立のときだけ実行するんだ。

このように条件の成立・不成立に応じて、実行する処理を変えるプログラムの構造を、条件分岐と呼ぶんだ。

なるほど。ループって何？

（つづく↗）

プログラムの特定の範囲を、繰り返し実行することだよ。

多くの場合は、条件が成立している間、指定した処理を繰り返すんだ。

▼ループ

条件ジャンプ命令を使うと、条件が成立している間、特定の範囲を繰り返し実行できるよ。

条件が成立している間、命令2と命令3を繰り返し実行することになるよ。

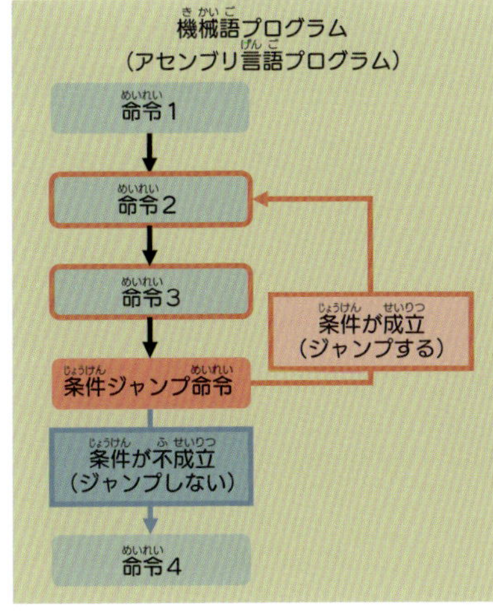

機械語プログラム
（アセンブリ言語プログラム）
命令1
命令2
命令3
条件ジャンプ命令
条件が成立
（ジャンプする）
条件が不成立
（ジャンプしない）
命令4

この例では、条件が成立したときは、命令2に戻るんだね。

2

ループでは、この例のように無条件ジャンプ命令を組み合わせることがあるよ。

これは…最初に命令3へジャンプしているの？

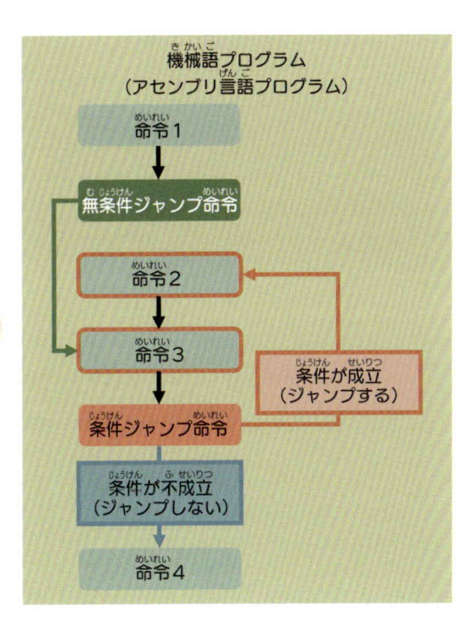

機械語プログラム
（アセンブリ言語プログラム）
命令1
無条件ジャンプ命令
命令2
命令3
条件ジャンプ命令
条件が成立
（ジャンプする）
条件が不成立
（ジャンプしない）
命令4

その通り。ループを開始してすぐに、条件の成立・不成立を調べたい場合は、こんなプログラムを書くよ。

このように、プログラムの特定の範囲を繰り返し実行する構造を、ループと呼ぶんだ。

条件分岐もループも、ジャンプ命令を使って実現するんだね。上手く使いこなせるかな…。

（つづく↗）

大丈夫。実際にプログラムを書きながら、ジャンプ命令の使い方に慣れようね。

プログラムの動きを正確に追うことが、条件分岐やループを書くときのポイントだよ。

次はいよいよ、ジャンプ命令の使い方を学ぶよ。

4-1

▼ジャンプ命令の使い方

1

無条件ジャンプ命令のjmp命令は、こう書くよ。jmpはjump（ジャンプ）の略だ。

ジャンプ命令を実行すると、指定したラベルにジャンプするんだね。

プログラムの中のジャンプ先にしたい場所に、ラベルを書いておいてね。

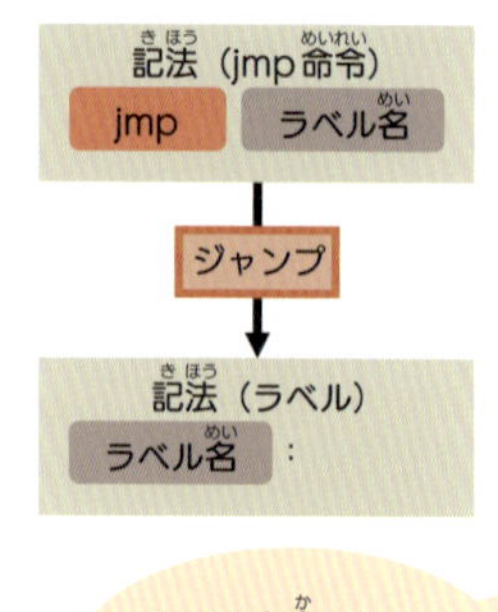

記法（jmp命令）
jmp
ラベル名
ジャンプ
記法（ラベル）
ラベル名
:

ラベルを書くには、ラベル名とコロン（:）を書くよ。

2

条件ジャンプ命令も、書き方は無条件ジャンプ命令と同じだよ。直前の計算の結果について、条件が成立したらジャンプするんだ。

記法

条件ジャンプ命令　ラベル名

↓ ジャンプ

記法

ラベル名　:

条件ジャンプ命令には多くの種類がある。その一部を紹介するよ。

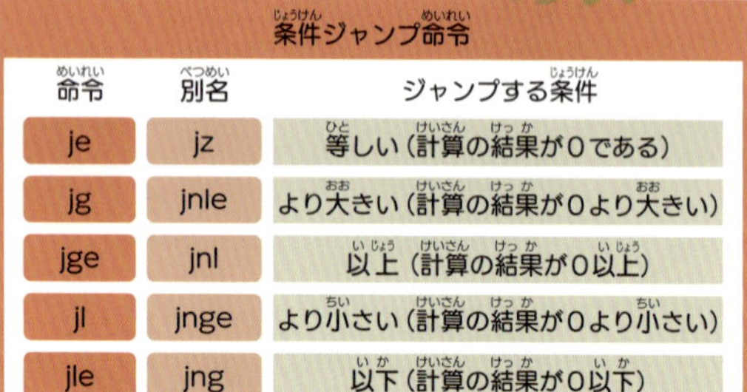

条件ジャンプ命令

命令	別名	ジャンプする条件
je	jz	等しい（計算の結果が0である）
jg	jnle	より大きい（計算の結果が0より大きい）
jge	jnl	以上（計算の結果が0以上）
jl	jnge	より小さい（計算の結果が0より小さい）
jle	jng	以下（計算の結果が0以下）
jne	jnz	等しくない（計算の結果が0ではない）

こんなに多くの種類を、覚えきれるかな…。

英語の略語になっているから、案外覚えやすいよ。無理に覚えなくても、一覧を見て使えれば十分だ。

無条件ジャンプ命令も条件ジャンプ命令も、指定したラベルにジャンプするのは同じなんだね。

うん。メモリに名前を付けたときと同様に、ラベル名には英字と数字、そして_（アンダースコア）などの記号が使えるよ。

（つづく↗）

条件ジャンプ命令って、どう覚えたらいいの？

命令の元になった英語と、意味を紹介するね。

▼条件ジャンプ命令

命令	英語	意味
je	jump if equal ジャンプ イフ イコール	等しければジャンプ
jg	jump if greater ジャンプ イフ グレーター	より大きければジャンプ
jge	jump if greater or equal ジャンプ イフ グレーター オア イコール	より大きいか等しければジャンプ
jl	jump if lower ジャンプ イフ ローアー	より小さければジャンプ
jle	jump if lower or equal ジャンプ イフ ローアー オア イコール	より小さいか等しければジャンプ
jne	jump if not equal ジャンプ イフ ノット イコール	等しくなければジャンプ

条件ジャンプ命令の、別名って何？

同じ働きのジャンプ命令を、別名でも書けるんだ。

例えば、jeの代わりにjzと書いても、同じ働きになるよ。

（つづく↗）

別名はいつ使えばいいの？

もし、別名を使うとプログラムが読みやすくなる場合は、別名を使ってみてね。

別名についても、元になった英語と意味を紹介するね。

▼条件ジャンプ命令（別名）

命令	英語	意味
jz	jump if zero ジャンプ イフ ゼロ	0ならばジャンプ
jnle	jump if not lower or equal ジャンプ イフ ノット ローアー オア イコール	より小さくも等しくもなければジャンプ
jnl	jump if not lower ジャンプ イフ ノット ローアー	より小さくなければジャンプ
jnge	jump if not greater or equal ジャンプ イフ ノット グレーター オア イコール	より大きくも等しくもなければジャンプ
jng	jump if not greater ジャンプ イフ ノット グレーター	より大きくなければジャンプ
jnz	jump if not zero ジャンプ イフ ノット ゼロ	0でなければジャンプ

命令の意味と、対応する別名の意味を比べると、同じ働きだということがわかるよ。

例えば、jgは「より大きければジャンプ」で、対応する別名のjnleは「より小さくも等しくもなければジャンプ」だ。

「より大きければ」と「より小さくも等しくもなければ」は、考えてみると同じ意味だね。

うん。働きは同じだから、jgでもjnleでも、プログラムが読みやすくなる方を選ぶといいよ。

了解。これで条件ジャンプ命令は完璧かな？

実は…条件ジャンプ命令にはまだ種類があるんだ。

（つづく↗）

ここで紹介したのは、第2章で学んだ「2の補数表現」による整数の計算と組み合わせて使うことが多い、条件ジャンプ命令だよ。

まずは、ここで紹介した条件ジャンプ命令を使ってみてね。

わかった。計算と条件ジャンプ命令は、どう組み合わせるの？

計算の命令を実行した後に、条件ジャンプ命令を実行すると、計算の結果に応じてジャンプするかどうかを決めてくれるんだ。

条件ジャンプ命令と組み合わせることが多い、cmp命令とdec命令を紹介するね。

cmpはcompare（コンペア）の略で「比較する」、decはdecrement（デクリメント）の略で「減少」を意味するよ。

▼条件ジャンプ命令の使い方

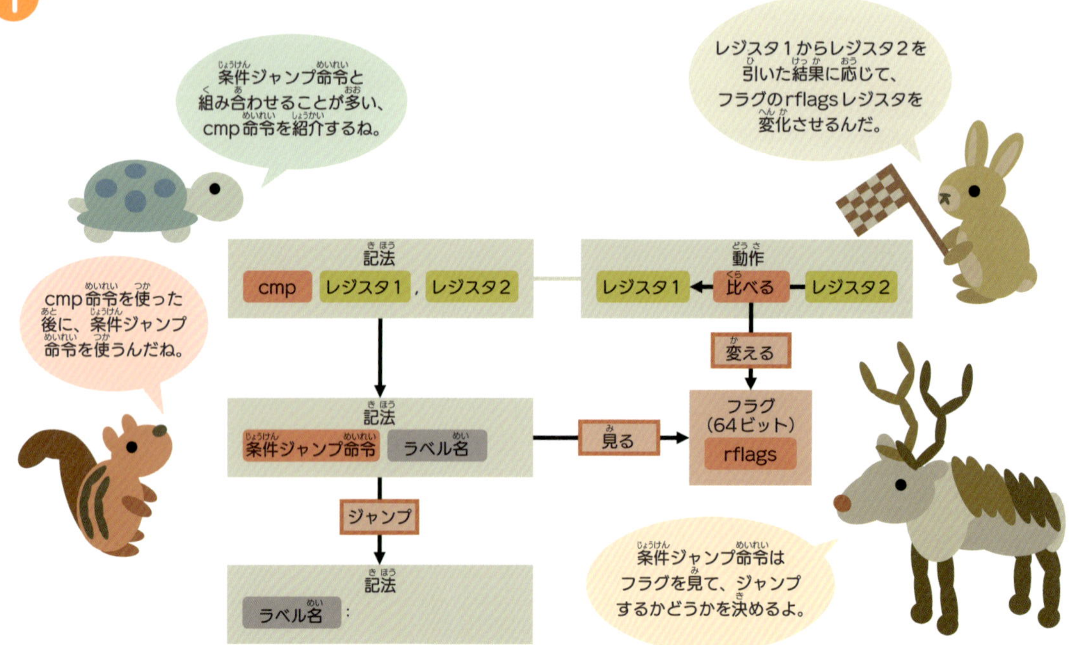

条件ジャンプ命令と組み合わせることが多い、cmp命令を紹介するね。
レジスタ1からレジスタ2を引いた結果に応じて、フラグのrflagsレジスタを変化させるんだ。
記法
cmp
レジスタ1
,
レジスタ2
動作
レジスタ1
比べる
レジスタ2
変える
cmp命令を使った後に、条件ジャンプ命令を使うんだね。
記法
条件ジャンプ命令
ラベル名
見る
フラグ（64ビット）
rflags
ジャンプ
記法
ラベル名
:
条件ジャンプ命令はフラグを見て、ジャンプするかどうかを決めるよ。

2

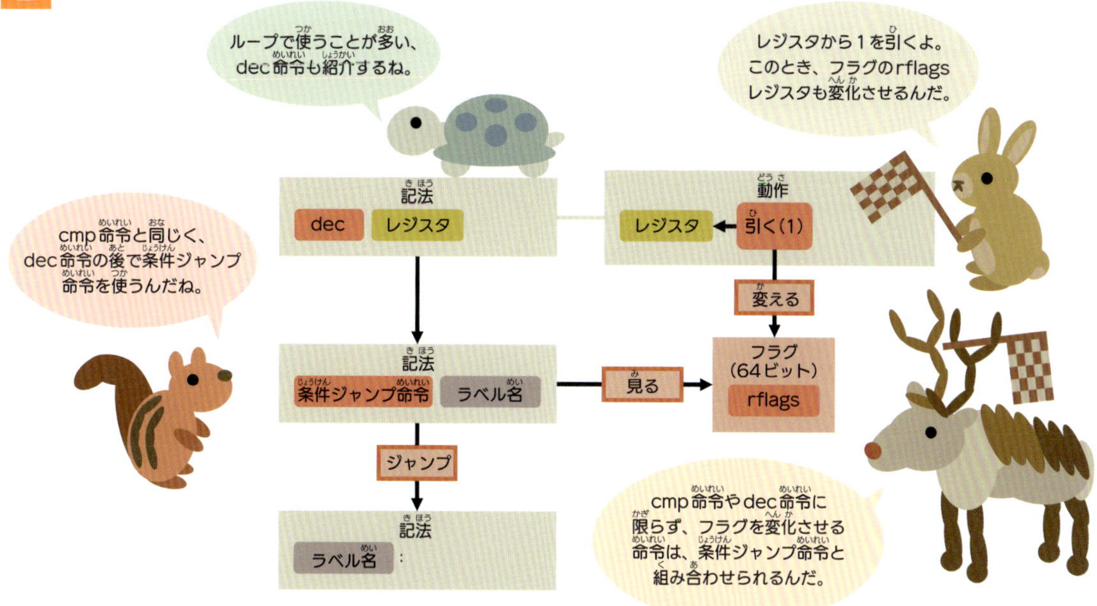
ループで使うことが多い、
dec命令も紹介するね。
レジスタから1を引くよ。
このとき、フラグのrflags
レジスタも変化させるんだ。
cmp命令と同じく、
dec命令の後で条件ジャンプ
命令を使うんだね。
記法
dec
レジスタ
動作
レジスタ
引く(1)
変える
記法
条件ジャンプ命令
ラベル名
見る
フラグ
(64ビット)
rflags
ジャンプ
記法
ラベル名 :
cmp命令やdec命令に
限らず、フラグを変化させる
命令は、条件ジャンプ命令と
組み合わせられるんだ。

ここではcmpとdecを紹介したけど、条件ジャンプ命令と組み合わせられる命令は他にもあるよ。

例えば、今までに学んだadd(足す)やsub(引く)といった命令も、条件ジャンプ命令と組み合わせられるんだ。

subもcmpも、レジスタ1からレジスタ2を引くよね。どう違うの?

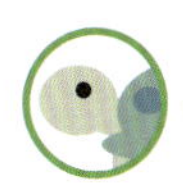
実は重要な違いがあるんだ。subは実際にレジスタ1からレジスタ2を引くから、レジスタ1の値が変化する。

一方、cmpはレジスタ1からレジスタ2を引いた結果に応じて、フラグを変化させるけど、レジスタ1の値は変化しないんだ。

つまり…cmpはレジスタ1とレジスタ2を比べるだけで、実際に引くsubとは違うんだね。subとdecはどう違うの?

subは一般的な引き算の命令で、decは「1を引く」ための専用の命令なんだ。

(つづく↗)

ループでは「1を引く」という処理を行うことが多いから、decが用意されているんだ。1を引くときには、subよりもdecを使った方が、プログラムを簡単に書けるよ。

subよりもdecを使った方が、機械語プログラムも少し短くできるんだ。

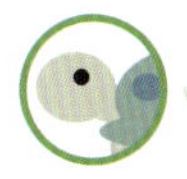
同様に、ループでは「1を足す」という処理を行うことも多いから、incという「1を足す」ための専用の命令もあるよ。

incはincrement(インクリメント)の略で、「増加」を意味するよ。

なるほど。条件ジャンプ命令については、覚えることが多いね。

うん。次のセクションからは、実際にジャンプを使ったプログラムを書いてみよう。

まずは条件分岐を使ったプログラム、続いてループを使ったプログラムを書くよ。

4-2

条件分岐を使ったプログラムを書いてみよう

2個の整数の大小を比べて、条件分岐を行うプログラムを書いてみましょう。

まずは、2個の整数のうち小さい方を返すプログラムを書いてみよう。

ええと…例えば1と2をプログラムに渡すと、小さい方の1を返してくれるの？

（つづく↗）

うん。例えば4と3をプログラムに渡すと、小さい方の3を返すよ。

どんなプログラムを書けばいいのかな…。

処理の手順を詳しく考えてみよう。

▼2個の整数のうち小さい方を返す手順

引数として受け取った2個の整数のうち、小さい方を返そう。これは引数が1と2の例だ。

レジスタ

戻り値	引数	引数
eax ?	ecx 1	edx 2

小さい方を返すには、戻り値を1にすればいいんだね。

引数はecxとedxで受け取り、戻り値はeaxで返すよ。

2

まずは適当に、ecxに入っている値を戻り値にしてしまおう。eaxにecxをコピーするよ。

レジスタ

戻り値	引数	引数
eax ?	ecx 1	edx 2

（ecx → eax：コピー）

えっ！ 適当でいいの？まだ比べてもいないよ。

この後でedxと比べて、必要なら戻り値を直すから、大丈夫だよ。

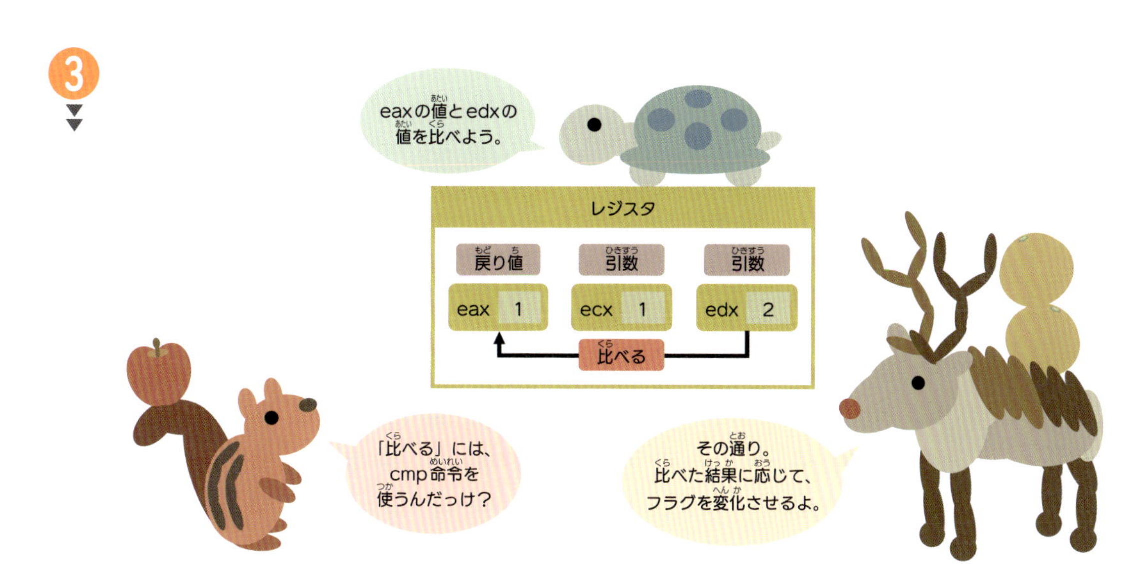
3
eaxの値とedxの値を比べよう。
レジスタ
戻り値
引数
引数
eax 1
ecx 1
edx 2
比べる
「比べる」には、cmp命令を使うんだっけ？
その通り。比べた結果に応じて、フラグを変化させるよ。

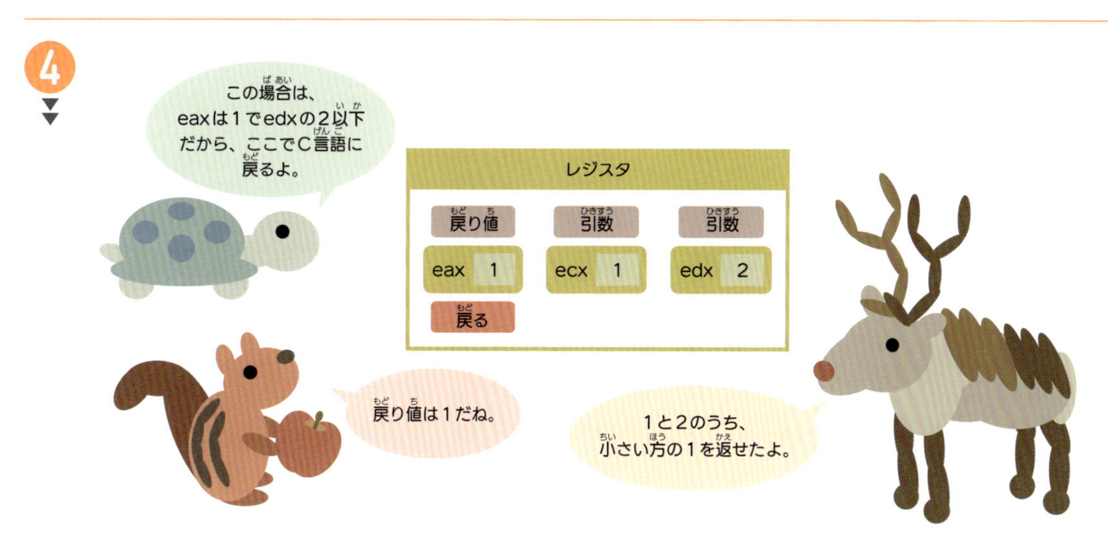
4
この場合は、eaxは1でedxの2以下だから、ここでC言語に戻るよ。
レジスタ
戻り値
引数
引数
eax 1
ecx 1
edx 2
戻る
戻り値は1だね。
1と2のうち、小さい方の1を返せたよ。

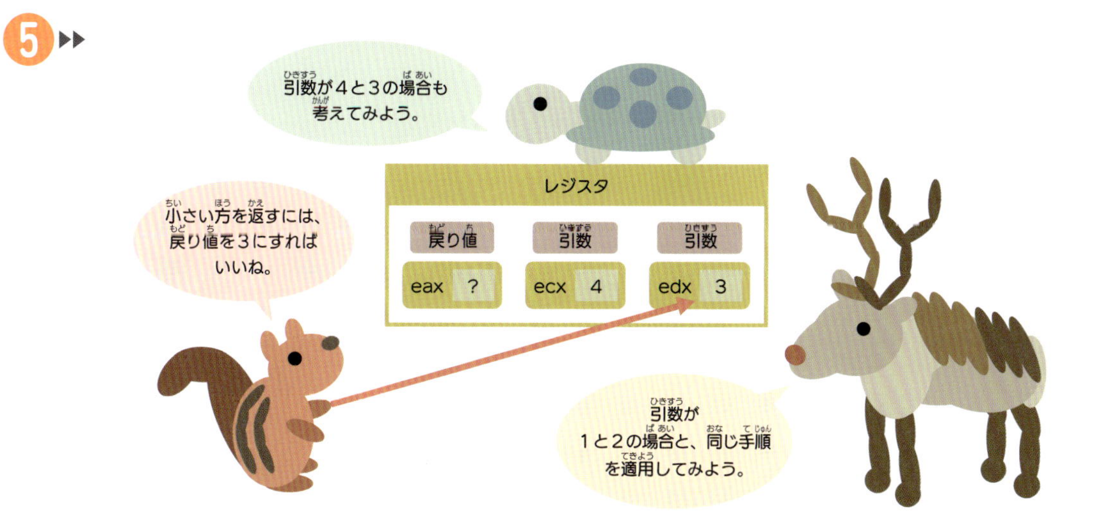
5
引数が4と3の場合も考えてみよう。
レジスタ
戻り値
引数
引数
eax ?
ecx 4
edx 3
小さい方を返すには、戻り値を3にすればいいね。
引数が1と2の場合と、同じ手順を適用してみよう。

4 とぶ ジャンプ

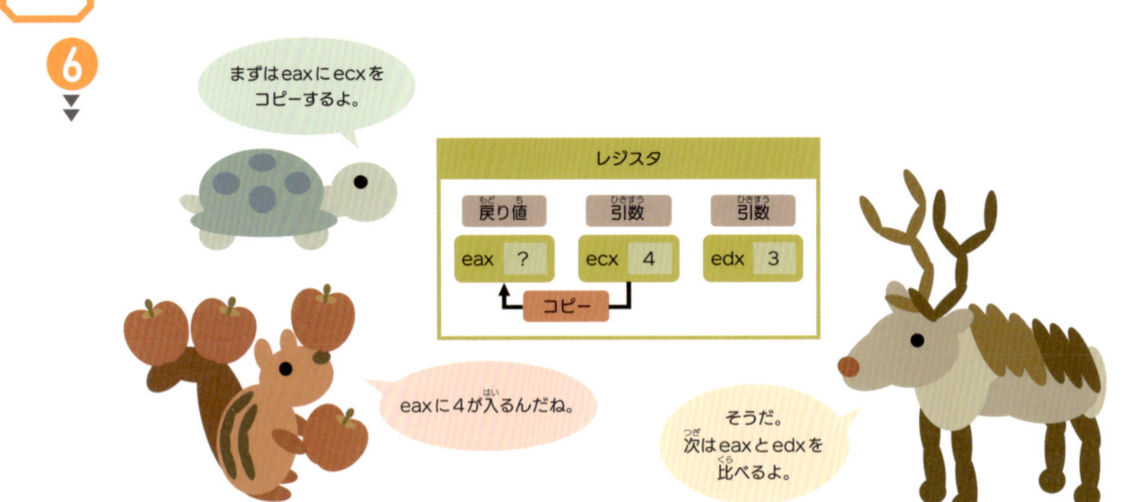
6
まずはeaxにecxを
コピーするよ。
レジスタ
戻り値
引数
引数
eax ?
ecx 4
edx 3
コピー
eaxに4が入るんだね。
そうだ。
次はeaxとedxを
比べるよ。

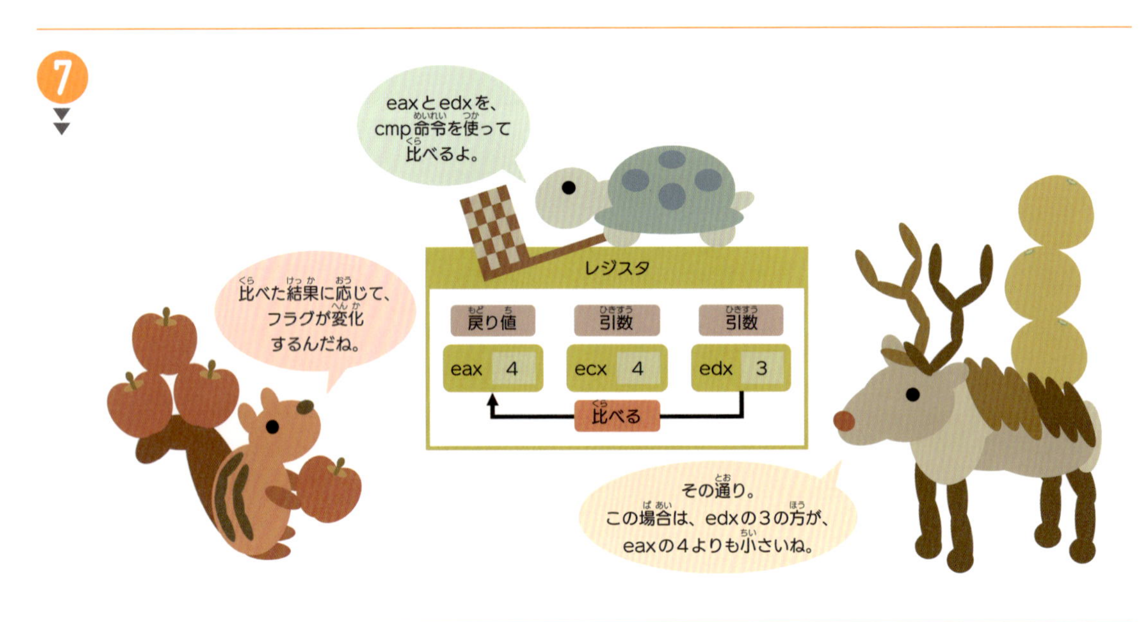
7
eaxとedxを、
cmp命令を使って
比べるよ。
比べた結果に応じて、
フラグが変化
するんだね。
レジスタ
戻り値
引数
引数
eax 4
ecx 4
edx 3
比べる
その通り。
この場合は、edxの3の方が、
eaxの4よりも小さいね。

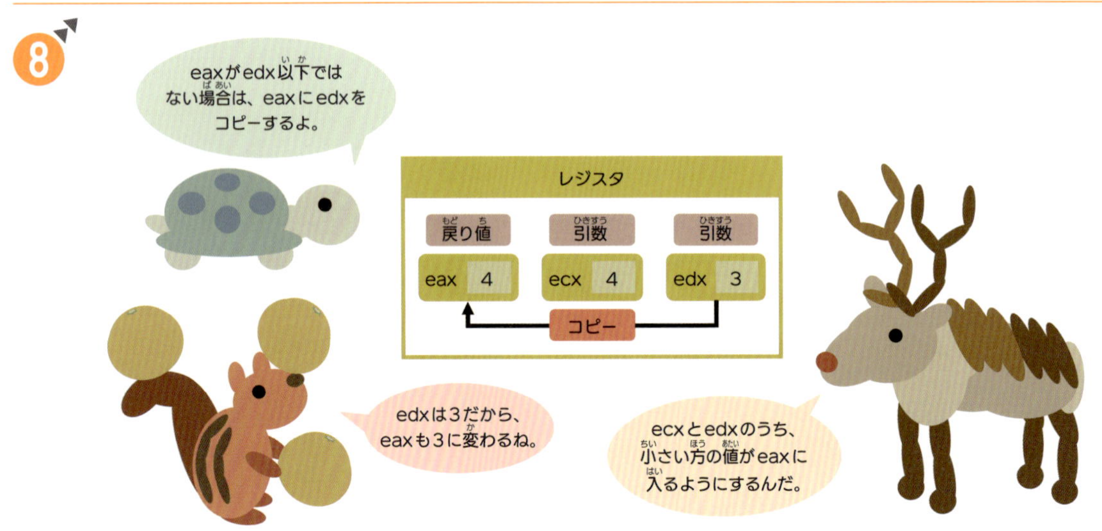
8
eaxがedx以下では
ない場合は、eaxにedxを
コピーするよ。
レジスタ
戻り値
引数
引数
eax 4
ecx 4
edx 3
コピー
edxは3だから、
eaxも3に変わるね。
ecxとedxのうち、
小さい方の値がeaxに
入るようにするんだ。

9

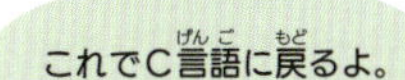
これでC言語に戻るよ。

レジスタ
戻り値
引数
引数
eax 3
ecx 4
edx 3
戻る
戻り値は
3になったね。
4と3のうち、
小さい方の3を返せたよ。

 1と2の場合も、4と3の場合も、小さい方の値を返せたね。

 うん。考えた手順をまとめておこう。

 まずeaxにecxをコピーする。

 次にeaxとedxを比べるよ。

 eaxがedx以下ならば、C言語に戻る。

 edxの方が小さければ、eaxにedxをコピーしてから、C言語に戻る。

 これで、ecxとedxのうち小さい方がeaxに入って、戻り値になるよ。

 この手順をプログラムにすればいいんだね。

 うん。少しずつプログラムを書いてみよう。

 いくつかの方法があるけど、本書では条件ジャンプ命令を使うよ。

4-2

▼2個の整数のうち小さい方を返すプログラム

1

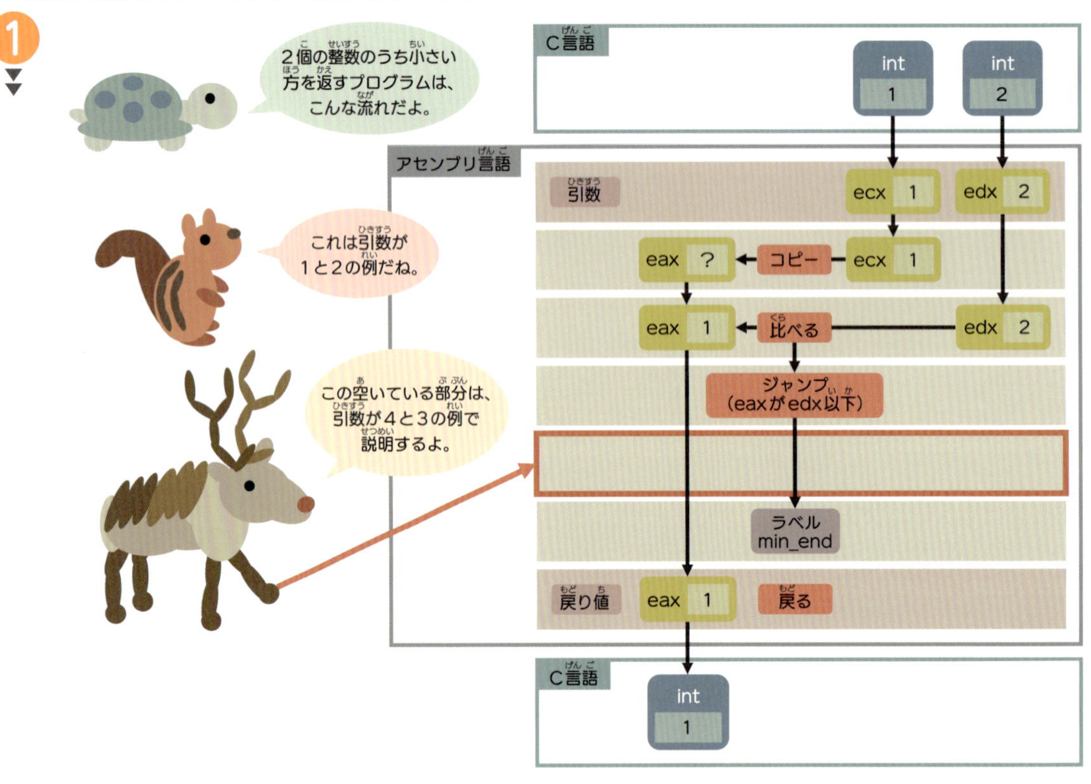
2個の整数のうち小さい方を返すプログラムは、こんな流れだよ。
これは引数が1と2の例だね。
この空いている部分は、引数が4と3の例で説明するよ。
C言語
int
1
int
2
アセンブリ言語
引数
ecx 1
edx 2
eax ?
コピー
ecx 1
eax 1
比べる
edx 2
ジャンプ(eaxがedx以下)
ラベル min_end
戻り値
eax 1
戻る
C言語
int
1

2

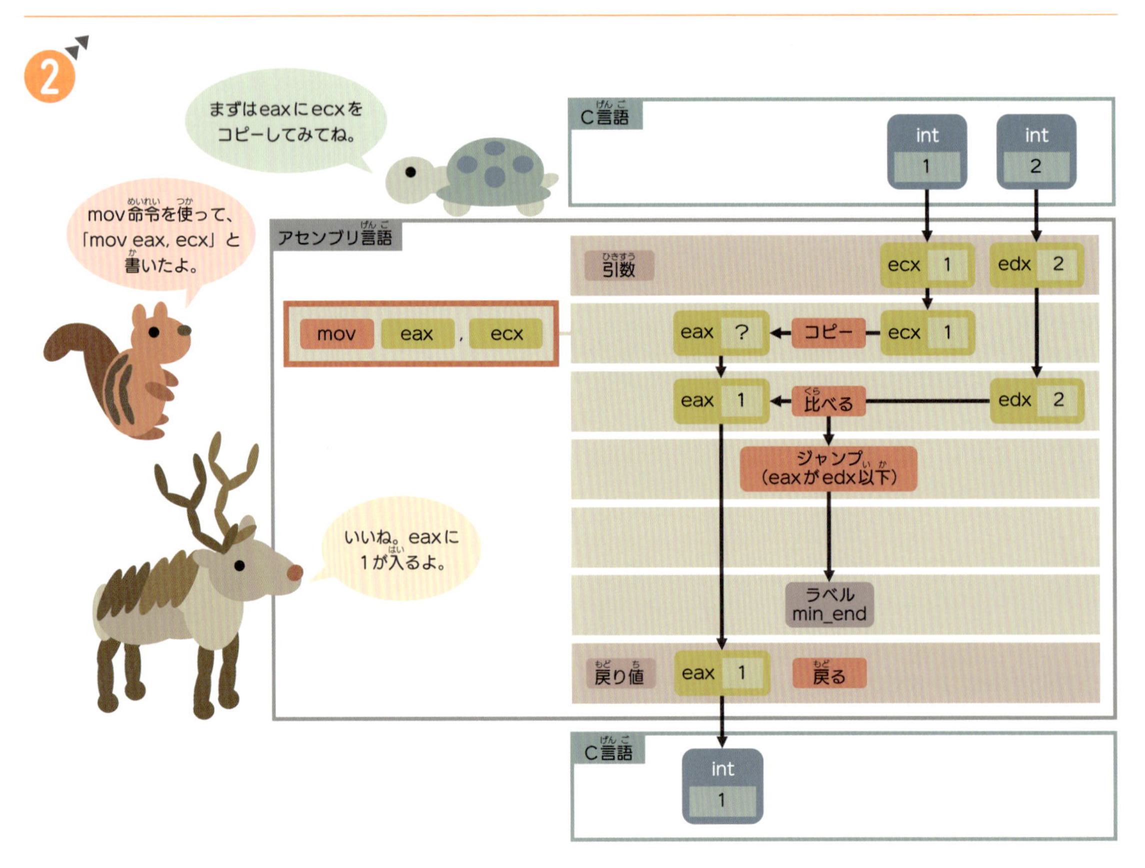
まずはeaxにecxをコピーしてみてね。
mov命令を使って、「mov eax, ecx」と書いたよ。
いいね。eaxに1が入るよ。
C言語
int
1
int
2
アセンブリ言語
mov eax , ecx
引数
ecx 1
edx 2
eax ?
コピー
ecx 1
eax 1
比べる
edx 2
ジャンプ(eaxがedx以下)
ラベル min_end
戻り値
eax 1
戻る
C言語
int
1

3

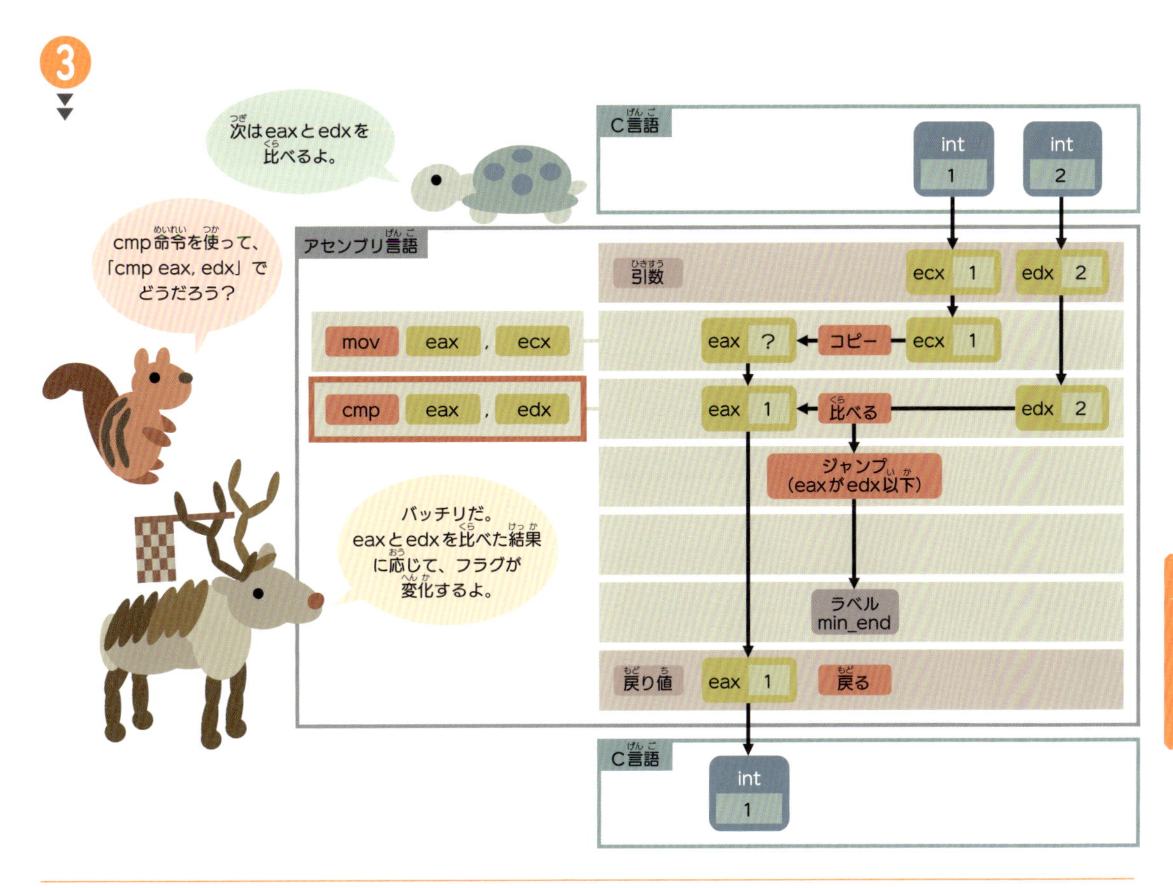
次はeaxとedxを比べるよ。
cmp命令を使って、「cmp eax, edx」でどうだろう？
バッチリだ。eaxとedxを比べた結果に応じて、フラグが変化するよ。
C言語
int 1
int 2
アセンブリ言語
引数
ecx 1
edx 2
mov eax , ecx
eax ?
コピー
ecx 1
cmp eax , edx
eax 1
比べる
edx 2
ジャンプ（eaxがedx以下）
ラベル min_end
戻り値
eax 1
戻る
C言語
int 1

4

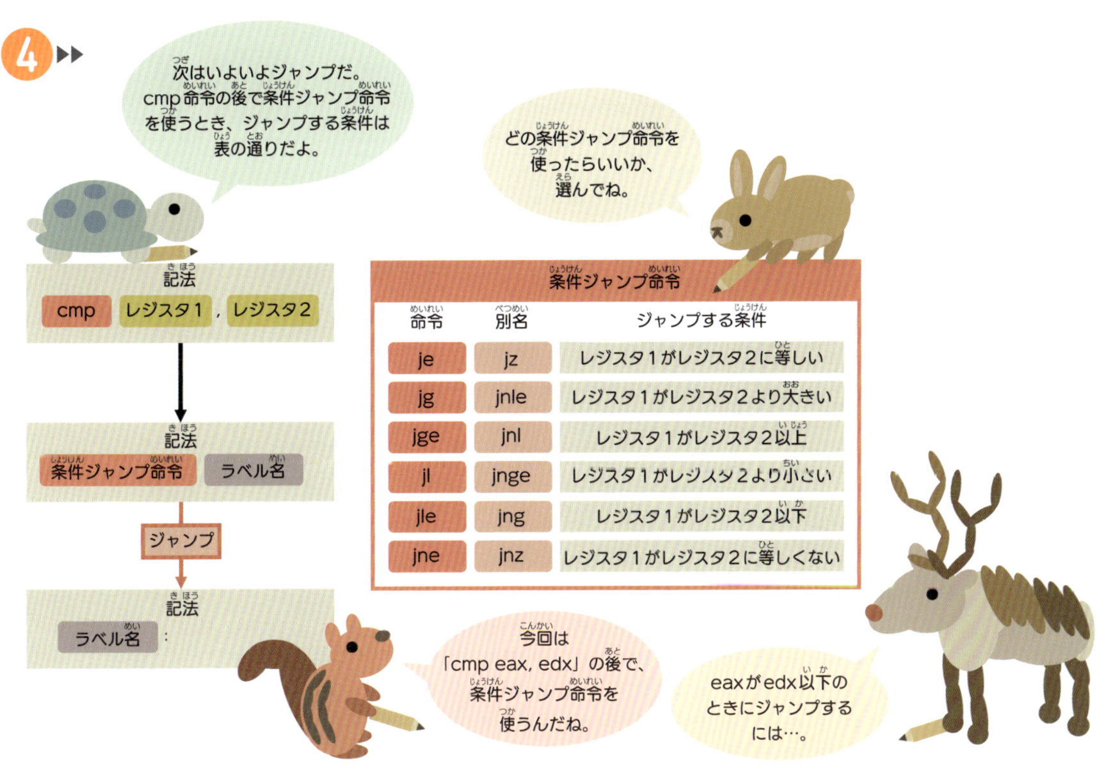
次はいよいよジャンプだ。cmp命令の後で条件ジャンプ命令を使うとき、ジャンプする条件は表の通りだよ。
どの条件ジャンプ命令を使ったらいいか、選んでね。
記法
cmp レジスタ1 , レジスタ2
記法
条件ジャンプ命令 ラベル名
ジャンプ
記法
ラベル名 :
今回は「cmp eax, edx」の後で、条件ジャンプ命令を使うんだね。
eaxがedx以下のときにジャンプするには…。

条件ジャンプ命令

命令	別名	ジャンプする条件
je	jz	レジスタ1がレジスタ2に等しい
jg	jnle	レジスタ1がレジスタ2より大きい
jge	jnl	レジスタ1がレジスタ2以上
jl	jnge	レジスタ1がレジスタ2より小さい
jle	jng	レジスタ1がレジスタ2以下
jne	jnz	レジスタ1がレジスタ2に等しくない

5

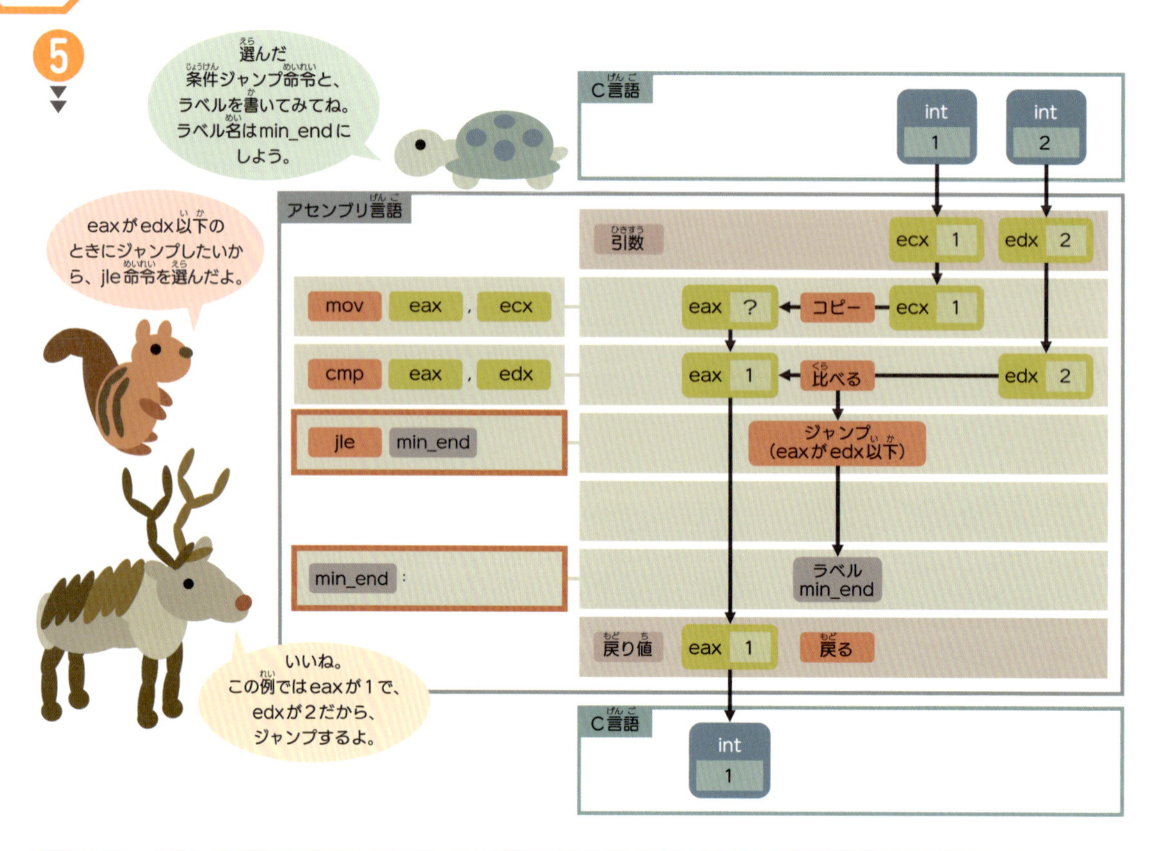
選んだ条件ジャンプ命令と、ラベルを書いてみてね。ラベル名はmin_endにしよう。
eaxがedx以下のときにジャンプしたいから、jle命令を選んだよ。
いいね。この例ではeaxが1で、edxが2だから、ジャンプするよ。
C言語
int 1
int 2
アセンブリ言語
引数
ecx 1
edx 2
mov eax , ecx
eax ? コピー ecx 1
cmp eax , edx
eax 1 比べる edx 2
jle min_end
ジャンプ (eaxがedx以下)
min_end :
ラベル min_end
戻り値 eax 1 戻る
C言語
int 1

6

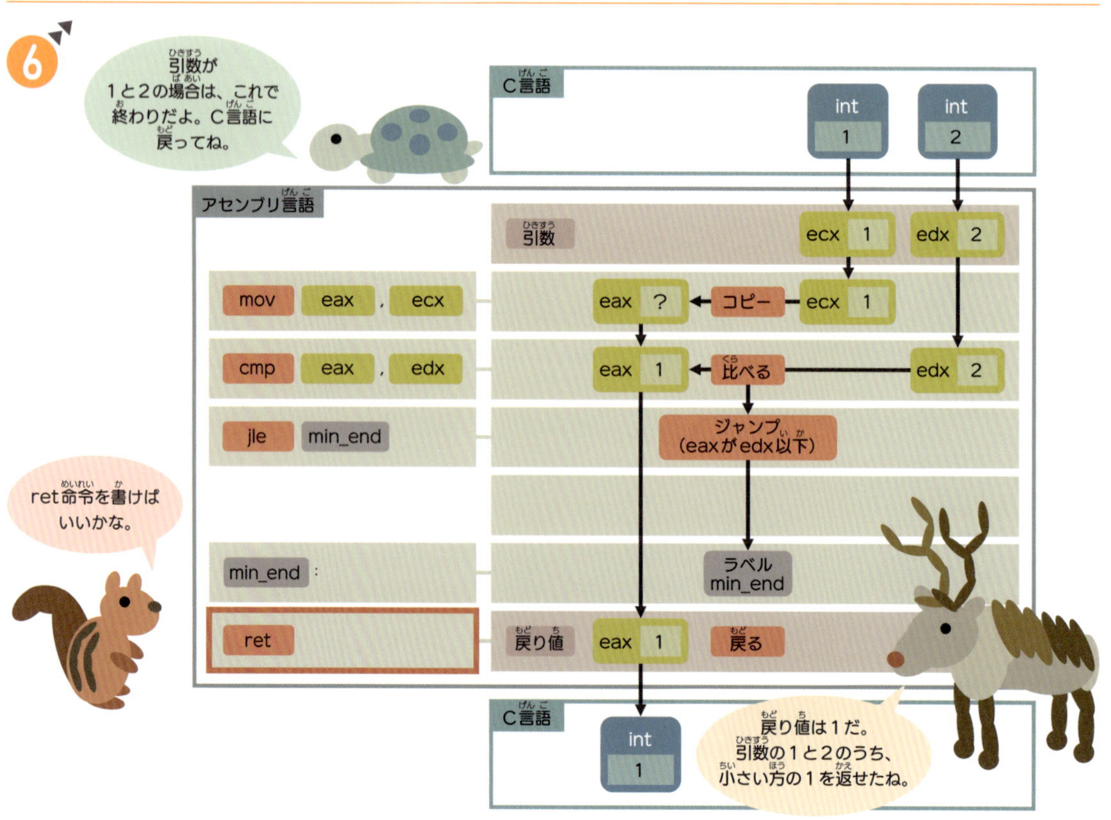
引数が1と2の場合は、これで終わりだよ。C言語に戻ってね。
ret命令を書けばいいかな。
C言語
int 1
int 2
アセンブリ言語
引数
ecx 1
edx 2
mov eax , ecx
eax ? コピー ecx 1
cmp eax , edx
eax 1 比べる edx 2
jle min_end
ジャンプ (eaxがedx以下)
min_end :
ラベル min_end
ret
戻り値 eax 1 戻る
C言語
int 1
戻り値は1だ。引数の1と2のうち、小さい方の1を返せたね。

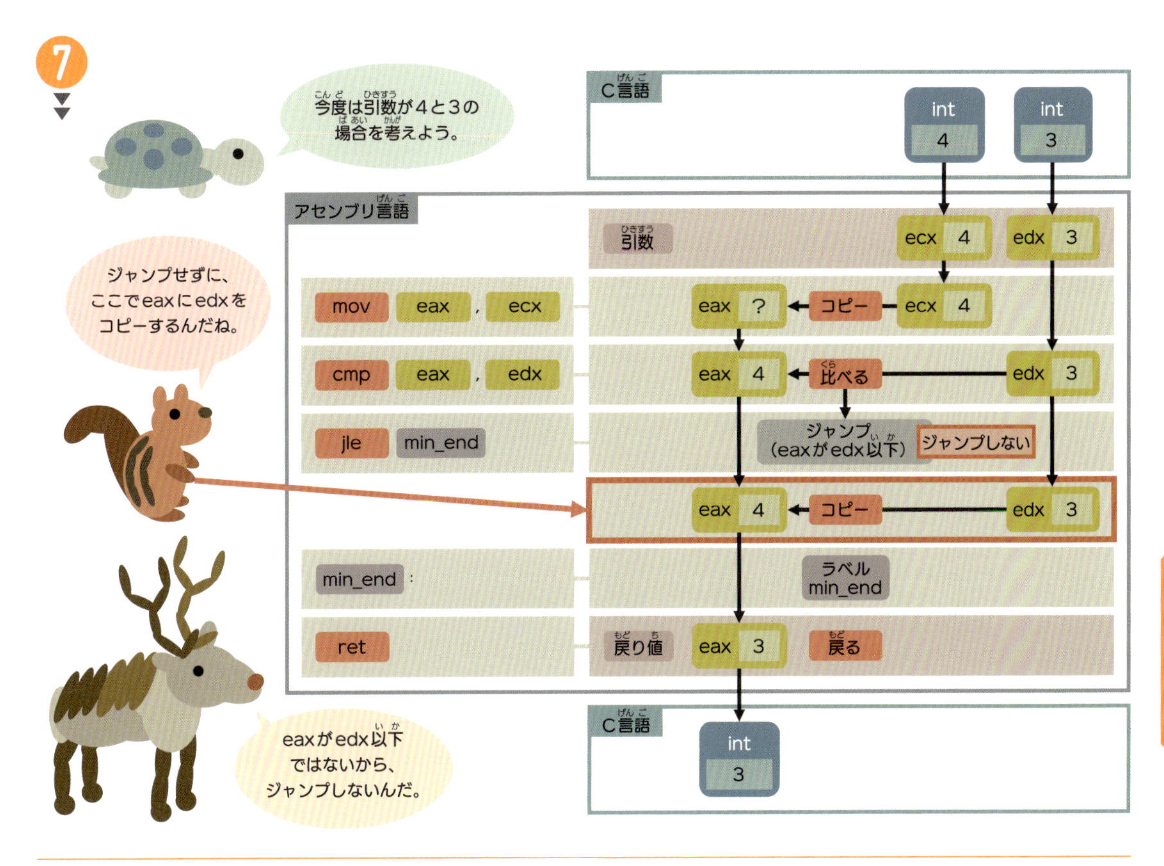
7
今度は引数が4と3の場合を考えよう。
C言語
int 4
int 3
アセンブリ言語
引数
ecx 4
edx 3
ジャンプせずに、ここでeaxにedxをコピーするんだね。
mov eax , ecx
eax ?
コピー
ecx 4
cmp eax , edx
eax 4
比べる
edx 3
jle min_end
ジャンプ(eaxがedx以下)
ジャンプしない
eax 4
コピー
edx 3
min_end :
ラベル min_end
ret
戻り値
eax 3
戻る
eaxがedx以下ではないから、ジャンプしないんだ。
C言語
int 3

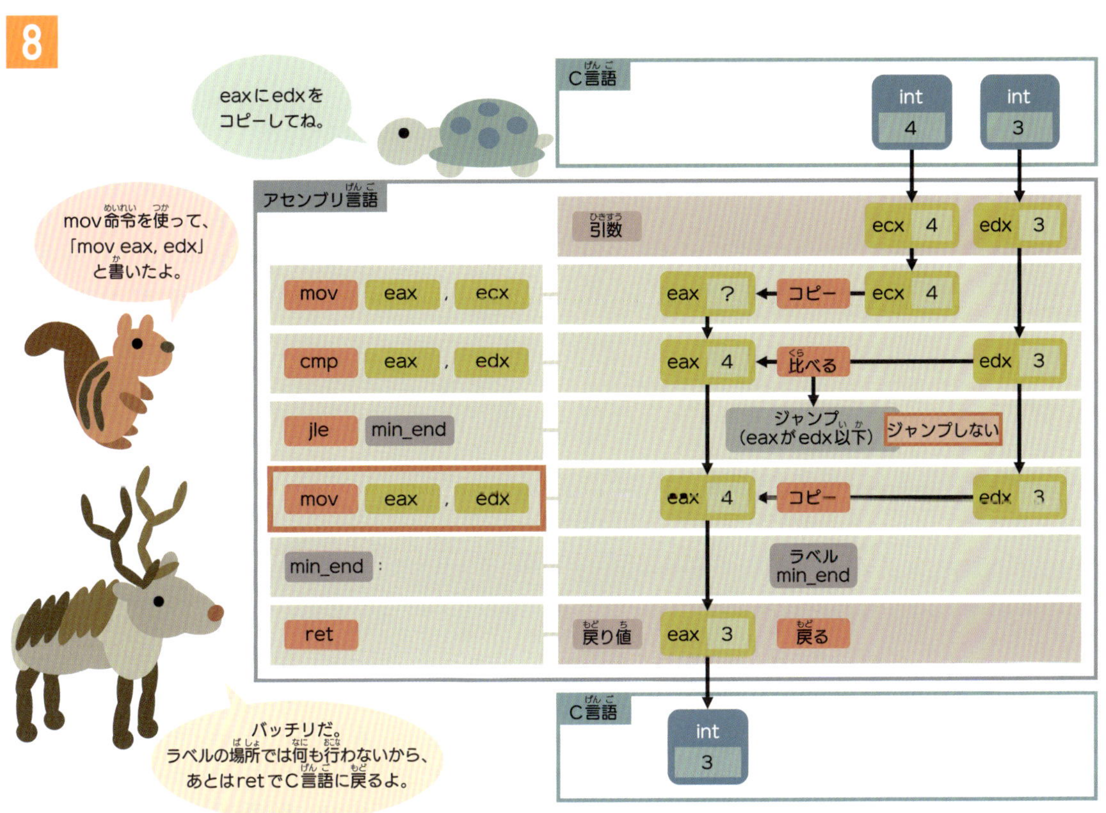
8
eaxにedxをコピーしてね。
C言語
int 4
int 3
アセンブリ言語
mov命令を使って、「mov eax, edx」と書いたよ。
引数
ecx 4
edx 3
mov eax , ecx
eax ?
コピー
ecx 4
cmp eax , edx
eax 4
比べる
edx 3
jle min_end
ジャンプ(eaxがedx以下)
ジャンプしない
mov eax , edx
eax 4
コピー
edx 3
min_end :
ラベル min_end
ret
戻り値
eax 3
戻る
C言語
int 3
バッチリだ。ラベルの場所では何も行わないから、あとはretでC言語に戻るよ。

以下が完成したプログラムだね。

うん。関数名はminにしたよ。

minはminimum（ミニマム）の略で、「最小の」という意味だ。

（つづく↗）

ラベル名のmin_endは、min関数の終わりにあるから、end（エンド）としたよ。

sub.asmでminを見つけて、以下のように変更してね。

「;」以降はコメントだから、入力しなくていいんだったね。

2個の整数のうち小さい方を返すmin関数（sub.asm）

```
min proc
    mov eax, ecx     ; eaxにecxをコピー
    cmp eax, edx     ; eaxとedxを比べる
    jle min_end      ; eaxがedx以下ならば、min_endにジャンプ
    mov eax, edx     ; eaxにedxをコピー
min_end:             ; ラベル（min_end）
    ret              ; 戻る
min endp
```

変更して保存したよ。

（つづく）

C言語プログラムは以下の通り。「1と2」および「4と3」について、min関数を呼び出すよ。

main.cで以下の箇所を見つけて、先頭の//を削除してね。

min関数を呼び出す（main.c）

```
printf("min(1, 2): %d\n", min(1, 2));
printf("min(4, 3): %d\n", min(4, 3));
```

こちらも変更して保存したよ。実行してみるね。

以下の結果が表示されたら成功だよ。

実行結果：2個の整数のうち小さい方

```
min(1, 2): 1
min(4, 3): 3
```

「1と2」のうち小さい方は1、「4と3」のうち小さい方は3だから、正しく動いているみたいだね。

（つづく↗）

うん。同じ要領で、大きい方を返すプログラムも書いてみよう。

小さい方を返すプログラムと流れは同じで、条件ジャンプ命令を変えればいいよ。

▼2個の整数のうち大きい方を返すプログラム

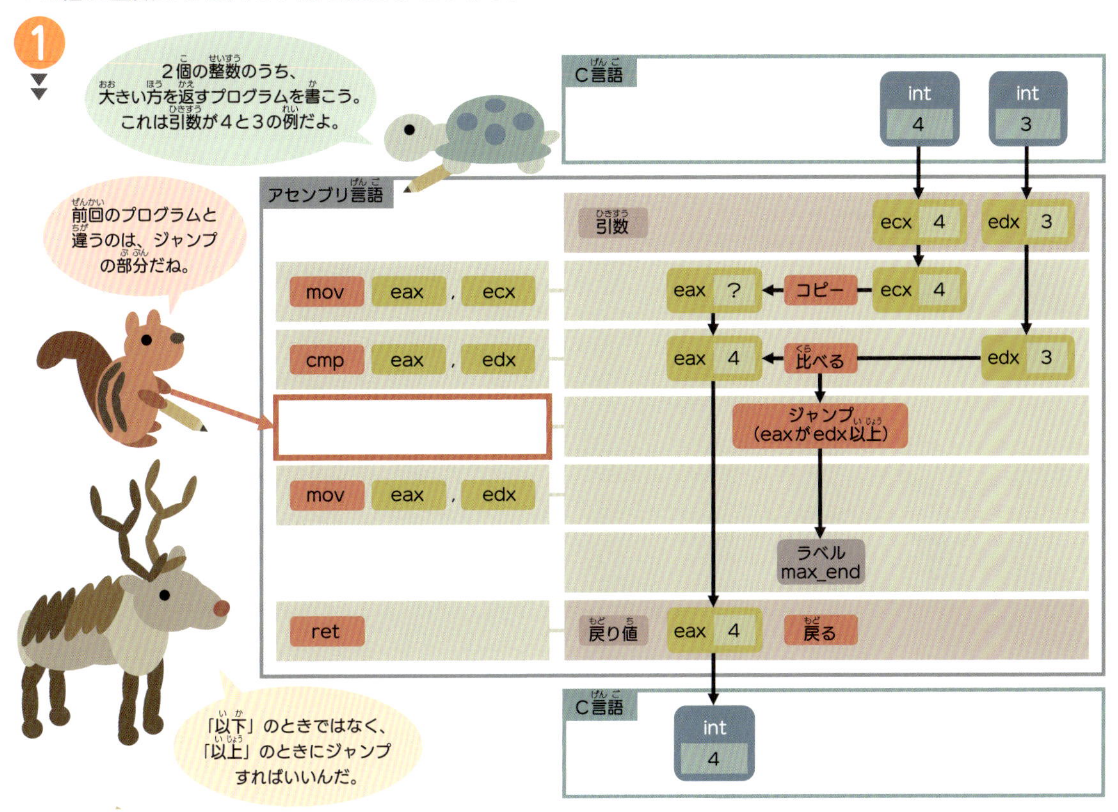

1
2個の整数のうち、大きい方を返すプログラムを書こう。これは引数が4と3の例だよ。
前回のプログラムと違うのは、ジャンプの部分だね。
「以下」のときではなく、「以上」のときにジャンプすればいいんだ。
C言語
int 4
int 3
アセンブリ言語
引数
ecx 4
edx 3
mov eax , ecx
eax ?
コピー
ecx 4
cmp eax , edx
eax 4
比べる
edx 3
ジャンプ (eaxがedx以上)
mov eax , edx
ラベル max_end
ret
戻り値
eax 4
戻る
C言語
int 4

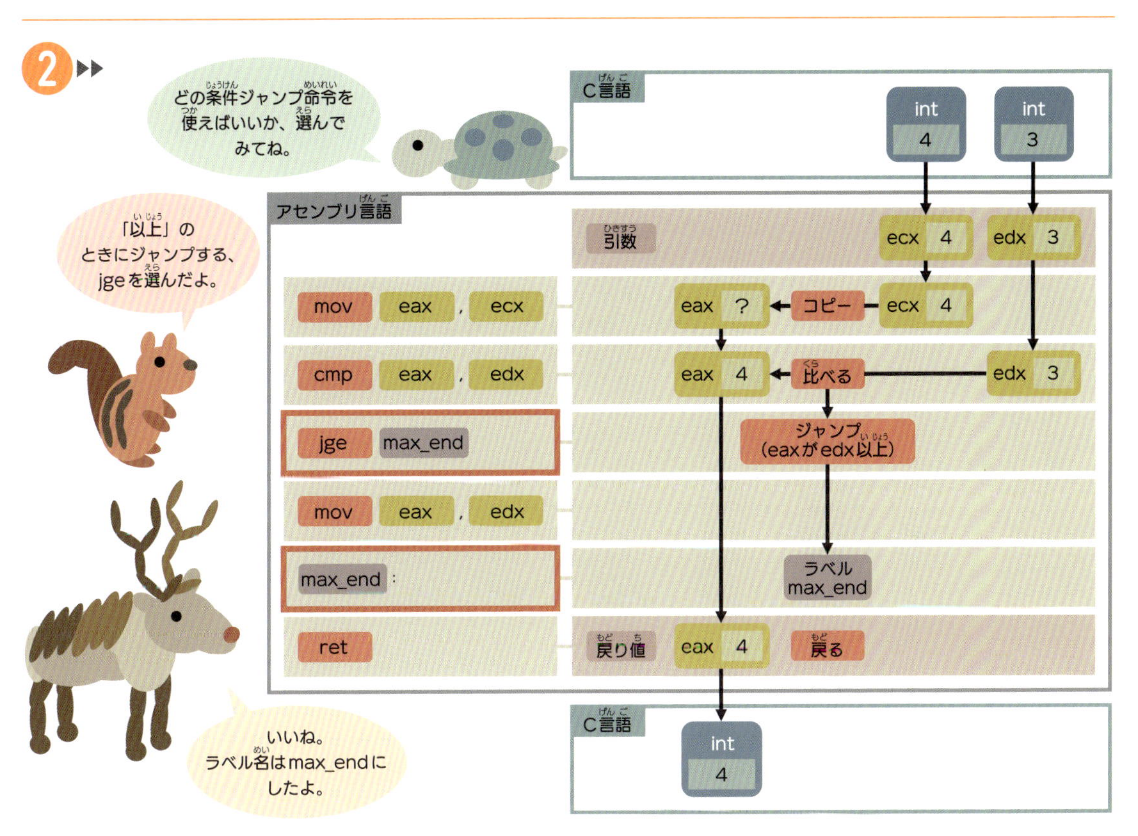

2
どの条件ジャンプ命令を使えばいいか、選んでみてね。
「以上」のときにジャンプする、jgeを選んだよ。
いいね。ラベル名はmax_endにしたよ。
C言語
int 4
int 3
アセンブリ言語
引数
ecx 4
edx 3
mov eax , ecx
eax ?
コピー
ecx 4
cmp eax , edx
eax 4
比べる
edx 3
jge max_end
ジャンプ (eaxがedx以上)
mov eax , edx
max_end :
ラベル max_end
ret
戻り値
eax 4
戻る
C言語
int 4

3

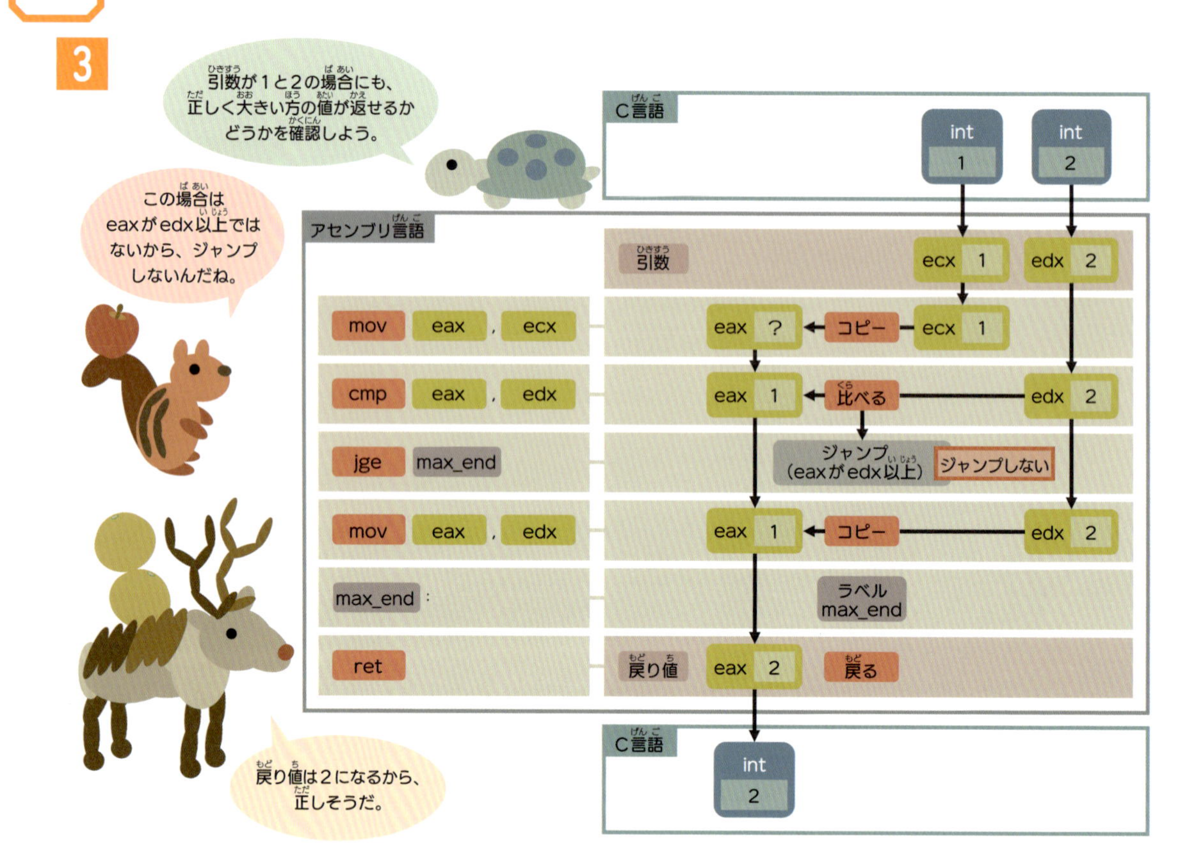

引数が1と2の場合にも、正しく大きい方の値が返せるかどうかを確認しよう。
この場合はeaxがedx以上ではないから、ジャンプしないんだね。
戻り値は2になるから、正しそうだ。
C言語
int
1
int
2
アセンブリ言語
引数
ecx 1
edx 2
mov eax , ecx
eax ?
コピー
ecx 1
cmp eax , edx
eax 1
比べる
edx 2
jge max_end
ジャンプ (eaxがedx以上)
ジャンプしない
mov eax , edx
eax 1
コピー
edx 2
max_end :
ラベル max_end
ret
戻り値
eax 2
戻る
C言語
int
2

次のページにあるのが、完成したプログラムだね。

うん。関数名はmax、ラベル名はmax_endにしたよ。

maxはmaximum（マキシマム）の略で、「最大の」という意味だ。

sub.asmでmaxを見つけて、次のように変更してね。

2個の整数のうち大きい方を返すmax関数(sub.asm)

```
max proc
    mov eax, ecx     ; eaxにecxをコピー
    cmp eax, edx     ; eaxとedxを比べる
    jge max_end      ; eaxがedx以上ならば、max_endにジャンプ
    mov eax, edx     ; eaxにedxをコピー
max_end:             ; ラベル (max_end)
    ret              ; 戻る
max endp
```

変更して保存したよ。

(つづく↗)

C言語プログラムは以下の通り。「4と3」および「1と2」について、max関数を呼び出すよ。

main.cで以下の箇所を見つけて、先頭の//を削除してね。

max関数を呼び出す(main.c)

```
printf("max(4, 3): %d\n", max(4, 3));
printf("max(1, 2): %d\n", max(1, 2));
```

実行してみるね。

以下の結果が表示されたら成功だよ。

実行結果:2個の整数のうち大きい方

```
max(4, 3): 4
max(1, 2): 2
```

「4と3」のうち大きい方は4、「1と2」のうち大きい方は2だから、正しく動いたみたいだ。

よかった。2個の整数の大小を比べて、条件分岐を行うプログラムが書けたね。

(つづく↗)

このような条件分岐は、C言語のif(イフ)文などに相当する処理だよ。

cmp命令で比べた後に、条件ジャンプ命令でジャンプする、というのがポイントだったかな。

その通りだよ。この調子で、次はもう少し複雑なプログラムを書いてみよう。

4-3 条件分岐を使ってもっと複雑なプログラムを書いてみよう

条件分岐を使って、3個の整数の大小を比べるプログラムを書いてみましょう。

今度はどんなプログラムを書くの？

3個の整数のうち、最小のものを返すプログラムを書いてみよう。

例えば1、2、3を渡すと、最小の1を返してくれるの？

（つづく↗）

うん。例えば6、5、4を渡すと、最小の4を返すよ。

前回の、2個の整数のうち小さい方を返すプログラムに似ているね。

少し複雑になるけど、似ているよ。詳しい手順を考えてみよう。

前回と同様に、レジスタを使った処理の手順を考えるよ。

▼3個の整数のうち最小のものを返す手順

1

3個の整数のうち、最小のものを返す手順を考えよう。

レジスタ
戻り値
引数
引数
引数
eax ?
ecx 1
edx 2
r8d 3

これは1、2、3のうち、最小のものを返す例だね。

引数はecx、edx、r8dで受け取って、戻り値はeaxで返すよ。

2

まずは適当に、ecxに入っている値を戻り値にしてしまおう。eaxにecxをコピーするよ。

レジスタ
戻り値
引数
引数
引数
eax ?
ecx 1
edx 2
r8d 3
コピー

この例では、eaxに1が入るね。

この後でeaxをedxやr8dと比べて、必要なら戻り値を直すよ。

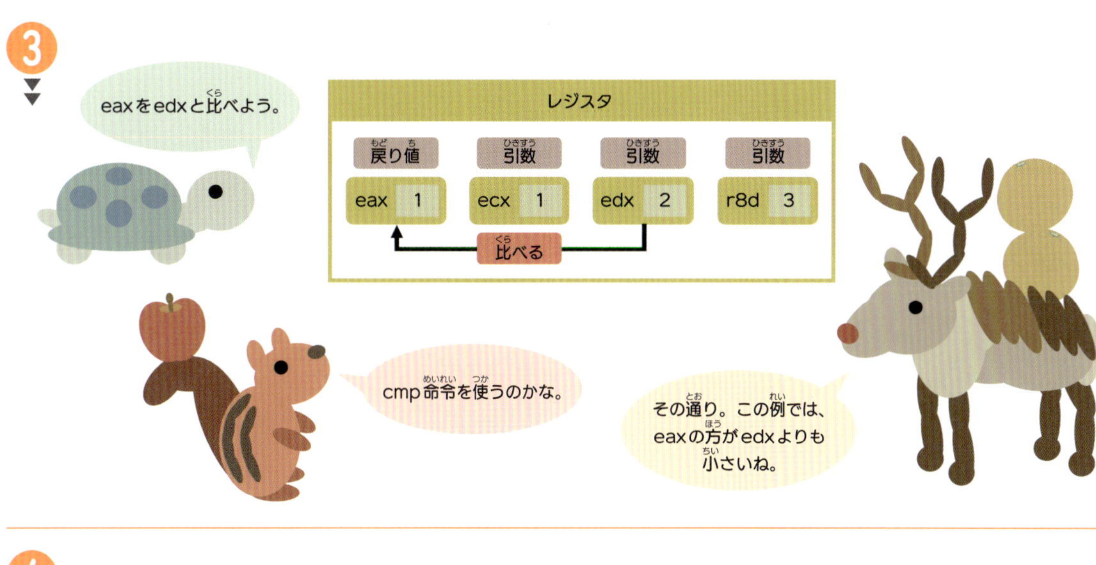
3
eaxをedxと比べよう。
レジスタ
戻り値
引数
引数
引数
eax 1
ecx 1
edx 2
r8d 3
比べる
cmp命令を使うのかな。
その通り。この例では、eaxの方がedxよりも小さいね。

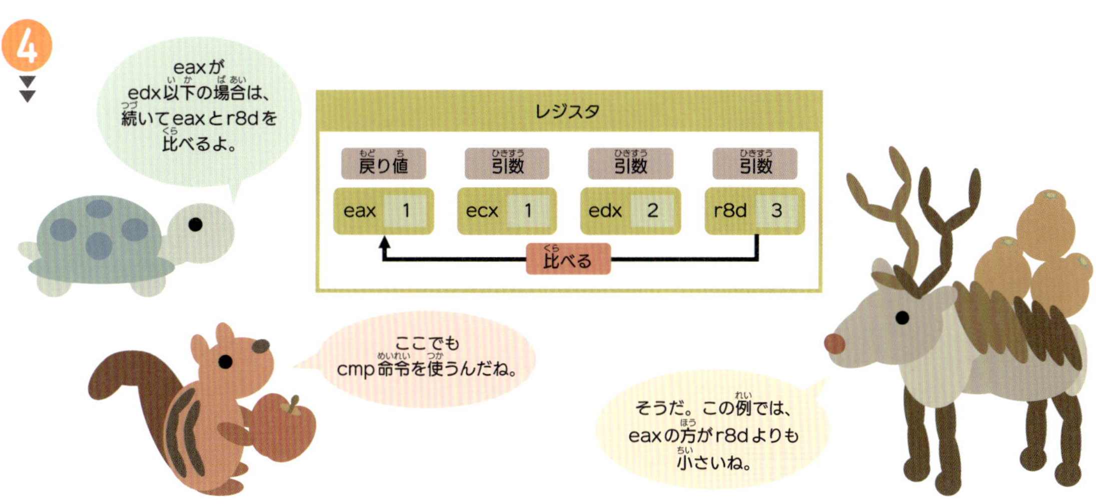
4
eaxがedx以下の場合は、続いてeaxとr8dを比べるよ。
レジスタ
戻り値
引数
引数
引数
eax 1
ecx 1
edx 2
r8d 3
比べる
ここでもcmp命令を使うんだね。
そうだ。この例では、eaxの方がr8dよりも小さいね。

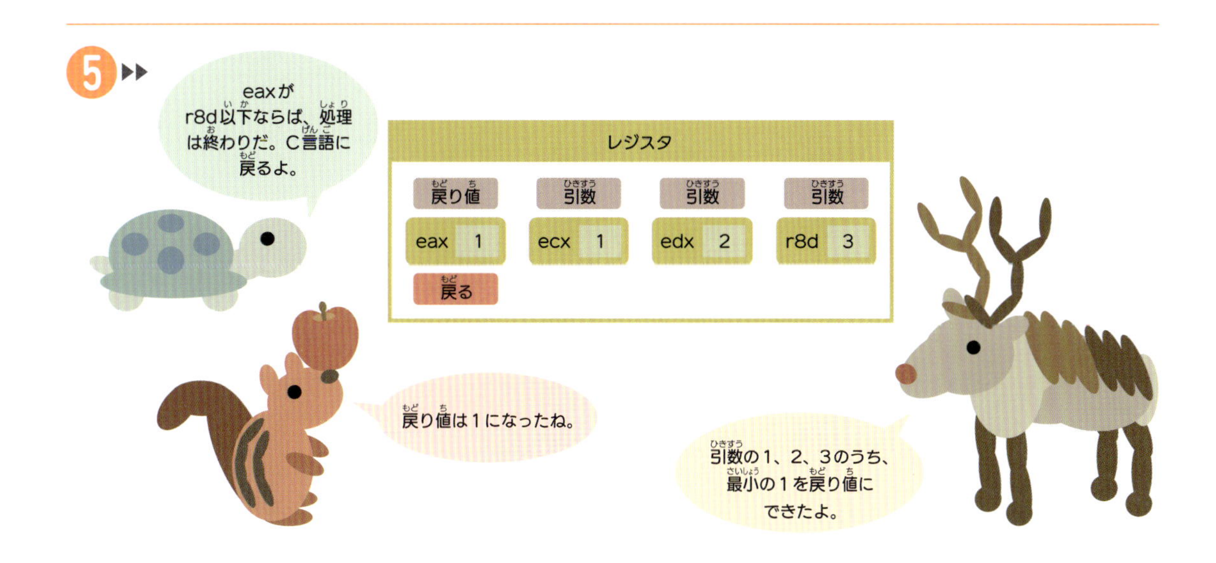
5
eaxがr8d以下ならば、処理は終わりだ。C言語に戻るよ。
レジスタ
戻り値
引数
引数
引数
eax 1
ecx 1
edx 2
r8d 3
戻る
戻り値は1になったね。
引数の1、2、3のうち、最小の1を戻り値にできたよ。

6
今度は、
引数が6、5、4の
場合を考えてみよう。
レジスタ
戻り値 引数 引数 引数
eax ? ecx 6 edx 5 r8d 4
さっきと同じ手順で
比べればいいかな？
その通り。
でも、さっきとは処理の流れが
少し変わるよ。
7
まずは適当に、
ecxに入っている値を戻り値にしよう。
eaxにecxをコピーするよ。
レジスタ
戻り値 引数 引数 引数
eax ? ecx 6 edx 5 r8d 4
コピー
この例では、
eaxに6が入るね。
この後で
eaxをedxやr8dと比べて、
必要なら戻り値を直すよ。

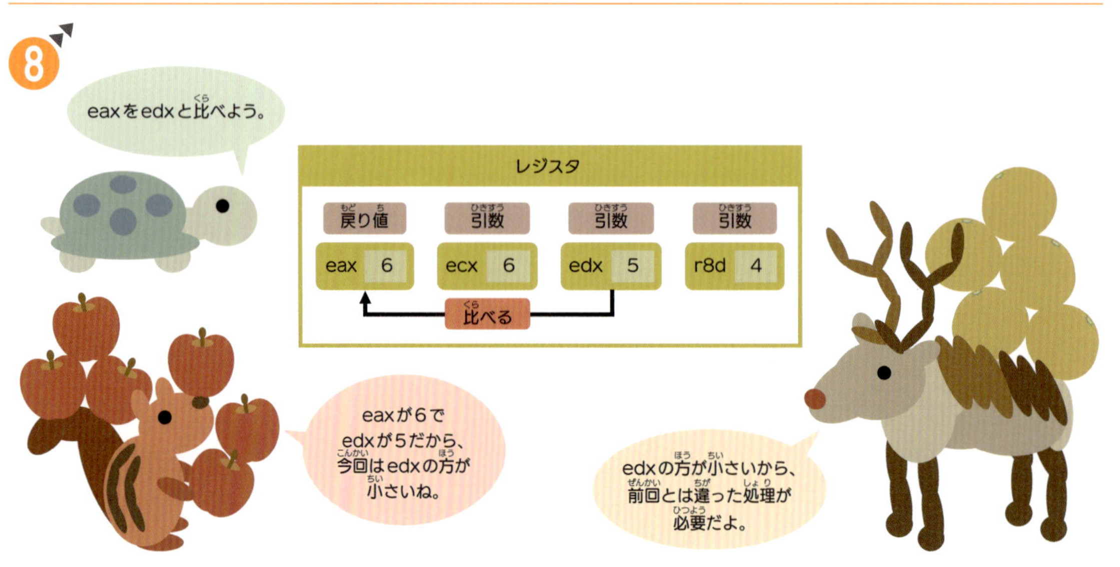
8
eaxをedxと比べよう。
レジスタ
戻り値 引数 引数 引数
eax 6 ecx 6 edx 5 r8d 4
比べる
eaxが6で
edxが5だから、
今回はedxの方が
小さいね。
edxの方が小さいから、
前回とは違った処理が
必要だよ。

9
eaxがedx以下ではない場合は、eaxにedxをコピーするよ。
レジスタ
戻り値
引数
引数
引数
eax 6
ecx 6
edx 5
r8d 4
コピー
この例では、eaxが5に変わるね。
6よりも5の方が小さいから、戻り値を5に直すんだ。
10
次はeaxとr8dを比べよう。
レジスタ
戻り値
引数
引数
引数
eax 5
ecx 6
edx 5
r8d 4
比べる
eaxは5、r8dは4だから、r8dの方が小さいね。
eaxがr8d以下のときは何もしないんだけど、この場合は戻り値を直す必要があるよ。

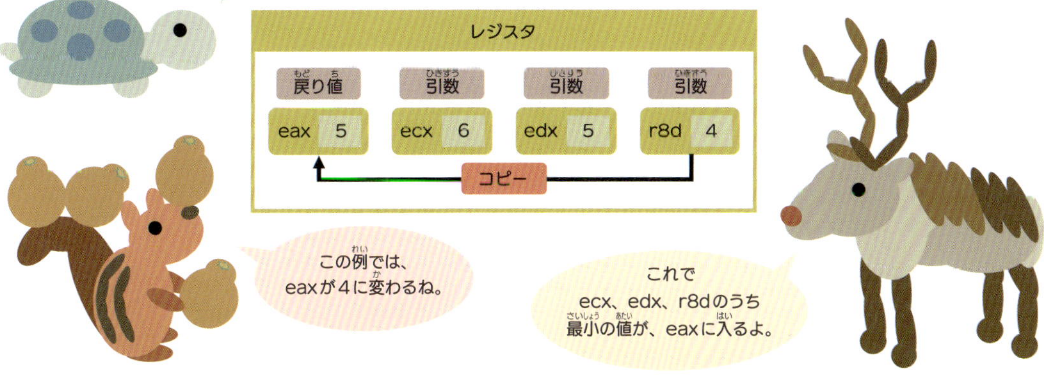
11
戻り値を直すために、eaxにr8dをコピーするよ。
レジスタ
戻り値
引数
引数
引数
eax 5
ecx 6
edx 5
r8d 4
コピー
この例では、eaxが4に変わるね。
これでecx、edx、r8dのうち最小の値が、eaxに入るよ。

4-3

12

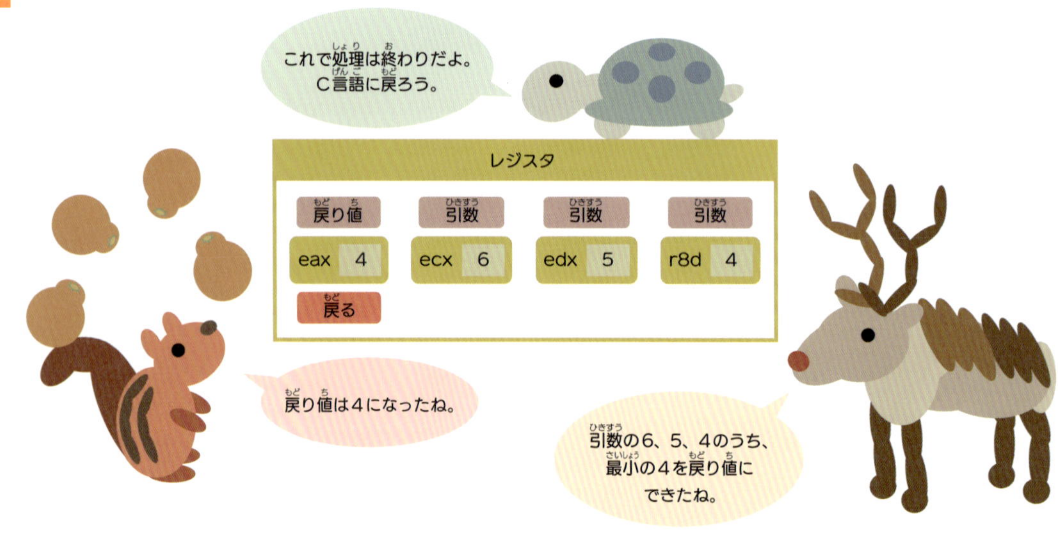

これで処理は終わりだよ。
C言語に戻ろう。
レジスタ
戻り値
引数
引数
引数
eax 4
ecx 6
edx 5
r8d 4
戻る
戻り値は4になったね。
引数の6、5、4のうち、
最小の4を戻り値に
できたね。

「1、2、3」の場合も、「6、5、4」の場合も、最小の値を返せたね。

うん。考えた手順をまとめておこう。

まずeaxにecxをコピーする。

次にeaxとedxを比べるよ。

edxの方が小さければ、eaxにedxをコピーする。

（つづく↗）

続いてeaxとr8dを比べるよ。

r8dの方が小さければ、eaxにr8dをコピーする。

これでecx、edx、r8dのうち最小のものがeaxに入って、戻り値になるよ。

この手順をプログラムにすればいいんだね。

うん。少しずつプログラムを書いてみよう。

今回は、条件ジャンプ命令を2個使うよ。

▼3個の整数のうち最小のものを返すプログラム

1

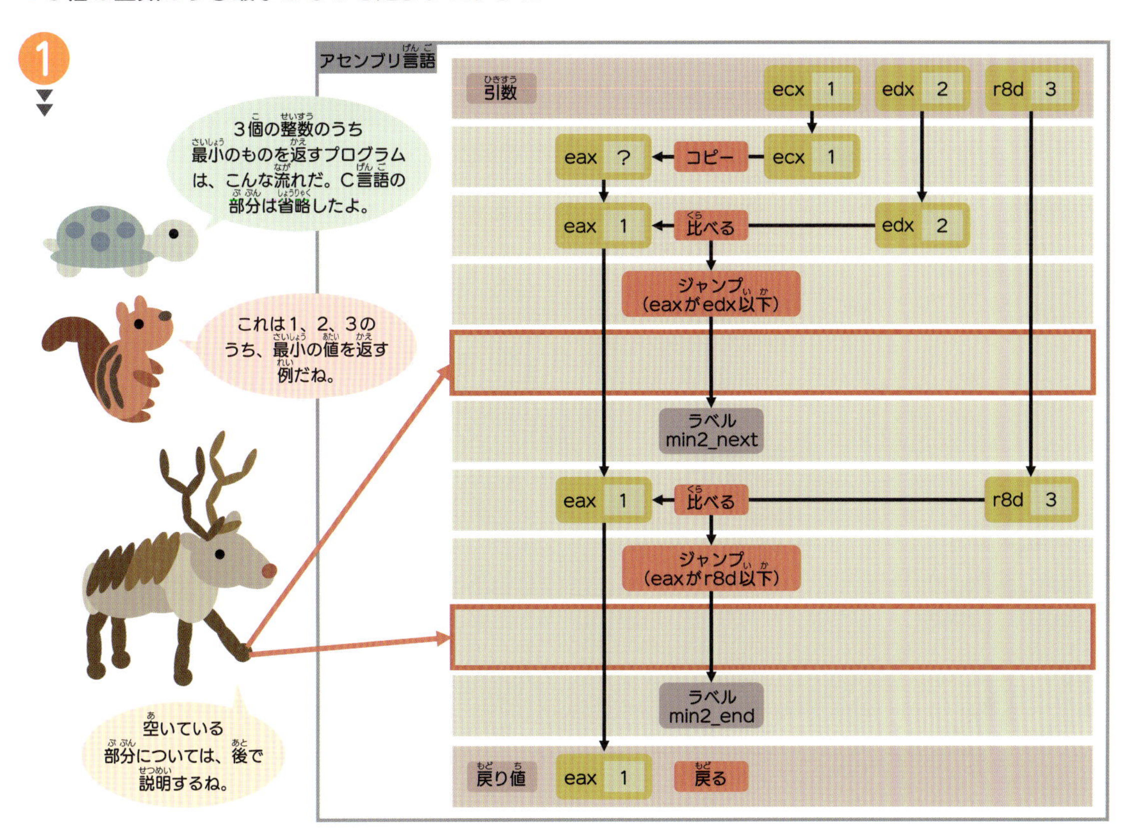

アセンブリ言語
3個の整数のうち最小のものを返すプログラムは、こんな流れだ。C言語の部分は省略したよ。
これは1、2、3のうち、最小の値を返す例だね。
空いている部分については、後で説明するね。
引数
ecx 1
edx 2
r8d 3
eax ?
コピー
eax 1
比べる
ジャンプ(eaxがedx以下)
ラベル min2_next
ジャンプ(eaxがr8d以下)
ラベル min2_end
戻り値
戻る

2

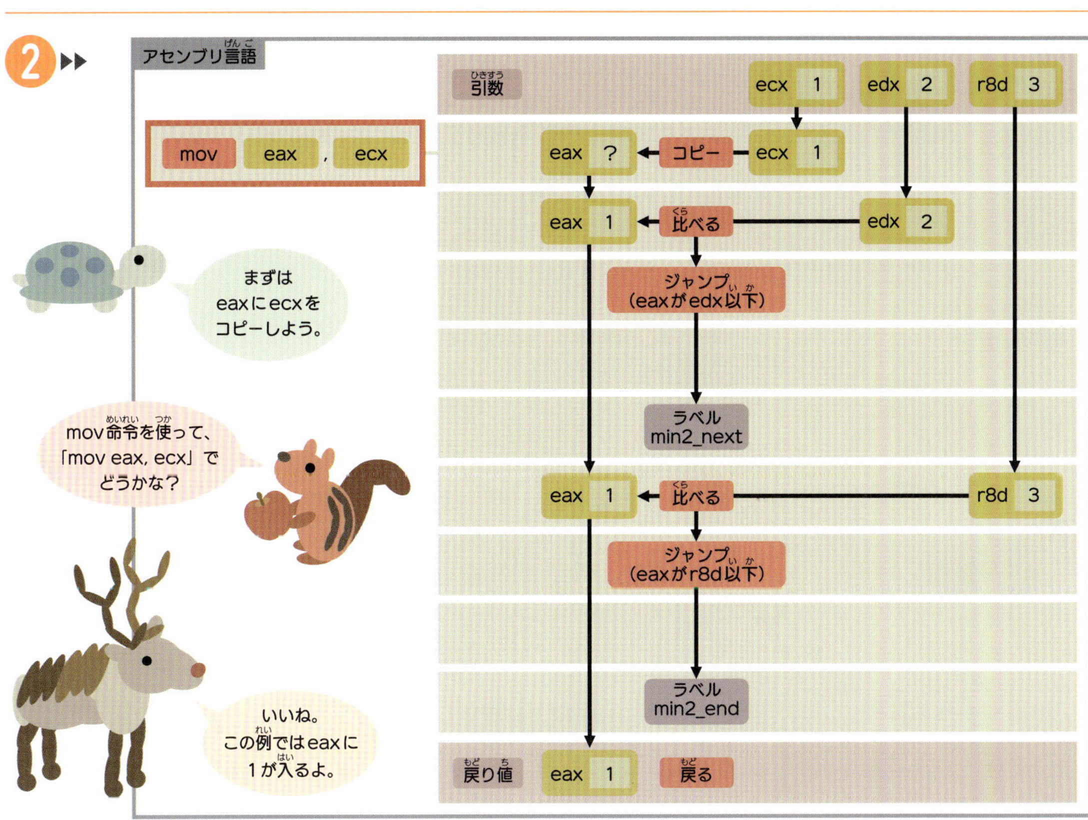

アセンブリ言語
mov eax , ecx
まずはeaxにecxをコピーしよう。
mov命令を使って、「mov eax, ecx」でどうかな?
いいね。この例ではeaxに1が入るよ。
引数
ecx 1
edx 2
r8d 3
eax ?
コピー
eax 1
比べる
ジャンプ(eaxがedx以下)
ラベル min2_next
ジャンプ(eaxがr8d以下)
ラベル min2_end
戻り値
戻る

3

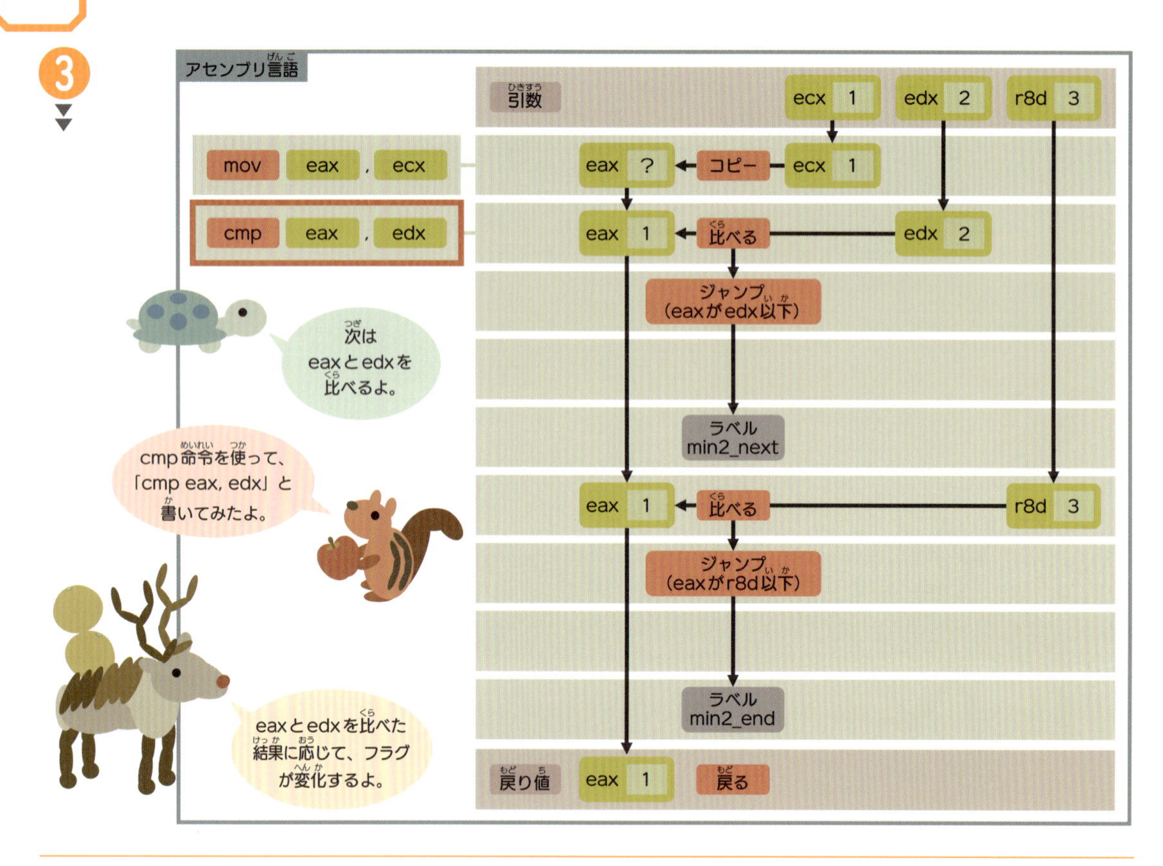
アセンブリ言語
引数
ecx 1
edx 2
r8d 3
mov eax , ecx
eax ?
コピー
ecx 1
cmp eax , edx
eax 1
比べる
edx 2
ジャンプ (eaxがedx以下)
ラベル min2_next
eax 1
比べる
r8d 3
ジャンプ (eaxがr8d以下)
ラベル min2_end
戻り値
eax 1
戻る
次はeaxとedxを比べるよ。
cmp命令を使って、「cmp eax, edx」と書いてみたよ。
eaxとedxを比べた結果に応じて、フラグが変化するよ。

4

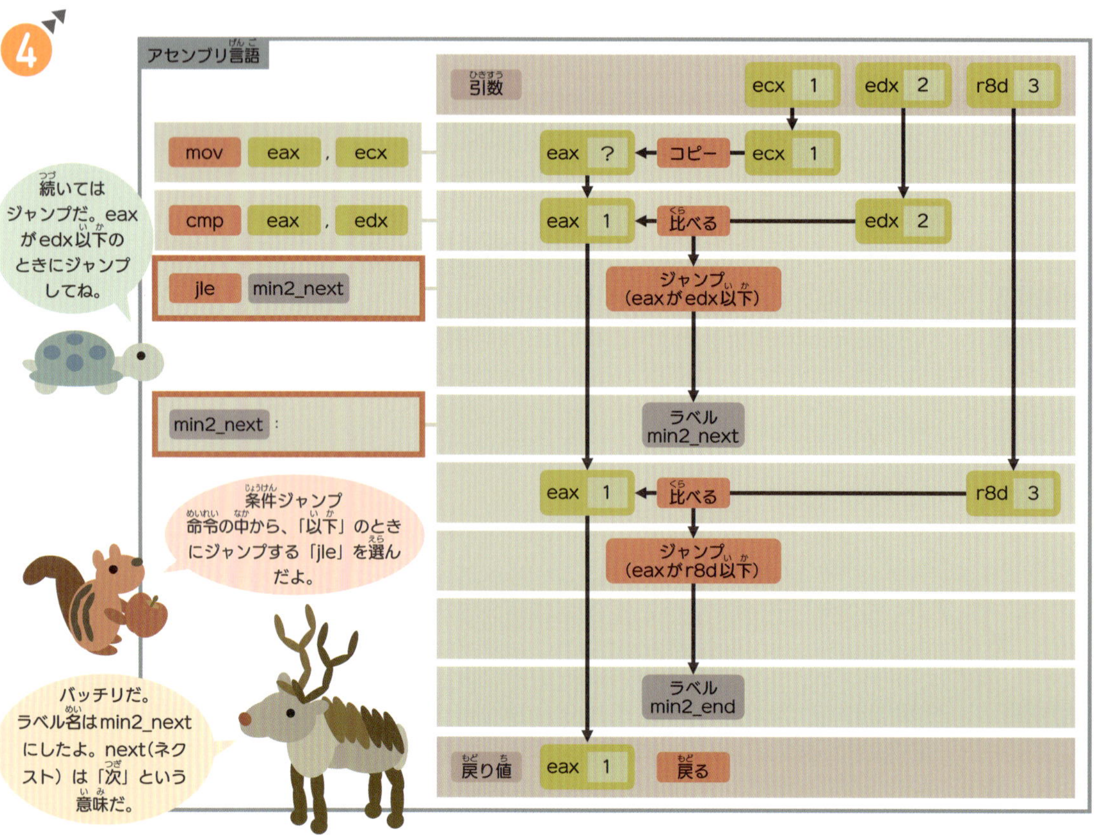
アセンブリ言語
引数
ecx 1
edx 2
r8d 3
mov eax , ecx
eax ?
コピー
ecx 1
cmp eax , edx
eax 1
比べる
edx 2
jle min2_next
ジャンプ (eaxがedx以下)
min2_next :
ラベル min2_next
eax 1
比べる
r8d 3
ジャンプ (eaxがr8d以下)
ラベル min2_end
戻り値
eax 1
戻る
続いてはジャンプだ。eaxがedx以下のときにジャンプしてね。
条件ジャンプ命令の中から、「以下」のときにジャンプする「jle」を選んだよ。
バッチリだ。ラベル名はmin2_nextにしたよ。next(ネクスト)は「次」という意味だ。

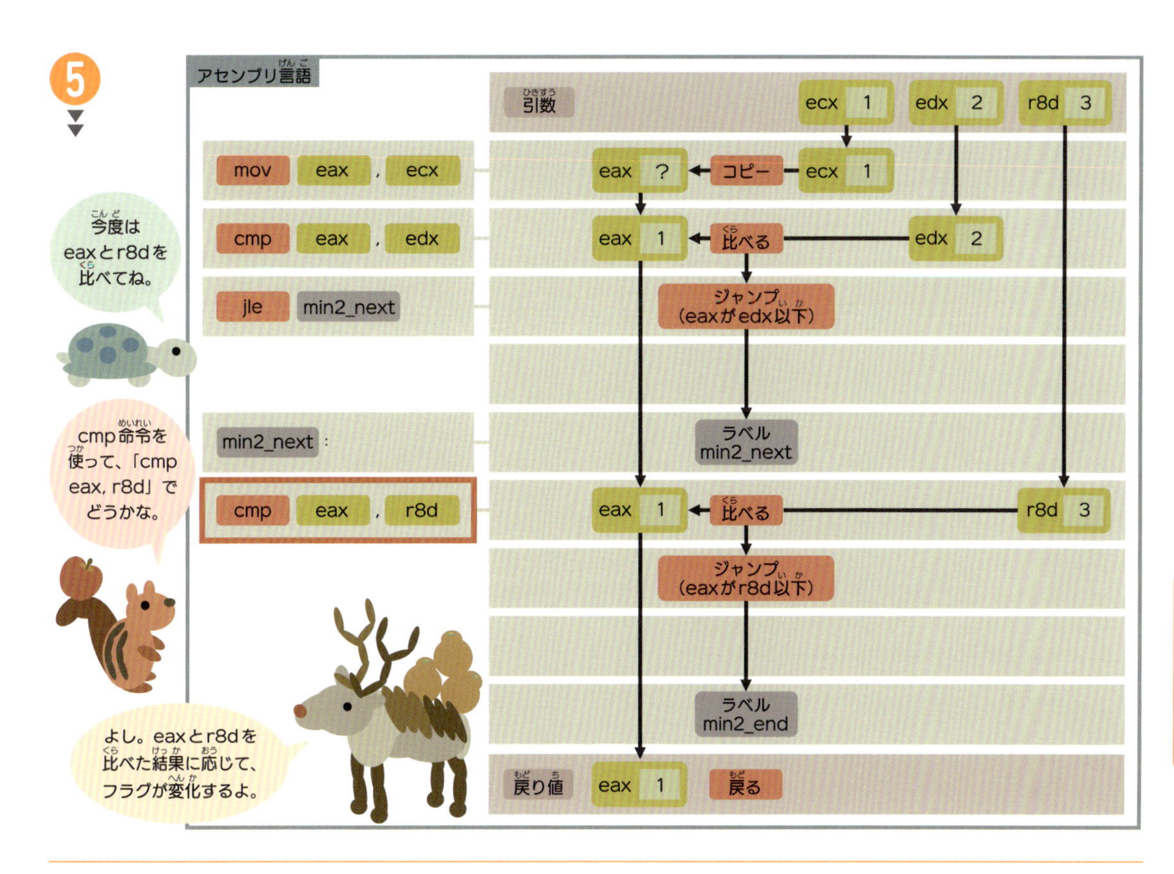
5
アセンブリ言語
引数
ecx 1
edx 2
r8d 3
mov eax , ecx
eax ?
コピー
ecx 1
cmp eax , edx
eax 1
比べる
edx 2
jle min2_next
ジャンプ (eaxがedx以下)
min2_next :
ラベル min2_next
cmp eax , r8d
eax 1
比べる
r8d 3
ジャンプ (eaxがr8d以下)
ラベル min2_end
戻り値
eax 1
戻る
今度はeaxとr8dを比べてね。
cmp命令を使って、「cmp eax, r8d」でどうかな。
よし。eaxとr8dを比べた結果に応じて、フラグが変化するよ。

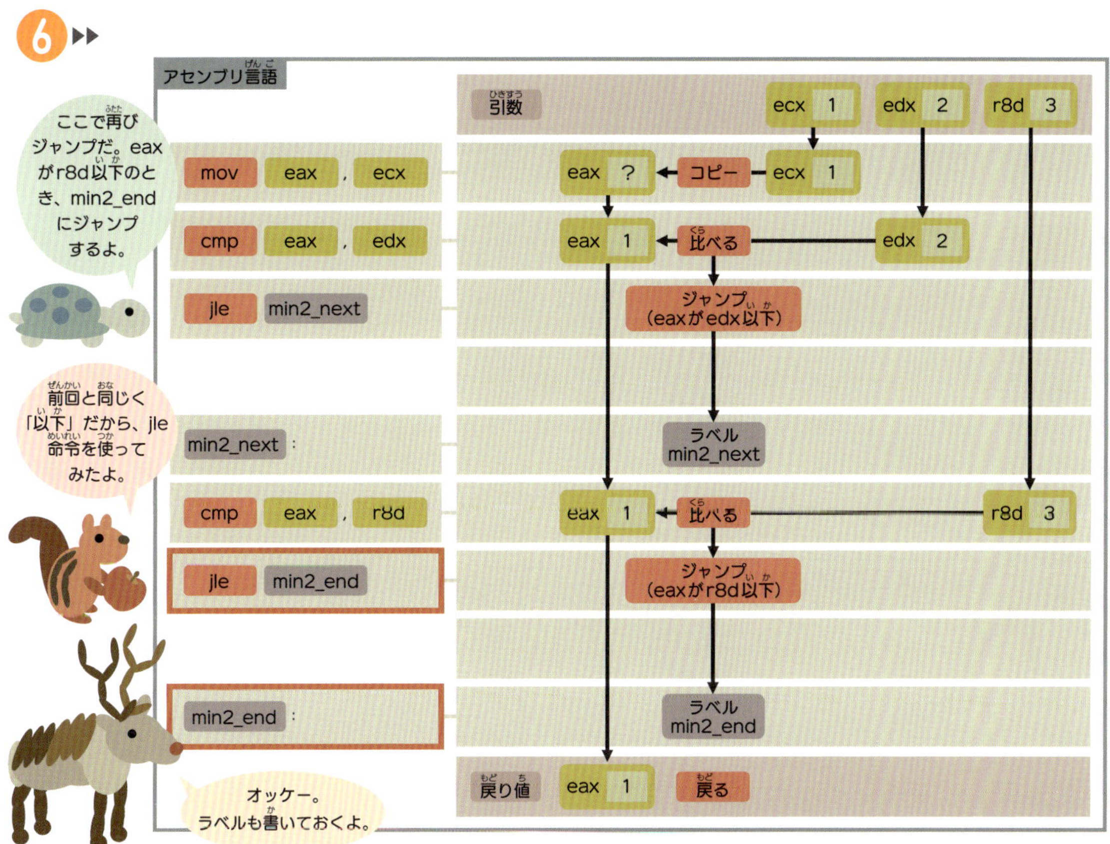
6
アセンブリ言語
引数
ecx 1
edx 2
r8d 3
mov eax , ecx
eax ?
コピー
ecx 1
cmp eax , edx
eax 1
比べる
edx 2
jle min2_next
ジャンプ (eaxがedx以下)
min2_next :
ラベル min2_next
cmp eax , r8d
eax 1
比べる
r8d 3
jle min2_end
ジャンプ (eaxがr8d以下)
min2_end :
ラベル min2_end
戻り値
eax 1
戻る
ここで再びジャンプだ。eaxがr8d以下のとき、min2_endにジャンプするよ。
前回と同じく「以下」だから、jle命令を使ってみたよ。
オッケー。ラベルも書いておくよ。

4 とぶ
ジャンプ

7

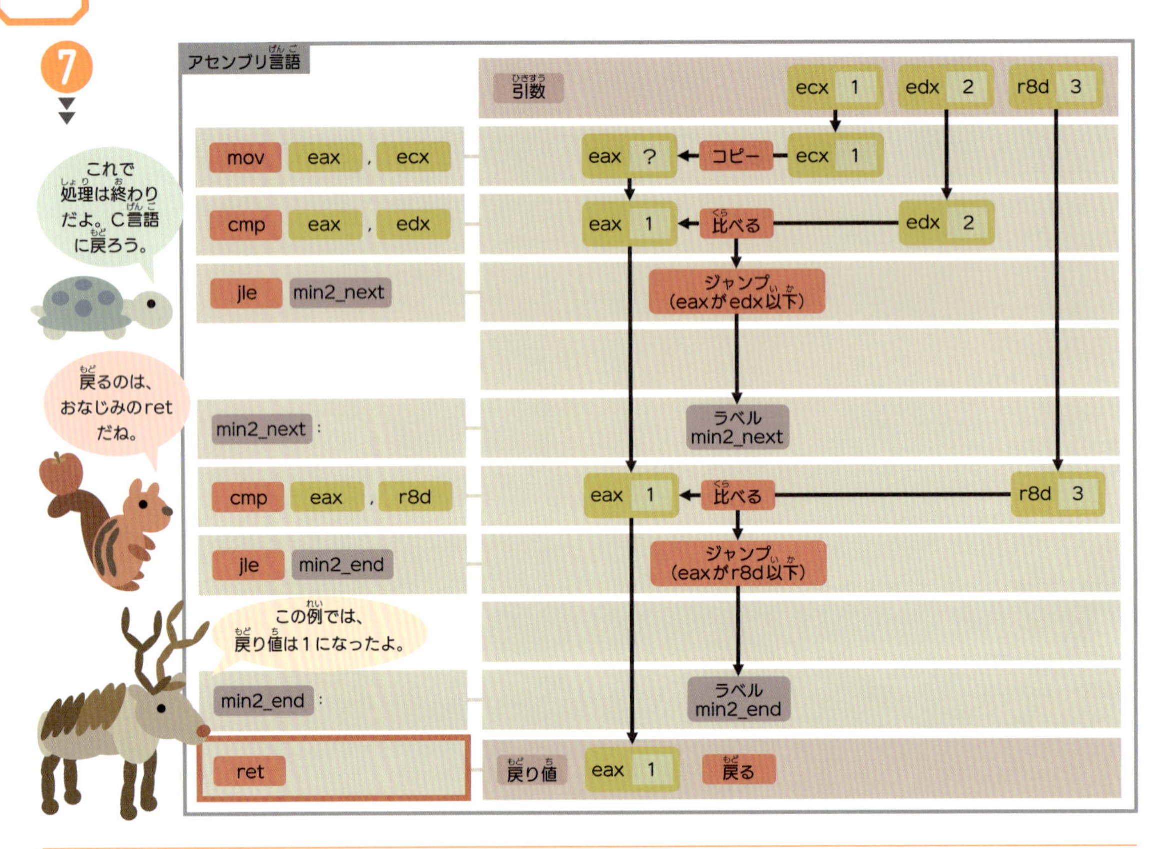

アセンブリ言語
引数
ecx 1
edx 2
r8d 3
mov eax , ecx
eax ?
コピー
ecx 1
cmp eax , edx
eax 1
比べる
edx 2
jle min2_next
ジャンプ
(eaxがedx以下)
min2_next :
ラベル
min2_next
cmp eax , r8d
eax 1
比べる
r8d 3
jle min2_end
ジャンプ
(eaxがr8d以下)
min2_end :
ラベル
min2_end
ret
戻り値
eax 1
戻る
これで処理は終わりだよ。C言語に戻ろう。
戻るのは、おなじみのretだね。
この例では、戻り値は1になったよ。

8

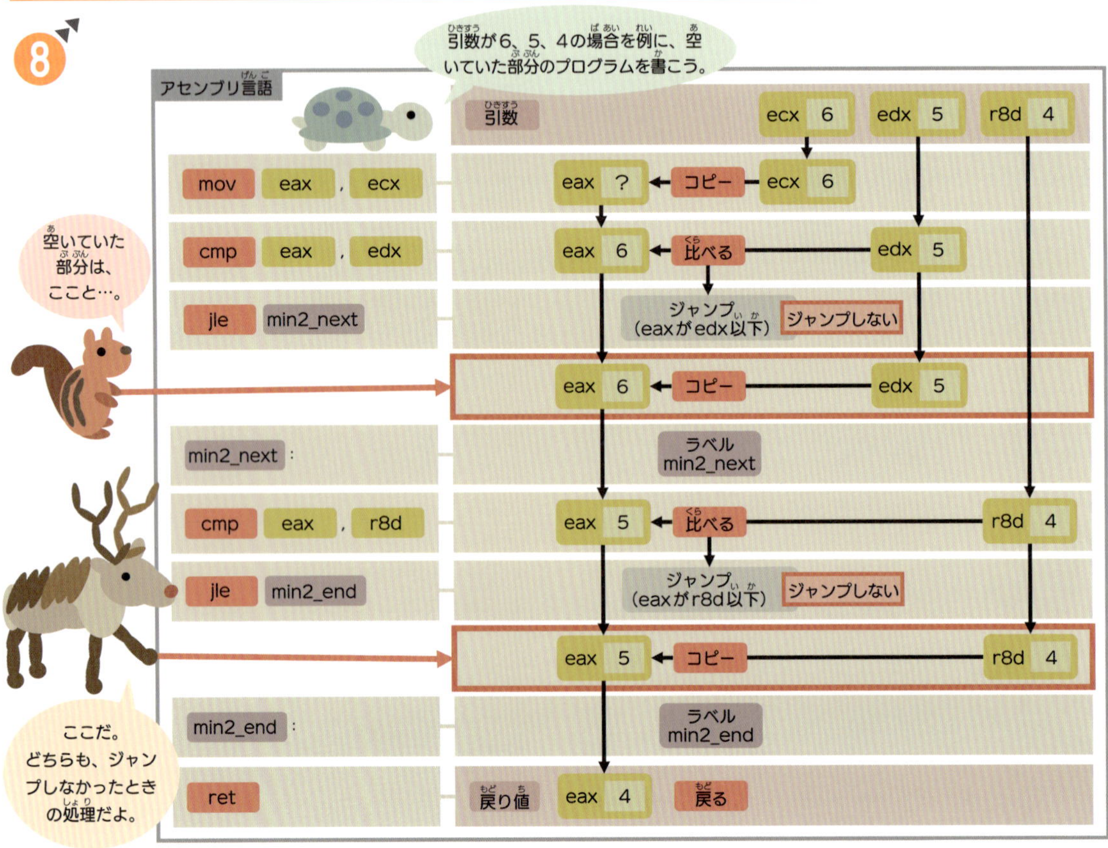

引数が6、5、4の場合を例に、空いていた部分のプログラムを書こう。
アセンブリ言語
引数
ecx 6
edx 5
r8d 4
mov eax , ecx
eax ?
コピー
ecx 6
cmp eax , edx
eax 6
比べる
edx 5
jle min2_next
ジャンプ
(eaxがedx以下)
ジャンプしない
eax 6
コピー
edx 5
min2_next :
ラベル
min2_next
cmp eax , r8d
eax 5
比べる
r8d 4
jle min2_end
ジャンプ
(eaxがr8d以下)
ジャンプしない
eax 5
コピー
r8d 4
min2_end :
ラベル
min2_end
ret
戻り値
eax 4
戻る
空いていた部分は、ここと…。
ここだ。どちらも、ジャンプしなかったときの処理だよ。

9

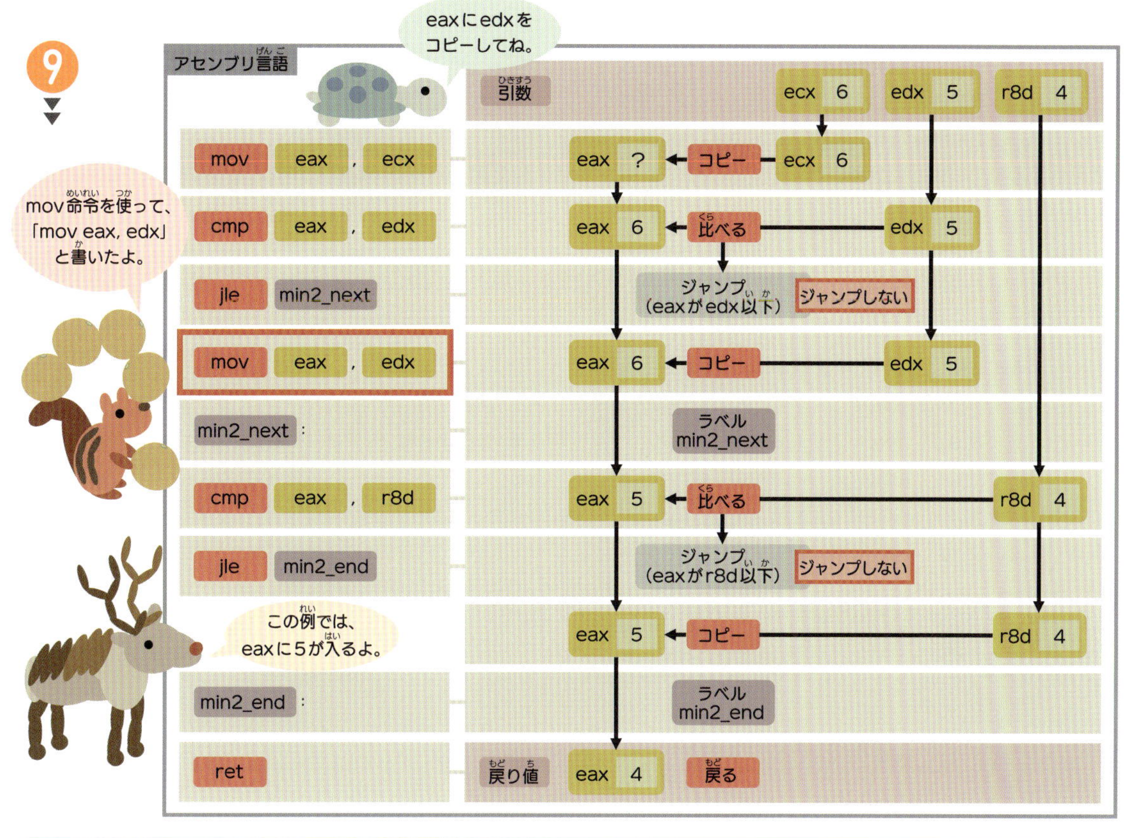
eaxにedxをコピーしてね。
アセンブリ言語
引数
ecx 6
edx 5
r8d 4
mov eax , ecx
eax ? コピー ecx 6
movの命令を使って、「mov eax, edx」と書いたよ。
cmp eax , edx
eax 6 比べる edx 5
jle min2_next
ジャンプ（eaxがedx以下）
ジャンプしない
mov eax , edx
eax 6 コピー edx 5
min2_next :
ラベル min2_next
cmp eax , r8d
eax 5 比べる r8d 4
jle min2_end
ジャンプ（eaxがr8d以下）
ジャンプしない
この例では、eaxに5が入るよ。
eax 5 コピー r8d 4
min2_end :
ラベル min2_end
ret
戻り値 eax 4 戻る

10

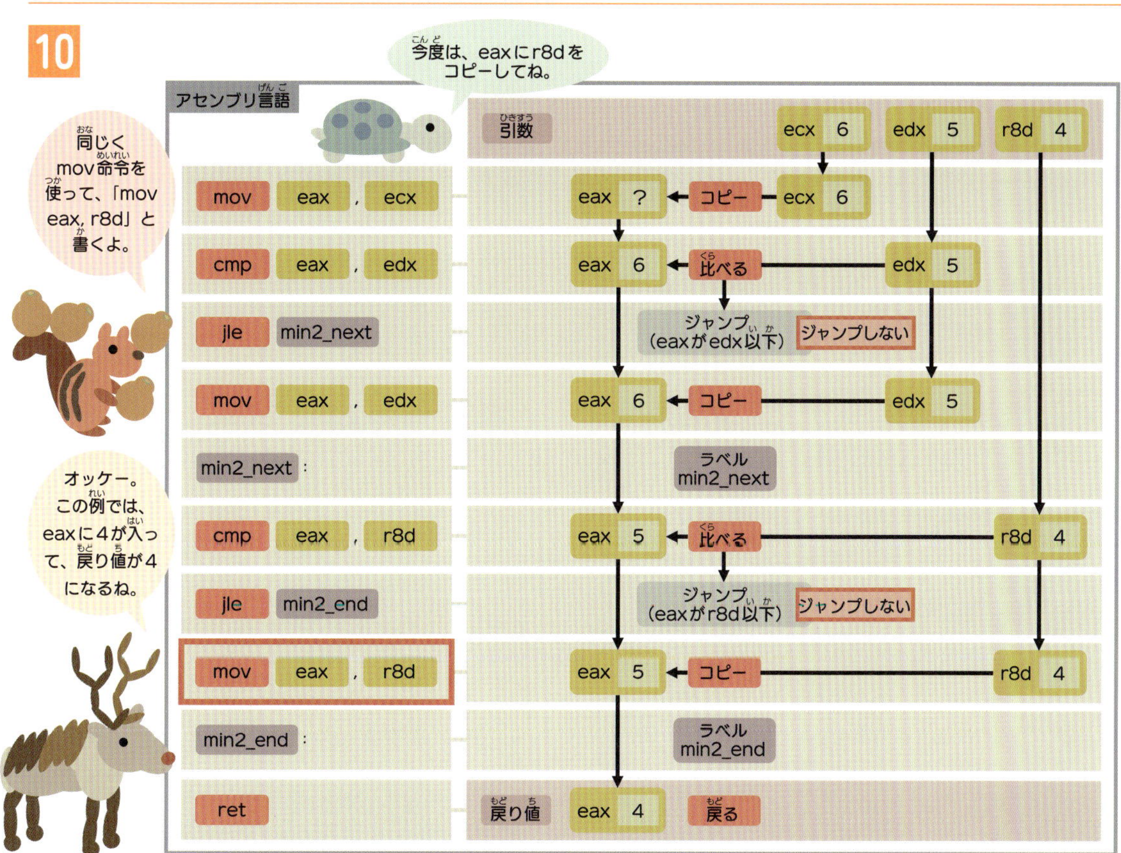
今度は、eaxにr8dをコピーしてね。
アセンブリ言語
引数
ecx 6
edx 5
r8d 4
同じくmov命令を使って、「mov eax, r8d」と書くよ。
mov eax , ecx
eax ? コピー ecx 6
cmp eax , edx
eax 6 比べる edx 5
jle min2_next
ジャンプ（eaxがedx以下）
ジャンプしない
mov eax , edx
eax 6 コピー edx 5
min2_next :
ラベル min2_next
オッケー。この例では、eaxに4が入って、戻り値が4になるね。
cmp eax , r8d
eax 5 比べる r8d 4
jle min2_end
ジャンプ（eaxがr8d以下）
ジャンプしない
mov eax , r8d
eax 5 コピー r8d 4
min2_end :
ラベル min2_end
ret
戻り値 eax 4 戻る

できた。3個の整数を比べるプログラムは、2個の整数を比べるプログラムを、2つ重ねたようなプログラムになったね。

（つづく↗）

うん。完成したプログラムは以下の通り。関数名はmin2にしたよ。

sub.asmでmin2を見つけて、以下のように変更してね。

3個の整数のうち最小のものを返すmin2関数（sub.asm）

```
min2 proc
    mov eax, ecx      ; eaxにecxをコピー
    cmp eax, edx      ; eaxとedxを比べる
    jle min2_next     ; eaxがedx以下ならば、min2_nextにジャンプ
    mov eax, edx      ; eaxにedxをコピー
min2_next:            ; ラベル（min2_next）
    cmp eax, r8d      ; eaxとr8dを比べる
    jle min2_end      ; eaxがr8d以下ならば、min2_endにジャンプ
    mov eax, r8d      ; eaxにr8dをコピー
min2_end:             ; ラベル（min2_end）
    ret               ; 戻る
min2 endp
```

変更して保存したよ。

（つづく↗）

C言語プログラムは以下の通り。「1、2、3」と「6、5、4」について、min2関数を呼び出すよ。

main.cで以下の箇所を見つけて、先頭の//を削除してね。

min2関数を呼び出す（main.c）

```
printf("min2(1, 2, 3): %d\n", min2(1, 2, 3));
printf("min2(6, 5, 4): %d\n", min2(6, 5, 4));
```

変更して保存したら、実行してみてね。

以下の結果が表示されたら成功だ。

実行結果：3個の整数のうち最小のもの

```
min2(1, 2, 3): 1
min2(6, 5, 4): 4
```

「1、2、3」のうち最小の1と、「6、5、4」のうち最小の4が表示されたから、正しく動いているみたいだね。

（つづく↗）

うん。同じ要領で、最大の整数を返すプログラムも書いてみよう。

最小の整数を返すプログラムと流れは同じで、条件ジャンプ命令を変えればいいよ。

▼3個の整数のうち最大のものを返すプログラム

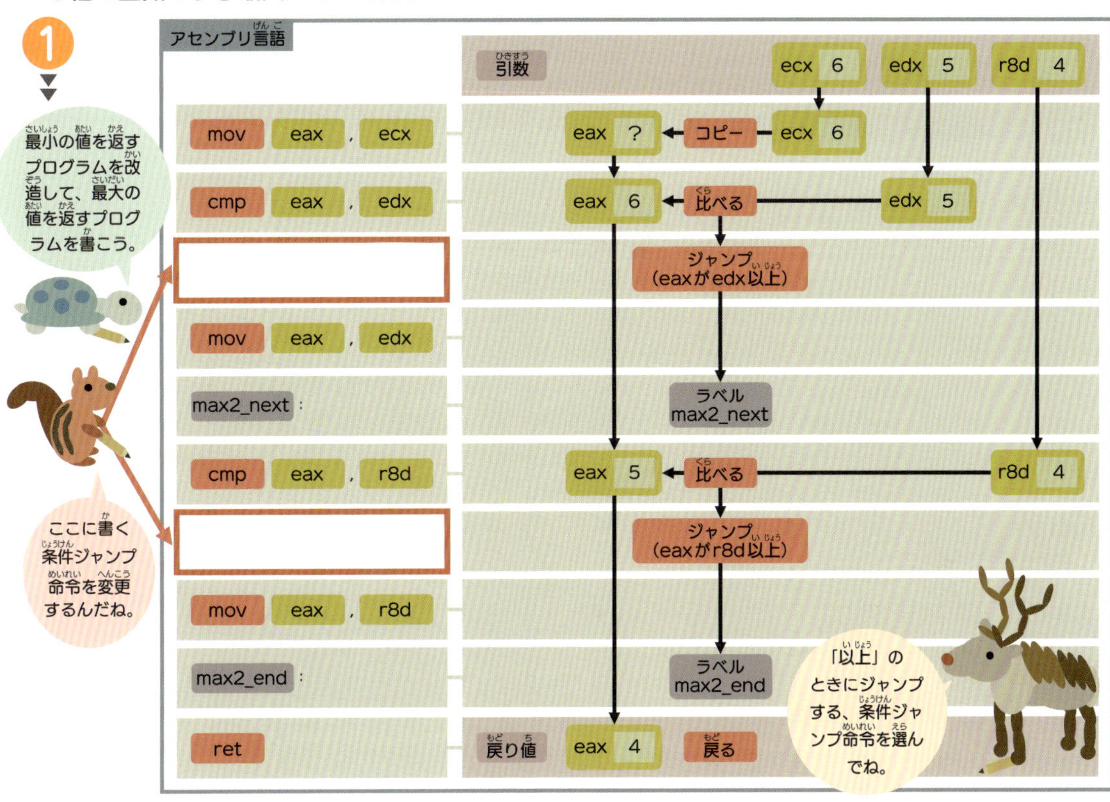

1
最小の値を返すプログラムを改造して、最大の値を返すプログラムを書こう。
ここに書く条件ジャンプ命令を変更するんだね。
アセンブリ言語
mov eax , ecx
cmp eax , edx
mov eax , edx
max2_next :
cmp eax , r8d
mov eax , r8d
max2_end :
ret
引数
ecx 6
edx 5
r8d 4
eax ?
コピー
eax 6
比べる
ジャンプ (eaxがedx以上)
ラベル max2_next
eax 5
ジャンプ (eaxがr8d以上)
ラベル max2_end
戻り値
eax 4
戻る
「以上」のときにジャンプする、条件ジャンプ命令を選んでね。

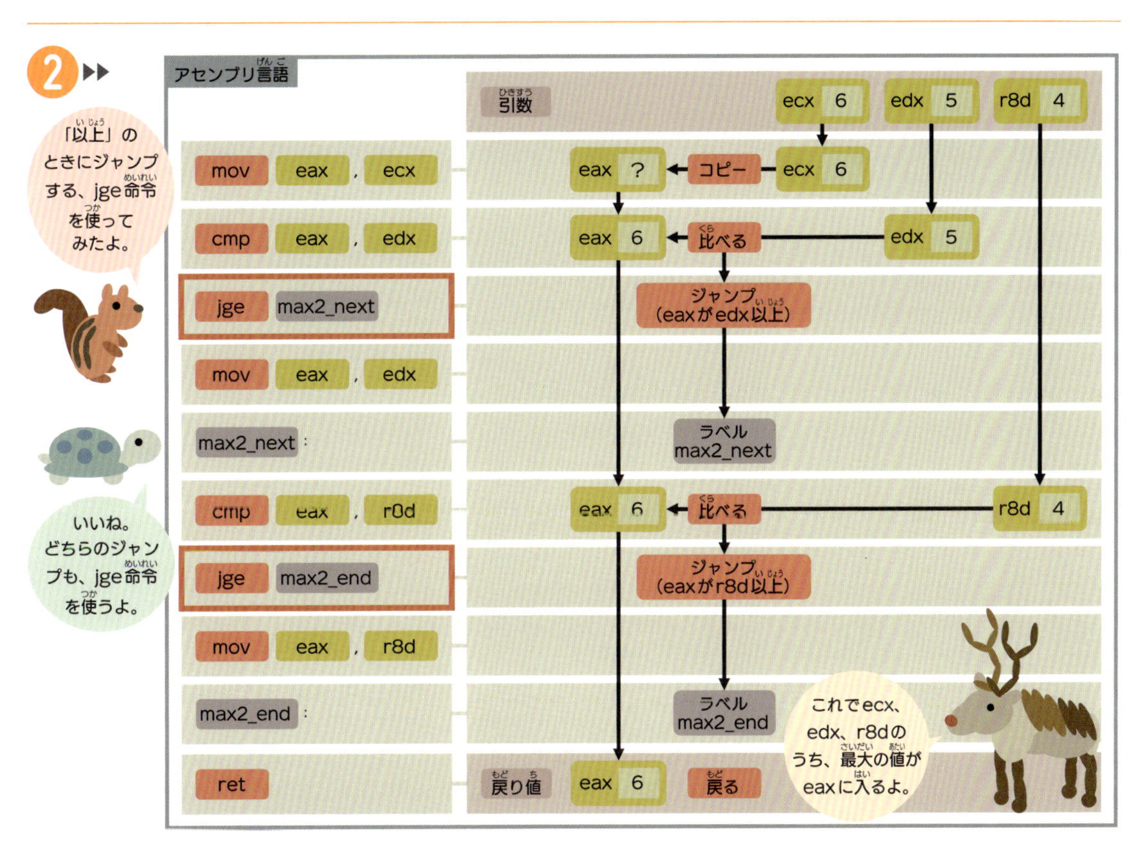

2
「以上」のときにジャンプする、jge命令を使ってみたよ。
いいね。どちらのジャンプも、jge命令を使うよ。
アセンブリ言語
mov eax , ecx
cmp eax , edx
jge max2_next
mov eax , edx
max2_next :
cmp eax , r8d
jge max2_end
mov eax , r8d
max2_end :
ret
引数
ecx 6
edx 5
r8d 4
eax ?
コピー
eax 6
比べる
ジャンプ (eaxがedx以上)
ラベル max2_next
ジャンプ (eaxがr8d以上)
ラベル max2_end
戻り値
戻る
これでecx、edx、r8dのうち、最大の値がeaxに入るよ。

3

引数を1、2、3に変えて、プログラムが正しく動くかどうかを確かめよう。

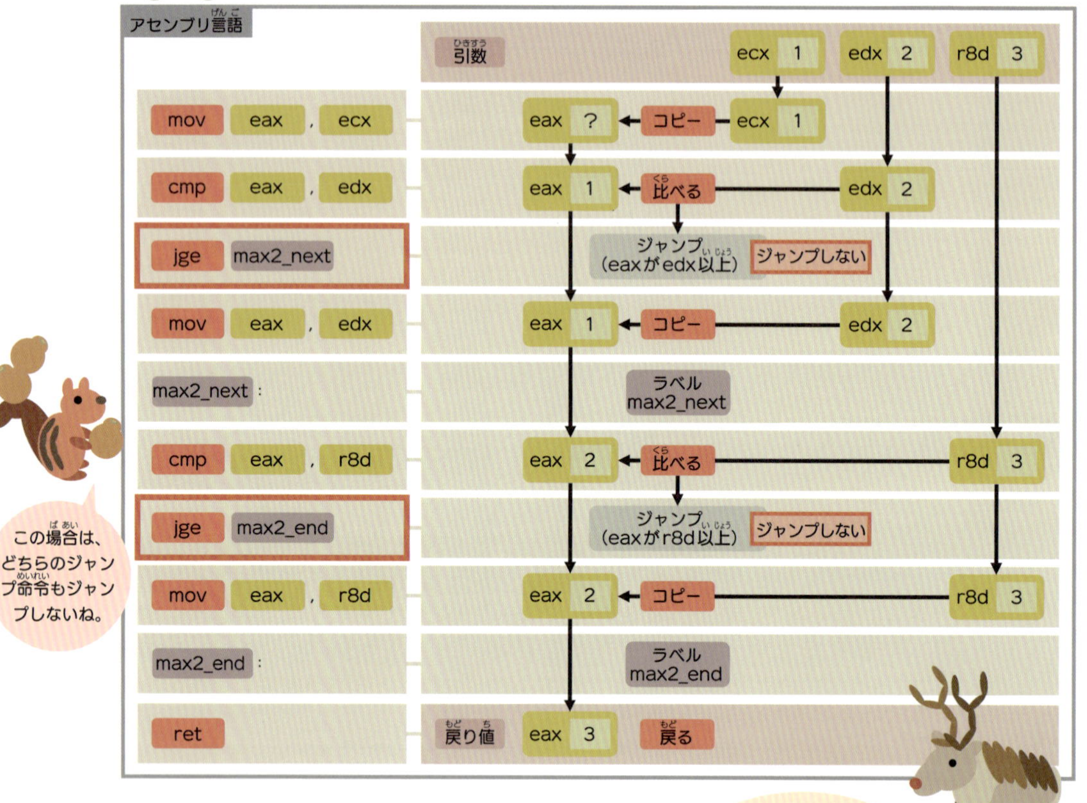

アセンブリ言語
引数
ecx 1
edx 2
r8d 3
mov eax , ecx
eax ?
コピー
ecx 1
cmp eax , edx
eax 1
比べる
edx 2
jge max2_next
ジャンプ (eaxがedx以上)
ジャンプしない
mov eax , edx
eax 1
コピー
edx 2
max2_next :
ラベル max2_next
cmp eax , r8d
eax 2
比べる
r8d 3
jge max2_end
ジャンプ (eaxがr8d以上)
ジャンプしない
mov eax , r8d
eax 2
コピー
r8d 3
max2_end :
ラベル max2_end
ret
戻り値
eax 3
戻る
この場合は、どちらのジャンプ命令もジャンプしないね。

1、2、3のうち、最大の3が戻り値になったから、正しそうだ。

条件ジャンプ命令を変えるだけだから、簡単だったね。

うん。プログラムを変更したら、今回のように何通りかの引数について、正しく動くかどうかを確かめるといいよ。

以下が完成したプログラムだ。関数名はmax2にしたよ。

sub.asmでmax2を見つけて、以下のように変更してね。

3個の整数のうち最大のものを返すmax2関数(sub.asm)

```
max2 proc
     mov eax, ecx      ; eaxにecxをコピー
     cmp eax, edx      ; eaxとedxを比べる
     jge max2_next     ; eaxがedx以上ならば、max2_nextにジャンプ
     mov eax, edx      ; eaxにedxをコピー
max2_next:             ; ラベル(max2_next)
     cmp eax, r8d      ; eaxとr8dを比べる
     jge max2_end      ; eaxがr8d以上ならば、max2_endにジャンプ
     mov eax, r8d      ; eaxにr8dをコピー
max2_end:              ; ラベル(max2_end)
     ret               ; 戻る
max2 endp
```

変更して保存したよ。

(つづく↗)

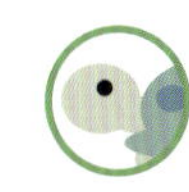

C言語プログラムは以下の通り。「6、5、4」と「1、2、3」について、max2関数を呼び出すよ。

main.cで以下の箇所を見つけて、先頭の//を削除してね。

max2関数を呼び出す(main.c)

```
printf("max2(6, 5, 4): %d\n", max2(6, 5, 4));
printf("max2(1, 2, 3): %d\n", max2(1, 2, 3));
```

変更して保存したよ。実行してみるね。

以下の結果が表示されたら成功だよ。

実行結果:3個の整数のうち最大のもの

```
max2(6, 5, 4): 6
max2(1, 2, 3): 3
```

「6、5、4」のうち最大の6と、「1、2、3」のうち最大の3が表示されたよ。

正しく動いているみたいだね。

(つづく↗)

少しずつ、条件ジャンプ命令に慣れてきた気がするよ。

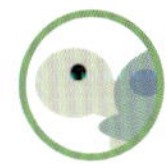

よかった。次のセクションでは、条件ジャンプ命令を使ってループを書いてみよう。

4-4

ループを使ったプログラムを書いてみよう

ループを使って、整数のべき乗を計算するプログラムを書いてみましょう。

プログラムの特定の範囲を繰り返し実行する構造を、ループと呼ぶよ。

ループは英語で「輪」の形を表す言葉だよ。同じところをグルグル回るイメージだ。

ループを使って、べき乗を計算するプログラムを書いてみよう。

べき乗って、何だっけ…。

同じ数を繰り返し掛ける計算のことだよ。

例えば「2の4乗」は、2×2×2×2のように2を4回掛けて、結果は16だよ。

（つづく↗）

例えば「3の5乗」は、3×3×3×3×3のように3を5回掛けて、結果は243だ。

なるほど。べき乗のプログラムでは、どこにループを使うの？

ある数を繰り返し掛ける処理を、ループを使って書くよ。

まずは、べき乗を計算する手順を詳しく考えてみよう。

これまでと同様に、レジスタを使った処理の手順を考えるよ。

なお、この手順では、0乗以下の場合は1を返すことにしたよ。

▼べき乗を計算する手順

「2の4乗」を例に、べき乗を計算する手順を考えよう。

レジスタ
戻り値
eax ？
引数
ecx 2
引数
edx 4

引数は2と4だね。

ecxとedxで引数を受け取って、eaxで戻り値を返すよ。

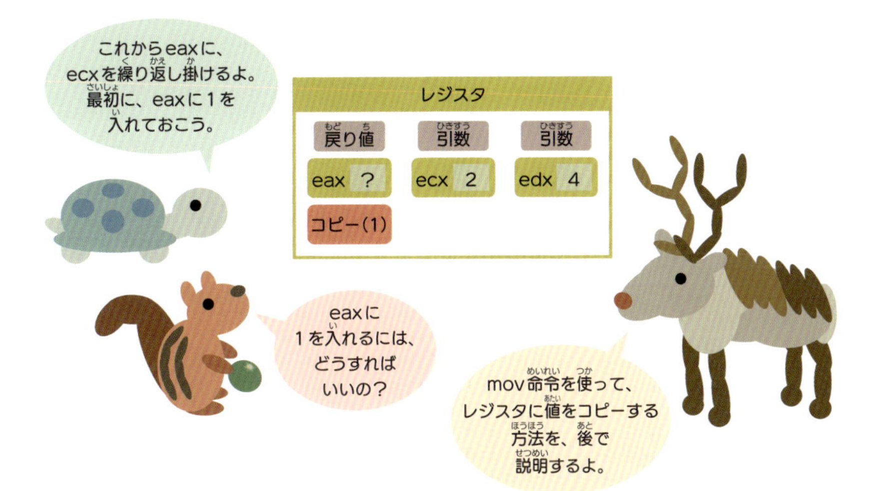
これからeaxに、
ecxを繰り返し掛けるよ。
最初に、eaxに1を
入れておこう。
レジスタ
戻り値
引数
引数
eax ?
ecx 2
edx 4
コピー(1)
eaxに
1を入れるには、
どうすれば
いいの？
mov命令を使って、
レジスタに値をコピーする
方法を、後で
説明するよ。

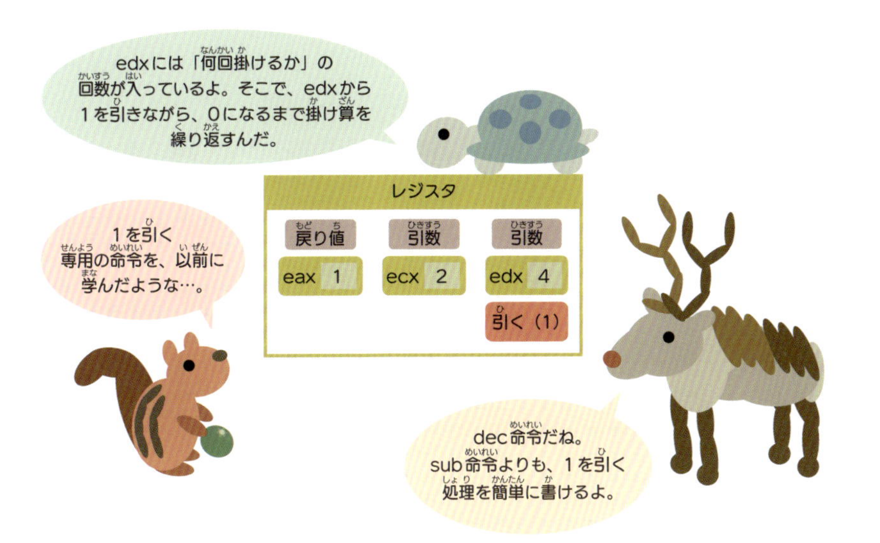
edxには「何回掛けるか」の
回数が入っているよ。そこで、edxから
1を引きながら、0になるまで掛け算を
繰り返すんだ。
レジスタ
戻り値
引数
引数
eax 1
ecx 2
edx 4
引く（1）
1を引く
専用の命令を、以前に
学んだような…。
dec命令だね。
sub命令よりも、1を引く
処理を簡単に書けるよ。

edxから1を引いた後で、
edxが0以上かどうかに
応じて、処理を変えるよ。
レジスタ
戻り値
引数
引数
eax 1
ecx 2
edx 3
0以上？
この例では
edxが3だから、
0以上だね。
edxが0以上の間、
掛け算を繰り返すんだ。

4 とぶ ジャンプ

4-4

5

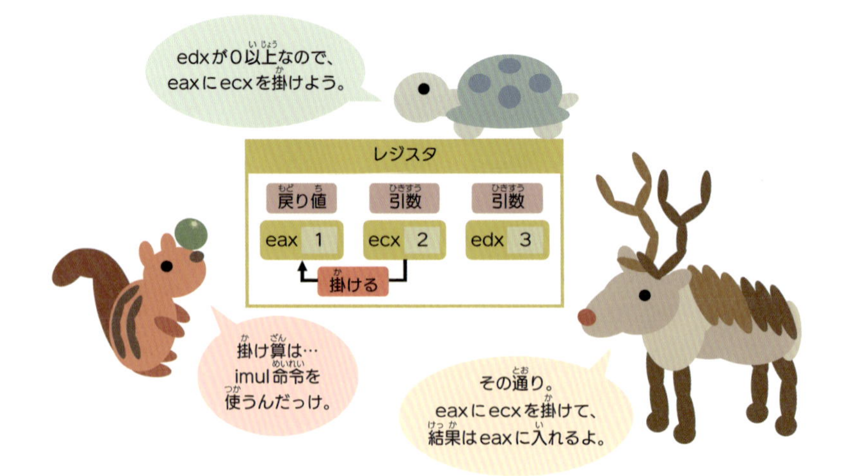
edxが0以上なので、eaxにecxを掛けよう。
レジスタ
戻り値
引数
引数
eax 1
ecx 2
edx 3
掛ける
掛け算は…imul命令を使うんだっけ。
その通り。eaxにecxを掛けて、結果はeaxに入れるよ。

6

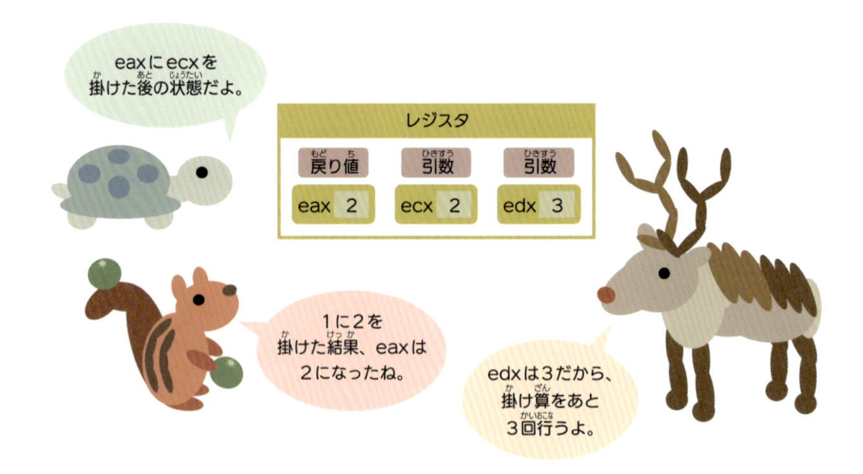
eaxにecxを掛けた後の状態だよ。
レジスタ
戻り値
引数
引数
eax 2
ecx 2
edx 3
1に2を掛けた結果、eaxは2になったね。
edxは3だから、掛け算をあと3回行うよ。

7

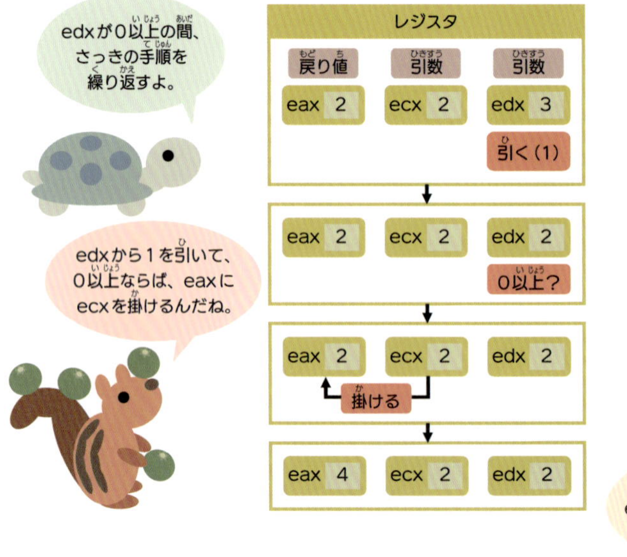
edxが0以上の間、さっきの手順を繰り返すよ。
レジスタ
戻り値
引数
引数
eax 2
ecx 2
edx 3
引く(1)
eax 2
ecx 2
edx 2
0以上？
eax 2
ecx 2
edx 2
掛ける
eax 4
ecx 2
edx 2
edxから1を引いて、0以上ならば、eaxにecxを掛けるんだね。

eaxは4になったね。edxは2だから、掛け算をあと2回行うよ。

8
edxはまだ0以上だから、同じ手順を繰り返そう。
レジスタ
戻り値
引数
引数
eax 4
ecx 2
edx 2
引く(1)
eax 4
ecx 2
edx 1
0以上?
eax 4
ecx 2
edx 1
掛ける
eax 8
ecx 2
edx 1
eaxは4だから、2を掛けると8になるね。
edxは1だから、掛け算はあと1回だよ。
9
edxは1だ。まだ0以上だから、同じ手順を繰り返そう。
レジスタ
戻り値
引数
引数
eax 8
ecx 2
edx 1
引く(1)
eax 8
ecx 2
edx 0
0以上?
eax 8
ecx 2
edx 0
掛ける
eax 16
ecx 2
edx 0
eaxは8だから、2を掛けると16になるね。
ここでedxが0になったから、掛け算は今回が最終回だ。
10
edxは0だから、1を引くと−1になるよ。
レジスタ
戻り値
引数
引数
eax 16
ecx 2
edx 0
引く(1)
eax 16
ecx 2
edx −1
不成立
0以上?
eax 16
ecx 2
edx −1
戻る
繰り返しを終えて、C言語に戻ろう。戻り値は16だから、正しく「2の4乗」を計算できたね。
「0以上」という条件が、不成立になるね。

4 とぶ ジャンプ

4-4

ループを使って「2の4乗」を計算したよ。

この手順では、edxレジスタが繰り返しの回数を表しているんだね。

うん。edxを1ずつ減らして、0以上の間はループを続けるんだ。

（つづく↗）

0以上かどうかを判定するには、条件ジャンプ命令を使うよ。

もっと効率良く計算する方法もあるけど、今回は手順を簡単にすることを優先したよ。

どんなプログラムになるのかな…。

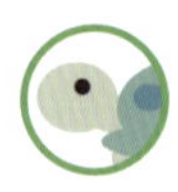

少しずつプログラムを書いてみよう。

▼べき乗を計算するプログラム

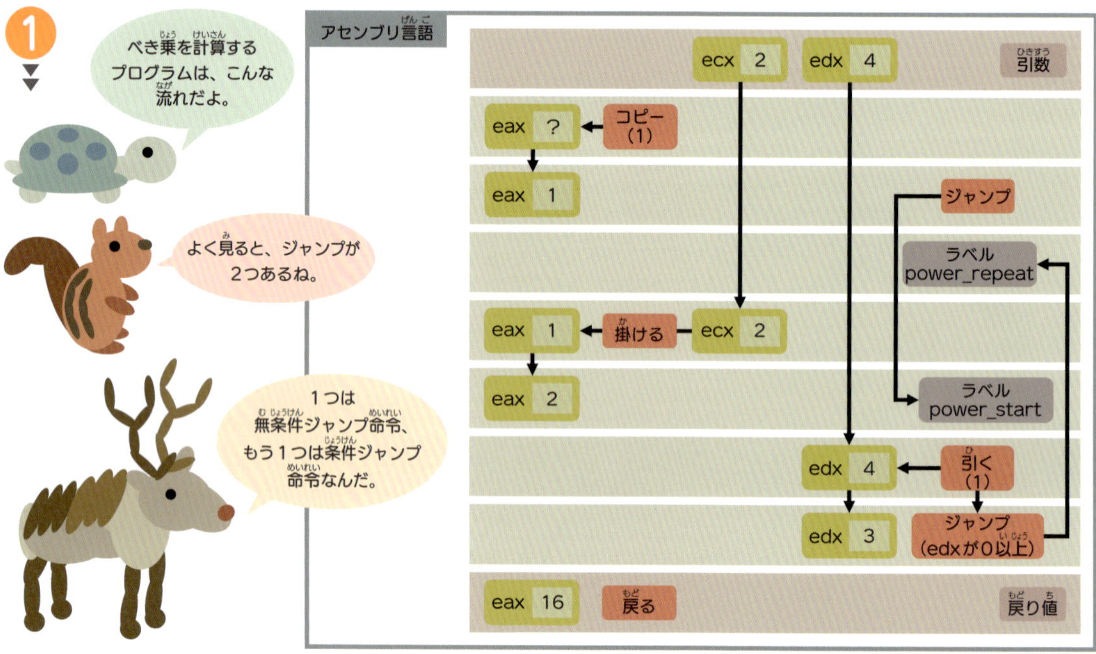

1
べき乗を計算するプログラムは、こんな流れだよ。
よく見ると、ジャンプが2つあるね。
1つは無条件ジャンプ命令、もう1つは条件ジャンプ命令なんだ。
アセンブリ言語
ecx 2
edx 4
引数
eax ?
コピー（1）
eax 1
ジャンプ
ラベル power_repeat
eax 1
掛ける
ecx 2
eax 2
ラベル power_start
edx 4
引く（1）
edx 3
ジャンプ（edxが0以上）
eax 16
戻る
戻り値

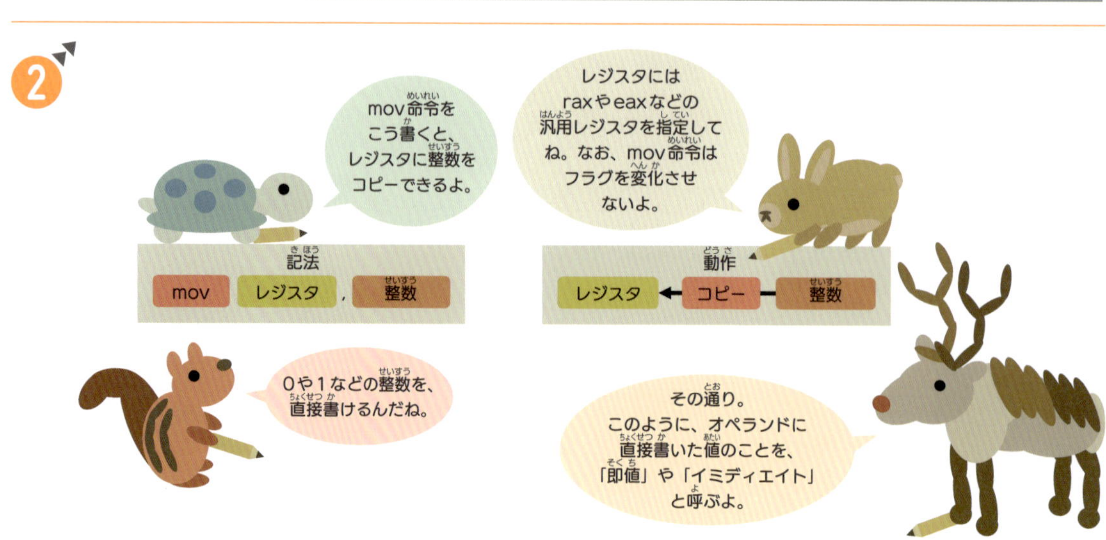

2
mov命令をこう書くと、レジスタに整数をコピーできるよ。
レジスタにはraxやeaxなどの汎用レジスタを指定してね。なお、mov命令はフラグを変化させないよ。
記法
mov
レジスタ
,
整数
動作
レジスタ
コピー
整数
0や1などの整数を、直接書けるんだね。
その通り。このように、オペランドに直接書いた値のことを、「即値」や「イミディエイト」と呼ぶよ。

3

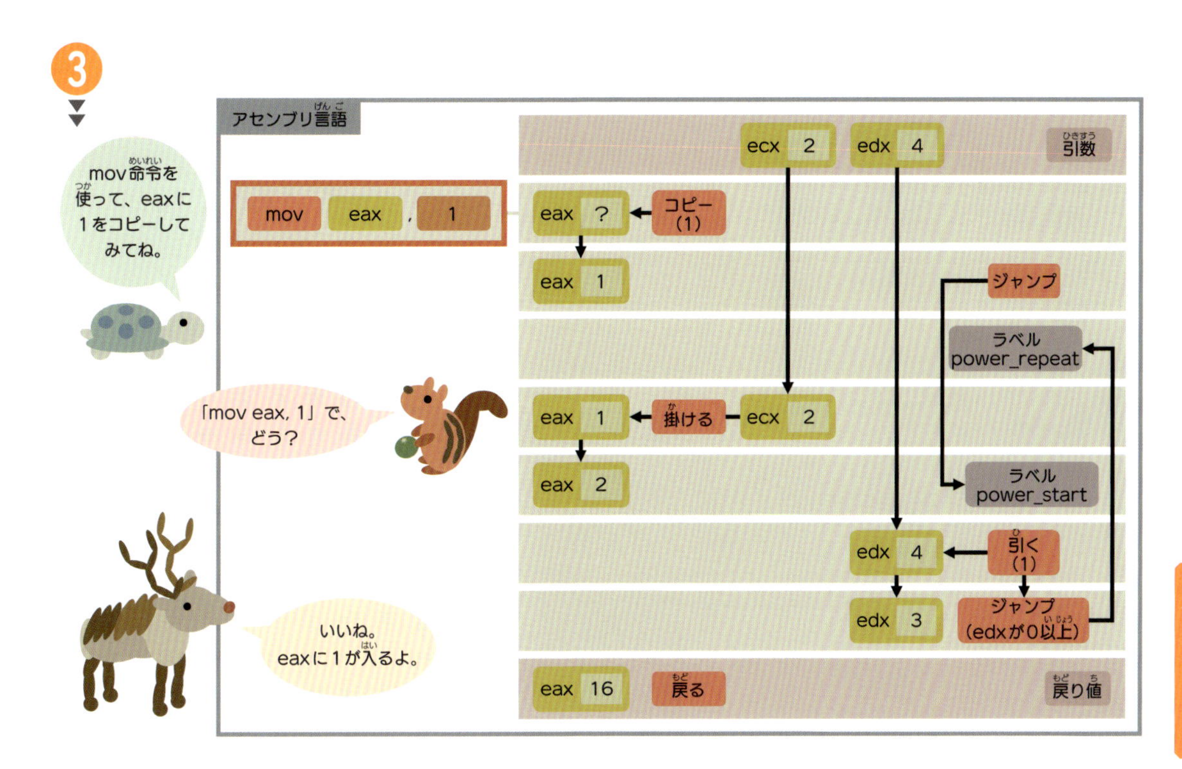

アセンブリ言語
mov命令を使って、eaxに1をコピーしてみてね。
「mov eax, 1」で、どう？
いいね。eaxに1が入るよ。
mov
eax
1
ecx 2
edx 4
引数
eax ?
コピー(1)
eax 1
ジャンプ
ラベル power_repeat
eax 1
掛ける
ecx 2
eax 2
ラベル power_start
edx 4
引く(1)
edx 3
ジャンプ(edxが0以上)
eax 16
戻る
戻り値

4

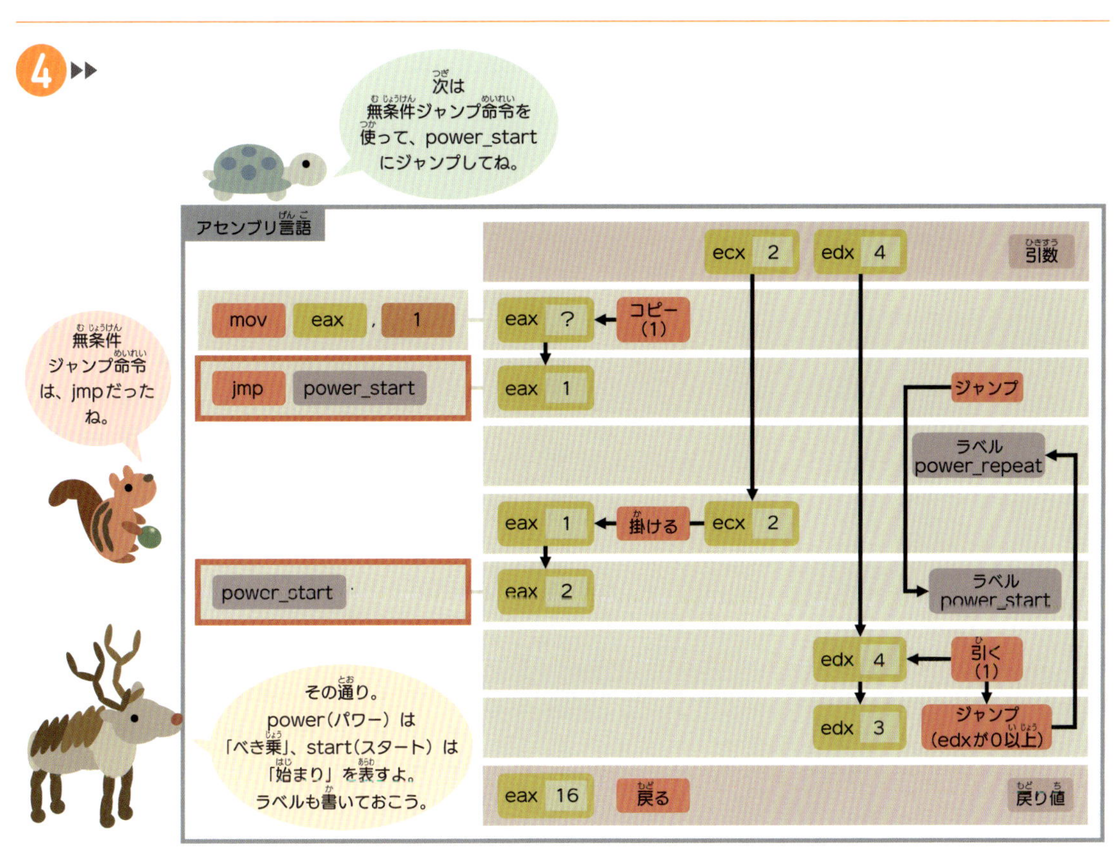

次は無条件ジャンプ命令を使って、power_startにジャンプしてね。
アセンブリ言語
無条件ジャンプ命令は、jmpだったね。
その通り。power(パワー)は「べき乗」、start(スタート)は「始まり」を表すよ。ラベルも書いておこう。
mov
eax
1
jmp
power_start
power_start
ecx 2
edx 4
引数
eax ?
コピー(1)
eax 1
ジャンプ
ラベル power_repeat
eax 1
掛ける
ecx 2
eax 2
ラベル power_start
edx 4
引く(1)
edx 3
ジャンプ(edxが0以上)
eax 16
戻る
戻り値

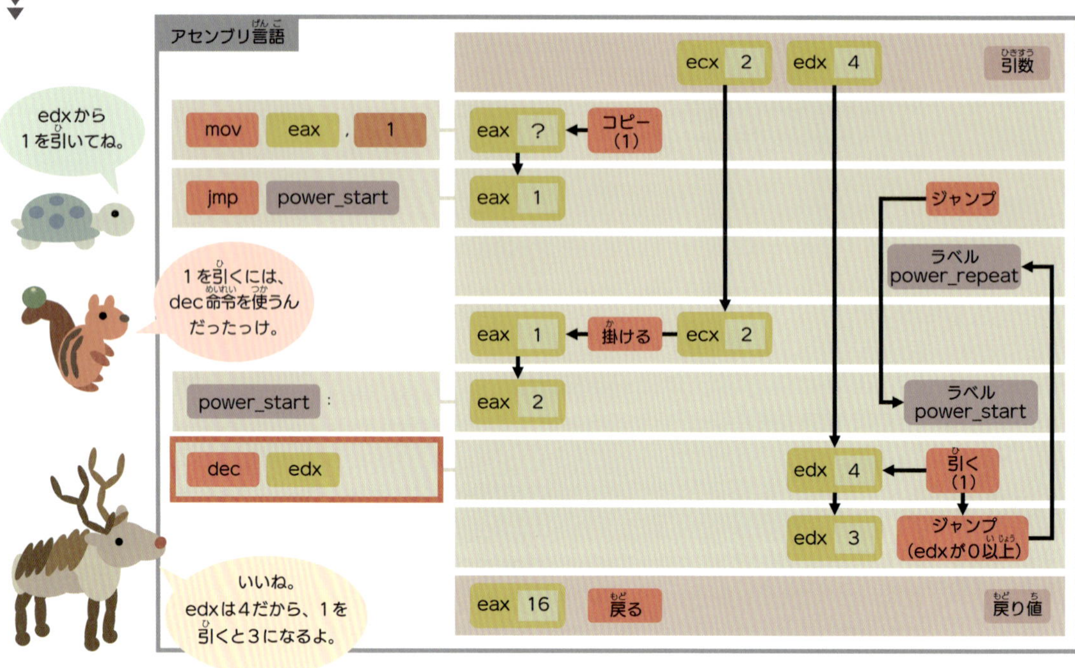

アセンブリ言語
edxから1を引いてね。
1を引くには、dec命令を使うんだったっけ。
いいね。edxは4だから、1を引くと3になるよ。
mov eax , 1
jmp power_start
power_start :
dec edx
ecx 2
edx 4
引数
eax ?
コピー(1)
eax 1
ジャンプ
ラベル power_repeat
eax 1
掛ける
ecx 2
eax 2
ラベル power_start
edx 4
引く(1)
edx 3
ジャンプ(edxが0以上)
eax 16
戻る
戻り値

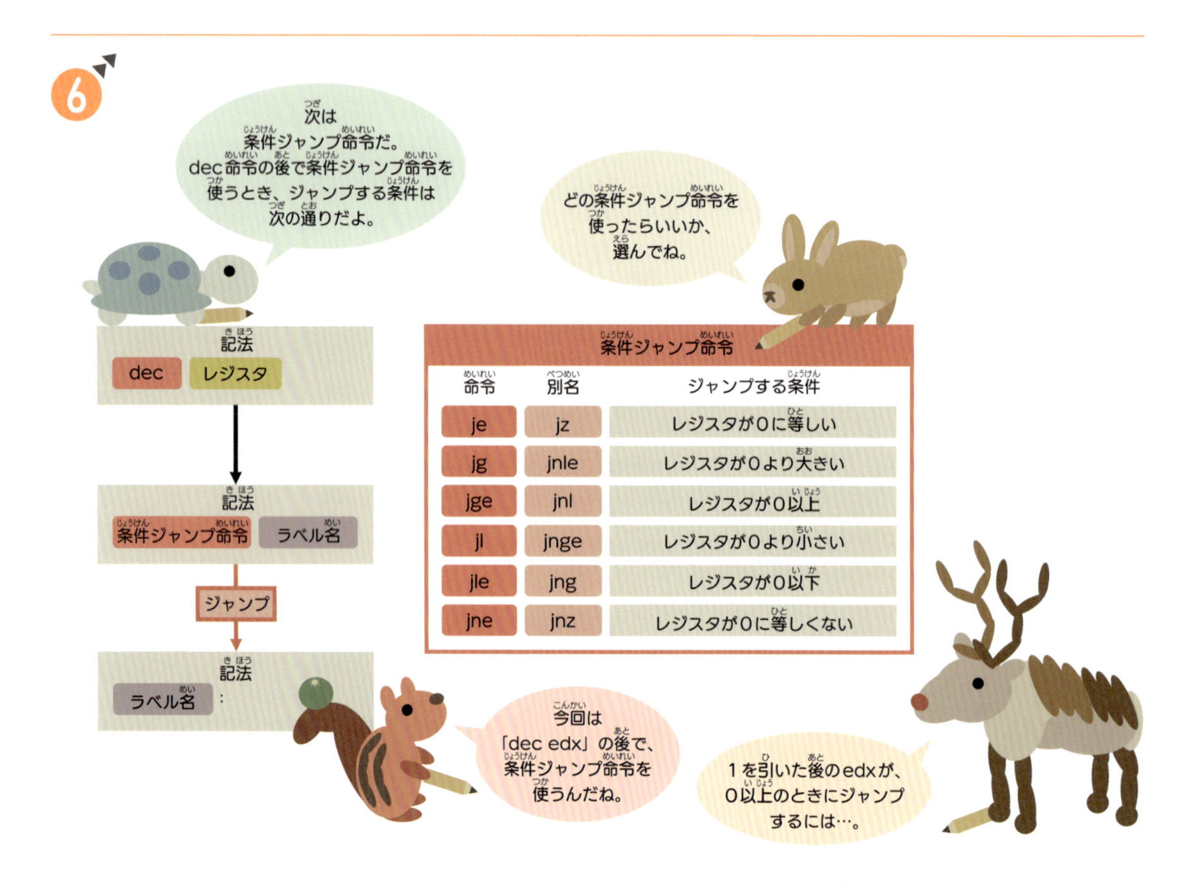

次は条件ジャンプ命令だ。dec命令の後で条件ジャンプ命令を使うとき、ジャンプする条件は次の通りだよ。
どの条件ジャンプ命令を使ったらいいか、選んでね。
記法
dec レジスタ
記法
条件ジャンプ命令 ラベル名
ジャンプ
記法
ラベル名 :
今回は「dec edx」の後で、条件ジャンプ命令を使うんだね。
1を引いた後のedxが、0以上のときにジャンプするには…。

条件ジャンプ命令

命令	別名	ジャンプする条件
je	jz	レジスタが0に等しい
jg	jnle	レジスタが0より大きい
jge	jnl	レジスタが0以上
jl	jnge	レジスタが0より小さい
jle	jng	レジスタが0以下
jne	jnz	レジスタが0に等しくない

7

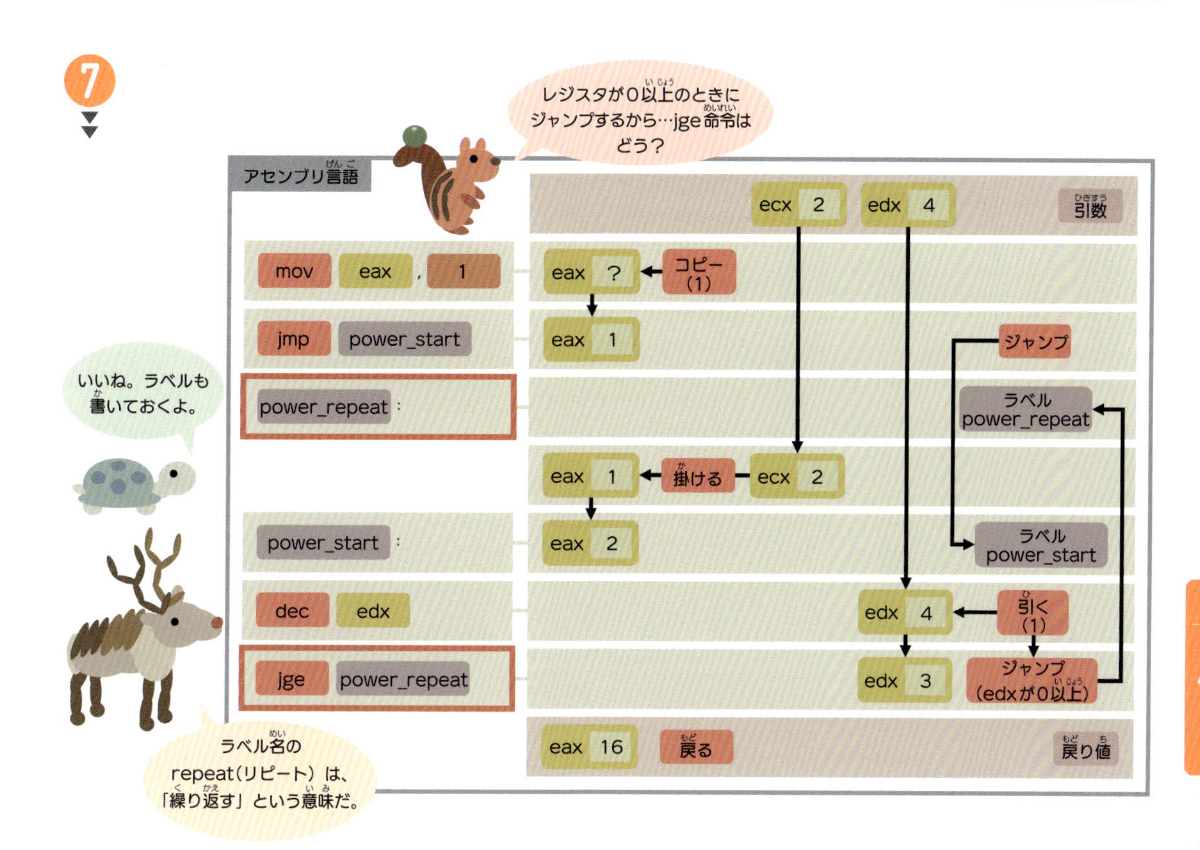
レジスタが0以上のときにジャンプするから…jge命令はどう？
アセンブリ言語
mov eax , 1
jmp power_start
power_repeat :
power_start :
dec edx
jge power_repeat
ecx 2
edx 4
引数
eax ?
コピー (1)
eax 1
ジャンプ
ラベル power_repeat
eax 1
掛ける
ecx 2
eax 2
ラベル power_start
edx 4
引く (1)
edx 3
ジャンプ (edxが0以上)
eax 16
戻る
戻り値
いいね。ラベルも書いておくよ。
ラベル名のrepeat（リピート）は、「繰り返す」という意味だ。

8

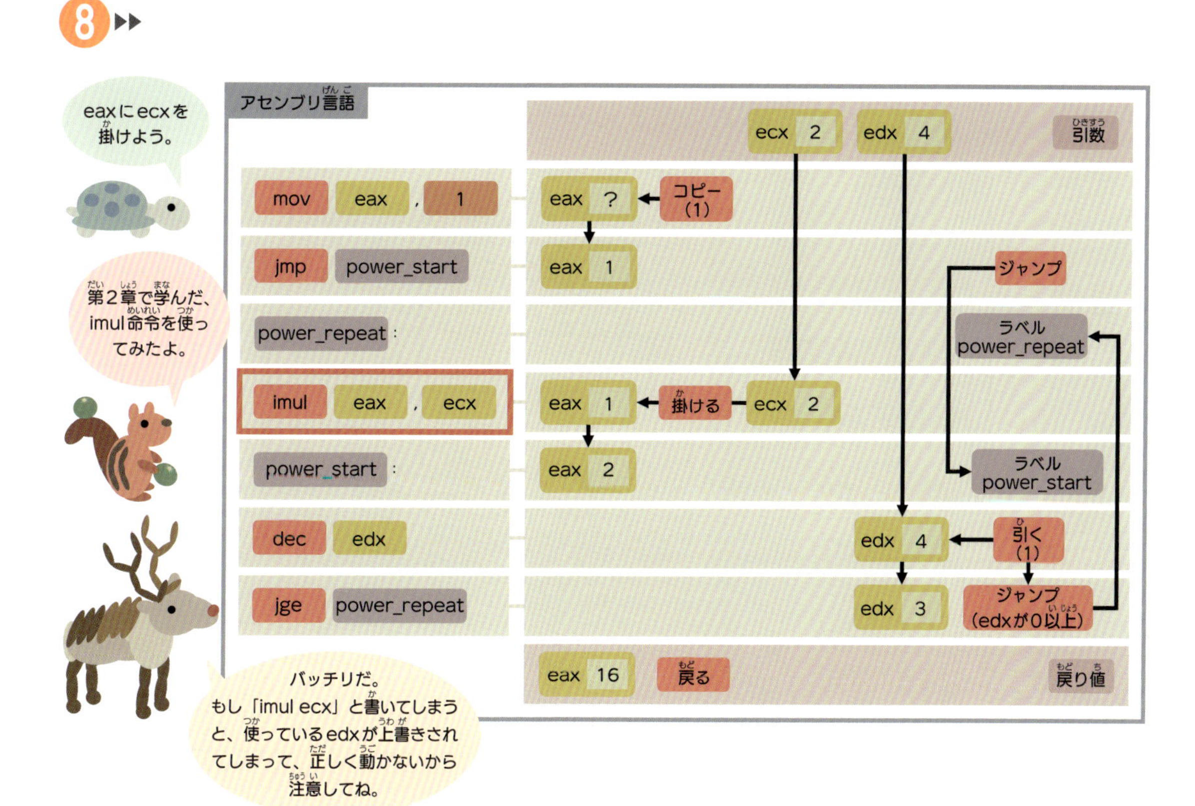
eaxにecxを掛けよう。
第2章で学んだ、imul命令を使ってみたよ。
アセンブリ言語
mov eax , 1
jmp power_start
power_repeat :
imul eax , ecx
power_start :
dec edx
jge power_repeat
ecx 2
edx 4
引数
eax ?
コピー (1)
eax 1
ジャンプ
ラベル power_repeat
eax 1
掛ける
ecx 2
eax 2
ラベル power_start
edx 4
引く (1)
edx 3
ジャンプ (edxが0以上)
eax 16
戻る
戻り値
バッチリだ。もし「imul ecx」と書いてしまうと、使っているedxが上書きされてしまって、正しく動かないから注意してね。

4-4

9

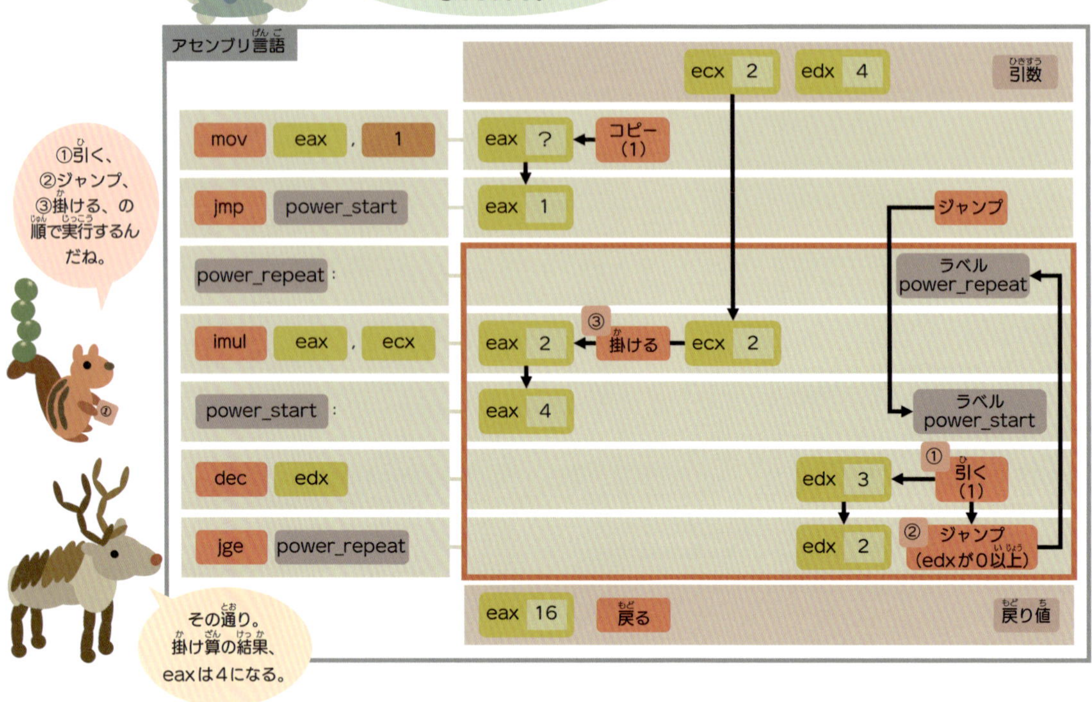
これでループの部分は書けたよ。正しく動くかどうか、値を当てはめて考えてみよう。
アセンブリ言語
mov eax , 1
jmp power_start
power_repeat :
imul eax , ecx
power_start :
dec edx
jge power_repeat
ecx 2
edx 4
引数
eax ?
コピー (1)
eax 1
ジャンプ
ラベル power_repeat
③ 掛ける
eax 2
ecx 2
eax 4
ラベル power_start
① 引く (1)
edx 3
edx 2
② ジャンプ (edxが0以上)
eax 16
戻る
戻り値
①引く、②ジャンプ、③掛ける、の順で実行するんだね。
その通り。掛け算の結果、eaxは4になる。

10

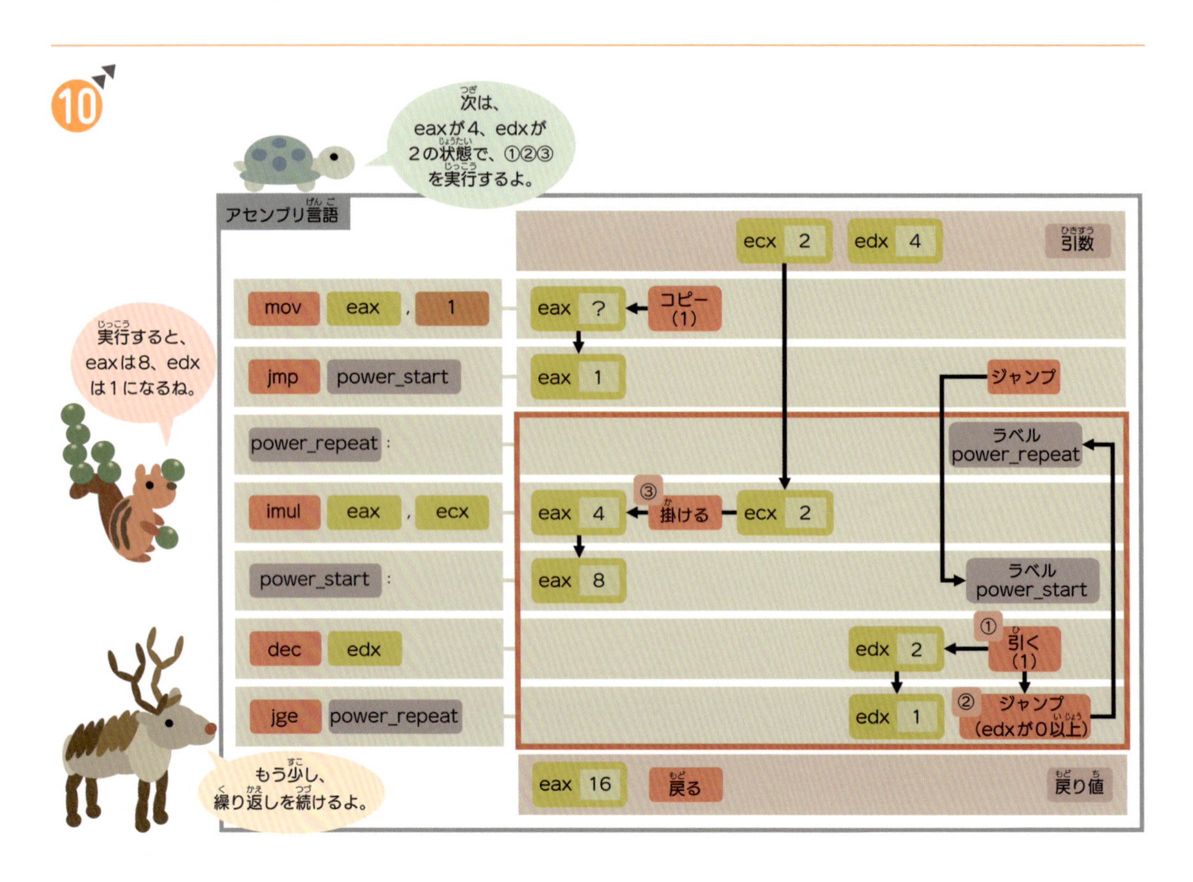
次は、eaxが4、edxが2の状態で、①②③を実行するよ。
アセンブリ言語
mov eax , 1
jmp power_start
power_repeat :
imul eax , ecx
power_start :
dec edx
jge power_repeat
ecx 2
edx 4
引数
eax ?
コピー (1)
eax 1
ジャンプ
ラベル power_repeat
③ 掛ける
eax 4
ecx 2
eax 8
ラベル power_start
① 引く (1)
edx 2
edx 1
② ジャンプ (edxが0以上)
eax 16
戻る
戻り値
実行すると、eaxは8、edxは1になるね。
もう少し、繰り返しを続けるよ。

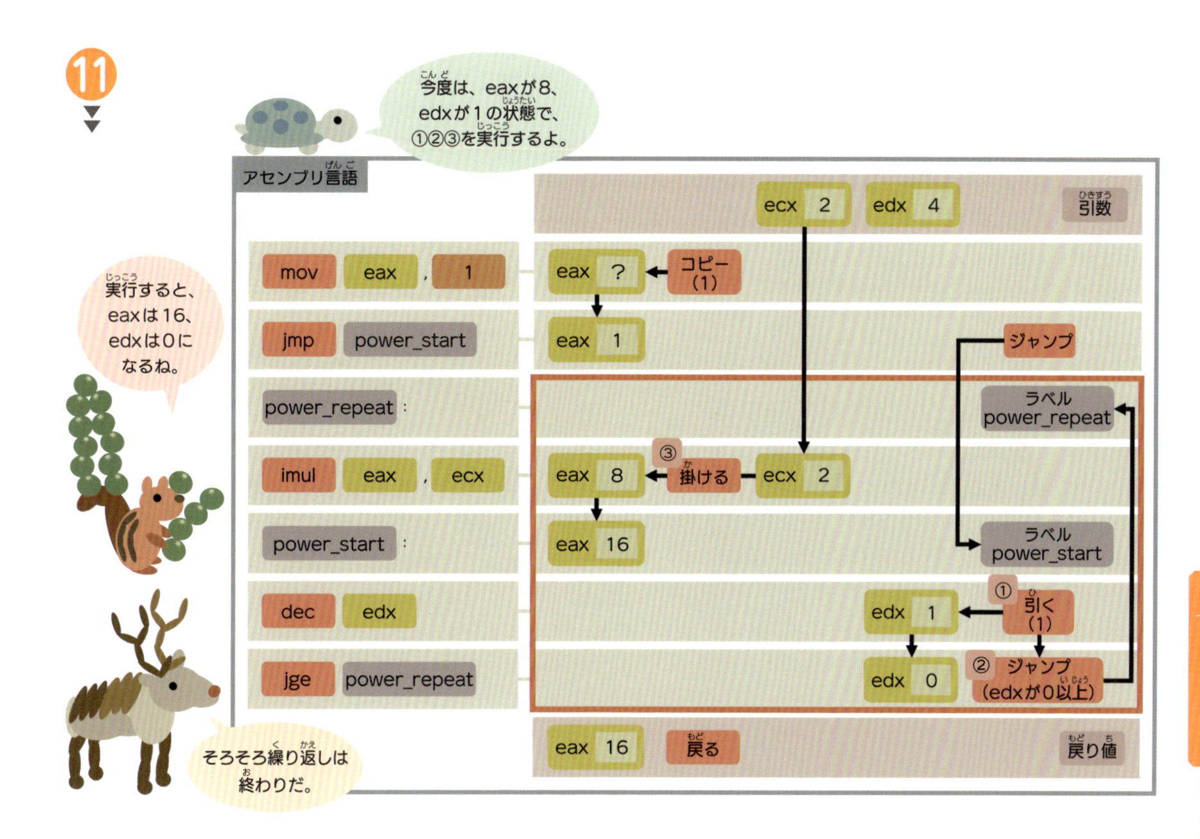
11
今度は、eaxが8、edxが1の状態で、①②③を実行するよ。
アセンブリ言語
ecx 2
edx 4
引数
mov eax , 1
eax ?
コピー (1)
jmp power_start
eax 1
ジャンプ
power_repeat :
ラベル power_repeat
imul eax , ecx
eax 8
③ 掛ける
ecx 2
power_start :
eax 16
ラベル power_start
dec edx
edx 1
① 引く (1)
jge power_repeat
edx 0
② ジャンプ (edxが0以上)
eax 16
戻る
戻り値
実行すると、eaxは16、edxは0になるね。
そろそろ繰り返しは終わりだ。

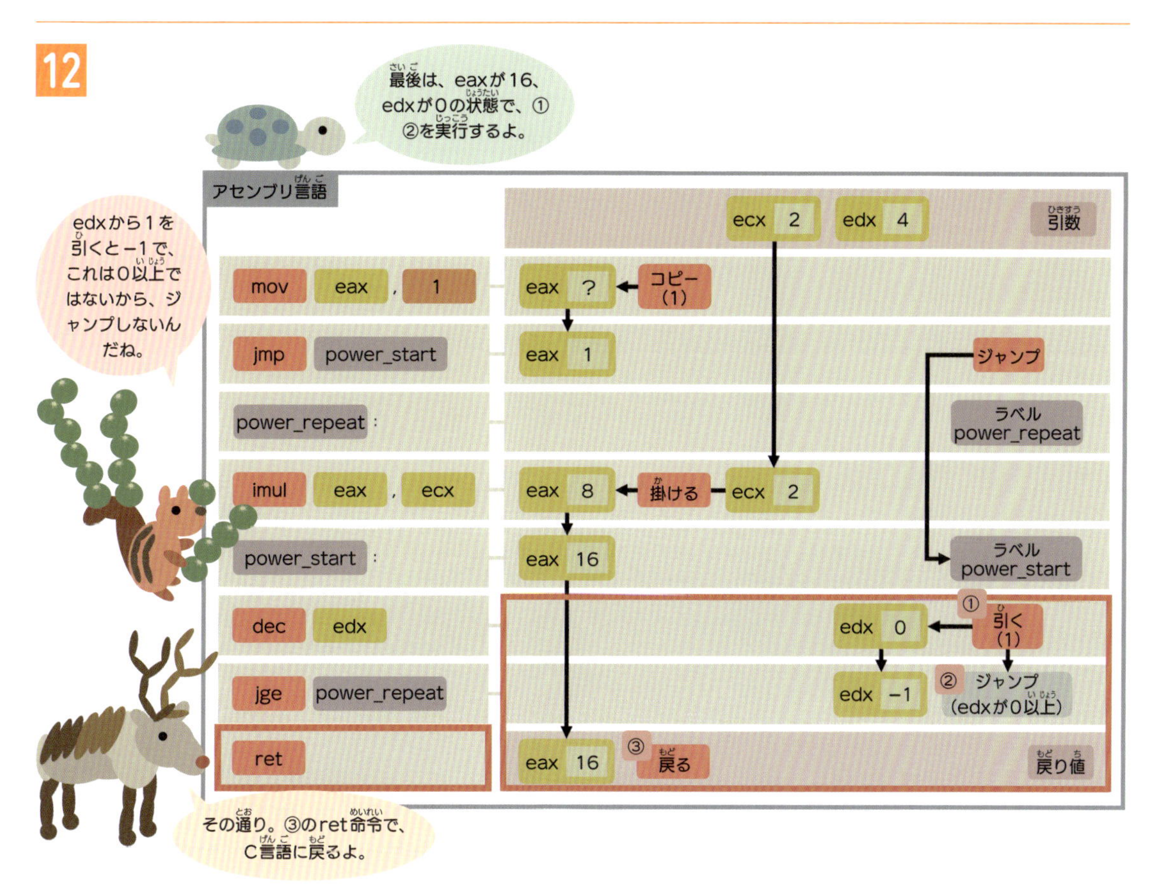
12
最後は、eaxが16、edxが0の状態で、①②を実行するよ。
アセンブリ言語
ecx 2
edx 4
引数
mov eax , 1
eax ?
コピー (1)
jmp power_start
eax 1
ジャンプ
power_repeat :
ラベル power_repeat
imul eax , ecx
eax 8
掛ける
ecx 2
power_start :
eax 16
ラベル power_start
dec edx
edx 0
① 引く (1)
jge power_repeat
edx −1
② ジャンプ (edxが0以上)
ret
eax 16
③ 戻る
戻り値
edxから1を引くと−1で、これは0以上ではないから、ジャンプしないんだね。
その通り。③のret命令で、C言語に戻るよ。

戻り値は16だから、正しく「2の4乗」が計算できたね。

最初に無条件ジャンプ命令で、power_startまでジャンプするのは、なぜ？

edxから1を引く処理と、edxが0以上かどうかを判定する処理を、最初に実行したいからなんだ。

こうしておくと、最初にedxで受け取った引数が0以下のときに、戻り値として1を返せるよ。

ループの途中に、無条件ジャンプ命令で飛び込むような、ちょっと不思議なプログラムだね。

（つづく↗）

うん。ループに飛び込まないような書き方もあるけど、この場合はループに飛び込んだ方が、ループ中に実行するジャンプ命令の個数を減らせるんだ。

命令の個数を減らすと、プログラムが高速になる可能性があるよ。

無条件ジャンプ命令と条件ジャンプ命令が連携していて、ちょっと面白いね。

よかった。以下が完成したプログラムだ。関数名はpowerにしたよ。

sub.asmでpowerを見つけて、以下のように変更してね。

べき乗を計算するpower関数（sub.asm）

```
power proc
    mov eax, 1              ; eaxに1をコピー
    jmp power_start         ; power_startにジャンプ
power_repeat:               ; ラベル（power_repeat）
    imul eax, ecx           ; eaxにecxを掛ける
power_start:                ; ラベル（power_start）
    dec edx                 ; edxから1を引く
    jge power_repeat        ; edxが0以上ならば、power_repeatにジャンプ
    ret                     ; 戻る
power endp
```

変更して保存したよ。

C言語プログラムは以下の通り。「2の4乗」と「3の5乗」を計算してみよう。

main.cで以下の箇所を見つけて、先頭の//を削除してね。

power関数を呼び出す(main.c)

```
printf("power(2, 4): %d\n", power(2, 4));
printf("power(3, 5): %d\n", power(3, 5));
```

変更して保存したよ。実行してみるね。

以下の結果が表示されたら成功だよ。

実行結果:べき乗

```
power(2, 4): 16
power(3, 5): 243
```

このpower関数は、何でも好きな数のべき乗が計算できるんだね。

うん。32ビットの整数で表せる範囲を超えない限りは、好きな数のべき乗が計算できるよ。

32ビットの整数で表せる範囲は、第2章で学んだね。

ループを書くのは少し難しく感じるけど、便利なプログラムが書けるね。

確かに、条件分岐を書くのに比べると、ループを書くのは少し難しいかもしれないね。

プログラムを書く前に、処理の手順を詳しく考えておくことがおすすめだよ。

手順を考えるときには、具体的な値を当てはめて、紙の上でプログラムの動きを再現してみるのが効果的だ。

次のセクションでもループを使うの？

うん。ループを使って、いくつかのデータを処理してみよう。

4-5

ループを使って好きな個数のデータを処理してみよう

ループを使って、メモリに置かれたいくつかの整数を合計してみましょう。

第3章で、整数を合計するプログラムを書いたのは覚えている？

ええと…3個や5個の整数を合計するプログラムだったね。

その通り。メモリを使ってC言語から渡したデータを、アセンブリ言語で合計するプログラムだよ。

思い出した。合計する個数が多かったり、個数が変わったりすると、プログラムを書くのが大変なんだった。

（つづく↗）

ループを使うと、こういった問題を解決して、上手にプログラムが書けるよ。

3個でも5個でも100個でも、好きな個数のデータを、同じアセンブリ言語プログラムで合計できるんだ。

それは便利そうだ！　どんなプログラムを書けばいいの？

まずは手順を詳しく考えてみよう。

▼整数を合計する手順

メモリに置かれたいくつかの整数を、合計する手順を考えよう。
レジスタ
戻り値
引数
引数
eax ？
rcx 1000
edx 3
第3章で書いたプログラムに似ているね。

メモリ
アドレス
値
1000 110
1004 220
1008 330
rcxには先頭のアドレス、edxには値の個数が入っているよ。

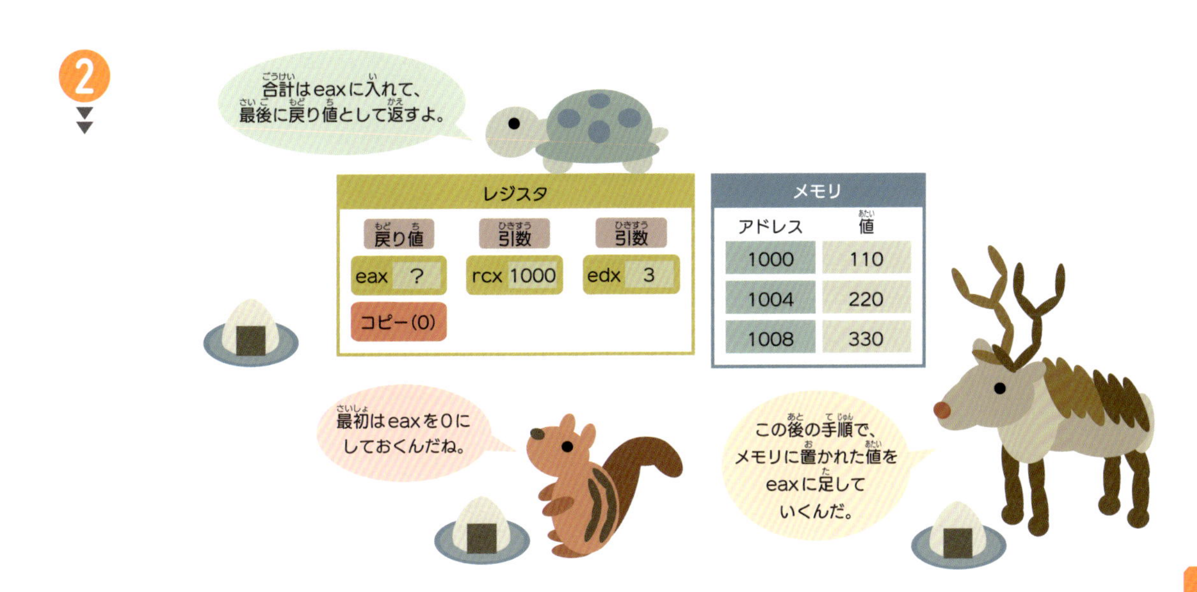
2
合計はeaxに入れて、
最後に戻り値として返すよ。
レジスタ
戻り値
引数
引数
eax ?
rcx 1000
edx 3
コピー(0)
メモリ
アドレス
値
1000
110
1004
220
1008
330
最初はeaxを0に
しておくんだね。
この後の手順で、
メモリに置かれた値を
eaxに足して
いくんだ。

3
値の個数を表す
edxから、1を
引くよ。
レジスタ
戻り値
引数
引数
eax 0
rcx 1000
edx 3
引く（1）
メモリ
アドレス
値
1000
110
1004
220
1008
330
edxは3だから、
1を引くと2に
なるね。
次の手順では、
edxの値に応じて
ジャンプするよ。

4
edxが0以上か
どうかを調べるよ。
レジスタ
戻り値
引数
引数
eax 0
rcx 1000
edx 2
0以上？
メモリ
アドレス
値
1000
110
1004
220
1008
330
edxは2だから、
0以上だね。
edxが0以上ならば
ジャンプして、繰り返し
を続けるんだ。

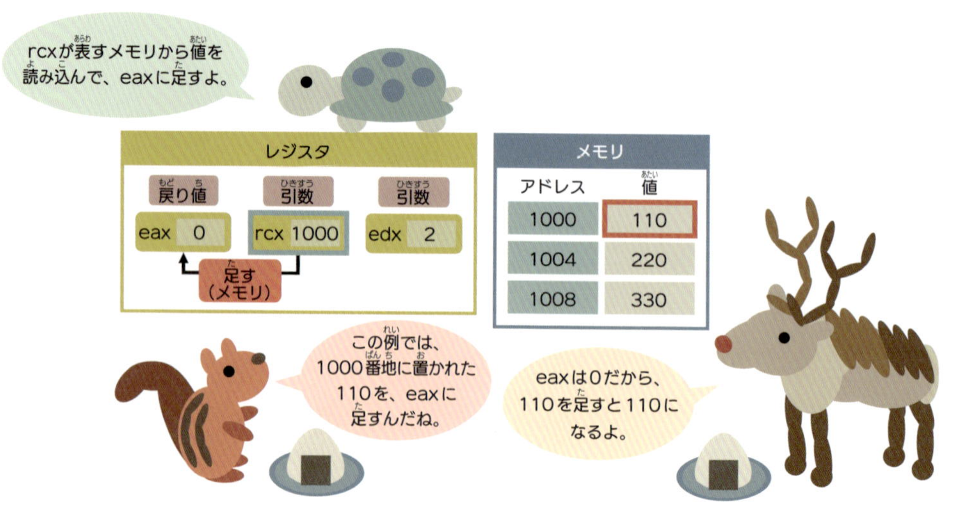
rcxが表すメモリから値を読み込んで、eaxに足すよ。
レジスタ
戻り値
引数
引数
eax 0
rcx 1000
edx 2
足す（メモリ）
メモリ
アドレス
値
1000
110
1004
220
1008
330
この例では、1000番地に置かれた110を、eaxに足すんだね。
eaxは0だから、110を足すと110になるよ。

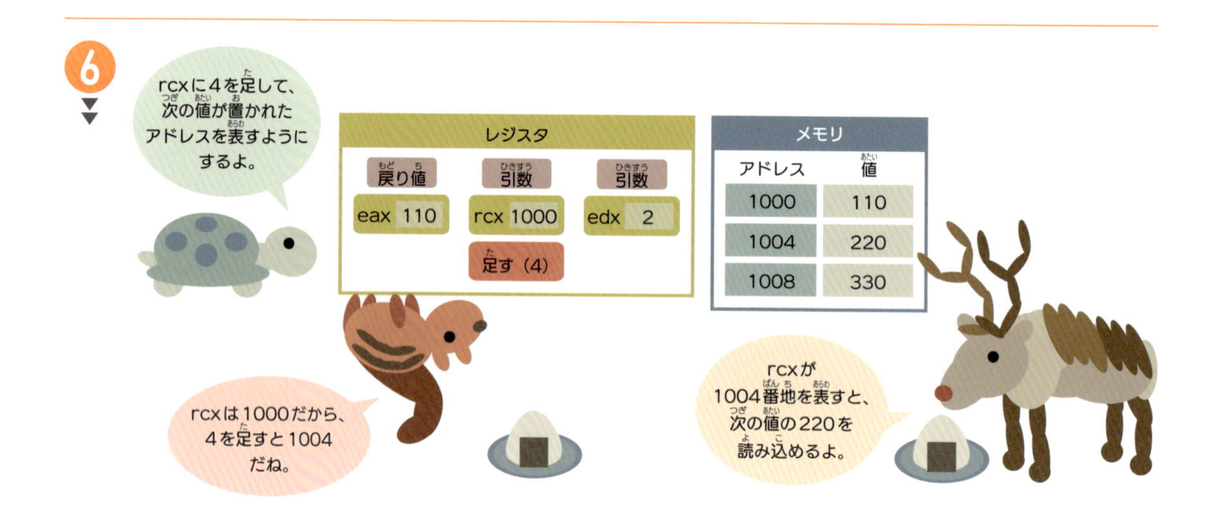
rcxに4を足して、次の値が置かれたアドレスを表すようにするよ。
レジスタ
戻り値
引数
引数
eax 110
rcx 1000
edx 2
足す（4）
メモリ
アドレス
値
1000
110
1004
220
1008
330
rcxは1000だから、4を足すと1004だね。
rcxが1004番地を表すと、次の値の220を読み込めるよ。

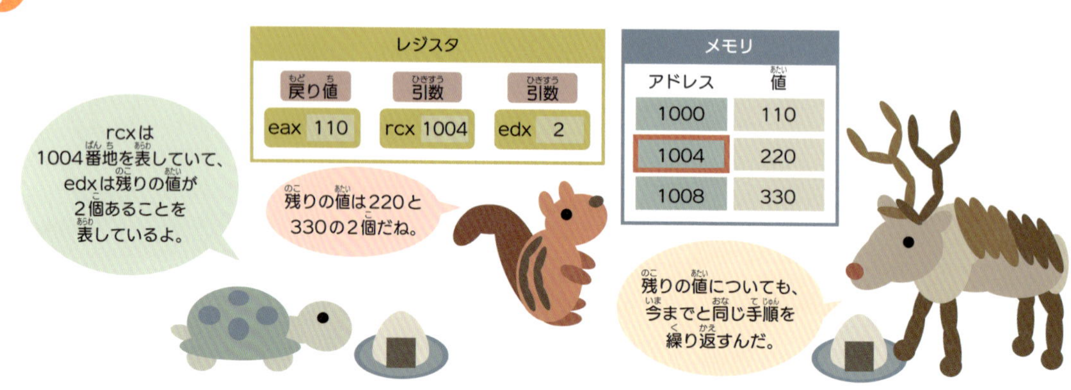
rcxは1004番地を表していて、edxは残りの値が2個あることを表しているよ。
レジスタ
戻り値
引数
引数
eax 110
rcx 1004
edx 2
メモリ
アドレス
値
1000
110
1004
220
1008
330
残りの値は220と330の2個だね。
残りの値についても、今までと同じ手順を繰り返すんだ。

8

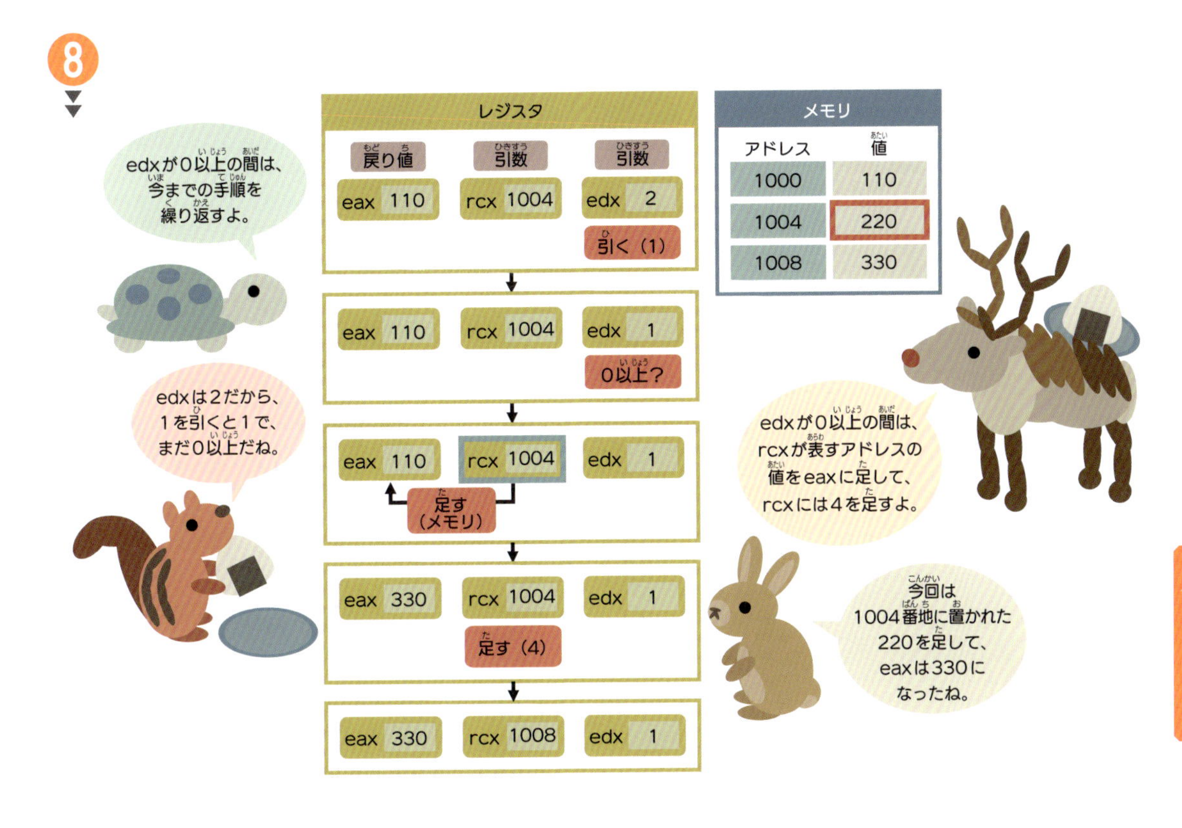

レジスタ
戻り値
引数
引数
eax 110
rcx 1004
edx 2
引く（1）
eax 110
rcx 1004
edx 1
0以上？
eax 110
rcx 1004
edx 1
足す（メモリ）
eax 330
rcx 1004
edx 1
足す（4）
eax 330
rcx 1008
edx 1
メモリ
アドレス
値
1000
110
1004
220
1008
330
edxが0以上の間は、今までの手順を繰り返すよ。
edxは2だから、1を引くと1で、まだ0以上だね。
edxが0以上の間は、rcxが表すアドレスの値をeaxに足して、rcxには4を足すよ。
今回は1004番地に置かれた220を足して、eaxは330になったね。

9

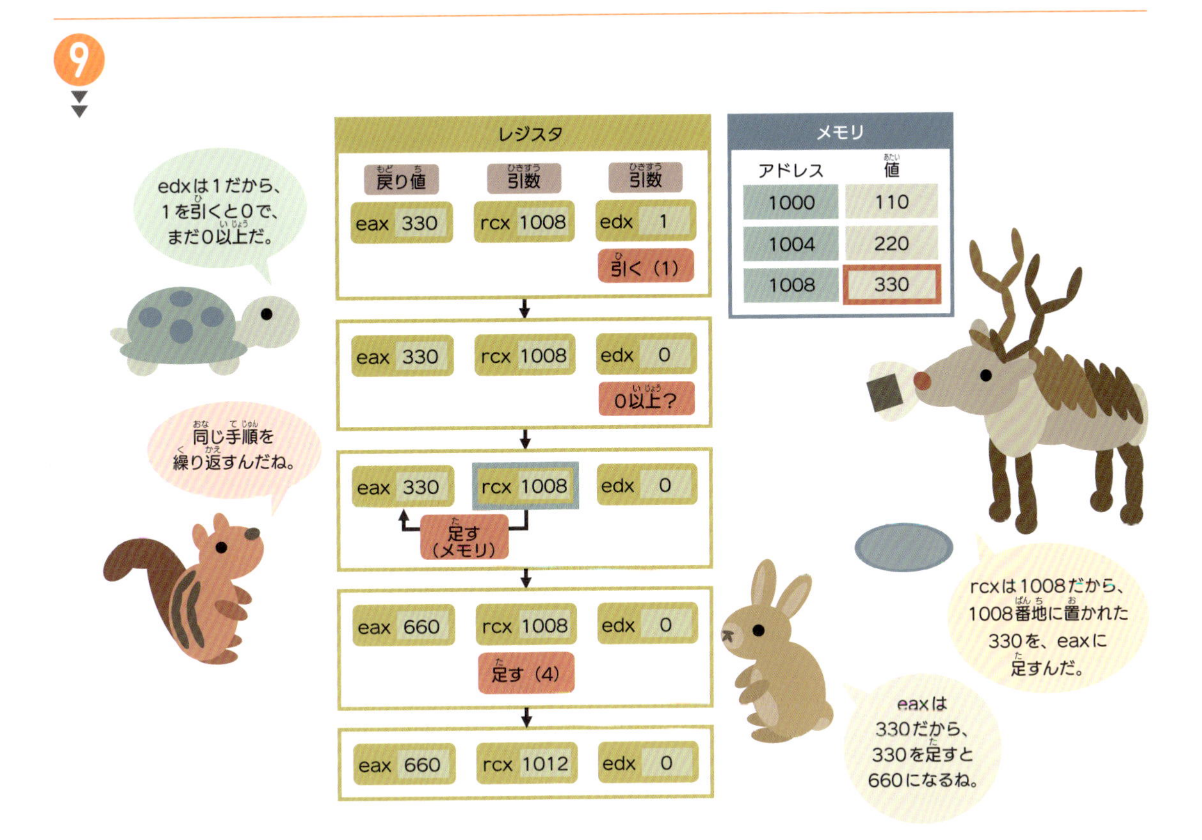

レジスタ
戻り値
引数
引数
eax 330
rcx 1008
edx 1
引く（1）
eax 330
rcx 1008
edx 0
0以上？
eax 330
rcx 1008
edx 0
足す（メモリ）
eax 660
rcx 1008
edx 0
足す（4）
eax 660
rcx 1012
edx 0
メモリ
アドレス
値
1000
110
1004
220
1008
330
edxは1だから、1を引くと0で、まだ0以上だ。
同じ手順を繰り返すんだね。
rcxは1008だから、1008番地に置かれた330を、eaxに足すんだ。
eaxは330だから、330を足すと660になるね。

10

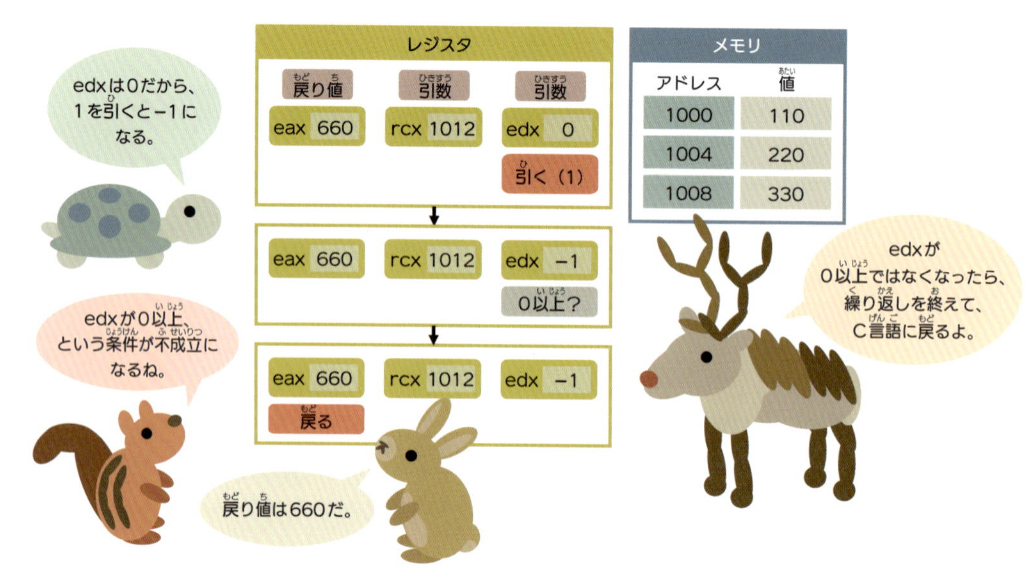
edxは0だから、1を引くと−1になる。
レジスタ
戻り値
引数
引数
eax 660
rcx 1012
edx 0
引く（1）
eax 660
rcx 1012
edx −1
0以上？
eax 660
rcx 1012
edx −1
戻る
メモリ
アドレス
値
1000
110
1004
220
1008
330
edxが0以上、という条件が不成立になるね。
edxが0以上ではなくなったら、繰り返しを終えて、C言語に戻るよ。
戻り値は660だ。

戻り値は660だから、無事に110+220+330が計算できたね。

前回のプログラムと同じく、この手順でもedxレジスタが繰り返しの回数を表しているんだね。

うん。edxを1ずつ減らして、0以上の間は繰り返しを続けるんだ。

（つづく↗）

条件ジャンプ命令を使って、0以上のときにジャンプするよ。

前回のプログラムと似ている感じがするけど…上手くプログラムが書けるかな。

大丈夫。少しずつプログラムを書いてみよう。

第3章で学んだ、メモリの使い方を思い出しながら書いてみてね。

▼整数を合計するプログラム

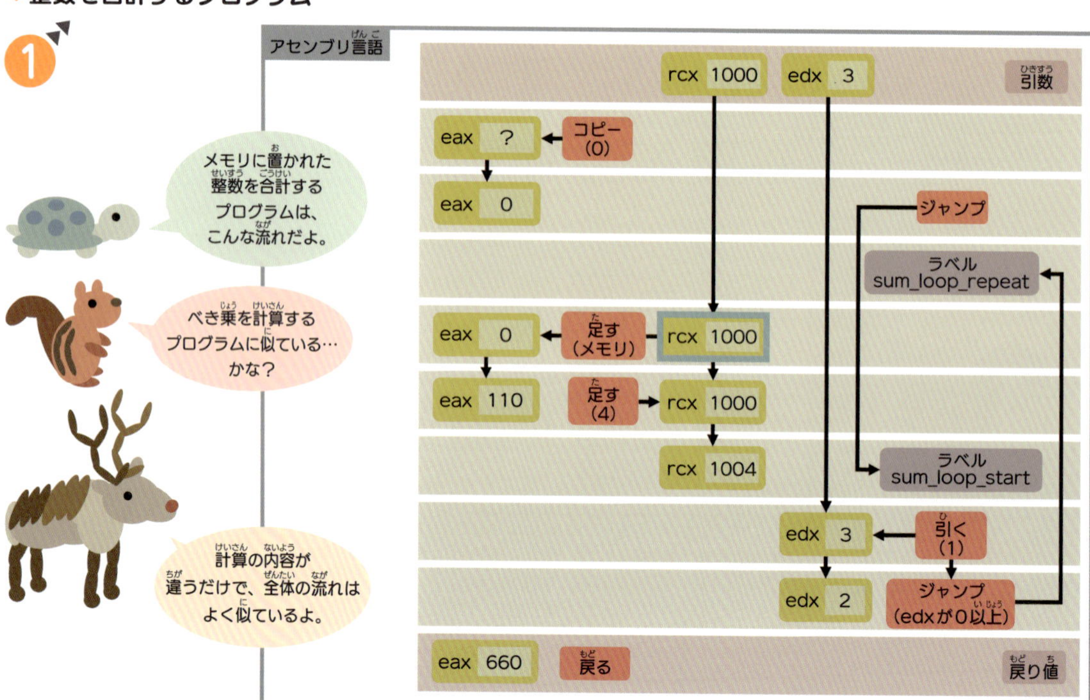
1
アセンブリ言語
メモリに置かれた整数を合計するプログラムは、こんな流れだよ。
べき乗を計算するプログラムに似ている…かな？
計算の内容が違うだけで、全体の流れはよく似ているよ。
rcx 1000
edx 3
引数
eax ？
コピー（0）
eax 0
ジャンプ
ラベル sum_loop_repeat
eax 0
足す（メモリ）
rcx 1000
eax 110
足す（4）
rcx 1000
rcx 1004
ラベル sum_loop_start
edx 3
引く（1）
edx 2
ジャンプ（edxが0以上）
eax 660
戻る
戻り値

2

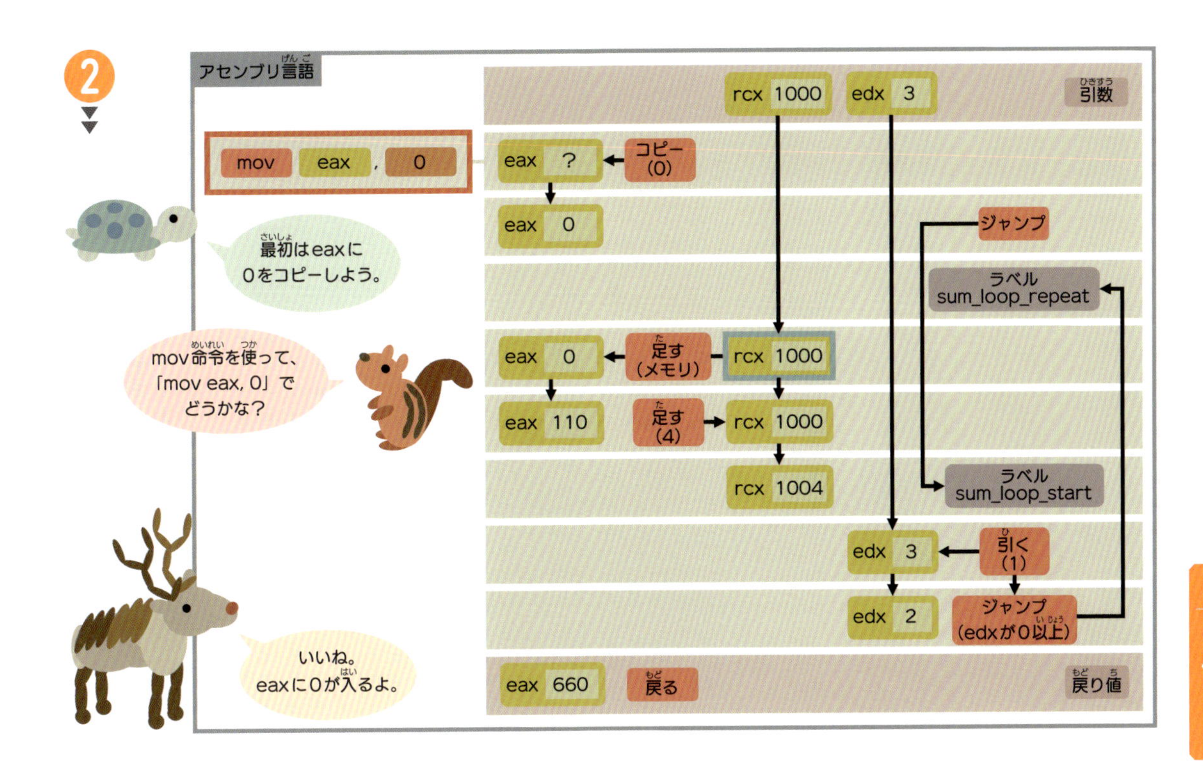
アセンブリ言語
mov eax , 0
最初はeaxに0をコピーしよう。
mov命令を使って、「mov eax, 0」でどうかな？
いいね。eaxに0が入るよ。
rcx 1000
edx 3
引数
eax ?
コピー(0)
eax 0
ジャンプ
ラベル sum_loop_repeat
eax 0
足す(メモリ)
rcx 1000
eax 110
足す(4)
rcx 1000
rcx 1004
ラベル sum_loop_start
edx 3
引く(1)
edx 2
ジャンプ(edxが0以上)
eax 660
戻る
戻り値

3

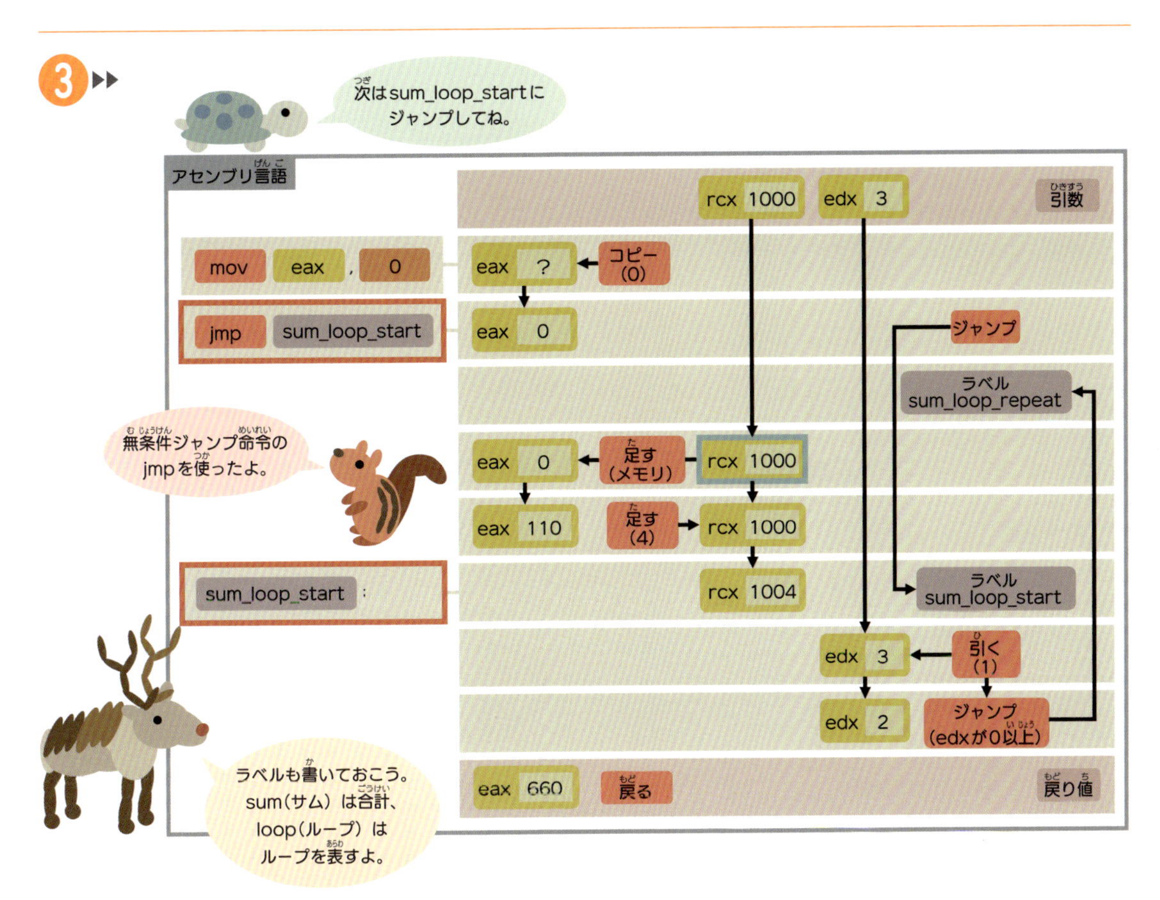
次はsum_loop_startにジャンプしてね。
アセンブリ言語
mov eax , 0
jmp sum_loop_start
無条件ジャンプ命令のjmpを使ったよ。
sum_loop_start :
ラベルも書いておこう。sum(サム)は合計、loop(ループ)はループを表すよ。
rcx 1000
edx 3
引数
eax ?
コピー(0)
eax 0
ジャンプ
ラベル sum_loop_repeat
eax 0
足す(メモリ)
rcx 1000
eax 110
足す(4)
rcx 1000
rcx 1004
ラベル sum_loop_start
edx 3
引く(1)
edx 2
ジャンプ(edxが0以上)
eax 660
戻る
戻り値

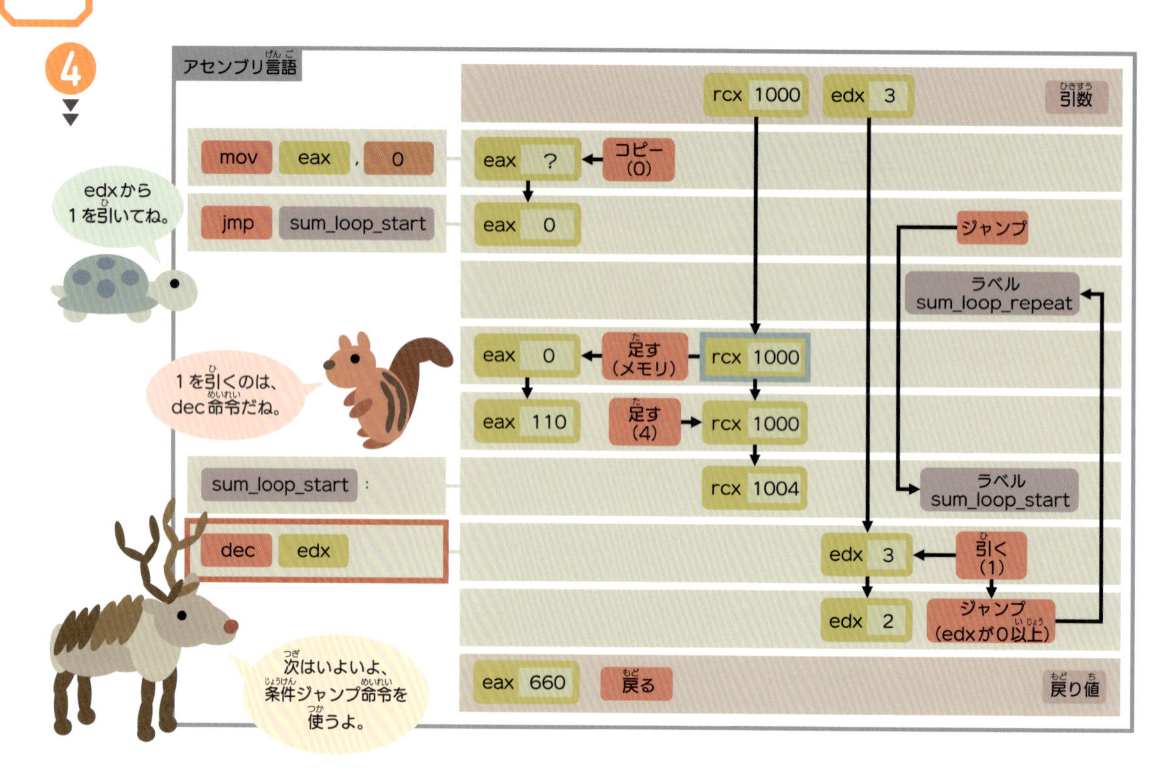
④
アセンブリ言語
mov eax , 0
jmp sum_loop_start
sum_loop_start :
dec edx
rcx 1000
edx 3
引数
eax ?
コピー (0)
eax 0
ジャンプ
ラベル sum_loop_repeat
eax 0
足す (メモリ)
rcx 1000
eax 110
足す (4)
rcx 1000
rcx 1004
ラベル sum_loop_start
edx 3
引く (1)
edx 2
ジャンプ (edxが0以上)
eax 660
戻る
戻り値
edxから1を引いてね。
1を引くのは、dec命令だね。
次はいよいよ、条件ジャンプ命令を使うよ。

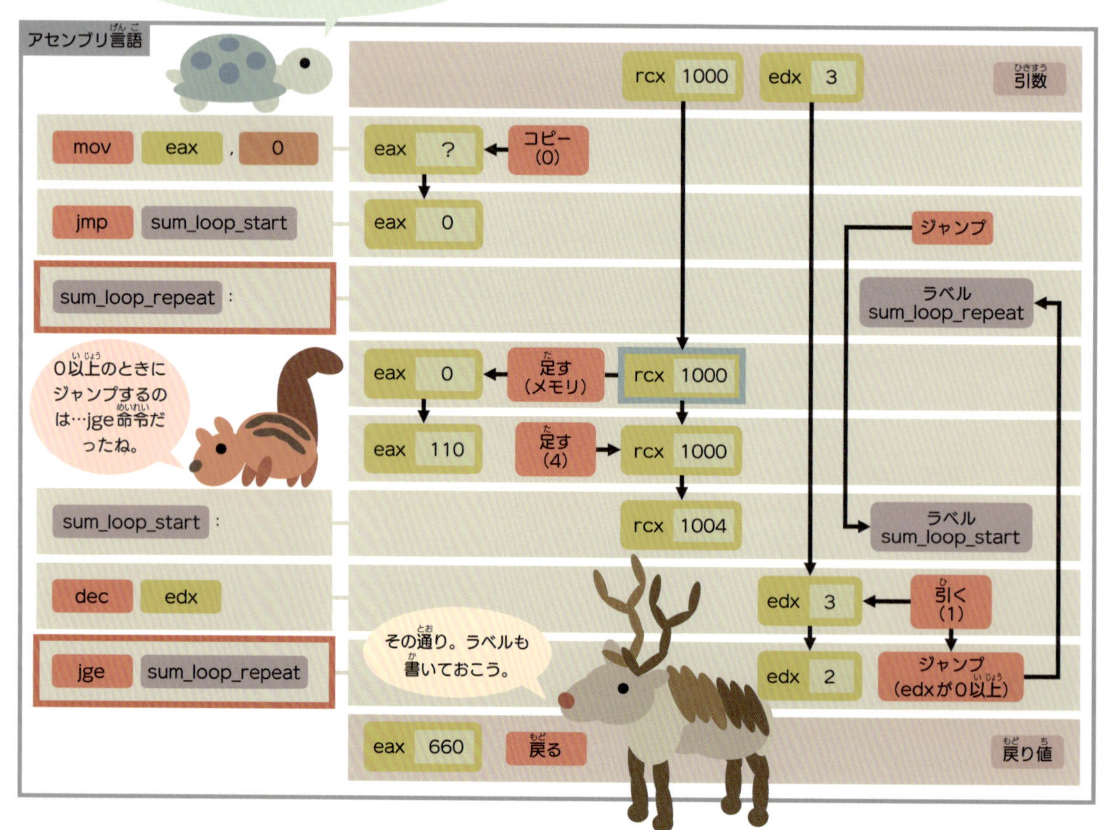
⑤
edxが0以上のときに、sum_loop_repeatにジャンプするよ。
アセンブリ言語
mov eax , 0
jmp sum_loop_start
sum_loop_repeat :
sum_loop_start :
dec edx
jge sum_loop_repeat
rcx 1000
edx 3
引数
eax ?
コピー (0)
eax 0
ジャンプ
ラベル sum_loop_repeat
eax 0
足す (メモリ)
rcx 1000
eax 110
足す (4)
rcx 1000
rcx 1004
ラベル sum_loop_start
edx 3
引く (1)
edx 2
ジャンプ (edxが0以上)
eax 660
戻る
戻り値
0以上のときにジャンプするのは…jge命令だったね。
その通り。ラベルも書いておこう。

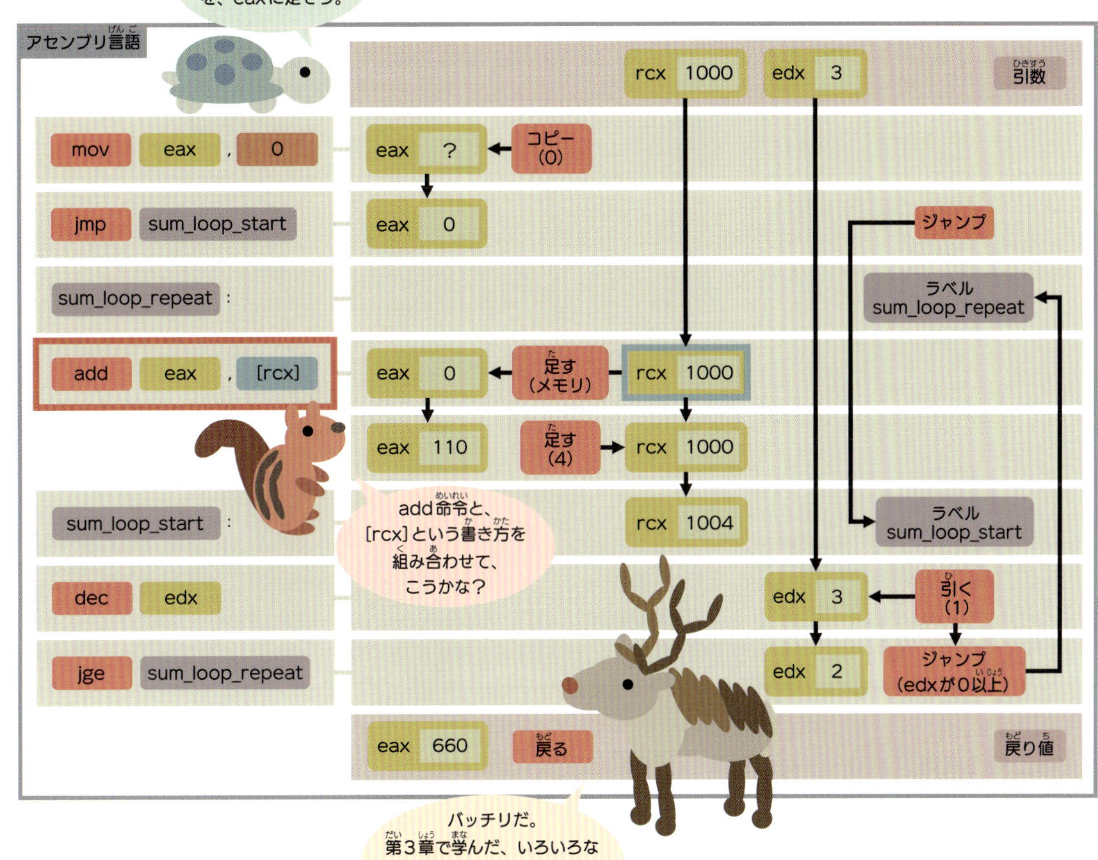
rcxが表すアドレスに置かれた値を、eaxに足そう。
アセンブリ言語
mov eax , 0
jmp sum_loop_start
sum_loop_repeat :
add eax , [rcx]
sum_loop_start :
dec edx
jge sum_loop_repeat
rcx 1000
edx 3
引数
eax ?
コピー (0)
eax 0
ジャンプ
ラベル sum_loop_repeat
eax 0
足す (メモリ)
rcx 1000
eax 110
足す (4)
rcx 1000
rcx 1004
ラベル sum_loop_start
add命令と、[rcx]という書き方を組み合わせて、こうかな?
edx 3
引く (1)
edx 2
ジャンプ (edxが0以上)
eax 660
戻る
戻り値
バッチリだ。第3章で学んだ、いろいろなアドレッシングモードを思い出してね。

add命令をこう書くと、レジスタに整数を足せるよ。
レジスタにはraxやeaxなどの汎用レジスタを指定してね。なお、add命令はフラグを変化させるよ。
記法
add レジスタ , 整数
動作
レジスタ 足す 整数
mov命令と同じように、add命令でも即値が書けるんだね。
引き算のsub命令や、掛け算のimul命令でも、同様に即値が書けるよ。

8

rcxに4を足してね。

アセンブリ言語

mov eax , 0
jmp sum_loop_start
sum_loop_repeat :
add eax , [rcx]
add rcx , 4
sum_loop_start :
dec edx
jge sum_loop_repeat

rcx 1000
edx 3
引数
eax ?
コピー (0)
eax 0
ジャンプ
ラベル sum_loop_repeat
eax 0
足す (メモリ)
rcx 1000
eax 110
足す (4)
rcx 1000
rcx 1004
ラベル sum_loop_start
add命令と即値を使って、こう書いたよ。
edx 3
引く (1)
よし。これでループの処理は全て書いたよ。
edx 2
ジャンプ (edxが0以上)
eax 660
戻る
戻り値

9

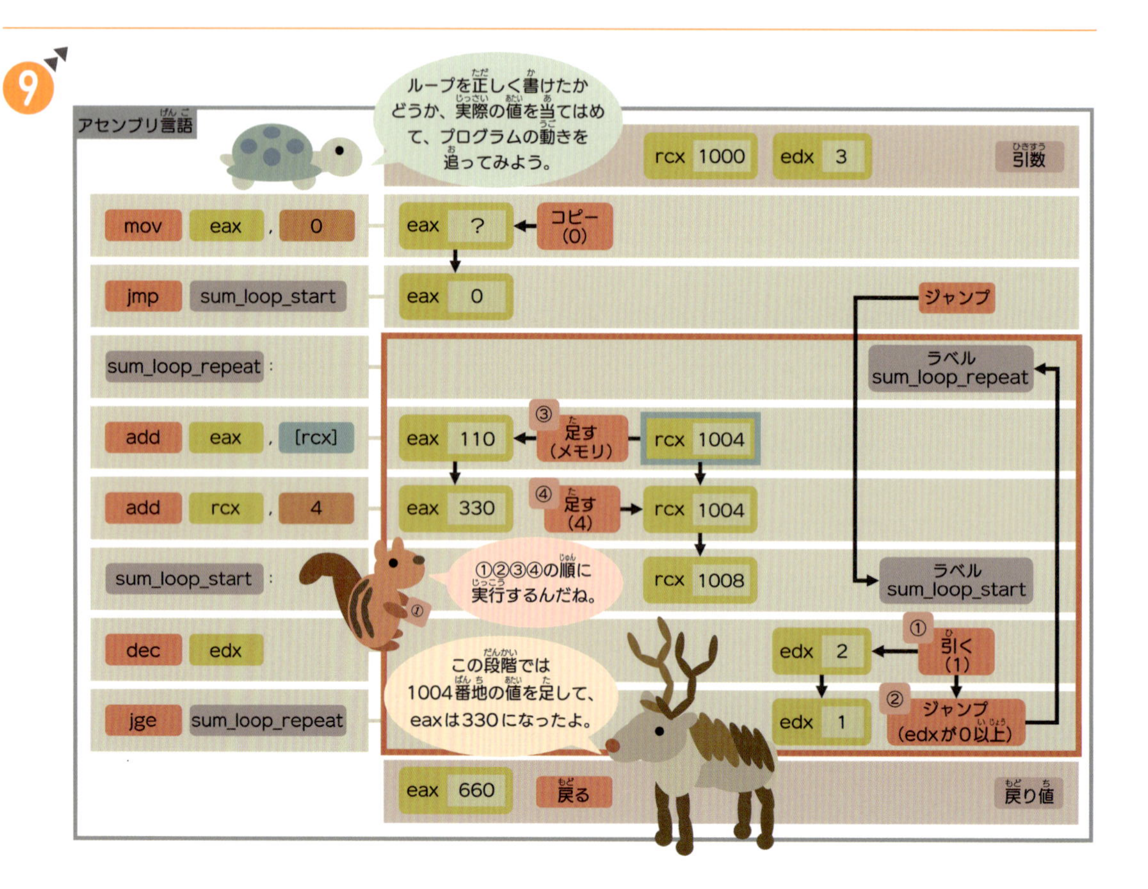

ループを正しく書けたかどうか、実際の値を当てはめて、プログラムの動きを追ってみよう。
アセンブリ言語
mov eax , 0
jmp sum_loop_start
sum_loop_repeat :
add eax , [rcx]
add rcx , 4
sum_loop_start :
dec edx
jge sum_loop_repeat
rcx 1000
edx 3
引数
eax ?
コピー (0)
eax 0
ジャンプ
ラベル sum_loop_repeat
eax 110
③ 足す (メモリ)
rcx 1004
eax 330
④ 足す (4)
rcx 1004
rcx 1008
ラベル sum_loop_start
①②③④の順に実行するんだね。
edx 2
① 引く (1)
この段階では1004番地の値を足して、eaxは330になったよ。
edx 1
② ジャンプ (edxが0以上)
eax 660
戻る
戻り値

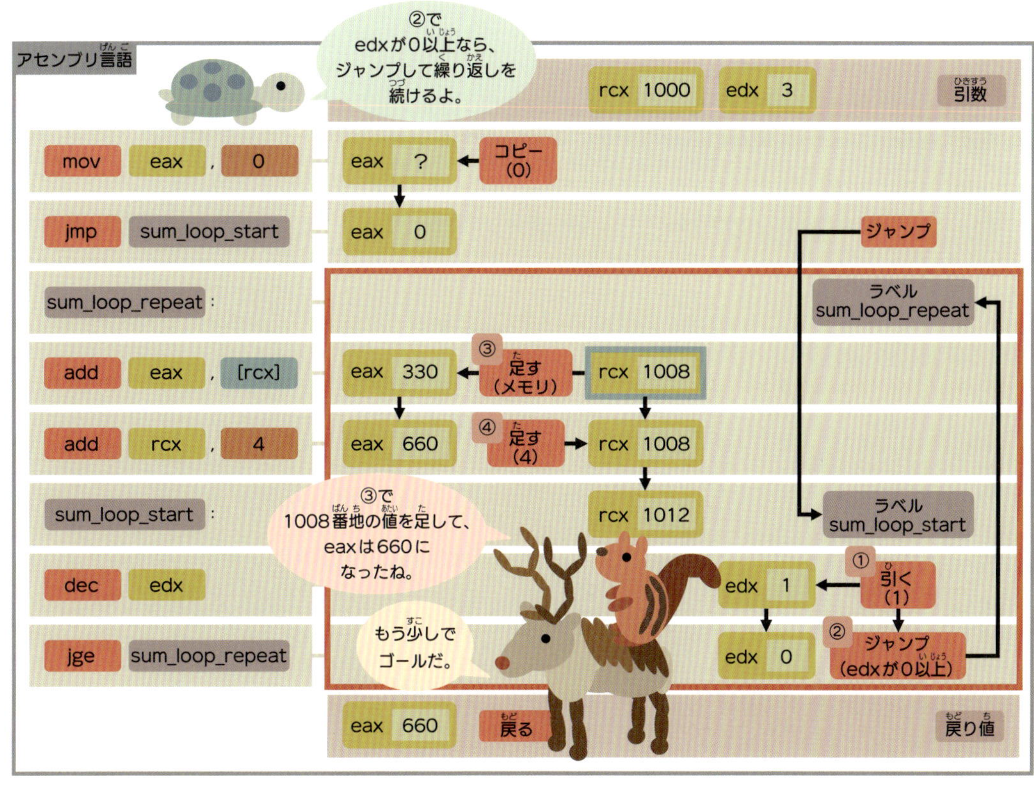

アセンブリ言語
②でedxが0以上なら、ジャンプして繰り返しを続けるよ。
rcx 1000
edx 3
引数
mov eax , 0
eax ?
コピー(0)
jmp sum_loop_start
eax 0
ジャンプ
sum_loop_repeat :
ラベル sum_loop_repeat
add eax , [rcx]
eax 330
③ 足す(メモリ)
rcx 1008
add rcx , 4
eax 660
④ 足す(4)
rcx 1008
sum_loop_start :
③で1008番地の値を足して、eaxは660になったね。
rcx 1012
ラベル sum_loop_start
dec edx
edx 1
① 引く(1)
jge sum_loop_repeat
もう少しでゴールだ。
edx 0
② ジャンプ(edxが0以上)
eax 660
戻る
戻り値

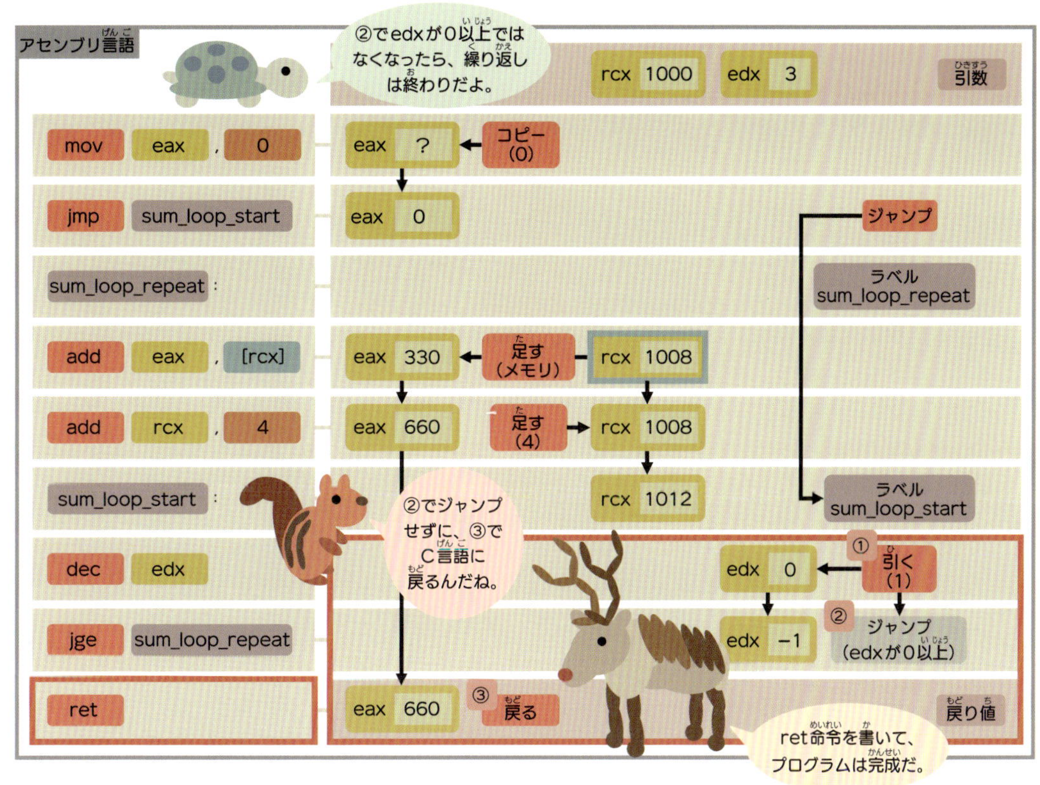

アセンブリ言語
②でedxが0以上ではなくなったら、繰り返しは終わりだよ。
rcx 1000
edx 3
引数
mov eax , 0
eax ?
コピー(0)
jmp sum_loop_start
eax 0
ジャンプ
sum_loop_repeat :
ラベル sum_loop_repeat
add eax , [rcx]
eax 330
足す(メモリ)
rcx 1008
add rcx , 4
eax 660
足す(4)
rcx 1008
sum_loop_start :
②でジャンプせずに、③でC言語に戻るんだね。
rcx 1012
ラベル sum_loop_start
dec edx
edx 0
① 引く(1)
jge sum_loop_repeat
edx −1
② ジャンプ(edxが0以上)
ret
eax 660
③ 戻る
戻り値
ret命令を書いて、プログラムは完成だ。

考えた手順の通り、合計が計算できたね。

うん。完成したプログラムは以下の通り。ループを使って合計を計算するから、関数名はsum_loopにしたよ。

sub.asmでsum_loopを見つけて、以下のように変更してね。

整数を合計するsum_loop関数(sub.asm)

```
sum_loop proc
    mov eax, 0              ; eaxに0をコピー
    jmp sum_loop_start      ; sum_loop_startにジャンプ
sum_loop_repeat:            ; ラベル（sum_loop_repeat）
    add eax, [rcx]          ; eaxにアドレス「rcx」に置かれた値を足す
    add rcx, 4              ; rcxに4を足す
sum_loop_start:             ; ラベル（sum_loop_start）
    dec edx                 ; edxから1を引く
    jge sum_loop_repeat     ; edxが0以上ならば、sum_loop_repeatにジャンプ
    ret                     ; 戻る
sum_loop endp
```

変更して保存したよ。

C言語プログラムは以下の通り。3個の整数と、5個の整数を合計してみよう。

main.cで以下の箇所を見つけて、先頭の//を削除してね。

sum_loop関数を呼び出す(main.c)

```
printf("sum_loop((int[]){110, 220, 330}, 3): %d\n",
    sum_loop((int[]){110, 220, 330}, 3));
printf("sum_loop((int[]){110, 220, 330, 440, 550}, 5): %d\n",
    sum_loop((int[]){110, 220, 330, 440, 550}, 5));
```

変更して保存したよ。

実行してみてね。以下の結果が表示されたら成功だよ。

実行結果：整数の合計

```
sum_loop((int[]){110, 220, 330}, 3): 660
sum_loop((int[]){110, 220, 330, 440, 550}, 5): 1650
```

第3章で書いた、合計を計算するプログラムと同じ結果になったね。

よかった。これで整数が何個あっても、同じプログラムで合計できるよ。

個数分の整数さえ用意すれば、100個でも1000個でも大丈夫だ。

これは便利だ！　プログラムを改良したかいがあったよ。

うん、ループは便利だよ。注意深く手順を設計して、ぜひループを使いこなそう。

このようなループは、C言語のfor（フォー）文やwhile（ワイル）文などに相当する処理だよ。

アセンブリ言語を使って、かなりいろいろなプログラムが書けるようになった気がするよ。次は何をしよう？

次章では、スタックと関数の呼び出しについて学ぼう。

今までよりも、もっと複雑なプログラムが書けるようになるよ。

第5章

つむ

スタックはデータを積み上げるように
置く記憶領域で、
関数の呼び出しに役立ちます。

スタック

5-1 スタックでは最後に入れたデータが最初に出る

スタックは関数の呼び出しで使われるほか、一時的にデータを置いておくためにも使えます。

スタックって、何？

（つづく↗）

データ構造、つまりデータをしまうための仕組みの一つだよ。

最後に入れたデータが最初に出てくる、という特徴があるんだ。

▼スタック

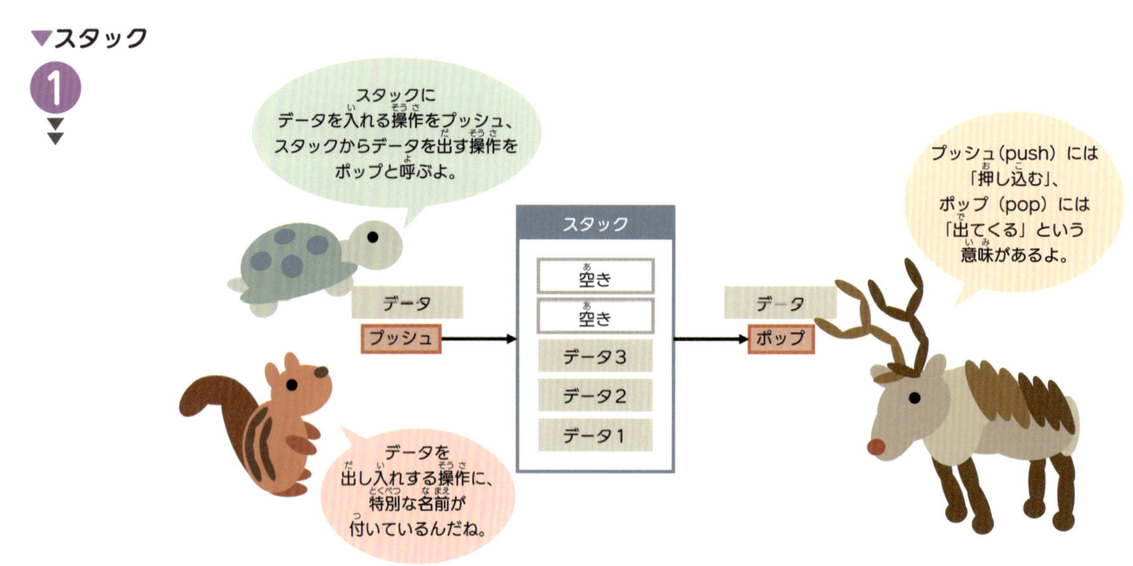

1
スタックにデータを入れる操作をプッシュ、スタックからデータを出す操作をポップと呼ぶよ。
データ
プッシュ
スタック
空き
空き
データ3
データ2
データ1
データ
ポップ
プッシュ（push）には「押し込む」、ポップ（pop）には「出てくる」という意味があるよ。
データを出し入れする操作に、特別な名前が付いているんだね。

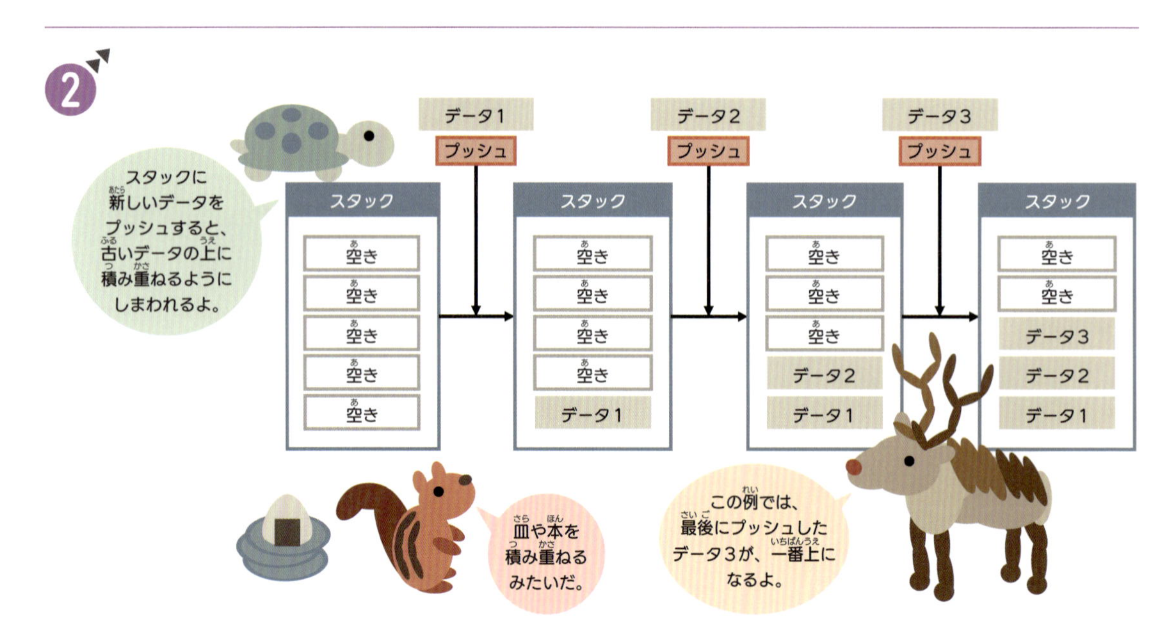

2
スタックに新しいデータをプッシュすると、古いデータの上に積み重ねるようにしまわれるよ。
データ1
プッシュ
データ2
プッシュ
データ3
プッシュ
スタック
空き
空き
空き
空き
空き
スタック
空き
空き
空き
空き
データ1
スタック
空き
空き
空き
データ2
データ1
スタック
空き
空き
データ3
データ2
データ1
皿や本を積み重ねるみたいだ。
この例では、最後にプッシュしたデータ3が、一番上になるよ。

3

スタックからデータをポップすると、一番上に積まれたデータを取り出せるよ。

スタック		スタック		スタック		スタック
空き		空き		空き		空き
空き		空き		空き		空き
データ3	→ ポップ データ3	空き		空き		空き
データ2		データ2	→ ポップ データ2	空き		空き
データ1		データ1		データ1	→ ポップ データ1	空き

積み重ねた皿や本の、一番上を取るみたいだね。

一番上以外のデータも見ることはできるけど、取り出すのは一番上からなんだ。

データを積み重ねるから、最後に入れたデータが最初に出てくるんだね。

この特徴をlast in first out(ラスト イン ファースト アウト)、略してLIFO(ライフォ)と呼ぶよ。

後で学ぶように、この特徴は関数を呼び出すときに役立つんだ。

スタックは、今までに学んだレジスタやメモリとは違うの?

実は、スタックはメモリを使って実現されていることが多いよ。

スタックポインタというレジスタも使うんだ。

(つづく↗)

▼メモリ上のスタック

1 ▸▸

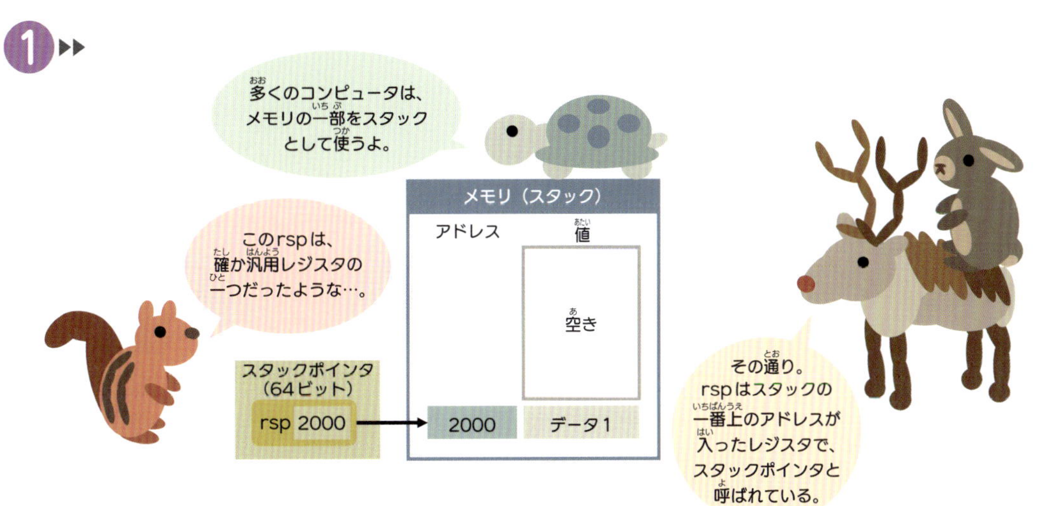
多くのコンピュータは、メモリの一部をスタックとして使うよ。
このrspは、確か汎用レジスタの一つだったような…。
メモリ（スタック）
アドレス
値
空き
スタックポインタ（64ビット）
rsp 2000
2000
データ1
その通り。rspはスタックの一番上のアドレスが入ったレジスタで、スタックポインタと呼ばれている。

5-1

②

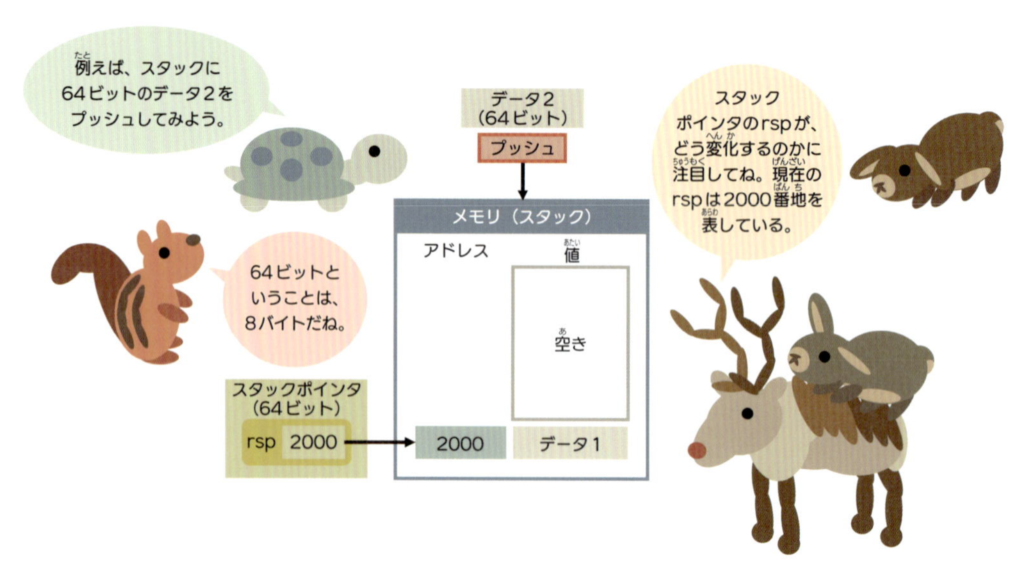

例えば、スタックに64ビットのデータ2をプッシュしてみよう。
データ2（64ビット）
プッシュ
メモリ（スタック）
アドレス
値
空き
2000
データ1
スタックポインタ（64ビット）
rsp 2000
64ビットということは、8バイトだね。
スタックポインタのrspが、どう変化するのかに注目してね。現在のrspは2000番地を表している。

③

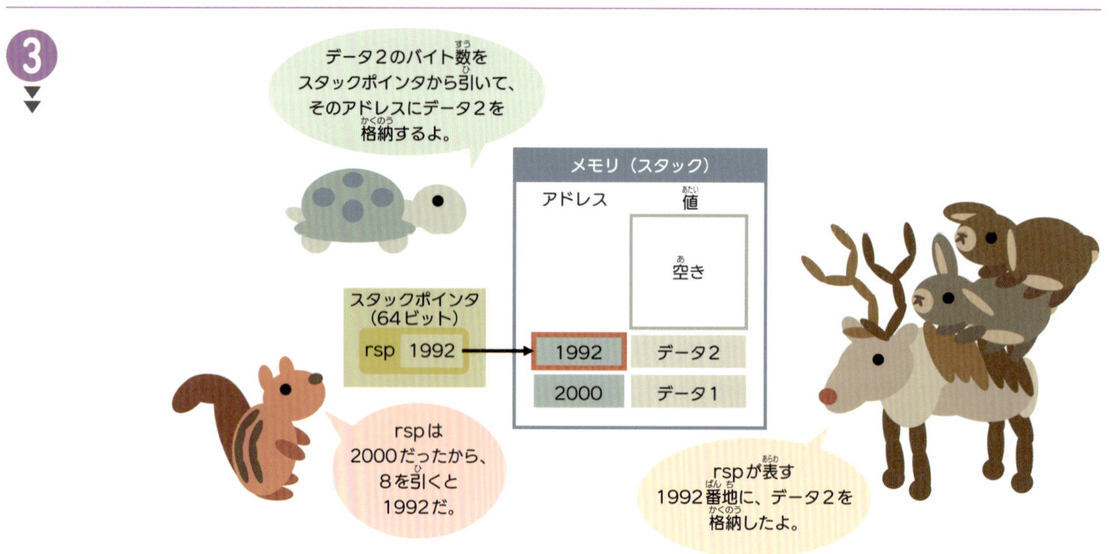

データ2のバイト数をスタックポインタから引いて、そのアドレスにデータ2を格納するよ。
メモリ（スタック）
アドレス
値
空き
1992
データ2
2000
データ1
スタックポインタ（64ビット）
rsp 1992
rspは2000だったから、8を引くと1992だ。
rspが表す1992番地に、データ2を格納したよ。

④

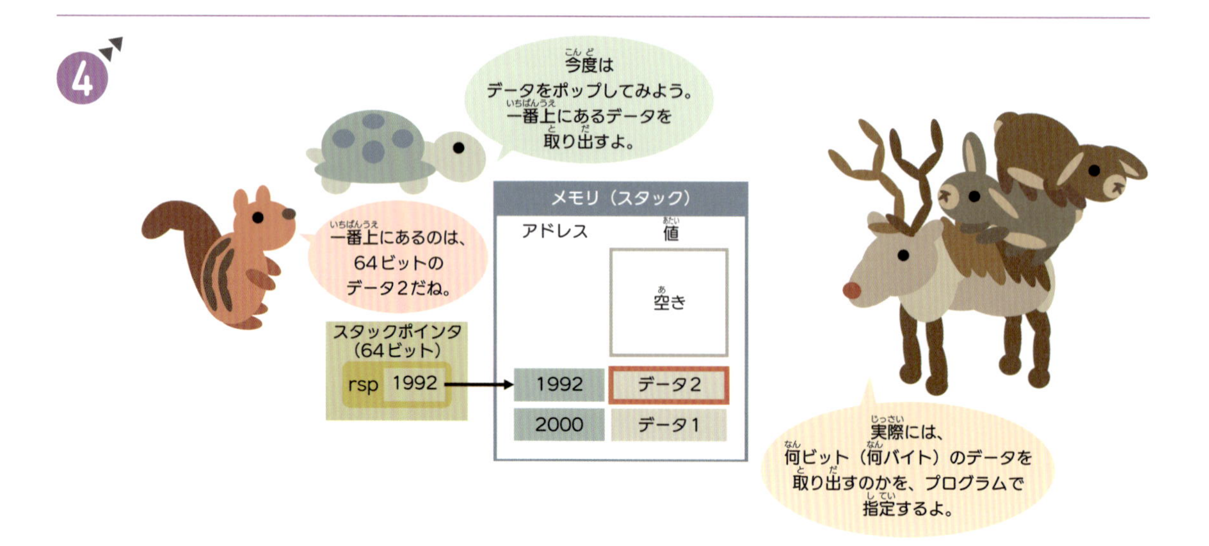

今度はデータをポップしてみよう。一番上にあるデータを取り出すよ。
一番上にあるのは、64ビットのデータ2だね。
メモリ（スタック）
アドレス
値
空き
1992
データ2
2000
データ1
スタックポインタ（64ビット）
rsp 1992
実際には、何ビット（何バイト）のデータを取り出すのかを、プログラムで指定するよ。

5

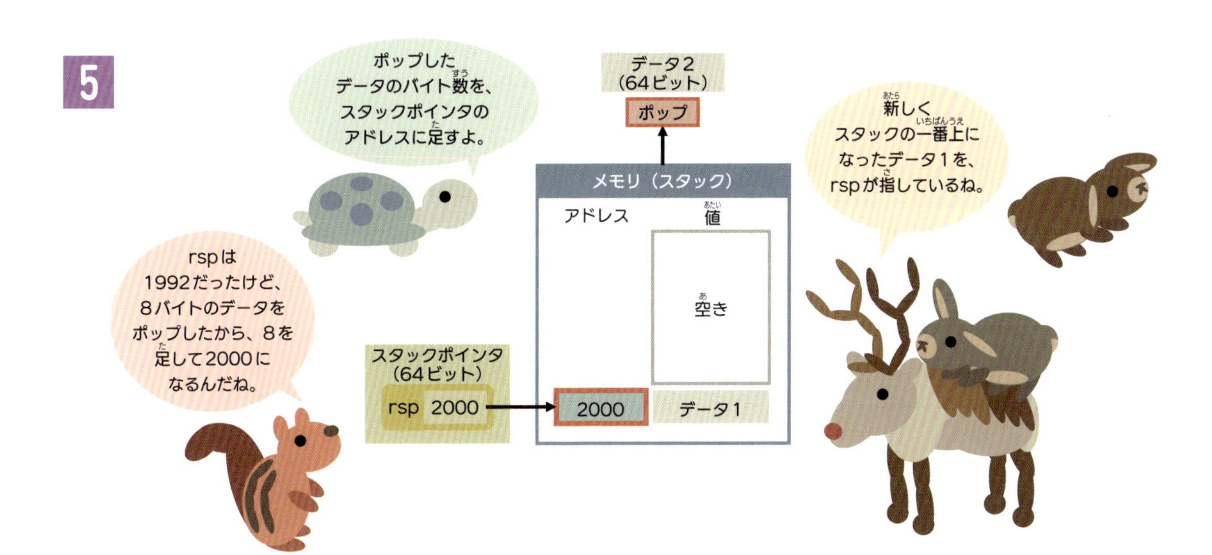

ポップしたデータのバイト数を、スタックポインタのアドレスに足すよ。
データ2（64ビット）
ポップ
メモリ（スタック）
アドレス
値
空き
新しくスタックの一番上になったデータ1を、rspが指しているね。
rspは1992だったけど、8バイトのデータをポップしたから、8を足して2000になるんだね。
スタックポインタ（64ビット）
rsp 2000
2000
データ1

こんな風に、メモリの一部をスタックとして使うよ。

スタックポインタのrspレジスタに、スタックの一番上のアドレスが入っているんだ。

スタックにデータをプッシュしたり、スタックからデータをポップするには、どんなプログラムを書くの？

push（プッシュ）命令とpop（ポップ）命令を使うよ。

指定したレジスタの値をスタックにプッシュしたり、逆にスタックの一番上にある値をポップしてレジスタに入れたりできるんだ。

命令の名前がプッシュとポップそのままだから、覚えやすいね。

うん。一方で、関数を呼び出すcall（コール）命令や、関数から戻るret（リターン）命令は、自動的にスタックを使うよ。

関数の呼び出しとスタックには、どんな関係があるの？

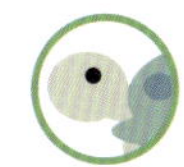
呼び出した関数が終わったときに、元の処理に戻れるよう、戻り先をスタックに保存しておくんだ。

こんな状況を考えてみよう。関数の呼び出しを、日常の作業に例えてみたよ。

（つづく↗）

▼関数を呼び出したときの問題

1 ▶▶

例えば、ケーキを作っているときに…。
今日のおやつはケーキだ。

2

電話が
かかってきて…。
もしもし、カメです。
はい、リスです。

さらに荷物が
届いたとする。
お届け物です。
ありがとう。

4

元の作業に
戻れるかな。
はて？
何をしていたん
だっけ？
今まで
何をしていたのか、
記録しておく必要が
あるね。

この例は言わば、「ケーキを作る」という関数の実行中に、「電話」という関数を呼び出して、さらに「荷物を受け取る」という関数を呼び出した状況だ。

（つづく↗）

ある作業をしている間に、別の作業が入ると、何をしていたのかわからなくなるね…。

大丈夫。別の作業に移る前に、何の作業をしていたのかを記録すればいいよ。

ここでスタックが役立つんだ。

▼関数呼び出しとスタック

1
例えば、
ケーキを作っているときに、
電話がかかって
きたら…。
スタック
空き
空き
空き
空き
空き

2
スタックに
「ケーキ作り」をプッシュしてから、
電話に出る。
ケーキ作り
プッシュ
スタック
空き
空き
空き
空き
ケーキ作り

3
さらに、
電話中に荷物が
届いたら…。
スタック
空き
空き
空き
空き
ケーキ作り

4
スタックに
「電話」をプッシュして
から、荷物を受け取る。
電話
プッシュ
スタック
空き
空き
空き
電話
ケーキ作り

荷物の受け取りが
終わったら…。
スタック
空き
空き
空き
電話
ケーキ作り

電話
ポップ
スタックから
「電話」をポップして、
電話に戻る。
スタック
空き
空き
空き
電話
ケーキ作り

電話が終わったら…。
スタック
空き
空き
空き
空き
ケーキ作り

8

ケーキ作り
ポップ
スタックから
「ケーキ作り」をポップして、
ケーキ作りに戻る。
スタック
空き
空き
空き
空き
ケーキ作り

どの作業に戻ればいいのかを、スタックにプッシュしておくんだね。

うん。ある作業が終わったら、スタックからポップした作業に戻ればいいよ。

スタックでは、最後に入れたデータが最初に出てくるから、新しく入った作業を先に片付けて、次第に古い作業へ戻れるよ。

（つづく↗）

実際のコンピュータでは、スタックに何を記録するの？

リターンアドレスと呼ばれる、戻り先のアドレスを記録するよ。

関数を呼び出す仕組みと、関数から戻る仕組みを詳しく見てみよう。

▼リターンアドレス

1

こんな機械語プログラムを考えてみよう。「処理1」「呼び出す」「処理2」の順に実行するよ。

メモリ
アドレス
プログラム
1000
処理1
1002
呼び出す
1007
処理2

「処理1」「呼び出す」「処理2」の部分には、それぞれ機械語の命令が置かれていると考えてね。

この例では、1000番地から順に実行するんだね。

2

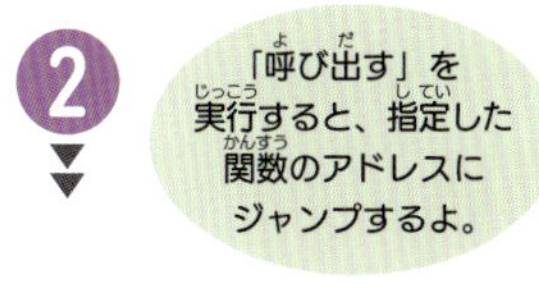

「呼び出す」を実行すると、指定した関数のアドレスにジャンプするよ。

この例では、関数のプログラムは2000番地に置かれているね。

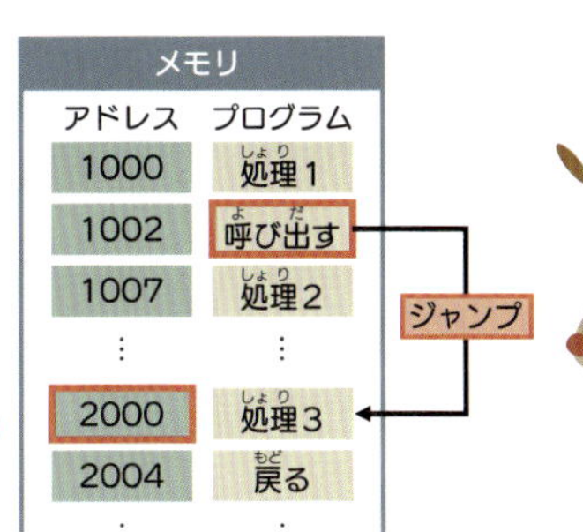

メモリ
アドレス
プログラム
1000
処理1
1002
呼び出す
1007
処理2
2000
処理3
2004
戻る
ジャンプ

第4章で学んだジャンプと「呼び出す」の違いは、後で説明するよ。

3

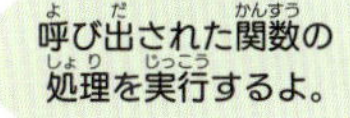

呼び出された関数の処理を実行するよ。

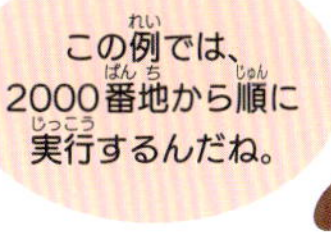

この例では、2000番地から順に実行するんだね。

メモリ
アドレス
プログラム
2000
処理3
2004
戻る

「処理3」「戻る」の順に実行するよ。

5-1

4

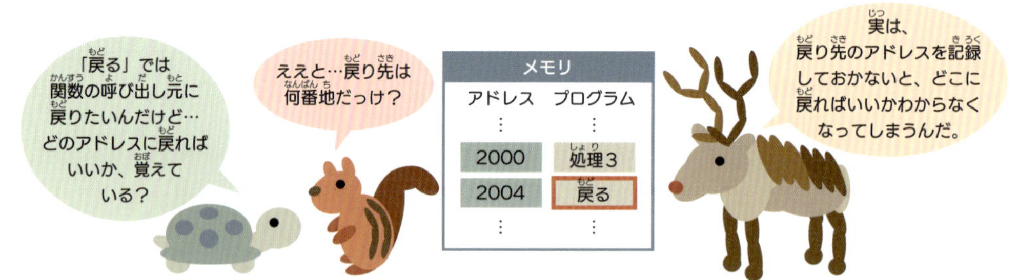

「戻る」では関数の呼び出し元に戻りたいんだけど…どのアドレスに戻ればいいか、覚えている？
ええと…戻り先は何番地だっけ？
メモリ
アドレス
プログラム
2000
処理3
2004
戻る
実は、戻り先のアドレスを記録しておかないと、どこに戻ればいいかわからなくなってしまうんだ。

5

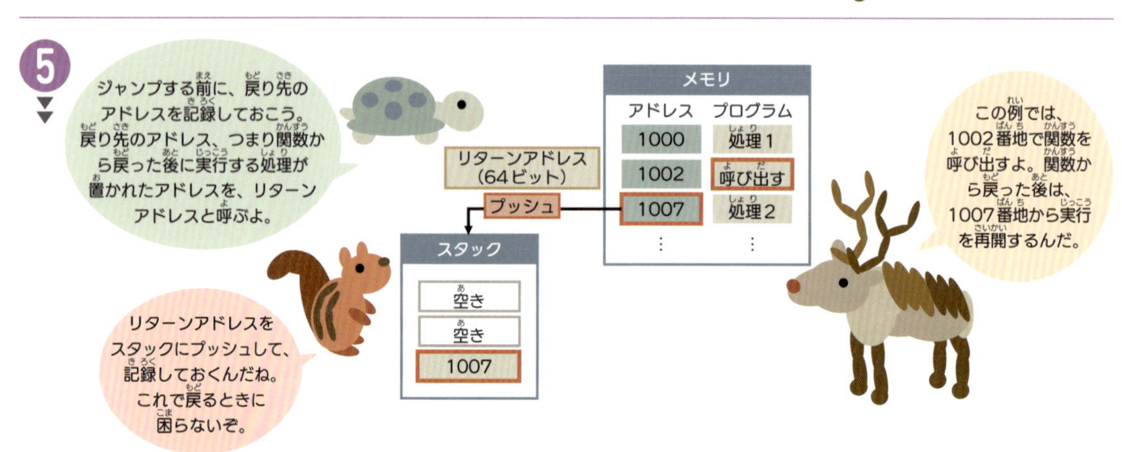

ジャンプする前に、戻り先のアドレスを記録しておこう。戻り先のアドレス、つまり関数から戻った後に実行する処理が置かれたアドレスを、リターンアドレスと呼ぶよ。
リターンアドレス（64ビット）
プッシュ
メモリ
アドレス
プログラム
1000
処理1
1002
呼び出す
1007
処理2
スタック
空き
空き
1007
この例では、1002番地で関数を呼び出すよ。関数から戻った後は、1007番地から実行を再開するんだ。
リターンアドレスをスタックにプッシュして、記録しておくんだね。これで戻るときに困らないぞ。

6

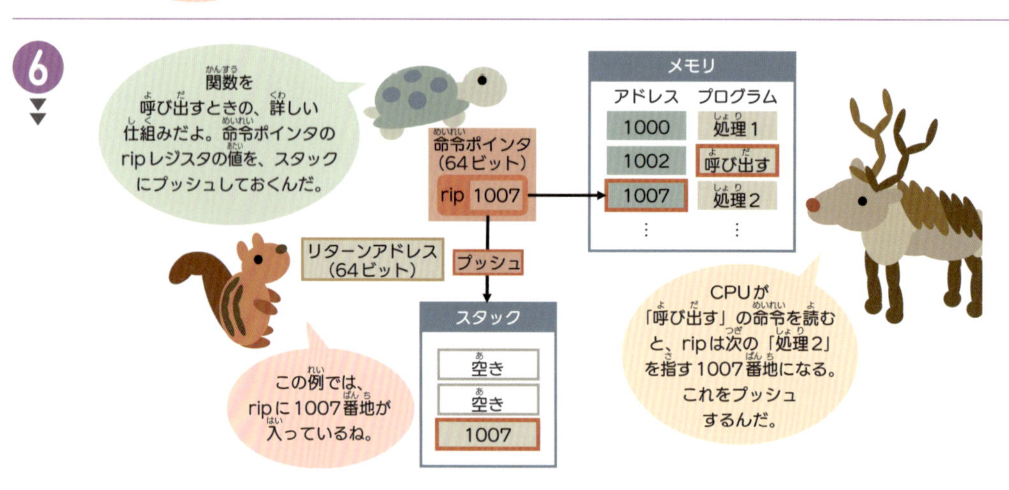

関数を呼び出すときの、詳しい仕組みだよ。命令ポインタのripレジスタの値を、スタックにプッシュしておくんだ。
命令ポインタ（64ビット）
rip 1007
メモリ
アドレス
プログラム
1000
処理1
1002
呼び出す
1007
処理2
リターンアドレス（64ビット）
プッシュ
スタック
空き
空き
1007
CPUが「呼び出す」の命令を読むと、ripは次の「処理2」を指す1007番地になる。これをプッシュするんだ。
この例では、ripに1007番地が入っているね。

7

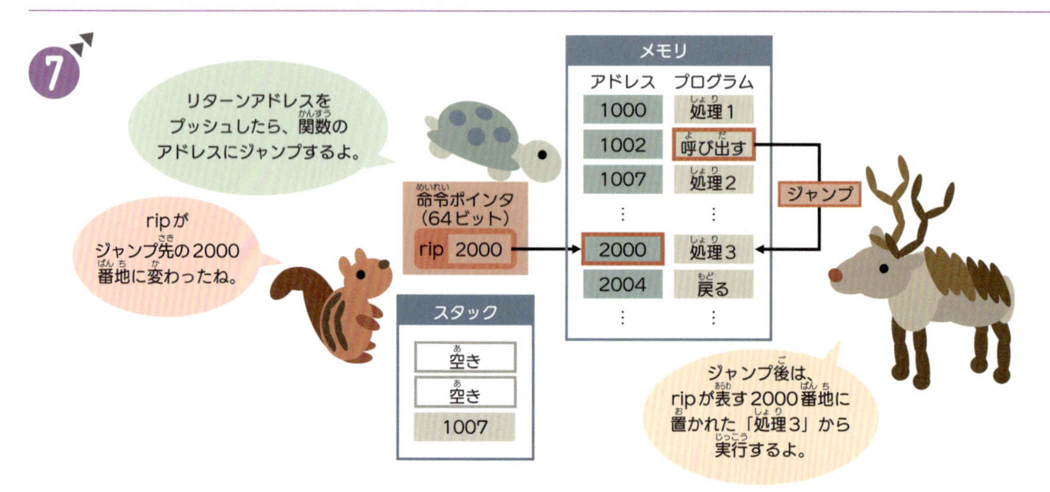

リターンアドレスをプッシュしたら、関数のアドレスにジャンプするよ。
メモリ
アドレス
プログラム
1000
処理1
1002
呼び出す
1007
処理2
2000
処理3
2004
戻る
ジャンプ
命令ポインタ（64ビット）
rip 2000
ripがジャンプ先の2000番地に変わったね。
スタック
空き
空き
1007
ジャンプ後は、ripが表す2000番地に置かれた「処理3」から実行するよ。

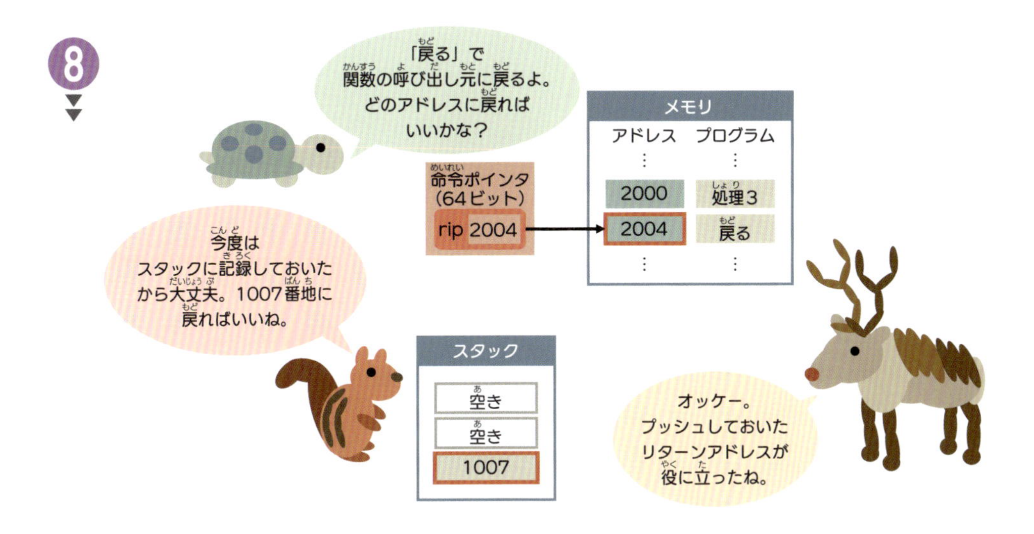
8
「戻る」で
関数の呼び出し元に戻るよ。
どのアドレスに戻れば
いいかな？
メモリ
アドレス　プログラム
2000　処理3
2004　戻る
命令ポインタ
（64ビット）
rip 2004
今度は
スタックに記録しておいた
から大丈夫。1007番地に
戻ればいいね。
スタック
空き
空き
1007
オッケー。
プッシュしておいた
リターンアドレスが
役に立ったね。

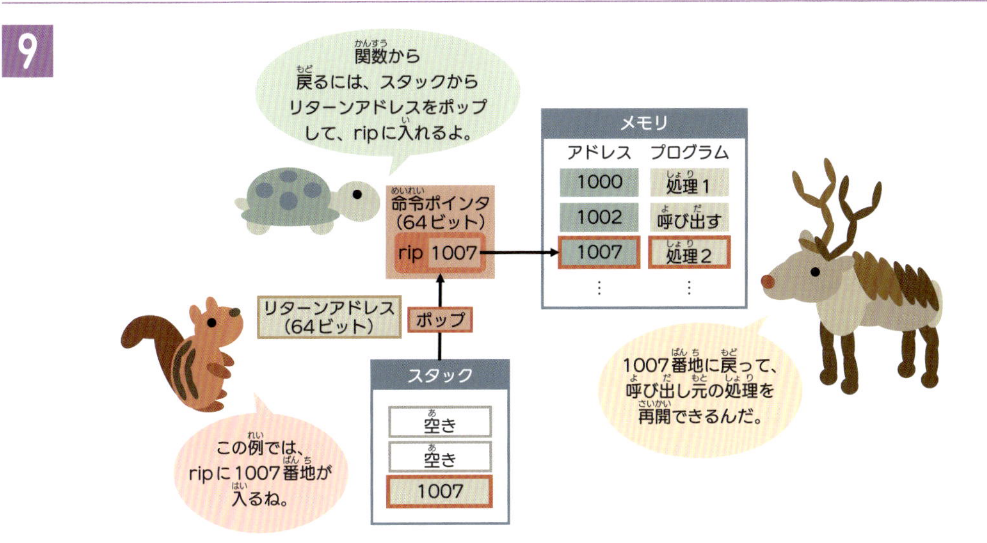
9
関数から
戻るには、スタックから
リターンアドレスをポップ
して、ripに入れるよ。
メモリ
アドレス　プログラム
1000　処理1
1002　呼び出す
1007　処理2
命令ポインタ
（64ビット）
rip 1007
リターンアドレス
（64ビット）
ポップ
スタック
空き
空き
1007
この例では、
ripに1007番地が
入るね。
1007番地に戻って、
呼び出し元の処理を
再開できるんだ。

なるほど。リターンアドレスをスタックに記録しておけば、関数から戻ったときに、次の処理を再開できるね。

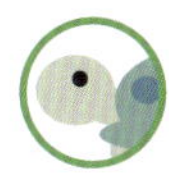

うん。関数を呼び出すと自動的にリターンアドレスがプッシュされて、関数から戻ると自動的にリターンアドレスがポップされるよ。

リターンアドレスのプッシュやポップを行うことが、第4章で学んだジャンプとの違いだ。

（つづく↗）

スタックには関数呼び出しの他にも、使い道があるの？

うん。例えば、関数に渡す引数の個数が多いときは、スタックを使って引数を渡すよ。

関数の中で値を一時的に保存したいときにも、スタックが使えるんだ。

上手くスタックを使いこなせるかな…。

大丈夫。次のセクションから、実際にスタックを使って、いろいろなプログラムを書いてみるよ。

5-2

関数を呼び出そう

他の関数を呼び出すプログラムを書いてみましょう。

まずは、他の関数を呼び出してみよう。

今まではC言語からアセンブリ言語の関数を呼び出していたけど、ここではアセンブリ言語からアセンブリ言語の関数を呼び出すよ。

関数を呼び出すと、どんないいことがあるの？

（つづく↗）

既存のプログラムを関数として活用すると、新しいプログラムを簡単に書けることがあるよ。

例えば、第4章で書いたmin関数やmin2関数を活用して、4個の整数のうち最小のものを返すプログラムを書いてみよう。

min関数は2個の整数、min2関数は3個の整数のうち、最小のものを返す関数だったね。

うん。今回は以下の手順で、4個の整数のうち最小のものを返そう。

▼4個の整数のうち最小のものを返す手順

引数で渡された4個の整数のうち、最小のものを返そう。

レジスタ

戻り値	引数	引数	引数	引数
eax ?	ecx 1	edx 2	r8d 3	r9d 4

この例では、引数は1、2、3、4だね。

ecx、edx、r8d、r9dで引数を受け取って、eaxで戻り値を返すよ。

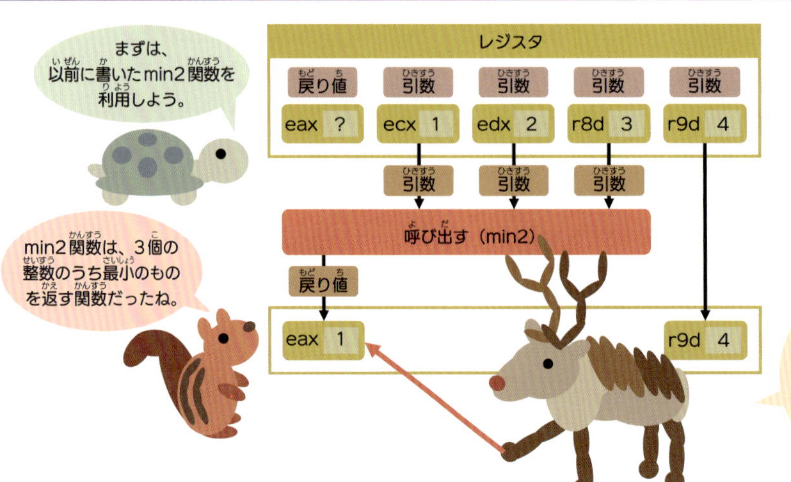
まずは、以前に書いたmin2関数を利用しよう。
レジスタ
戻り値
引数
引数
引数
引数
eax ?
ecx 1
edx 2
r8d 3
r9d 4
引数
引数
引数
呼び出す（min2）
戻り値
eax 1
r9d 4
min2関数は、3個の整数のうち最小のものを返す関数だったね。
4個の整数のうち、3個をmin2関数に渡して、3個の中で最小のものを決めよう。min2関数の戻り値はeaxに入るよ。

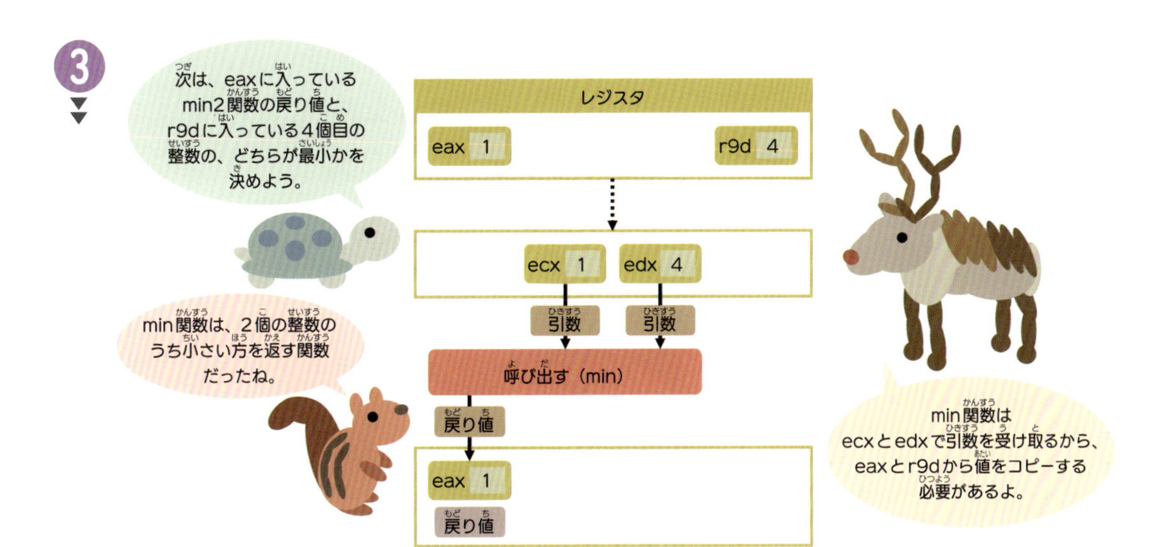
3
次は、eaxに入っている
min2関数の戻り値と、
r9dに入っている4個目の
整数の、どちらが最小かを
決めよう。
min関数は、2個の整数の
うち小さい方を返す関数
だったね。
レジスタ
eax 1
r9d 4
ecx 1
edx 4
引数
引数
呼び出す（min）
戻り値
eax 1
戻り値
min関数は
ecxとedxで引数を受け取るから、
eaxとr9dから値をコピーする
必要があるよ。

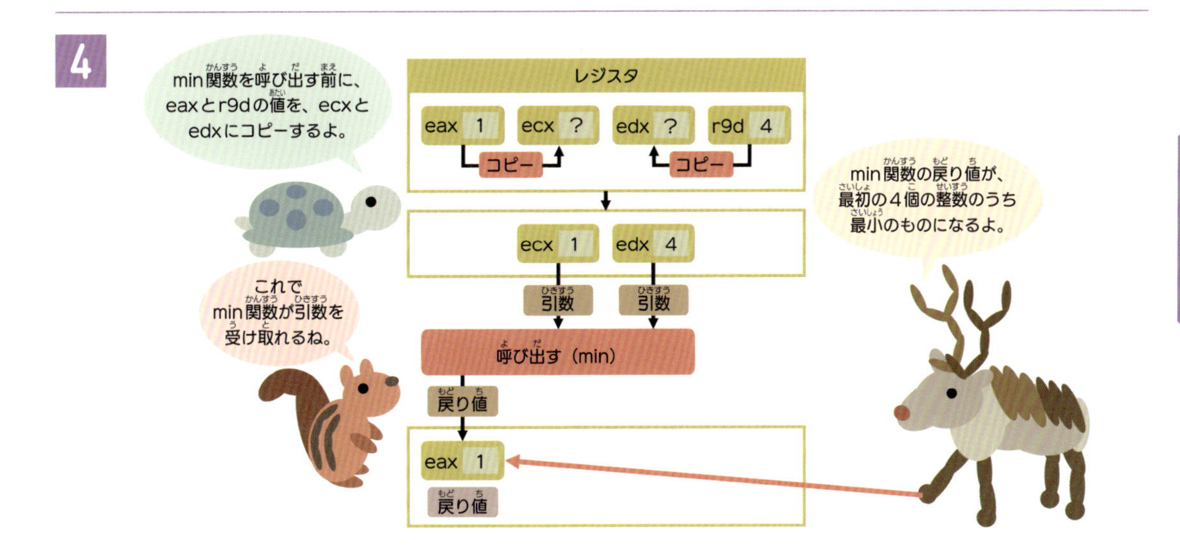
4
min関数を呼び出す前に、
eaxとr9dの値を、ecxと
edxにコピーするよ。
これで
min関数が引数を
受け取れるね。
レジスタ
eax 1
ecx ？
edx ？
r9d 4
コピー
コピー
ecx 1
edx 4
引数
引数
呼び出す（min）
戻り値
eax 1
戻り値
min関数の戻り値が、
最初の4個の整数のうち
最小のものになるよ。

この方法では、最初にmin2関数を呼び出して、次にmin関数を呼び出すんだね。

うん。まずは4個の整数のうち、3個の中で最小のものを、min2関数を使って見つけるよ。

次に、見つけた最小の整数と、残った1個の整数の、どちらが小さいかをmin関数で決めるんだ。

（つづく↗）

関数はどうやって呼び出すの？

call命令を使うよ。

call（コール）は「呼ぶ」という意味だ。

5-2

▼call命令

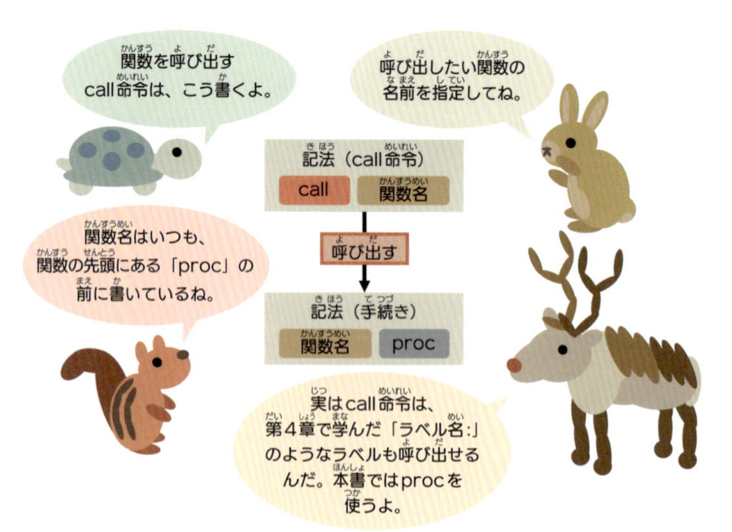
関数を呼び出すcall命令は、こう書くよ。
呼び出したい関数の名前を指定してね。
記法（call命令）
call
関数名
呼び出す
記法（手続き）
関数名
proc
関数名はいつも、関数の先頭にある「proc」の前に書いているね。
実はcall命令は、第4章で学んだ「ラベル名:」のようなラベルも呼び出せるんだ。本書ではprocを使うよ。

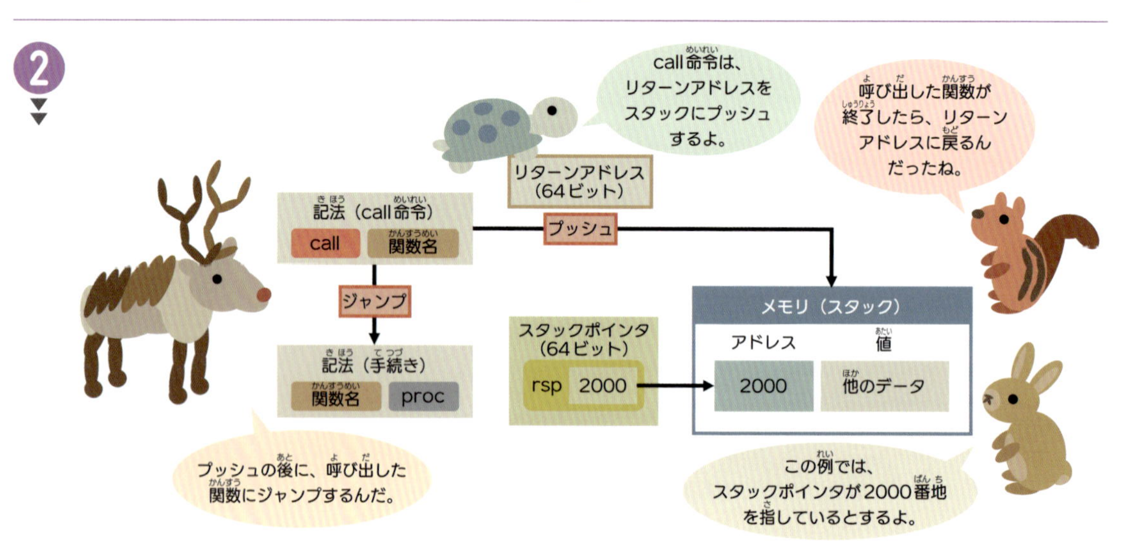
2
call命令は、リターンアドレスをスタックにプッシュするよ。
呼び出した関数が終了したら、リターンアドレスに戻るんだったね。
リターンアドレス（64ビット）
記法（call命令）
call
関数名
プッシュ
ジャンプ
記法（手続き）
関数名
proc
スタックポインタ（64ビット）
rsp
2000
メモリ（スタック）
アドレス
値
2000
他のデータ
プッシュの後に、呼び出した関数にジャンプするんだ。
この例では、スタックポインタが2000番地を指しているとするよ。

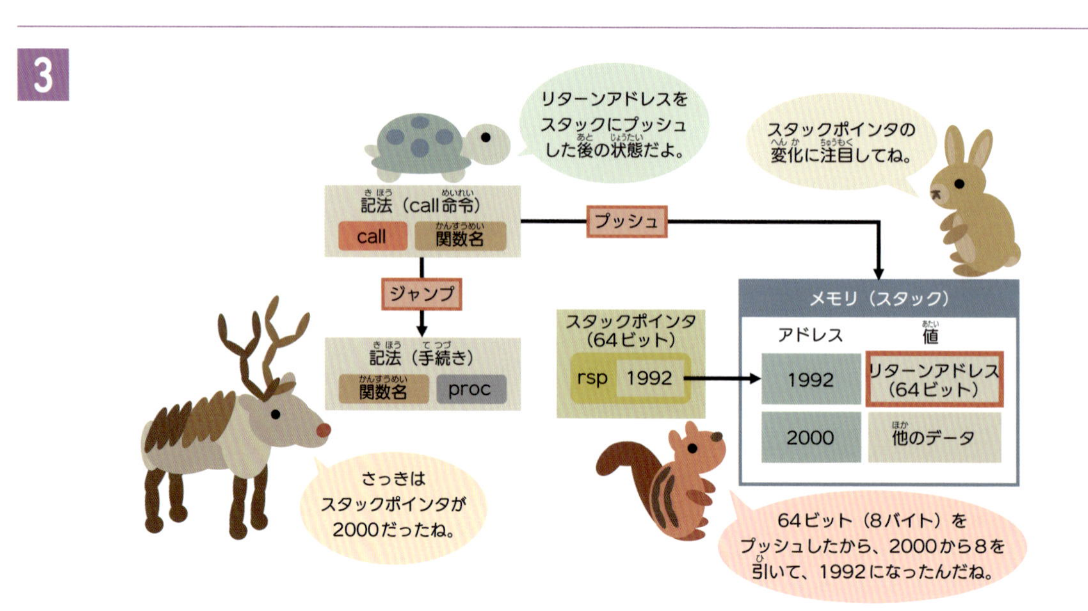
3
リターンアドレスをスタックにプッシュした後の状態だよ。
スタックポインタの変化に注目してね。
記法（call命令）
call
関数名
プッシュ
ジャンプ
記法（手続き）
関数名
proc
スタックポインタ（64ビット）
rsp
1992
メモリ（スタック）
アドレス
値
1992
リターンアドレス（64ビット）
2000
他のデータ
さっきはスタックポインタが2000だったね。
64ビット（8バイト）をプッシュしたから、2000から8を引いて、1992になったんだね。

call命令を実行すると、自動的にスタックが使われるんだね。

うん。自動的にリターンアドレスをスタックにプッシュするよ。

今回の環境では、リターンアドレスは64ビット（8バイト）だ。

（つづく↗）

関数から戻るときは、どうするの？

もうおなじみの、ret命令を使うよ。

retはreturn（リターン）の略で、「戻る」という意味だったね。

▼ret命令

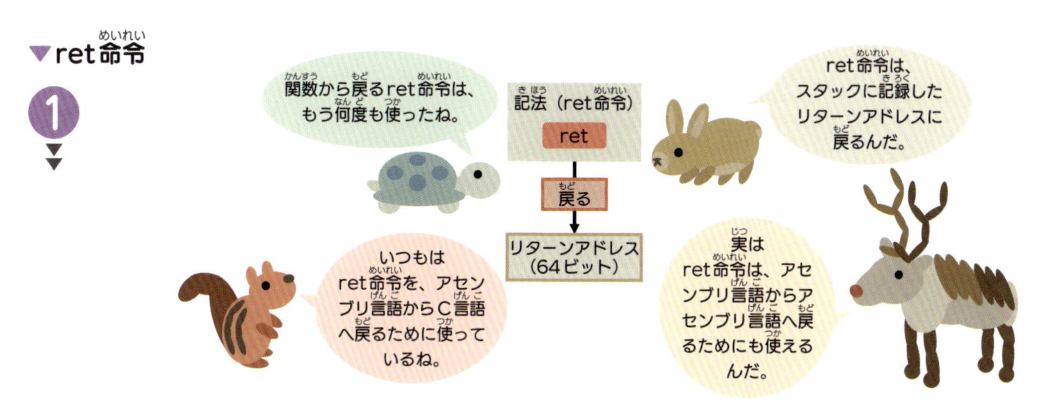
1
関数から戻るret命令は、もう何度も使ったね。
記法（ret命令）
ret
戻る
リターンアドレス（64ビット）
ret命令は、スタックに記録したリターンアドレスに戻るんだ。
いつもはret命令を、アセンブリ言語からC言語へ戻るために使っているね。
実はret命令は、アセンブリ言語からアセンブリ言語へ戻るためにも使えるんだ。

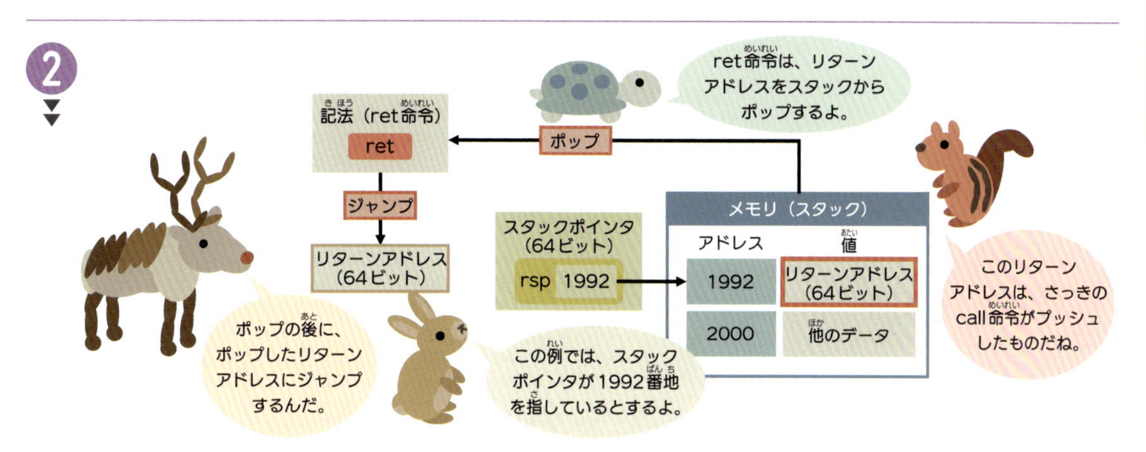
2
記法（ret命令）
ret
ポップ
ret命令は、リターンアドレスをスタックからポップするよ。
ジャンプ
リターンアドレス（64ビット）
スタックポインタ（64ビット）
rsp 1992
メモリ（スタック）
アドレス
値
1992
リターンアドレス（64ビット）
2000
他のデータ
このリターンアドレスは、さっきのcall命令がプッシュしたものだね。
ポップの後に、ポップしたリターンアドレスにジャンプするんだ。
この例では、スタックポインタが1992番地を指しているとするよ。

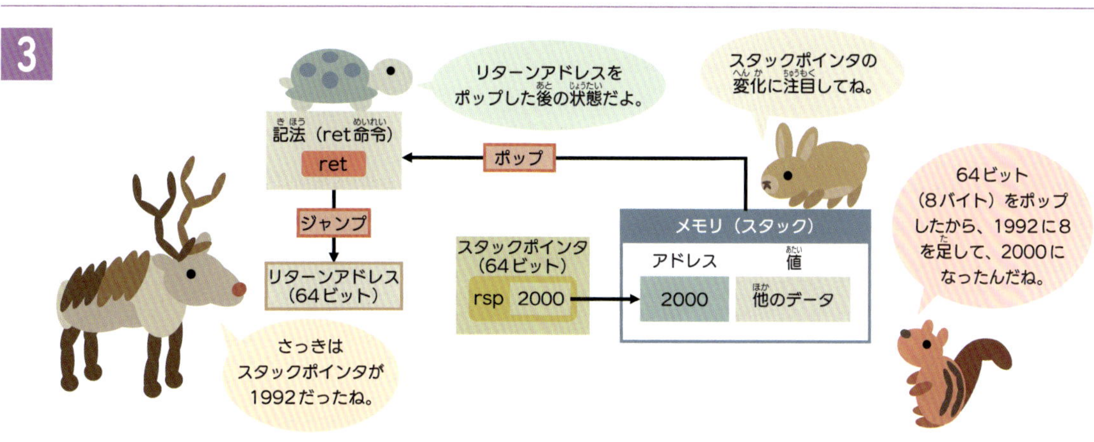
3
リターンアドレスをポップした後の状態だよ。
スタックポインタの変化に注目してね。
記法（ret命令）
ret
ポップ
ジャンプ
リターンアドレス（64ビット）
スタックポインタ（64ビット）
rsp 2000
メモリ（スタック）
アドレス
値
2000
他のデータ
64ビット（8バイト）をポップしたから、1992に8を足して、2000になったんだね。
さっきはスタックポインタが1992だったね。

C言語に戻るときも、アセンブリ言語に戻るときも、ret命令を使うんだね。

うん。いずれの場合もret命令は自動的に、スタックからリターンアドレスをポップするよ。

今までも関数を呼び出すときは、スタックが使われていたの？

（つづく↗）

その通り。C言語からアセンブリ言語を呼び出すときも、自動的にスタックが使われていたんだ。

さっそくcall命令とret命令を使って、考えた手順をプログラムにしてみよう。

レジスタ間の値のやりとりがポイントだよ。

▼4個の整数のうち最小のものを返すプログラム

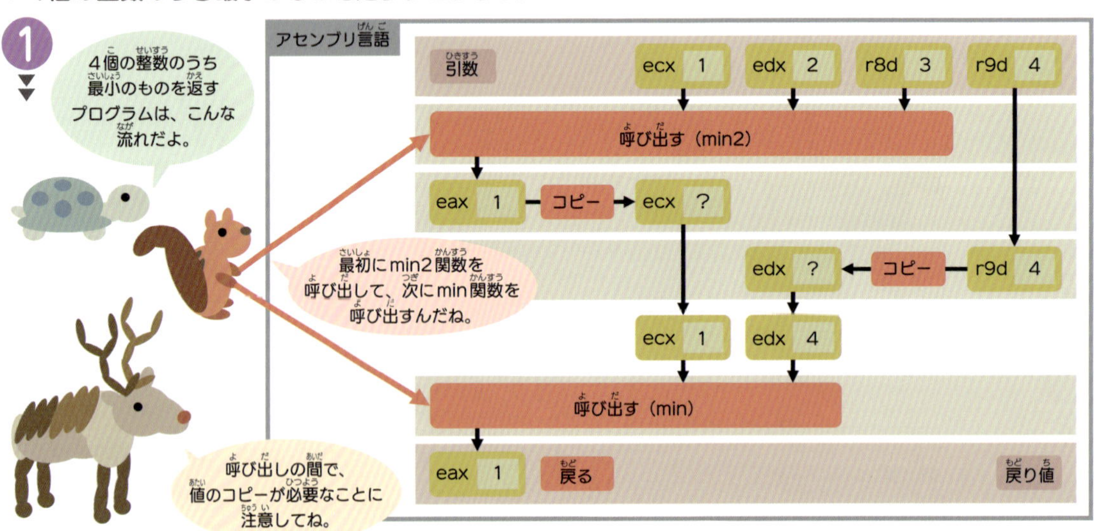
1
4個の整数のうち最小のものを返すプログラムは、こんな流れだよ。
アセンブリ言語
引数
ecx 1
edx 2
r8d 3
r9d 4
呼び出す（min2）
eax 1
コピー
ecx ？
最初にmin2関数を呼び出して、次にmin関数を呼び出すんだね。
edx ？
コピー
r9d 4
ecx 1
edx 4
呼び出す（min）
呼び出しの間で、値のコピーが必要なことに注意してね。
eax 1
戻る
戻り値

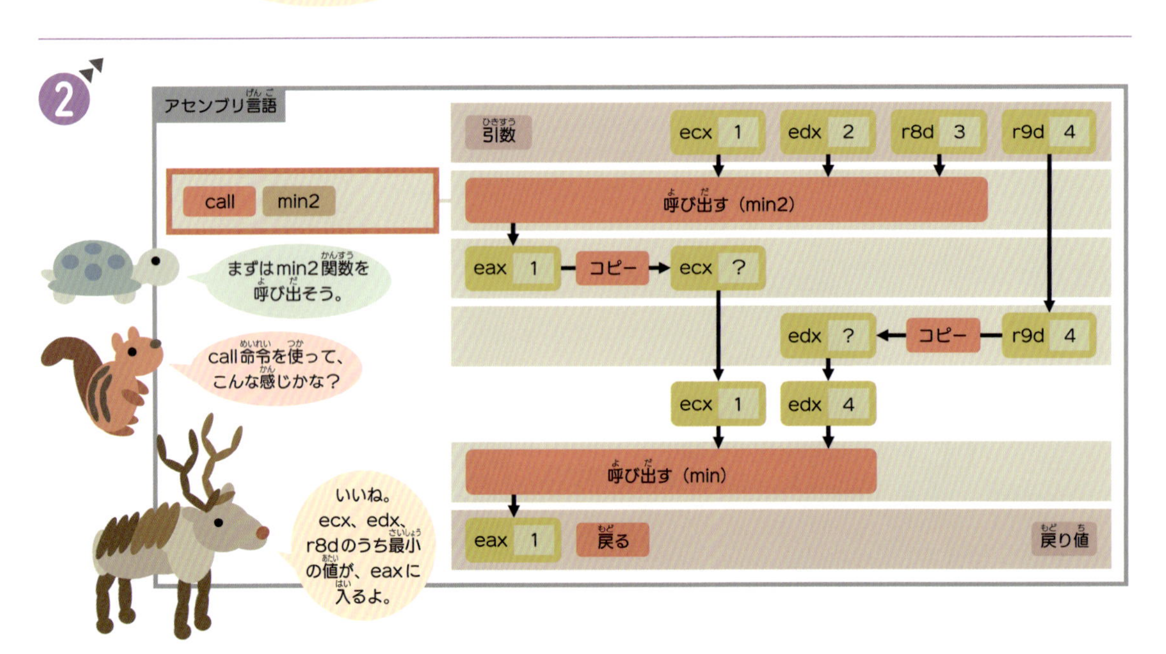
2
アセンブリ言語
call
min2
引数
ecx 1
edx 2
r8d 3
r9d 4
呼び出す（min2）
まずはmin2関数を呼び出そう。
eax 1
コピー
ecx ？
call命令を使って、こんな感じかな？
edx ？
コピー
r9d 4
ecx 1
edx 4
呼び出す（min）
いいね。ecx、edx、r8dのうち最小の値が、eaxに入るよ。
eax 1
戻る
戻り値

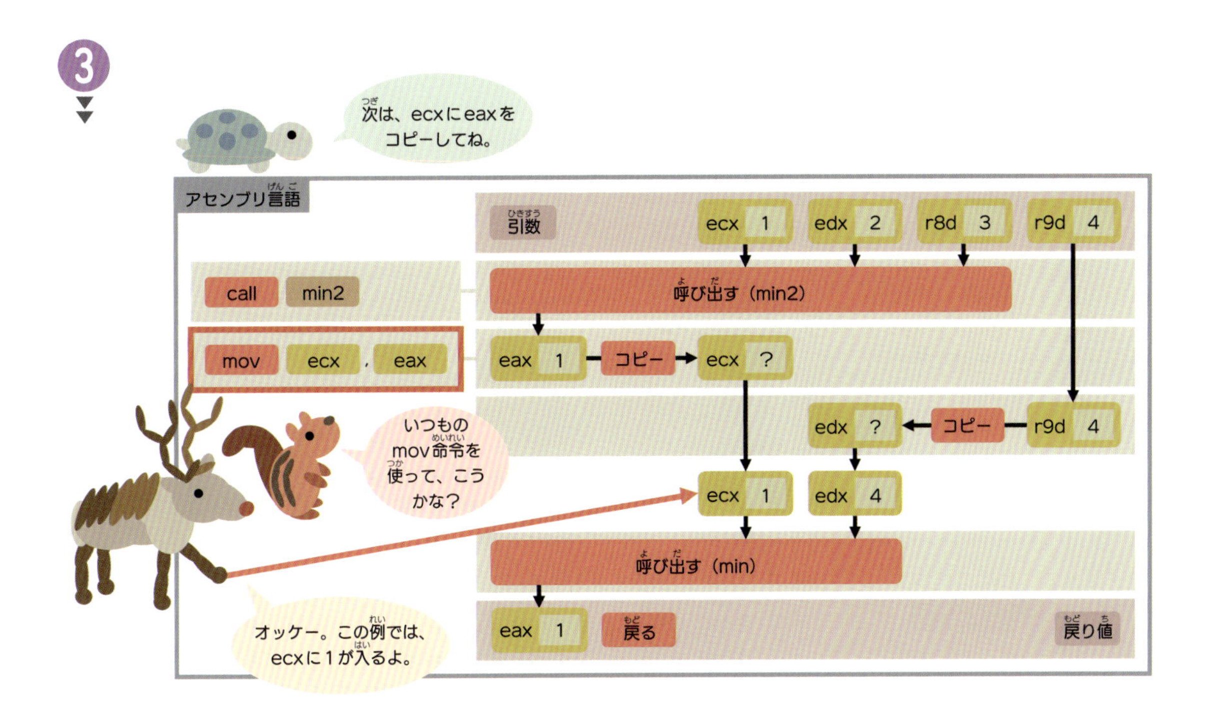
3
次は、ecxにeaxをコピーしてね。
アセンブリ言語
引数
ecx 1
edx 2
r8d 3
r9d 4
call min2
呼び出す（min2）
mov ecx , eax
eax 1
コピー
ecx ?
edx ?
コピー
r9d 4
いつものmov命令を使って、こうかな？
ecx 1
edx 4
呼び出す（min）
オッケー。この例では、ecxに1が入るよ。
eax 1
戻る
戻り値

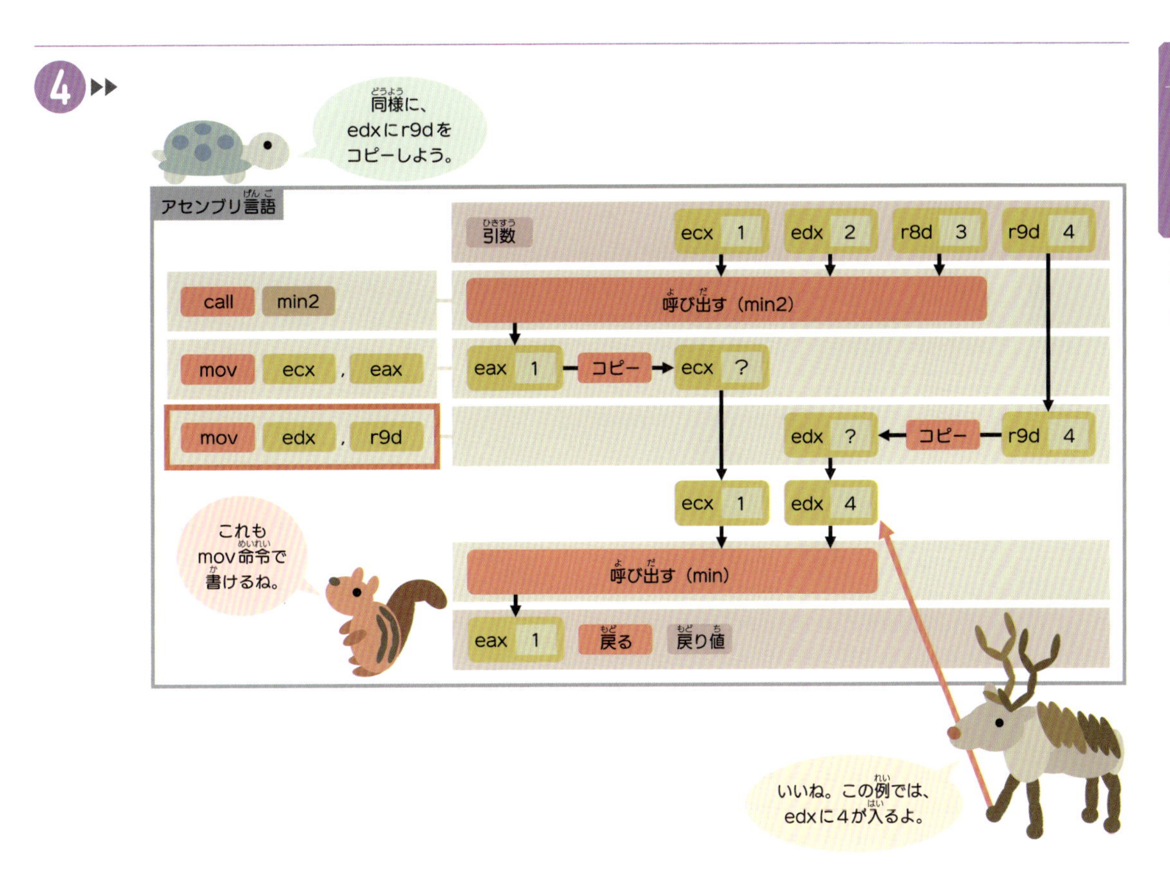
4
同様に、edxにr9dをコピーしよう。
アセンブリ言語
引数
ecx 1
edx 2
r8d 3
r9d 4
call min2
呼び出す（min2）
mov ecx , eax
eax 1
コピー
ecx ?
mov edx , r9d
edx ?
コピー
r9d 4
ecx 1
edx 4
これもmov命令で書けるね。
呼び出す（min）
eax 1
戻る
戻り値
いいね。この例では、edxに4が入るよ。

5

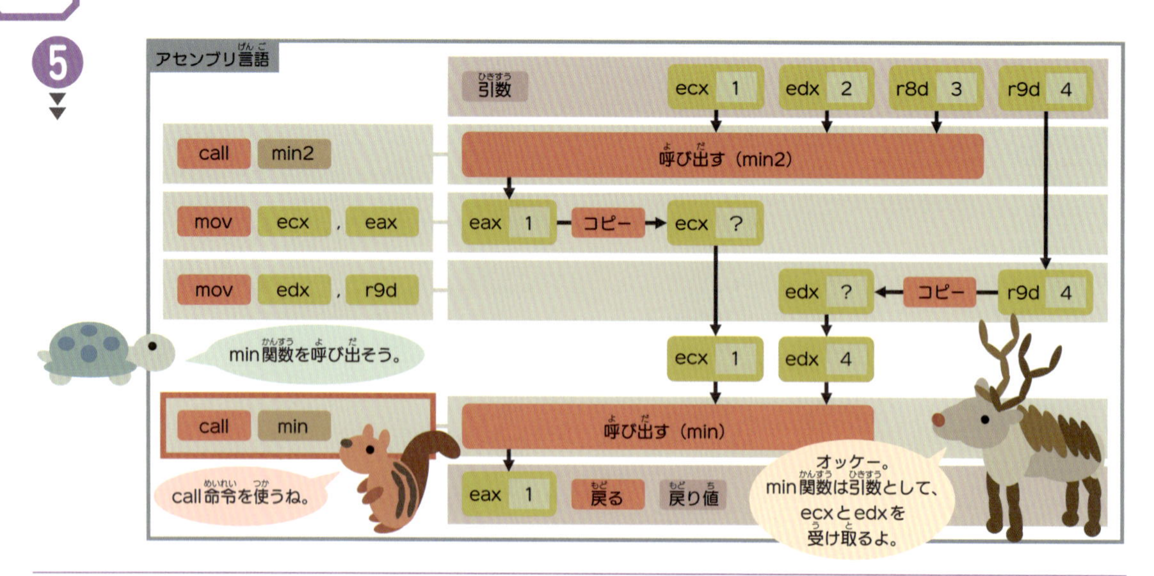
アセンブリ言語
引数
ecx 1
edx 2
r8d 3
r9d 4
call min2
呼び出す（min2）
mov ecx , eax
eax 1
コピー
ecx ?
mov edx , r9d
edx ?
コピー
r9d 4
min関数を呼び出そう。
ecx 1
edx 4
call min
呼び出す（min）
call命令を使うね。
eax 1
戻る
戻り値
オッケー。min関数は引数として、ecxとedxを受け取るよ。

6

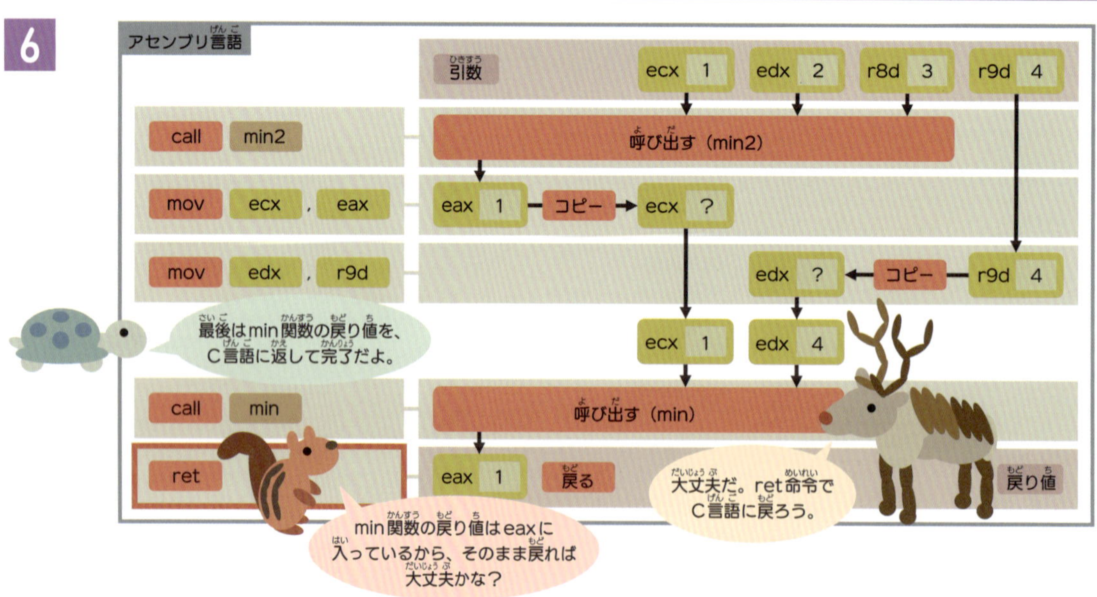
アセンブリ言語
引数
ecx 1
edx 2
r8d 3
r9d 4
call min2
呼び出す（min2）
mov ecx , eax
eax 1
コピー
ecx ?
mov edx , r9d
edx ?
コピー
r9d 4
最後はmin関数の戻り値を、C言語に返して完了だよ。
ecx 1
edx 4
call min
呼び出す（min）
ret
eax 1
戻る
大丈夫だ。ret命令でC言語に戻ろう。
戻り値
min関数の戻り値はeaxに入っているから、そのまま戻れば大丈夫かな？

無事にプログラムが書けた…かな？

うん。min関数を呼び出すために、引数をecxとedxにコピーする必要があるのが、少し複雑だったかもしれないね。

でも、min2関数やmin関数を呼び出さないで、ゼロからプログラムを書くよりも、簡単に書けたんじゃないかな。

確かに。前に書いた関数を呼び出すと、簡単にプログラムが書けることがあるんだね。

（つづく↗）

うん。関数を呼び出さない方が、プログラムが高速になる場合もあるけど、今回は簡単に書くことを優先したよ。

以下が完成したプログラムだ。関数名はmin_callにしたよ。

sub.asmでmin_callを見つけて、次のように変更してね。

「;」以降はコメントだから、入力しなくていいんだったね。

4個の整数のうち最小のものを返すmin_call関数(sub.asm)

```
min_call proc
    call min2          ; min2関数を呼び出す
    mov ecx, eax       ; ecxにeaxをコピー
    mov edx, r9d       ; edxにr9dをコピー
    call min           ; min関数を呼び出す
    ret                ; 戻る
min_call endp
```

変更して保存したよ。

(つづく↗)

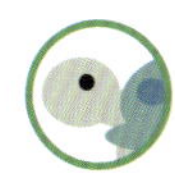

C言語プログラムは以下の通り。「1、2、3、4」と「8、7、6、5」について、min_call関数を呼び出すよ。

main.cで以下の箇所を見つけて、先頭の//を削除してね。

min_call関数を呼び出す(main.c)

```
printf("min_call(1, 2, 3, 4): %d\n", min_call(1, 2, 3, 4));
printf("min_call(8, 7, 6, 5): %d\n", min_call(8, 7, 6, 5));
```

こちらも変更して保存したよ。実行してみるね。

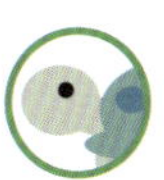

以下の結果が表示されたら成功だよ。

実行結果:4個の整数のうち最小のもの(min_call関数)

```
min_call(1, 2, 3, 4): 1
min_call(8, 7, 6, 5): 5
```

「1、2、3、4」のうち最小は1、「8、7、6、5」のうち最小は5だから、正しく動いたみたいだ。

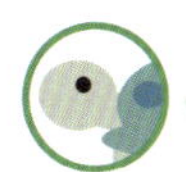

よかった。関数を無事に呼び出せたね。

関数を呼び出す手順を確認しておこう。

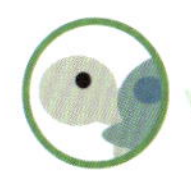

うん。まず、必要な引数をレジスタに入れるよ。

(つづく↗)

次に、call命令で関数を呼び出す。

関数が終わったら、ret命令で戻ってくるんだね。

その通り。関数の呼び出しについては、これでバッチリだ。

次のセクションでは、スタックから引数を受け取ってみよう。

5-3

スタックから引数を受け取ろう

引数の個数が多いときは、スタックから引数を受け取ります。

第２章で、引数の個数が多いときはスタックを使って受け取る、と言ったのを覚えている？

ええと…引数が５個以上のときは、スタックを使うんだったっけ？

その通り。５番目以降の引数は、スタックを使って受け取るんだ。

４番目までの引数はレジスタで受け取るよ。

（つづく↗）

どのレジスタを使うのか、復習しておこう。

32ビット整数の引数はecx、edx、r8d、r9dで受け取るね。

64ビット整数の引数はrcx、rdx、r8、r9で受け取るよ。

浮動小数点数の引数はxmm0、xmm1、xmm2、xmm3で受け取るんだ。

今回は、整数の引数が５個以上あるときに、スタックを使って受け取る方法を学ぼう。

▼スタックから引数を受け取る

C言語から
アセンブリ言語の関数を
呼び出したときのスタックは、
こんな状態だ。スタックポインタは
2000番地としたよ。

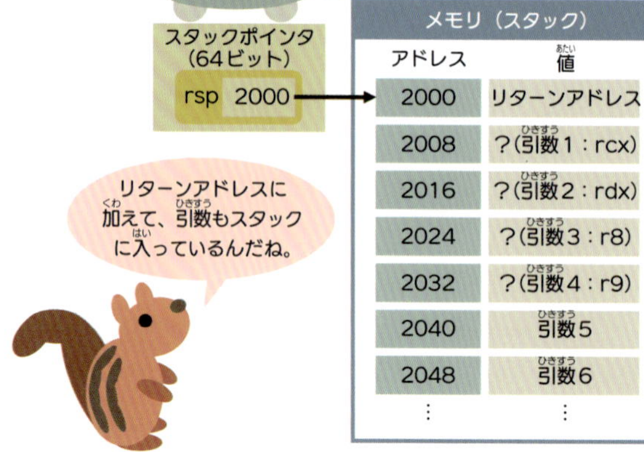

スタックポインタ
（64ビット）
rsp 2000
メモリ（スタック）
アドレス
値
2000 リターンアドレス
2008 ？(引数１：rcx)
2016 ？(引数２：rdx)
2024 ？(引数３：r8)
2032 ？(引数４：r9)
2040 引数５
2048 引数６
リターンアドレスに
加えて、引数もスタック
に入っているんだね。

1～4番目の引数は、
スタックに場所が
用意されているだけなんだ。
５番目以降の引数は、スタックに
値が記録されているよ。

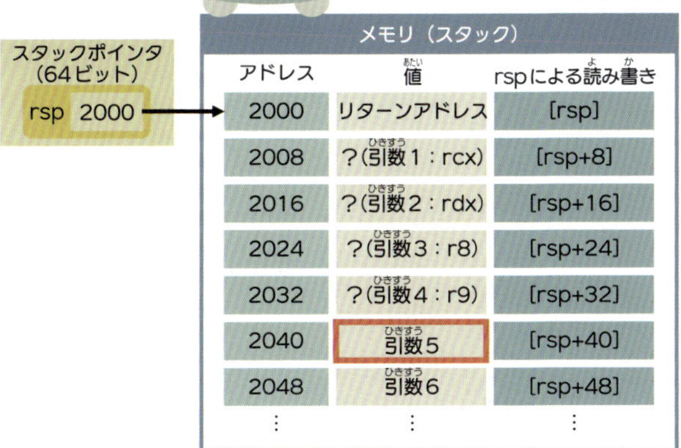

アドレス	値	rspによる読み書き
2000	リターンアドレス	[rsp]
2008	?（引数1：rcx）	[rsp+8]
2016	?（引数2：rdx）	[rsp+16]
2024	?（引数3：r8）	[rsp+24]
2032	?（引数4：r9）	[rsp+32]
2040	引数5	[rsp+40]
2048	引数6	[rsp+48]
︙	︙	︙

メモリ（スタック）
スタックポインタ（64ビット）
rsp 2000

スタックポインタのrspを使って、スタック上の値を読み書きできるよ。

第3章で学んだ、メモリを読み書きする方法と同じだね。

例えば[rsp+40]を指定すると、引数5を読み書きできるんだ。

3

スタックポインタ（64ビット）

rsp 2000

メモリ（スタック）

アドレス	0～3バイト目	4～7バイト目	rspによる読み書き
2000	リターンアドレス		[rsp]
2008	?（引数1：ecx）	?	[rsp+8]
2016	?（引数2：edx）	?	[rsp+16]
2024	?（引数3：r8d）	?	[rsp+24]
2032	?（引数4：r9d）	?	[rsp+32]
2040	引数5	?	[rsp+40]
2048	引数6	?	[rsp+48]
︙	︙	︙	︙

32ビット整数の引数を受け取りたいときは、どうするの？

0	1	2	3	4	5	6	7
32ビット整数が入る				使わない			

32ビット整数の引数は、各アドレスの0～3バイト目に入るよ。

例えば引数5を受け取るには、32ビットでも64ビットでも、[rsp+40]を指定すればいいんだ。

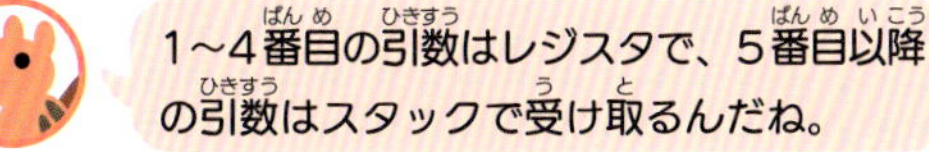

1～4番目の引数はレジスタで、5番目以降の引数はスタックで受け取るんだね。

うん。1～4番目の引数についても、スタック上に場所は用意されているよ。

後で学ぶけど、この場所は一時的に値を保存したいときに便利なんだ。

どうして引数の受け渡しに、レジスタとスタックの両方を使うの？

（つづく↗）

スタックだけを使う方法もあるけど、レジスタを使った方が高速になる可能性があるからだよ。

でも、レジスタは個数が限られているから、多くの引数を渡したいときには、スタックも使う必要があるというわけだ。

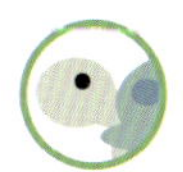

引数の個数が少ない場合は、レジスタだけで済むから、高速になることが期待できるよ。

なるほど。引数の個数が多い場合は、扱いに気をつけなくちゃ。

関数の引数や戻り値にどのレジスタを使うか、スタックをどう使うかというルールのことを、呼び出し規則と言うよ。

呼び出し規則は環境によって違うから、注意してね。今回説明したのは、本書で使う環境における呼び出し規則だ。

（つづく↗）

それでは、実際にスタックから引数を受け取ってみよう。

5個の整数のうち、最小のものを返すプログラムを書いてみよう。

前のセクションでは引数が4個だったけど、今度は5個に増えるんだね。

▼5個の整数のうち最小のものを返す手順

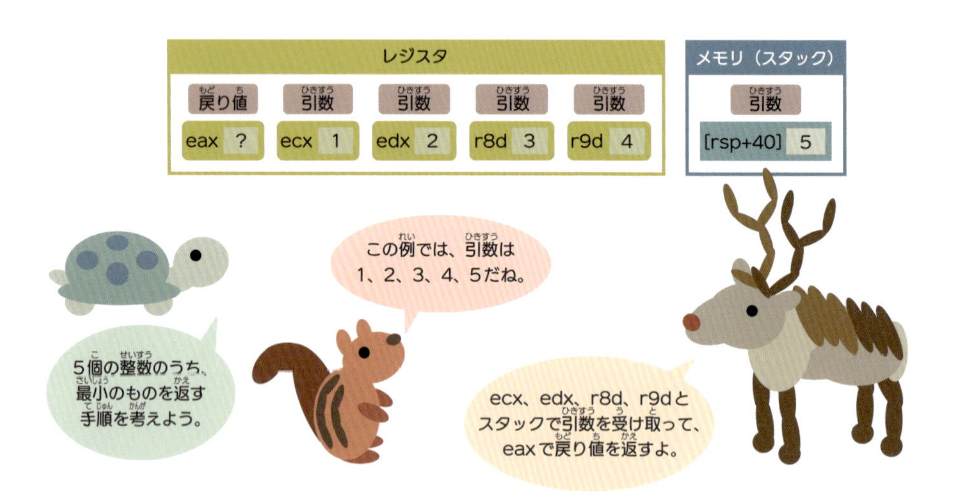
レジスタ
メモリ（スタック）
戻り値
引数
eax ?
ecx 1
edx 2
r8d 3
r9d 4
[rsp+40] 5
この例では、引数は1、2、3、4、5だね。
5個の整数のうち、最小のものを返す手順を考えよう。
ecx、edx、r8d、r9dとスタックで引数を受け取って、eaxで戻り値を返すよ。

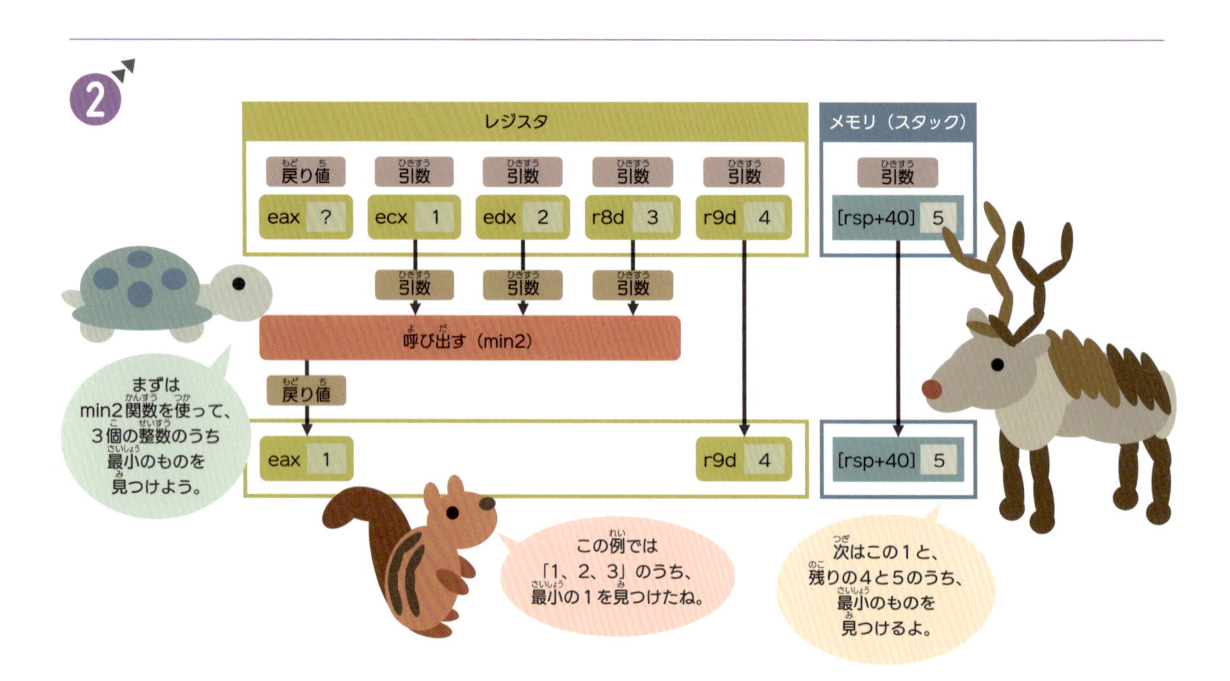
レジスタ
メモリ（スタック）
戻り値
引数
eax ?
ecx 1
edx 2
r8d 3
r9d 4
[rsp+40] 5
呼び出す（min2）
eax 1
r9d 4
[rsp+40] 5
まずはmin2関数を使って、3個の整数のうち最小のものを見つけよう。
この例では「1、2、3」のうち、最小の1を見つけたね。
次はこの1と、残りの4と5のうち、最小のものを見つけるよ。

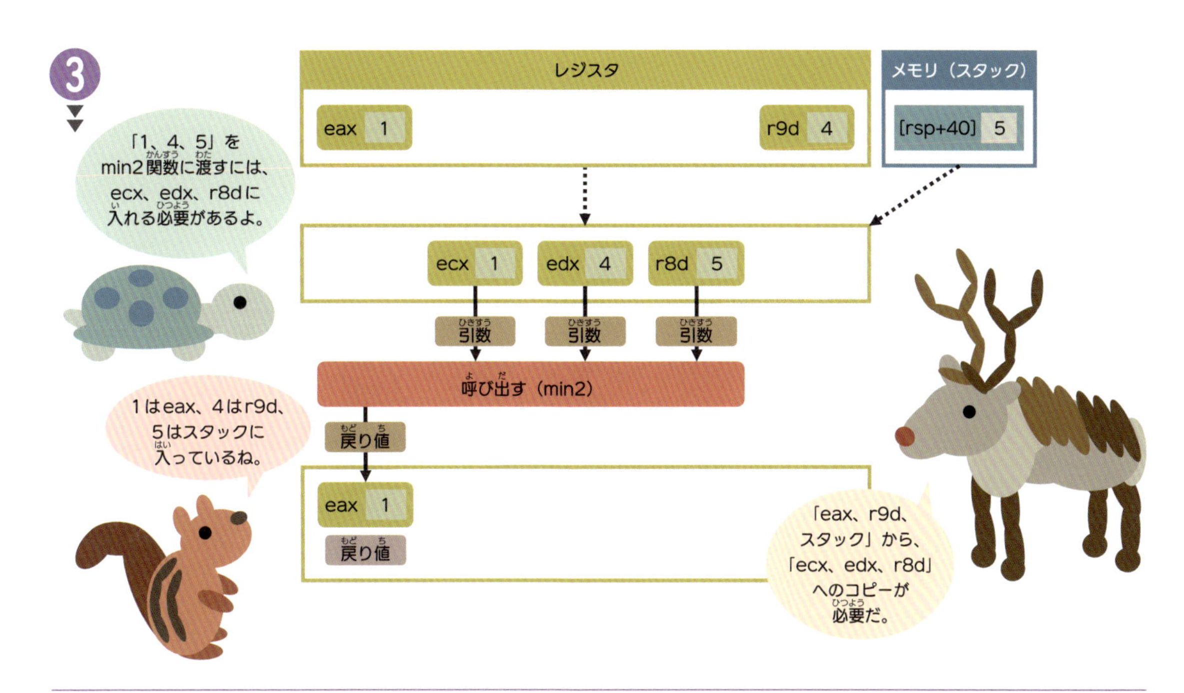
3
レジスタ
メモリ（スタック）
eax 1
r9d 4
[rsp+40] 5
ecx 1
edx 4
r8d 5
引数
引数
引数
呼び出す（min2）
戻り値
eax 1
戻り値
「1、4、5」をmin2関数に渡すには、ecx、edx、r8dに入れる必要があるよ。
1はeax、4はr9d、5はスタックに入っているね。
「eax、r9d、スタック」から、「ecx、edx、r8d」へのコピーが必要だ。

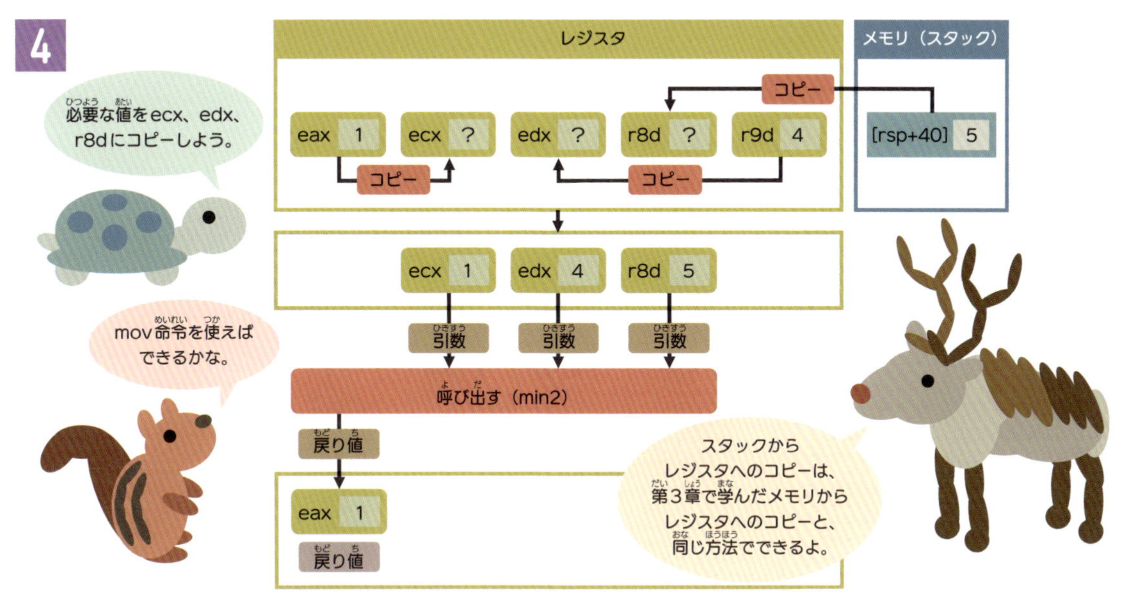
4
レジスタ
メモリ（スタック）
コピー
eax 1
ecx ？
edx ？
r8d ？
r9d 4
[rsp+40] 5
コピー
コピー
ecx 1
edx 4
r8d 5
引数
引数
引数
呼び出す（min2）
戻り値
eax 1
戻り値
必要な値をecx、edx、r8dにコピーしよう。
mov命令を使えばできるかな。
スタックからレジスタへのコピーは、第3章で学んだメモリからレジスタへのコピーと、同じ方法でできるよ。

5個の整数のうち最小のものを返すために、min2関数を2回呼び出しているね。

1回目の呼び出しでは、1番目・2番目・3番目の整数のうち、最小のものを見つけるよ。

（つづく↗）

2回目の呼び出しでは、1回目に見つけた値と4番目・5番目の整数のうち、最小のものを見つけるんだ。

min2関数を呼び出すことで、ゼロからプログラムを書くよりも、簡単にプログラムが書けそうだね。

うん。実際にプログラムを書いてみよう。

5-3

▼5個の整数のうち最小のものを返すプログラム

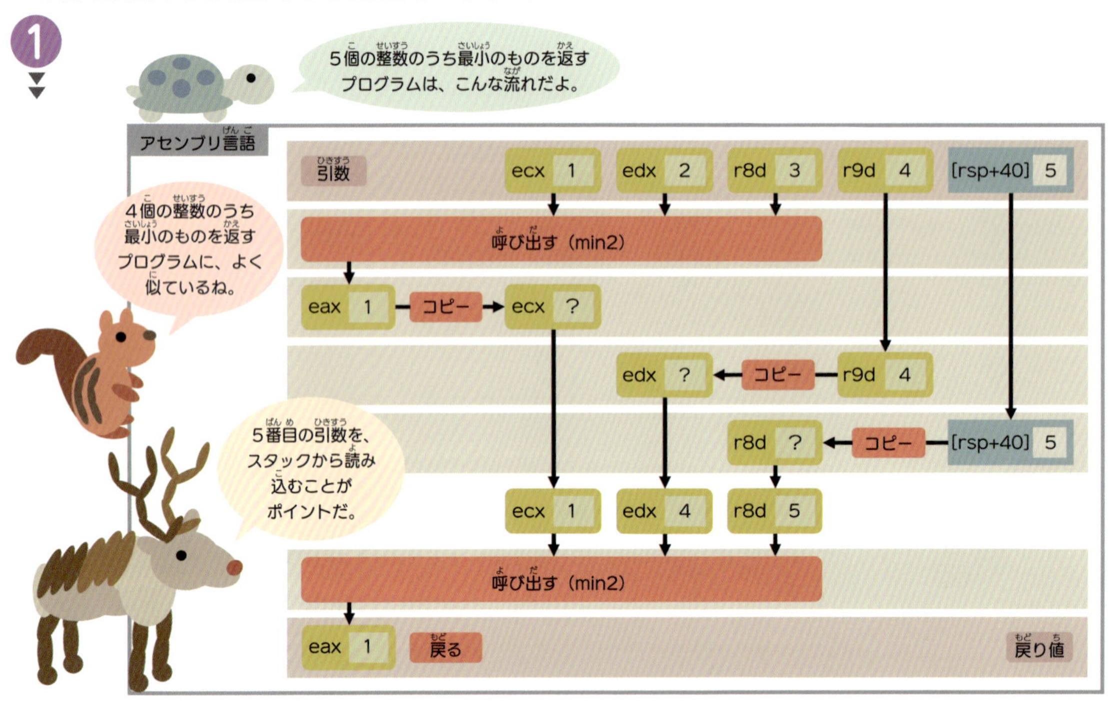

5個の整数のうち最小のものを返すプログラムは、こんな流れだよ。
アセンブリ言語
引数
ecx 1
edx 2
r8d 3
r9d 4
[rsp+40] 5
呼び出す（min2）
eax 1
コピー
ecx ？
edx ？
コピー
r9d 4
r8d ？
コピー
[rsp+40] 5
ecx 1
edx 4
r8d 5
呼び出す（min2）
eax 1
戻る
戻り値
4個の整数のうち最小のものを返すプログラムに、よく似ているね。
5番目の引数を、スタックから読み込むことがポイントだ。

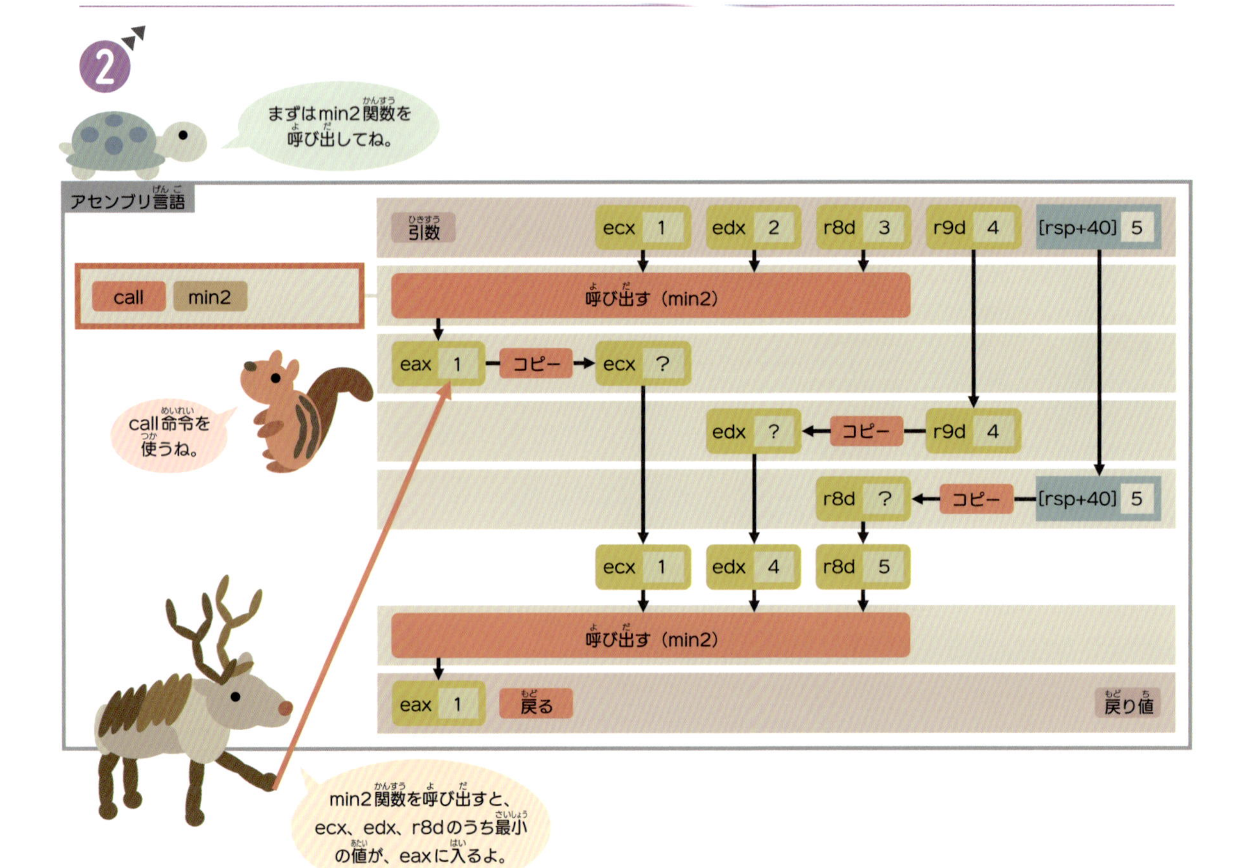

まずはmin2関数を呼び出してね。
アセンブリ言語
call
min2
引数
ecx 1
edx 2
r8d 3
r9d 4
[rsp+40] 5
呼び出す（min2）
eax 1
コピー
ecx ？
edx ？
コピー
r9d 4
r8d ？
コピー
[rsp+40] 5
ecx 1
edx 4
r8d 5
呼び出す（min2）
eax 1
戻る
戻り値
call命令を使うね。
min2関数を呼び出すと、ecx、edx、r8dのうち最小の値が、eaxに入るよ。

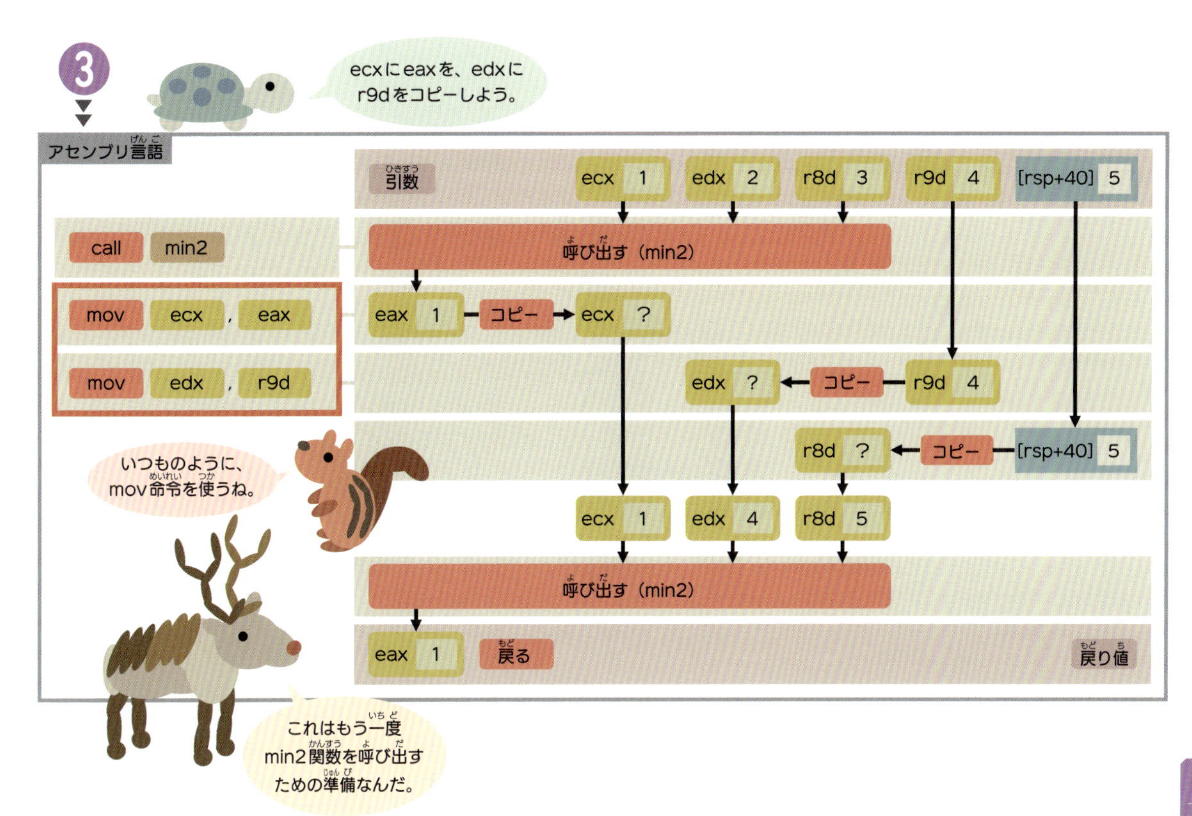
3
ecxにeaxを、edxにr9dをコピーしよう。
アセンブリ言語
引数
ecx 1
edx 2
r8d 3
r9d 4
[rsp+40] 5
call min2
呼び出す（min2）
mov ecx , eax
eax 1 コピー ecx ?
mov edx , r9d
edx ? コピー r9d 4
r8d ? コピー [rsp+40] 5
いつものように、mov命令を使うね。
ecx 1
edx 4
r8d 5
呼び出す（min2）
eax 1 戻る
戻り値
これはもう一度min2関数を呼び出すための準備なんだ。

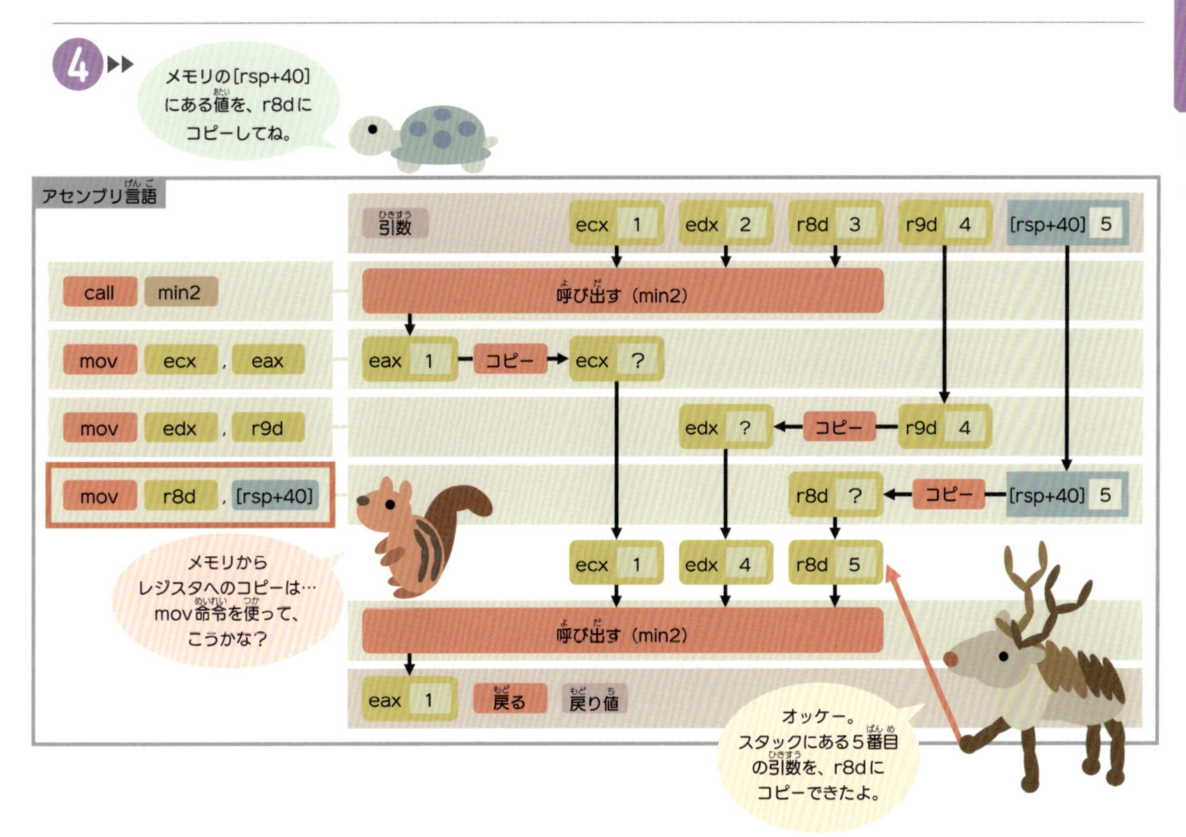
4
メモリの[rsp+40]にある値を、r8dにコピーしてね。
アセンブリ言語
引数
ecx 1
edx 2
r8d 3
r9d 4
[rsp+40] 5
call min2
呼び出す（min2）
mov ecx , eax
eax 1 コピー ecx ?
mov edx , r9d
edx ? コピー r9d 4
mov r8d , [rsp+40]
r8d ? コピー [rsp+40] 5
メモリからレジスタへのコピーは…mov命令を使って、こうかな？
ecx 1
edx 4
r8d 5
呼び出す（min2）
eax 1 戻る 戻り値
オッケー。スタックにある5番目の引数を、r8dにコピーできたよ。

5

これで引数の準備は完了だ。もう一度min2関数を呼び出そう。

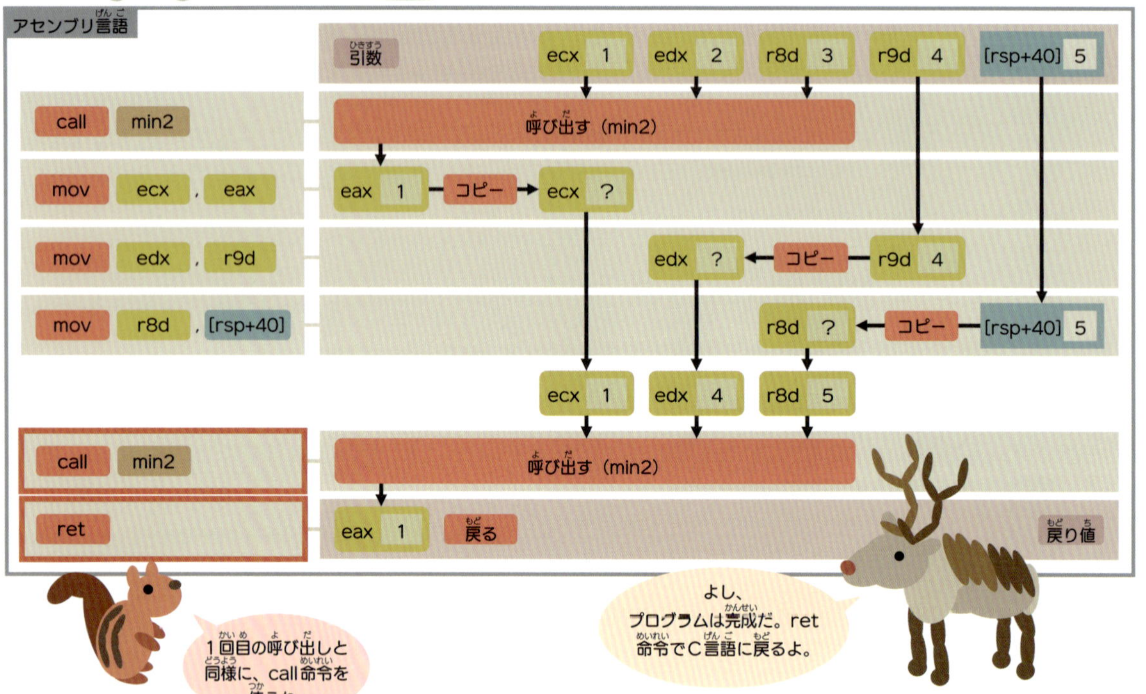
アセンブリ言語
引数
ecx 1
edx 2
r8d 3
r9d 4
[rsp+40] 5
call min2
呼び出す（min2）
mov ecx , eax
eax 1
コピー
ecx ?
mov edx , r9d
edx ?
コピー
r9d 4
mov r8d , [rsp+40]
r8d ?
コピー
[rsp+40] 5
ecx 1
edx 4
r8d 5
call min2
呼び出す（min2）
ret
eax 1
戻る
戻り値
1回目の呼び出しと同様に、call命令を使うね。
よし、プログラムは完成だ。ret命令でC言語に戻るよ。

おつかれさま。これでプログラムは完成だ。

スタックから引数を読み込むのは、意外に簡単だったよ。

よかった。スタックはメモリ上にあるから、第3章で学んだメモリを読み書きする方法が、スタックに対しても使えるよ。

スタックポインタのrspを使うことが肝要だ。

次のページにあるのが、完成したプログラムだね。

関数名はmin_call2にしたよ。

sub.asmでmin_call2を見つけて、次のように変更してね。

スタックから引数を読み込むmin_call2関数(sub.asm)

```
min_call2 proc
    call min2              ; min2関数を呼び出す
    mov ecx, eax           ; ecxにeaxをコピー
    mov edx, r9d           ; edxにr9dをコピー
    mov r8d, [rsp+40]      ; r8dにアドレス「rsp+40」に置かれた値をコピー
    call min2              ; min2関数を呼び出す
    ret                    ; 戻る
min_call2 endp
```

変更して保存したよ。

(つづく↗)

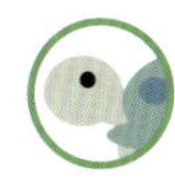
C言語プログラムは以下の通り。「1、2、3、4、5」と「9、8、7、6、5」について、min_call2関数を呼び出すよ。

main.cで以下の箇所を見つけて、先頭の//を削除してね。

min_call2関数を呼び出す(main.c)

```
printf("min_call2(1, 2, 3, 4, 5): %d\n", min_call2(1, 2, 3, 4, 5));
printf("min_call2(9, 8, 7, 6, 5): %d\n", min_call2(9, 8, 7, 6, 5));
```

こちらも変更して保存したよ。実行してみるね。

以下の結果が表示されたら成功だよ。

実行結果:5個の整数のうち最小のもの(min_call2関数)

```
min_call2(1, 2, 3, 4, 5): 1
min_call2(9, 8, 7, 6, 5): 5
```

「1、2、3、4、5」のうち最小は1、「9、8、7、6、5」のうち最小は5だから、正しく動いたみたいだ。

おめでとう。これで5個以上の引数も受け取れるようになったね。

今回のように関数に渡す値が多い場合は、配列を使って渡す方法もあるよ。

(つづく↗)

第3章のsum_array関数やsum_array2関数、第4章のsum_loop関数のときに、配列を使ったね。

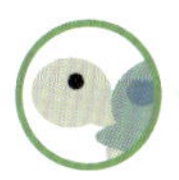
うん。今回はスタックから引数を受け取る方法を説明するために、配列ではなく引数を使ったよ。

次のセクションでは、関数の呼び出しと値の保存について考えてみよう。

5-4

必要な値を残しておこう

関数を呼び出すときに、レジスタやスタックに値を保存しておく方法を学びましょう。

関数を呼び出すときには、値の保存にも注意が必要だよ。

どういうこと？

例えば、関数を呼び出した後で使う値が、レジスタに入っているとする。

もし、呼び出した関数でこのレジスタに別の値を入れてしまうと…。

（つづく↗）

関数から戻った後で使うつもりだった値が、失われてしまうんだ。

具体的には、どんな例があるかな…。

例えば、合計を計算する関数を使って、平均を計算するプログラムを書いてみよう。

第4章で書いた、sum_loop関数を呼び出すよ。プログラムをもう一度載せるね。

整数を合計するsum_loop関数（sub.asm、再掲）

```
sum_loop proc
    mov eax, 0              ; eaxに0をコピー
    jmp sum_loop_start      ; sum_loop_startにジャンプ
sum_loop_repeat:            ; ラベル（sum_loop_repeat）
    add eax, [rcx]          ; eaxにアドレス「rcx」に置かれた値を足す
    add rcx, 4              ; rcxに4を足す
sum_loop_start:             ; ラベル（sum_loop_start）
    dec edx                 ; edxから1を引く
    jge sum_loop_repeat     ; edxが0以上ならば、sum_loop_repeatにジャンプ
    ret                     ; 戻る
sum_loop endp
```

sum_loop関数の中で、eax、rcx、edxレジスタの値を変更していることに注目してね。

ということは…。

（つづく↗）

sum_loop関数を呼び出すと、eax、rcx、edxに入っていた値は失われてしまうんだ。

このsum_loop関数を使って、平均を計算する手順を考えてみよう。

▼平均を計算する手順

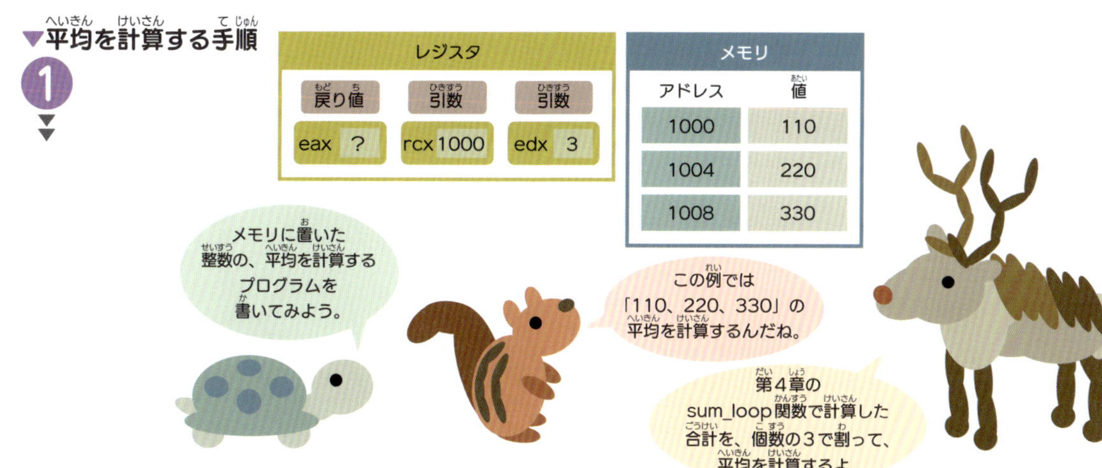

①
レジスタ
戻り値
引数
引数
eax ?
rcx 1000
edx 3
メモリ
アドレス
値
1000
110
1004
220
1008
330
メモリに置いた整数の、平均を計算するプログラムを書いてみよう。
この例では「110、220、330」の平均を計算するんだね。
第4章のsum_loop関数で計算した合計を、個数の3で割って、平均を計算するよ。

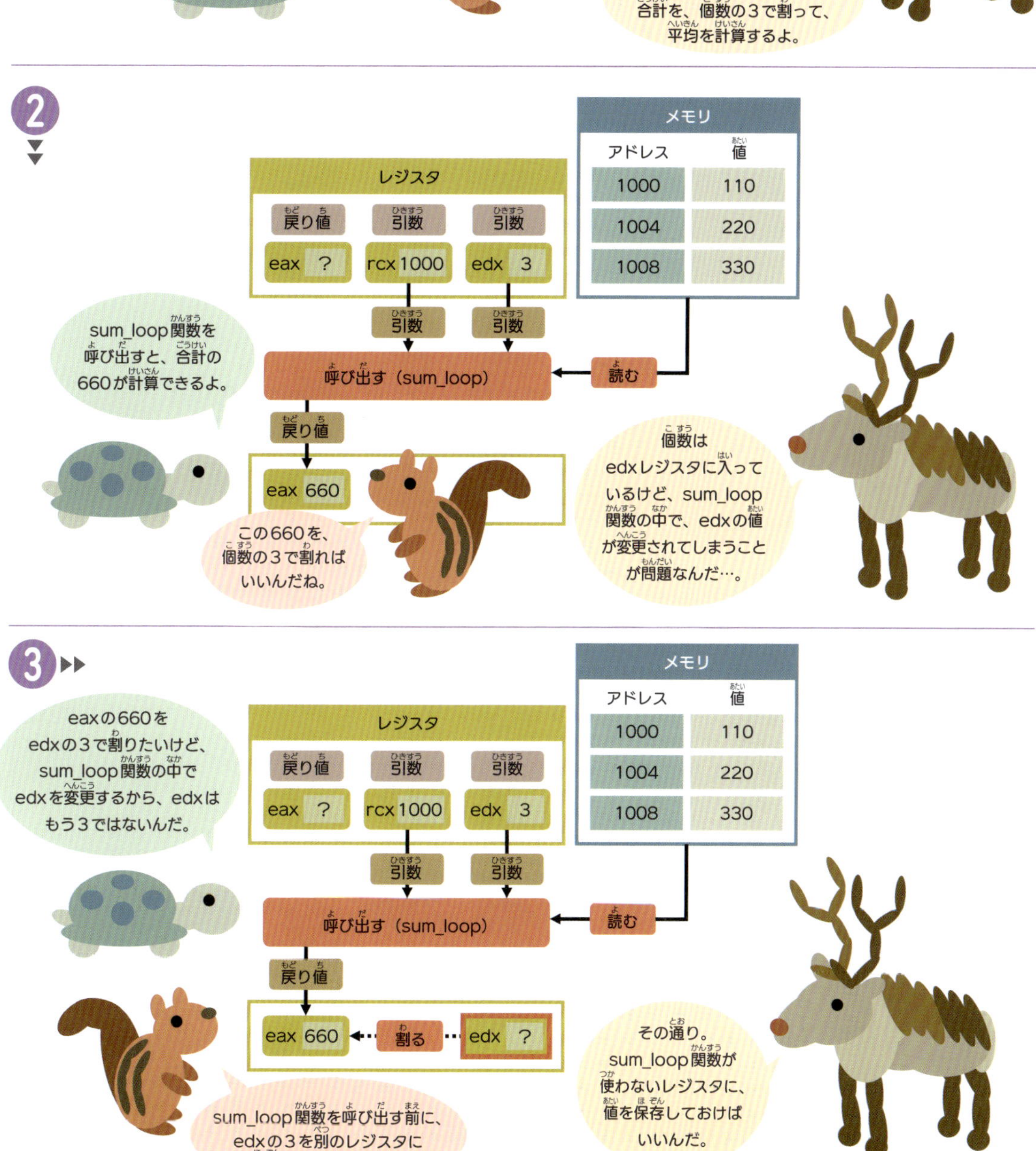

②
メモリ
アドレス
値
1000
110
1004
220
1008
330
レジスタ
戻り値
引数
引数
eax ?
rcx 1000
edx 3
引数
引数
呼び出す（sum_loop）
読む
戻り値
eax 660
sum_loop関数を呼び出すと、合計の660が計算できるよ。
この660を、個数の3で割ればいいんだね。
個数はedxレジスタに入っているけど、sum_loop関数の中で、edxの値が変更されてしまうことが問題なんだ…。
③
メモリ
アドレス
値
1000
110
1004
220
1008
330
レジスタ
戻り値
引数
引数
eax ?
rcx 1000
edx 3
引数
引数
呼び出す（sum_loop）
読む
戻り値
eax 660
割る
edx ?
eaxの660をedxの3で割りたいけど、sum_loop関数の中でedxを変更するから、edxはもう3ではないんだ。
sum_loop関数を呼び出す前に、edxの3を別のレジスタに保存したらどうかな？
その通り。sum_loop関数が使わないレジスタに、値を保存しておけばいいんだ。

4

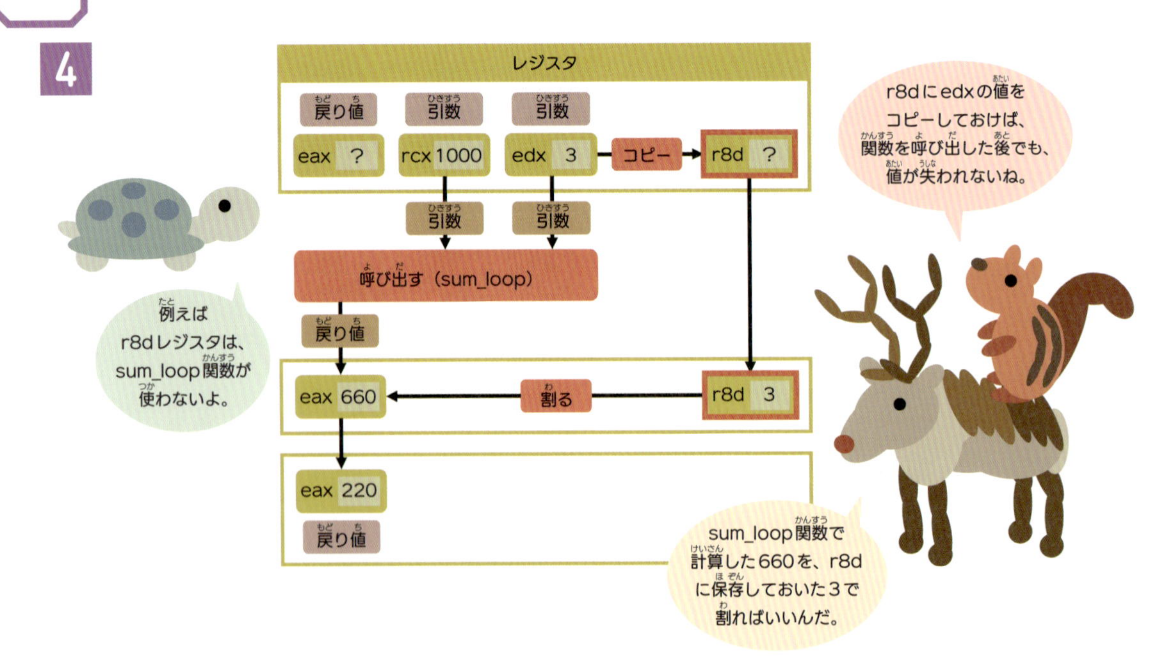
レジスタ
戻り値
引数
引数
eax ？
rcx 1000
edx 3
コピー
r8d ？
引数
引数
呼び出す（sum_loop）
戻り値
eax 660
割る
r8d 3
eax 220
戻り値
r8dにedxの値をコピーしておけば、関数を呼び出した後でも、値が失われないね。
例えばr8dレジスタは、sum_loop関数が使わないよ。
sum_loop関数で計算した660を、r8dに保存しておいた3で割ればいいんだ。

なるほど。呼び出した関数が変更しないレジスタに、必要な値を保存しておけばいいんだね。

うん。考えた手順に沿って、プログラムを書いてみよう。

▼平均を計算するプログラム

1

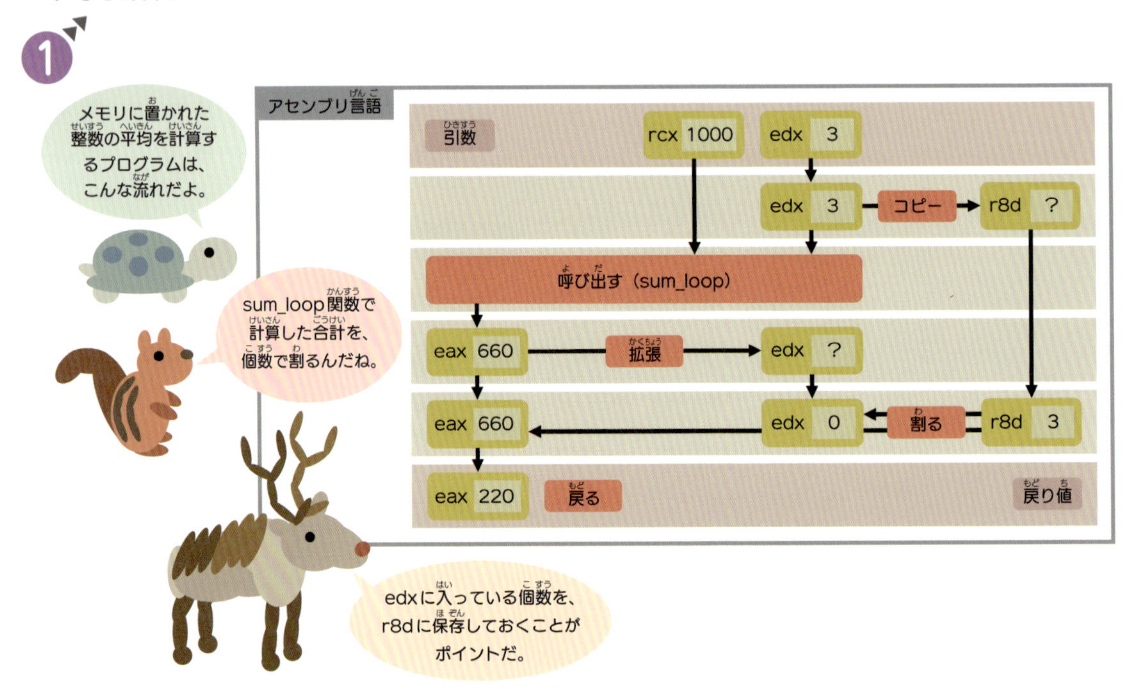
アセンブリ言語
引数
rcx 1000
edx 3
edx 3
コピー
r8d ？
呼び出す（sum_loop）
eax 660
拡張
edx ？
eax 660
edx 0
割る
r8d 3
eax 220
戻る
戻り値
メモリに置かれた整数の平均を計算するプログラムは、こんな流れだよ。
sum_loop関数で計算した合計を、個数で割るんだね。
edxに入っている個数を、r8dに保存しておくことがポイントだ。

2

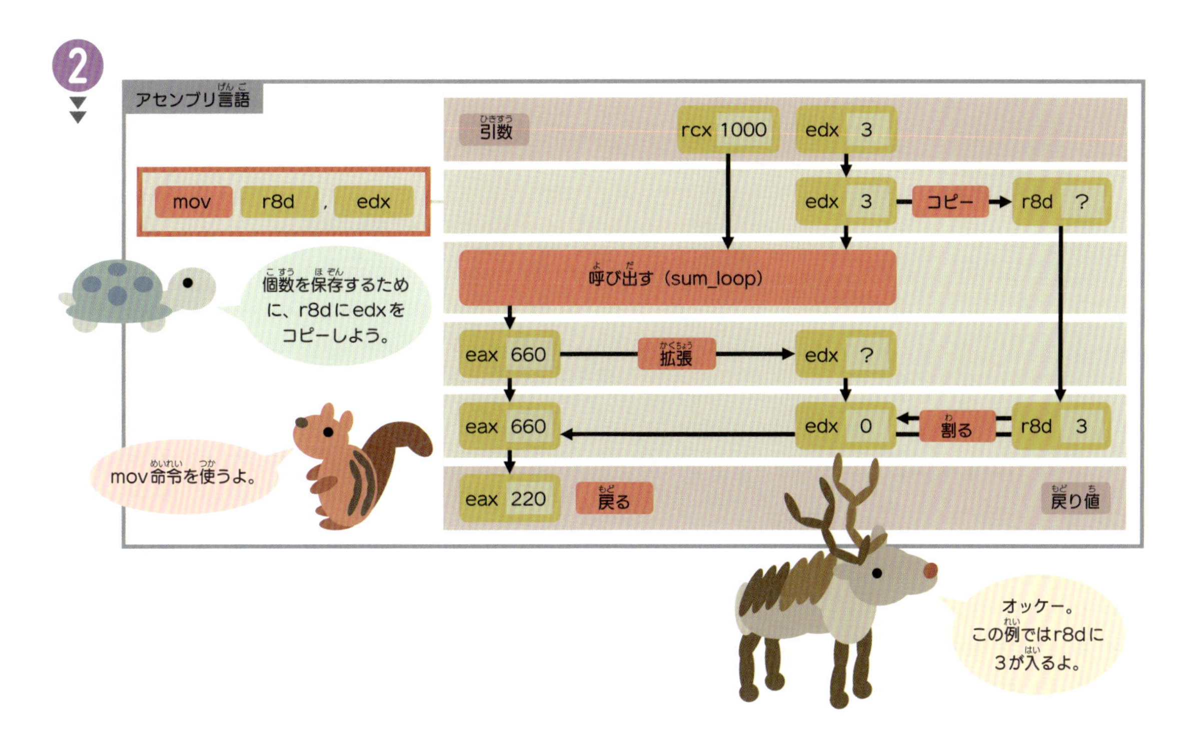
アセンブリ言語
mov r8d , edx
個数を保存するために、r8dにedxをコピーしよう。
mov命令を使うよ。
引数
rcx 1000
edx 3
edx 3
コピー
r8d ?
呼び出す（sum_loop）
eax 660
拡張
edx ?
eax 660
edx 0
割る
r8d 3
eax 220
戻る
戻り値
オッケー。
この例ではr8dに3が入るよ。

3

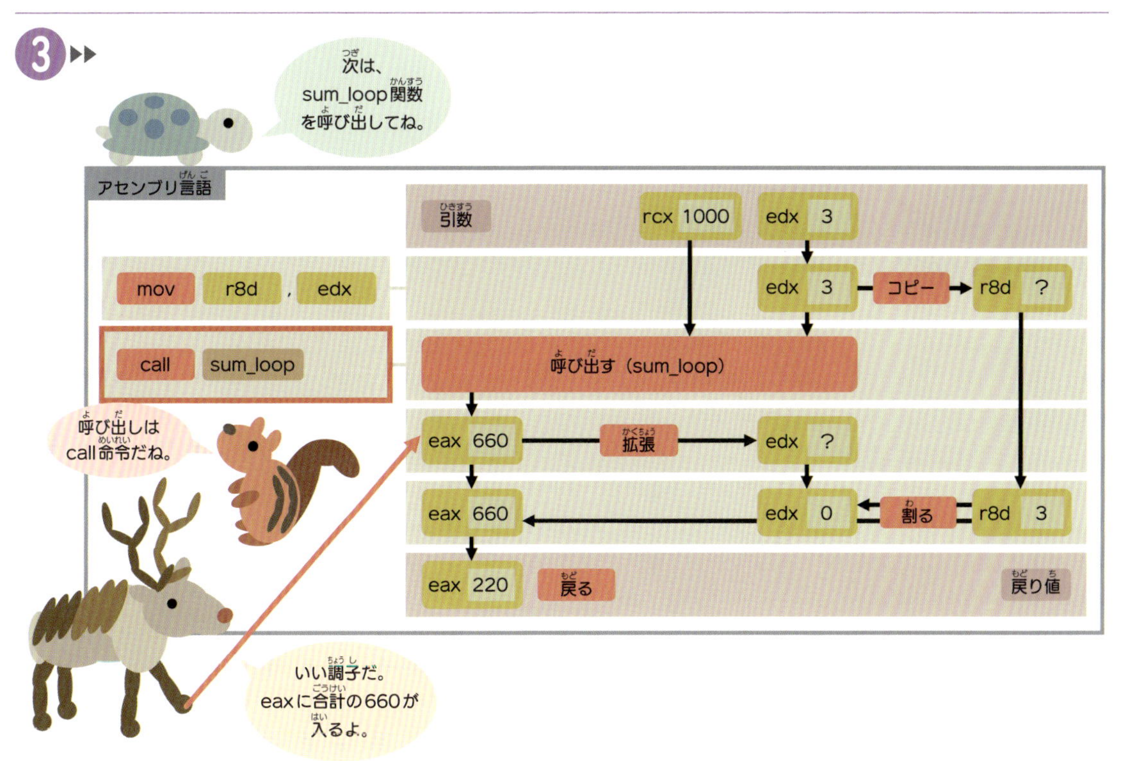
次は、sum_loop関数を呼び出してね。
アセンブリ言語
mov r8d , edx
call sum_loop
呼び出しはcall命令だね。
引数
rcx 1000
edx 3
edx 3
コピー
r8d ?
呼び出す（sum_loop）
eax 660
拡張
edx ?
eax 660
edx 0
割る
r8d 3
eax 220
戻る
戻り値
いい調子だ。
eaxに合計の660が入るよ。

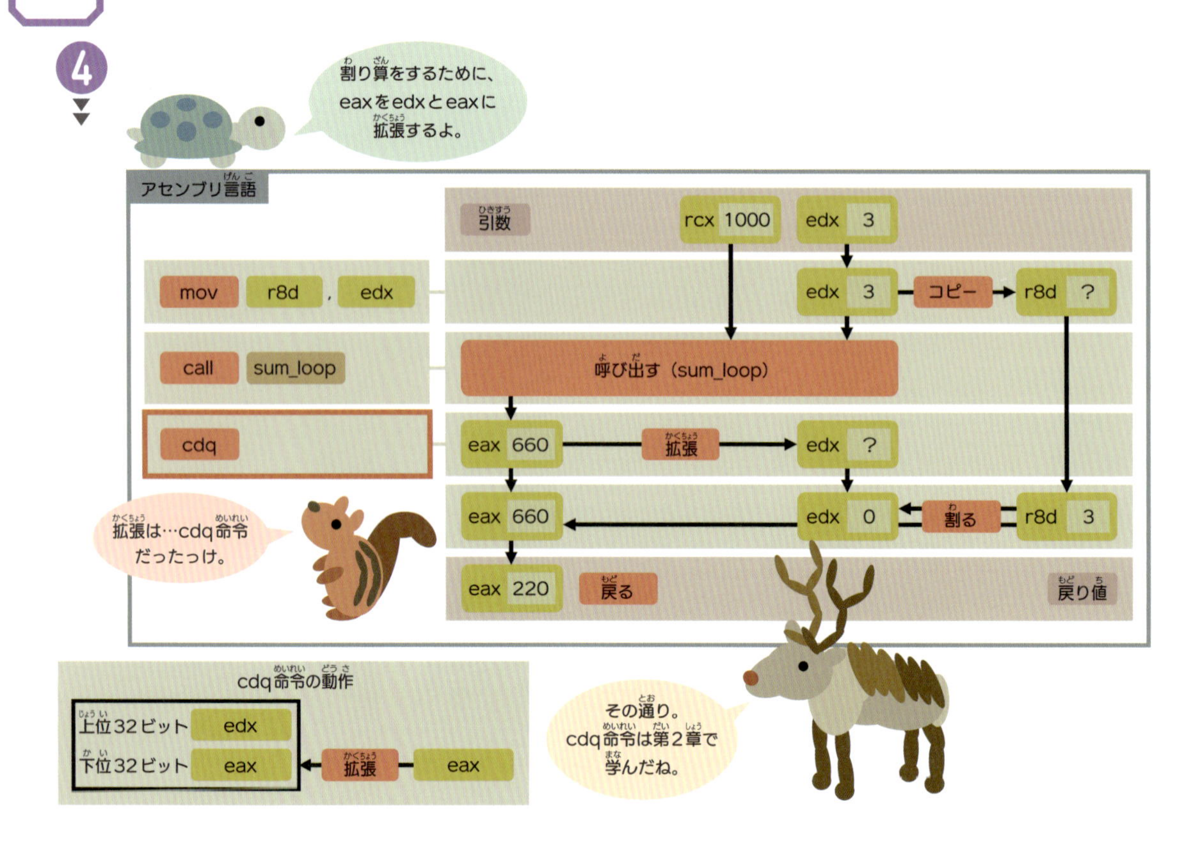
4
割り算をするために、eaxをedxとeaxに拡張するよ。
アセンブリ言語
引数
rcx 1000
edx 3
mov r8d , edx
edx 3
コピー
r8d ?
call sum_loop
呼び出す（sum_loop）
cdq
eax 660
拡張
edx ?
拡張は…cdq命令だったっけ。
eax 660
edx 0
割る
r8d 3
eax 220
戻る
戻り値
cdq命令の動作
上位32ビット edx
下位32ビット eax
拡張
eax
その通り。cdq命令は第2章で学んだね。

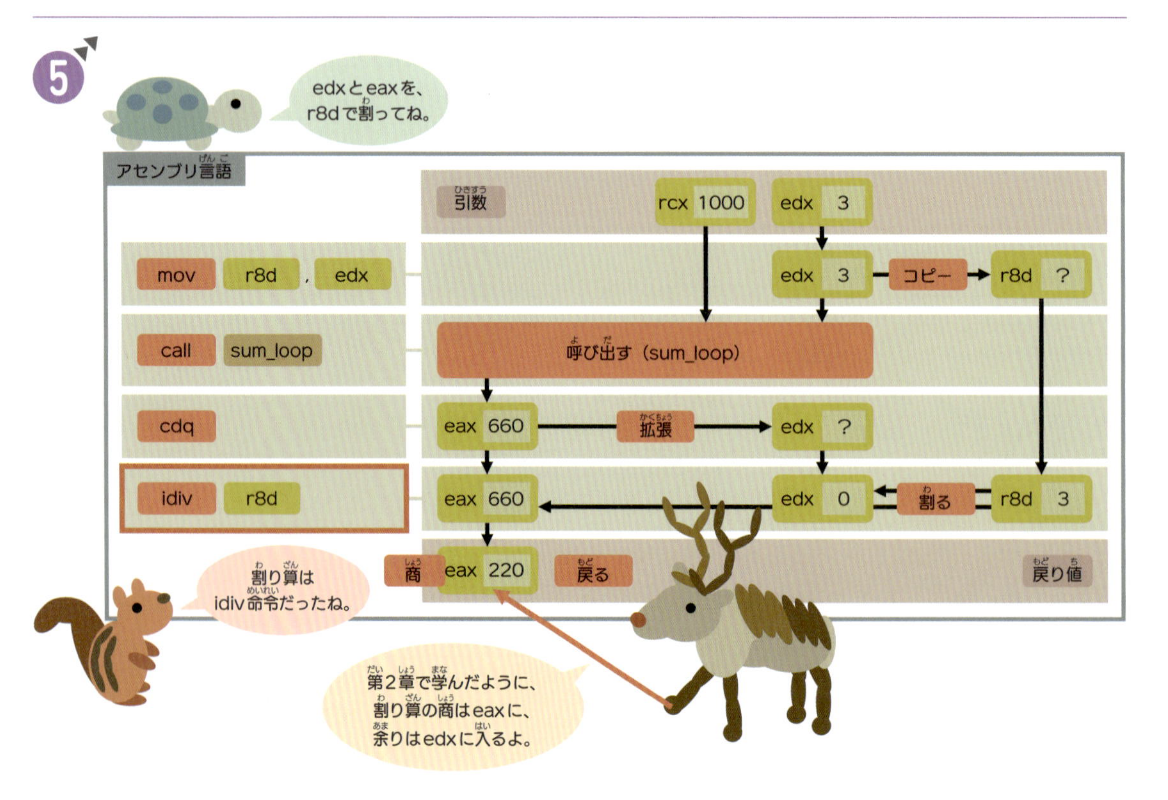
5
edxとeaxを、r8dで割ってね。
アセンブリ言語
引数
rcx 1000
edx 3
mov r8d , edx
edx 3
コピー
r8d ?
call sum_loop
呼び出す（sum_loop）
cdq
eax 660
拡張
edx ?
idiv r8d
eax 660
edx 0
割る
r8d 3
商
eax 220
戻る
戻り値
割り算はidiv命令だったね。
第2章で学んだように、割り算の商はeaxに、余りはedxに入るよ。

6
これで
プログラムは完成だよ。
C言語に戻ろう。

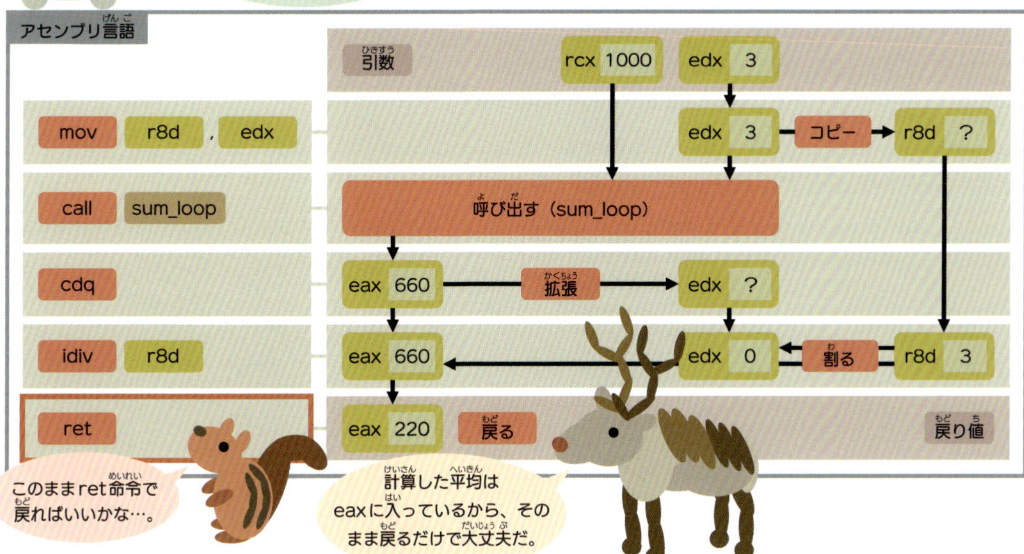
アセンブリ言語
引数
rcx 1000
edx 3
mov r8d , edx
edx 3
コピー
r8d ?
call sum_loop
呼び出す（sum_loop）
cdq
eax 660
拡張
edx ?
idiv r8d
eax 660
edx 0
割る
r8d 3
ret
eax 220
戻る
戻り値
このままret命令で
戻ればいいかな…。
計算した平均は
eaxに入っているから、その
まま戻るだけで大丈夫だ。

正しくプログラムが書けたかな。

うん。以下が完成したプログラムだよ。

（つづく↗）

関数名は「平均」を意味するaverage（アベレージ）にしたよ。

sub.asmでaverageを見つけて、以下のように変更してね。

平均を計算するaverage関数（sub.asm）

```
average proc
    mov r8d, edx        ; r8dにedxをコピー
    call sum_loop       ; sum_loop関数を呼び出す
    cdq                 ; eaxをedxとeaxに拡張
    idiv r8d            ; edxとeaxをr8dで割る
    ret                 ; 戻る
average endp
```

変更して保存したよ。

（つづく↗）

C言語プログラムは以下の通り。「110、220、330」について、average関数を呼び出すよ。

main.cで以下の箇所を見つけて、先頭の//を削除してね。

average関数を呼び出す（main.c）

```
printf("average((int[])[110, 220, 330], 3): %d\n",
    average((int[]){110, 220, 330}, 3));
```

実行してみるね。

以下の結果が表示されたら成功だよ。

実行結果：平均（average関数）

```
average((int[])[110, 220, 330], 3): 220
```

「110、220、330」の平均だから…220で合っているかな。

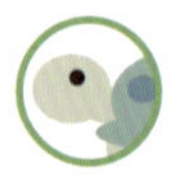
うん。正しく動いたね。

今回のプログラムでは、r8dレジスタに個数を保存しておいたけど、値を保存しておくレジスタを選ぶのが、難しく感じるよ…。

確かに、呼び出す関数が値を変更しないレジスタを選べばいいけど、関数のプログラムを注意深く読み解く必要があるね。

それに、もし関数のプログラムに手を加えると、値を変更しないレジスタが変わってしまうかもしれないね。

それは困った…。「値が変更されちゃうかも」って思ったら、怖くて関数が呼び出せないよ。

（つづく↗）

大丈夫。レジスタの用途を決めておけばいいんだ。

具体的には、「保存される（呼び出し後にも元の値が残っている）レジスタ」と、「保存されない（呼び出し後に値が変わっているかもしれない）レジスタ」を決めておくよ。

レジスタの用途は、自由に決めていいの？

それも可能だよ。でも、実は以前に学んだ呼び出し規則は、レジスタの用途も決めているんだ。特に強い理由がなければ、この呼び出し規則に沿ってプログラムを書くといいよ。

呼び出し規則は環境によって異なるよ。本書で使う呼び出し規則に基づいて、レジスタの用途を説明するね。

▼レジスタの用途

本書で使う
呼び出し規則における、汎用レジスタの用途と、保存されるかどうかをまとめたよ。

用途が
「任意」のレジスタは、使い方を自由に決めていいんだね。

汎用レジスタ

レジスタ		用途	保存
rax		戻り値	されない
rcx		引数1	されない
rdx		引数2	されない
r8		引数3	されない
r9		引数4	されない
r10	r11	任意	されない
rbx	rsi	任意	される
rdi	rbp	任意	される
r12	r13	任意	される
r14	r15	任意	される
rsp		スタックポインタ	される

保存「される」
レジスタには、関数呼び出しの後にも、元の値が残っているよ。

2

レジスタ		用途	保存
xmm0		引数1・戻り値	されない
xmm1		引数2	されない
xmm2		引数3	されない
xmm3		引数4	されない
xmm4	xmm5	任意	されない
xmm6	xmm7	任意	される
xmm8	xmm9	任意	される
xmm10	xmm11	任意	される
xmm12	xmm13	任意	される
xmm14	xmm15	任意	される

XMMレジスタ

こっちは浮動小数点数を扱うXMMレジスタだね。

うん。xmm4~xmm15は、使い方を自由に決められるよ。

汎用レジスタと同様に、保存「される」レジスタと、保存「されない」レジスタがあるよ。

レジスタの用途については、より細かい規則もあるけど、本書ではシンプルに説明したよ。

保存したい値は、保存されるレジスタに入れておけばいいかな？

うん。保存されるレジスタには、関数を呼び出す前の値が、関数を呼び出した後にも残っているよ。

32ビットの整数を保存したいときは、どうしたらいい？

保存される64ビットのレジスタに対応する、32ビットのレジスタを使ってね。

例えば、64ビットのrbxに対応する32ビットのebxも、保存されるレジスタなんだ。

（つづく↗）

第2章で学んだように、rbxの下位32ビットがebxだよ。

ということは…さっきのaverage関数ではr8dに個数を入れたけど、例えばebxに入れておくといいのかな？

その通り。ただし、ebxのような保存されるレジスタを使うときは、値を入れる前にレジスタの元の値を保存しておき、使い終わったらレジスタを元の値に戻してね。

保存されるレジスタについては、自分でプログラムを書くときにも、このように元の値を残すための注意が必要なんだ。

了解。レジスタの値は、どこに保存しておけばいいの？

例えばpush命令を使って、スタックにプッシュしておく方法があるよ。

▼push命令

1

スタックにレジスタをプッシュするpush命令は、こう書くよ。

記法
push
レジスタ

レジスタ（64ビット）
123
プッシュ

レジスタには、raxなどの64ビットの汎用レジスタを指定してね。

この例では、スタックポインタは2000番地を指しているね。

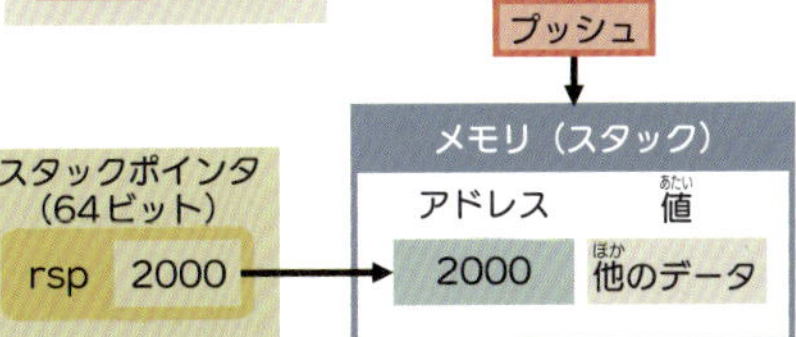
スタックポインタ（64ビット）
rsp
2000
メモリ（スタック）
アドレス
値
2000
他のデータ

指定したレジスタの値を、スタックにプッシュするよ。

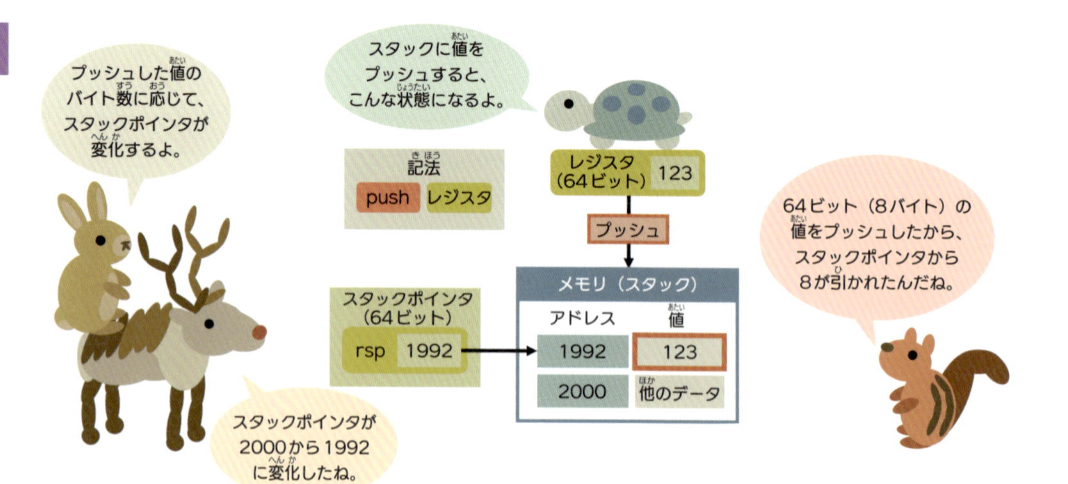

2
プッシュした値のバイト数に応じて、スタックポインタが変化するよ。
スタックに値をプッシュすると、こんな状態になるよ。
記法
push レジスタ
レジスタ（64ビット） 123
プッシュ
メモリ（スタック）
アドレス 値
1992 123
2000 他のデータ
スタックポインタ（64ビット）
rsp 1992
64ビット（8バイト）の値をプッシュしたから、スタックポインタから8が引かれたんだね。
スタックポインタが2000から1992に変化したね。

スタックに保存した値をレジスタに戻すには、ポップすればいいのかな。

その通り。ポップにはpop命令を使うよ。

▼pop命令

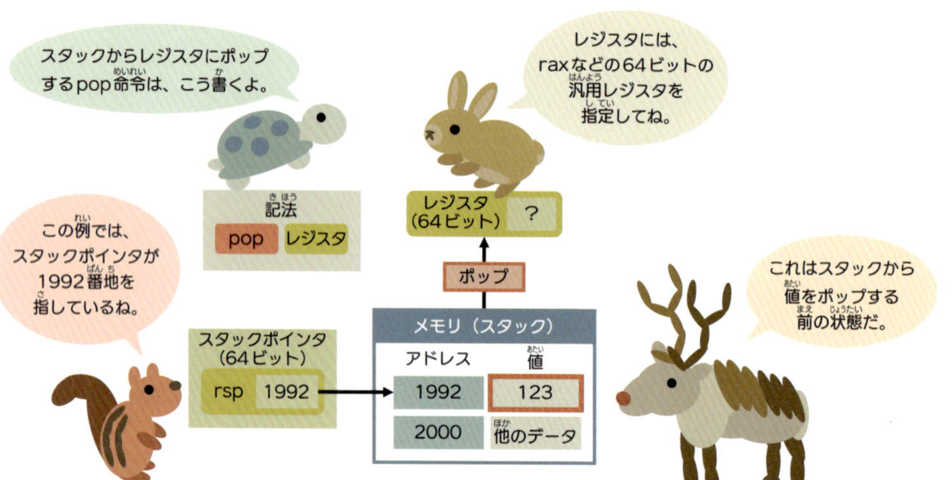

スタックからレジスタにポップするpop命令は、こう書くよ。
レジスタには、raxなどの64ビットの汎用レジスタを指定してね。
記法
pop レジスタ
レジスタ（64ビット） ？
ポップ
この例では、スタックポインタが1992番地を指しているね。
スタックポインタ（64ビット）
rsp 1992
メモリ（スタック）
アドレス 値
1992 123
2000 他のデータ
これはスタックから値をポップする前の状態だ。

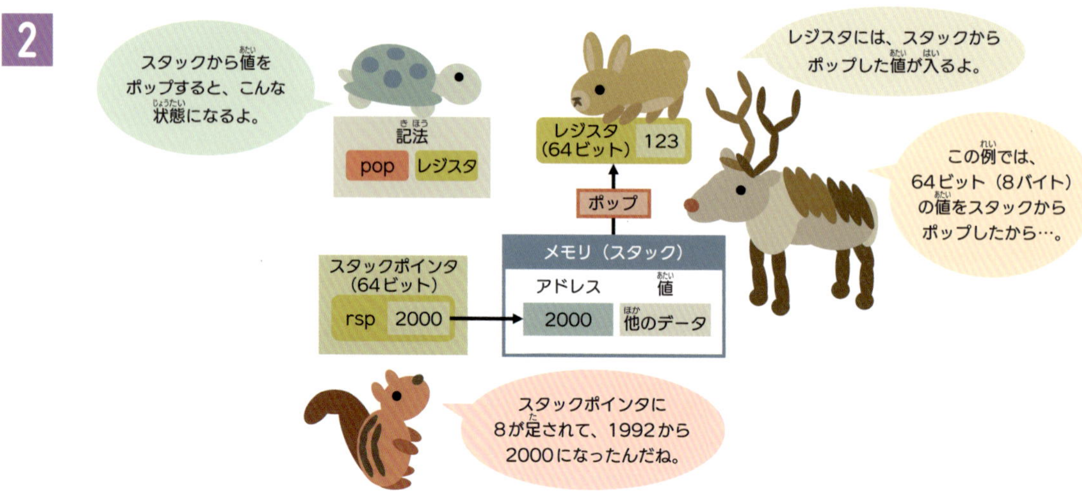

2
スタックから値をポップすると、こんな状態になるよ。
記法
pop レジスタ
レジスタ（64ビット） 123
ポップ
レジスタには、スタックからポップした値が入るよ。
この例では、64ビット（8バイト）の値をスタックからポップしたから…。
スタックポインタ（64ビット）
rsp 2000
メモリ（スタック）
アドレス 値
2000 他のデータ
スタックポインタに8が足されて、1992から2000になったんだね。

push命令とpop命令には、64ビットのレジスタを指定するんだね。

うん。32ビットのレジスタをプッシュまたはポップしたいときは、対応する64ビットのレジスタを指定してね。

例えばebxをプッシュまたはポップするときは、rbxを指定するんだ。

（つづく↗）

このpush命令とpop命令を使って、前回のaverage関数を改造してみよう。

どう改造するの？

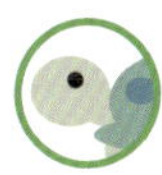

前回は個数をr8dに入れたけど、今回はebxに入れるよ。

ebxの元の値を残すために、rbxのプッシュとポップも必要だ。

▼保存されるレジスタを使うプログラム

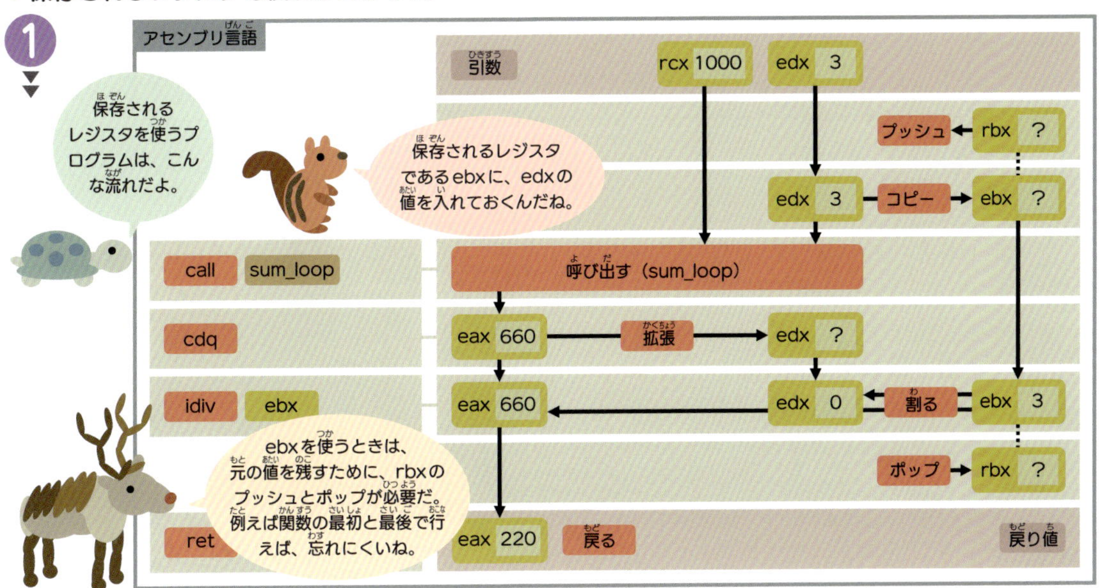
1
アセンブリ言語
保存されるレジスタを使うプログラムは、こんな流れだよ。
保存されるレジスタであるebxに、edxの値を入れておくんだね。
ebxを使うときは、元の値を残すために、rbxのプッシュとポップが必要だ。例えば関数の最初と最後で行えば、忘れにくいね。
call sum_loop
cdq
idiv ebx
ret
引数
rcx 1000
edx 3
プッシュ
rbx ?
edx 3
コピー
ebx ?
呼び出す（sum_loop）
eax 660
拡張
edx ?
eax 660
edx 0
割る
ebx 3
ポップ
rbx ?
eax 220
戻る
戻り値

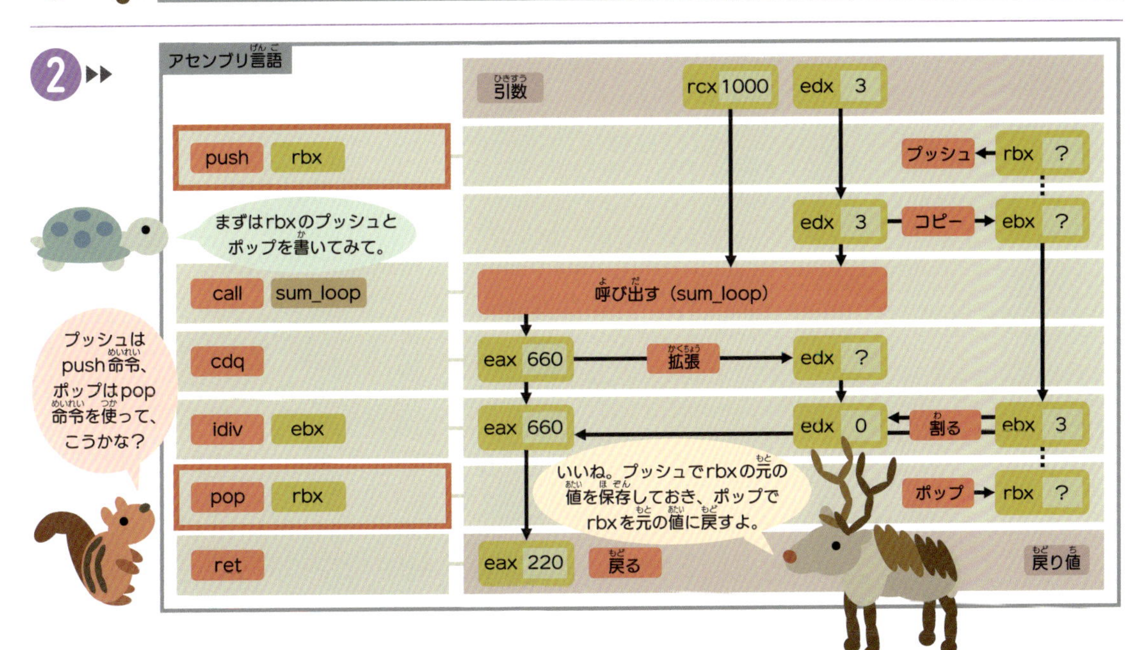
2
アセンブリ言語
push rbx
まずはrbxのプッシュとポップを書いてみて。
call sum_loop
cdq
idiv ebx
プッシュはpush命令、ポップはpop命令を使って、こうかな？
pop rbx
ret
引数
rcx 1000
edx 3
プッシュ
rbx ?
edx 3
コピー
ebx ?
呼び出す（sum_loop）
eax 660
拡張
edx ?
eax 660
edx 0
割る
ebx 3
いいね。プッシュでrbxの元の値を保存しておき、ポップでrbxを元の値に戻すよ。
ポップ
rbx ?
eax 220
戻る
戻り値

3

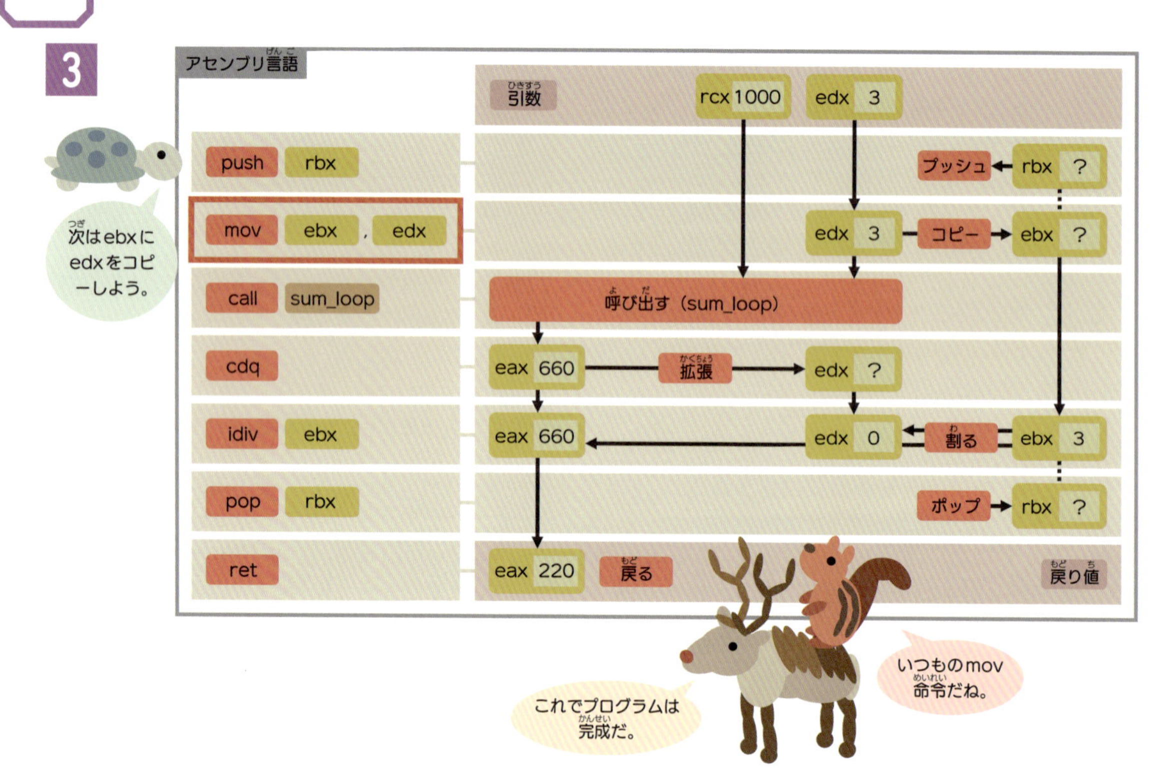

アセンブリ言語
次はebxにedxをコピーしよう。
push rbx
mov ebx, edx
call sum_loop
cdq
idiv ebx
pop rbx
ret
引数
rcx 1000
edx 3
プッシュ
rbx ?
edx 3
コピー
ebx ?
呼び出す（sum_loop）
eax 660
拡張
edx ?
eax 660
edx 0
割る
ebx 3
ポップ
rbx ?
eax 220
戻る
戻り値
これでプログラムは完成だ。
いつものmov命令だね。

ebxのような保存されるレジスタには、関数を呼び出した後でも値が残っているから、安心してプログラムが書けるね。

（つづく↗）

うん。完成したプログラムは以下の通り。関数名はaverage2にしたよ。

sub.asmでaverage2を見つけて、以下のように変更してね。

レジスタに値を保存するaverage2関数（sub.asm）

```
average2 proc
    push rbx          ; rbxをスタックにプッシュ
    mov ebx, edx      ; ebxにedxをコピー
    call sum_loop     ; sum_loop関数を呼び出す
    cdq               ; eaxをedxとeaxに拡張
    idiv ebx          ; edxとeaxをebxで割る
    pop rbx           ; rbxをスタックからポップ
    ret               ; 戻る
average2 endp
```

変更して保存したよ。

（つづく↗）

C言語プログラムは次の通り。average関数と同様に、「110、220、330」についてaverage2関数を呼び出すよ。

main.cで次の箇所を見つけて、先頭の//を削除してね。

average2関数を呼び出す(main.c)

```
printf("average2((int[])[110, 220, 330], 3): %d\n",
    average2((int[]){110, 220, 330}, 3));
```

変更して保存したよ。実行してみるね。

以下の結果が表示されたら成功だよ。

実行結果:平均(average2関数)

```
average2((int[])[110, 220, 330], 3): 220
```

average関数と同じ結果になったね。正しく動いたみたいだ。

(つづく↗)

よかった。次は、値を保存するもう一つの方法を紹介するね。

引数のために用意された、スタック上の場所を使う方法だよ。

▼スタックに値を保存する

スタックから引数を受け取るときの、スタック上の引数の配置を思い出してね。

スタックポインタ(64ビット)

rsp 2000 →

メモリ(スタック)

アドレス	値	rspによる読み書き
2000	リターンアドレス	[rsp]
2008	?(引数1:rcx)	[rsp+8]
2016	?(引数2:rdx)	[rsp+16]
2024	?(引数3:r8)	[rsp+24]
2032	?(引数4:r9)	[rsp+32]
2040	引数5	[rsp+40]
2048	引数6	[rsp+48]
⋮	⋮	⋮

1~4番目の引数はレジスタで受け取るけど、スタック上に場所が用意されているんだったっけ。

その通り。これらの場所は、値を保存するために使うこともできるんだ。

スタックポインタ(64ビット)

rsp 2000 →

メモリ(スタック)

アドレス	0~3バイト目	4~7バイト目	rspによる読み書き
2000	リターンアドレス		[rsp]
2008	?(引数1:rcx)		[rsp+8]
2016	?(引数2:edx)	?	[rsp+16]

例えばedxを保存したい場合は、rdxの場所の0~3バイト目を使えばいいよ。

この例では、2016番地に保存すればいいのかな。

そうだ。実際のプログラムでは、スタックポインタのrspを使って、[rsp+16]と書けばいいよ。

5 つむ　スタック

3

もし、保存する場所がもっと必要な場合は、スタックポインタから適当なバイト数を引いて、場所を確保することもできるよ。

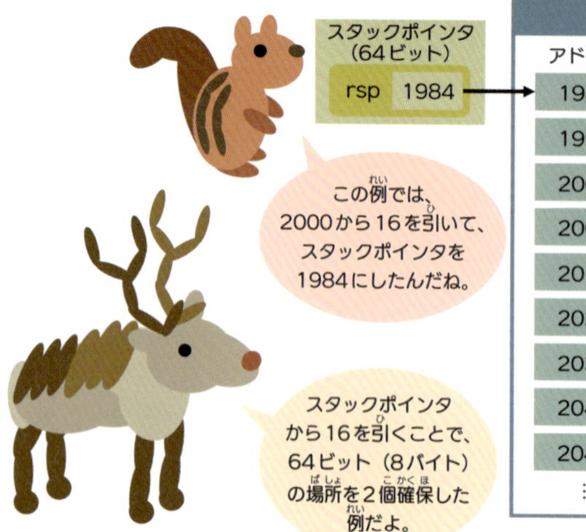
スタックポインタ（64ビット）
rsp 1984
この例では、2000から16を引いて、スタックポインタを1984にしたんだね。
スタックポインタから16を引くことで、64ビット（8バイト）の場所を2個確保した例だよ。

メモリ（スタック）

アドレス	値	rspによる読み書き
1984	任意	[rsp]
1992	任意	[rsp+8]
2000	リターンアドレス	[rsp+16]
2008	?（引数1：rcx）	[rsp+24]
2016	?（引数2：rdx）	[rsp+32]
2024	?（引数3：r8）	[rsp+40]
2032	?（引数4：r9）	[rsp+48]
2040	引数5	[rsp+56]
2048	引数6	[rsp+64]
⋮	⋮	⋮

今回確保する場所
リターンアドレス
引数

スタックポインタから適当なバイト数を引いて場所を確保する方法は、C言語でローカル変数の場所を確保するときに使われているよ。

ローカル変数というのは、C言語において関数の中だけで使う記憶領域のことだ。

（つづく↗）

今回はedxの値を保存するだけだから、引数のために用意された場所を使えば済むかな。

うん。実際にプログラムを書いてみよう。

▼スタックに値を保存するプログラム

スタックに値を保存するプログラムは、こんな流れだよ。

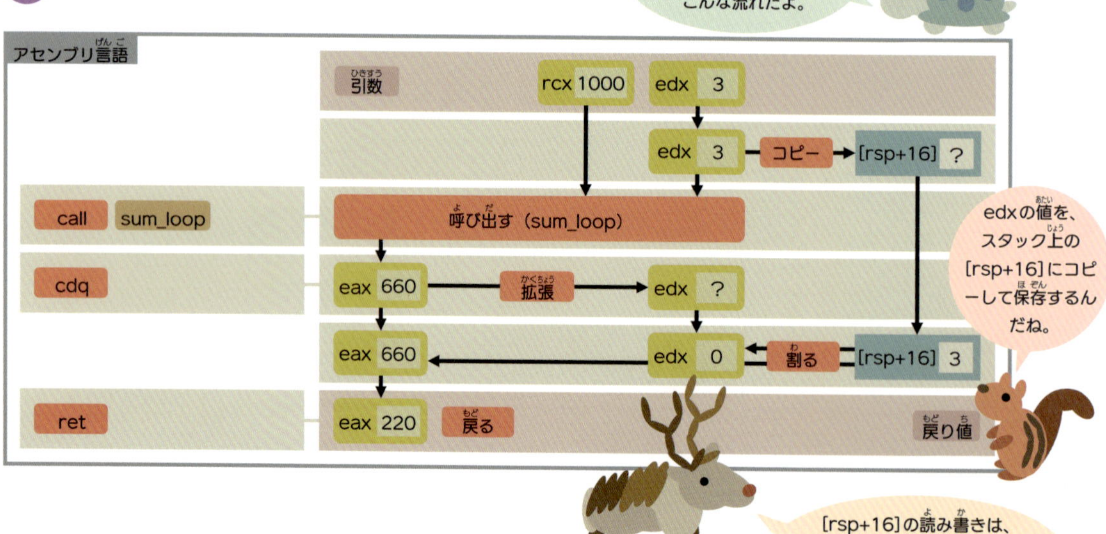
アセンブリ言語
引数
rcx 1000
edx 3
edx 3
コピー
[rsp+16] ?
call
sum_loop
呼び出す（sum_loop）
cdq
eax 660
拡張
edx ?
eax 660
edx 0
割る
[rsp+16] 3
ret
eax 220
戻る
戻り値
edxの値を、スタック上の[rsp+16]にコピーして保存するんだね。
[rsp+16]の読み書きは、第3章で学んだメモリの読み書きと同じ要領だ。

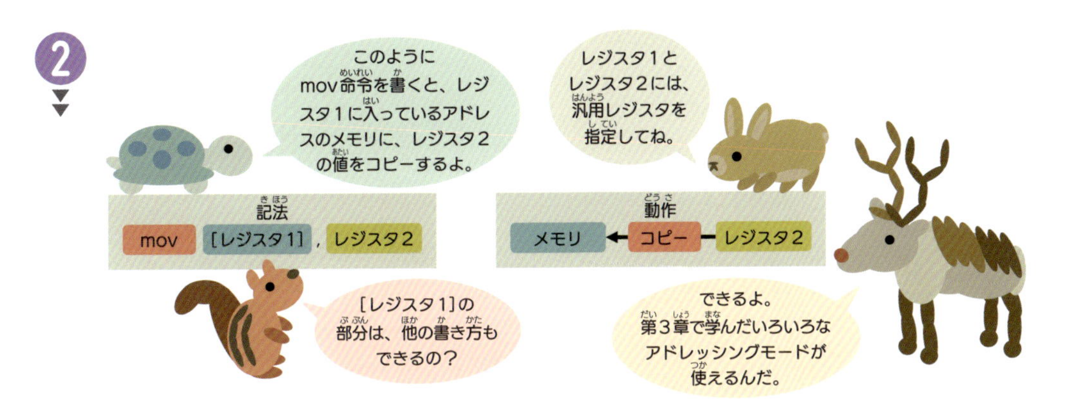

2
このようにmov命令を書くと、レジスタ1に入っているアドレスのメモリに、レジスタ2の値をコピーするよ。
レジスタ1とレジスタ2には、汎用レジスタを指定してね。
記法
mov [レジスタ1], レジスタ2
動作
メモリ ← コピー ← レジスタ2
[レジスタ1]の部分は、他の書き方もできるの?
できるよ。第3章で学んだいろいろなアドレッシングモードが使えるんだ。

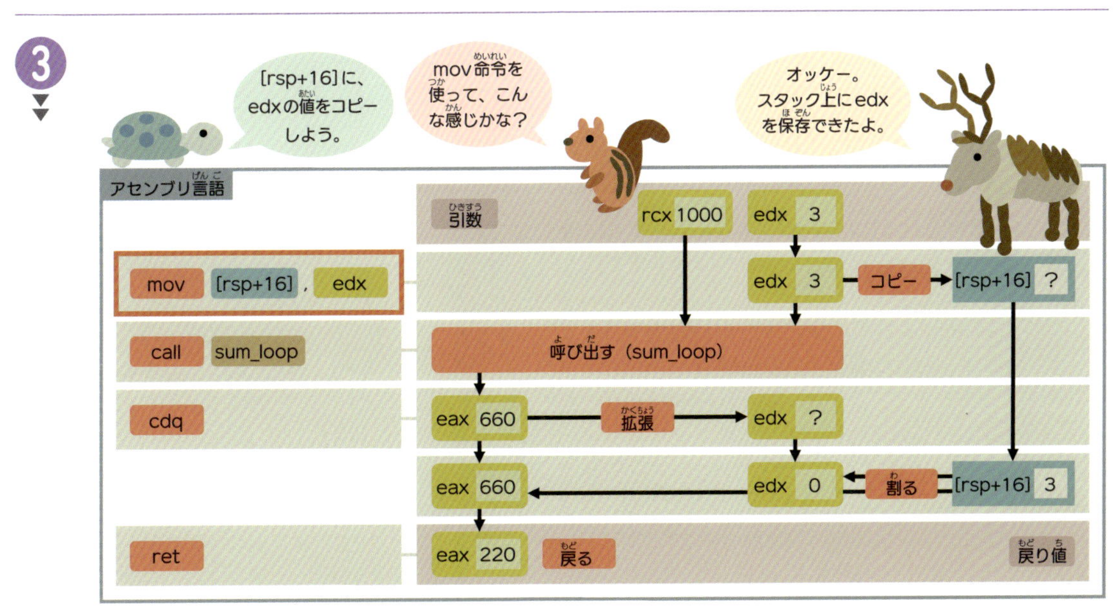

3
[rsp+16]に、edxの値をコピーしよう。
mov命令を使って、こんな感じかな?
オッケー。スタック上にedxを保存できたよ。
アセンブリ言語
引数
rcx 1000
edx 3
mov [rsp+16], edx
edx 3
コピー
[rsp+16] ?
call sum_loop
呼び出す(sum_loop)
cdq
eax 660
拡張
edx ?
eax 660
edx 0
割る
[rsp+16] 3
ret
eax 220
戻る
戻り値

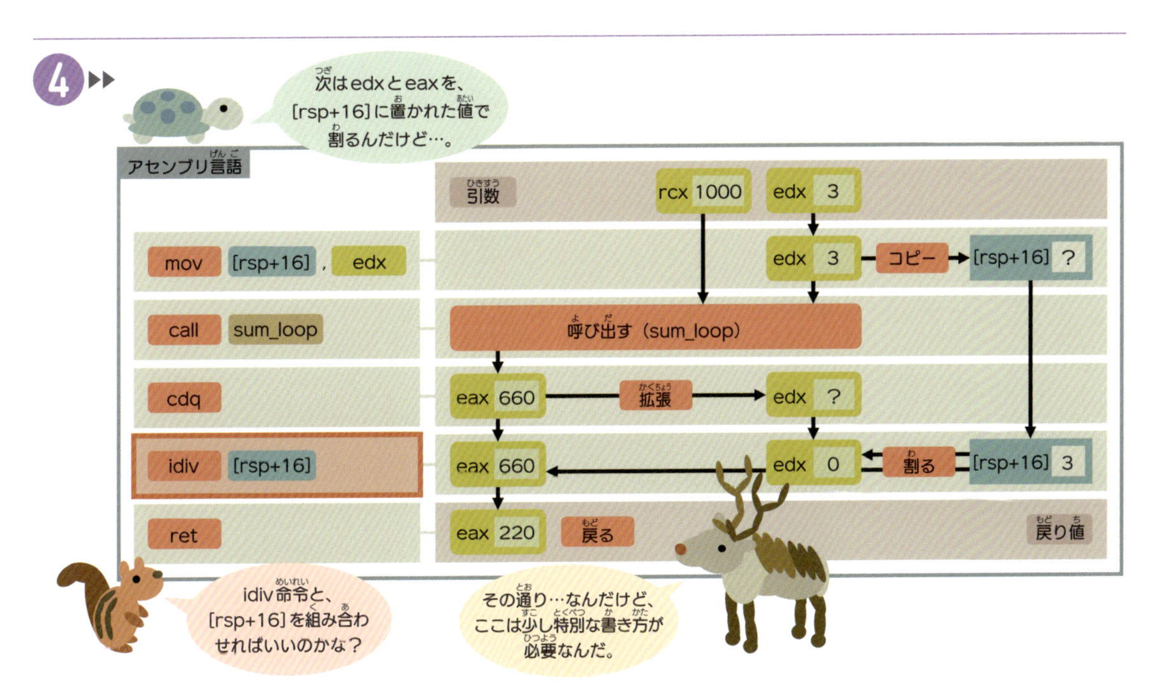

4
次はedxとeaxを、[rsp+16]に置かれた値で割るんだけど…。
アセンブリ言語
引数
rcx 1000
edx 3
mov [rsp+16], edx
edx 3
コピー
[rsp+16] ?
call sum_loop
呼び出す(sum_loop)
cdq
eax 660
拡張
edx ?
idiv [rsp+16]
eax 660
edx 0
割る
[rsp+16] 3
ret
eax 220
戻る
戻り値
idiv命令と、[rsp+16]を組み合わせればいいのかな?
その通り…なんだけど、ここは少し特別な書き方が必要なんだ。

5

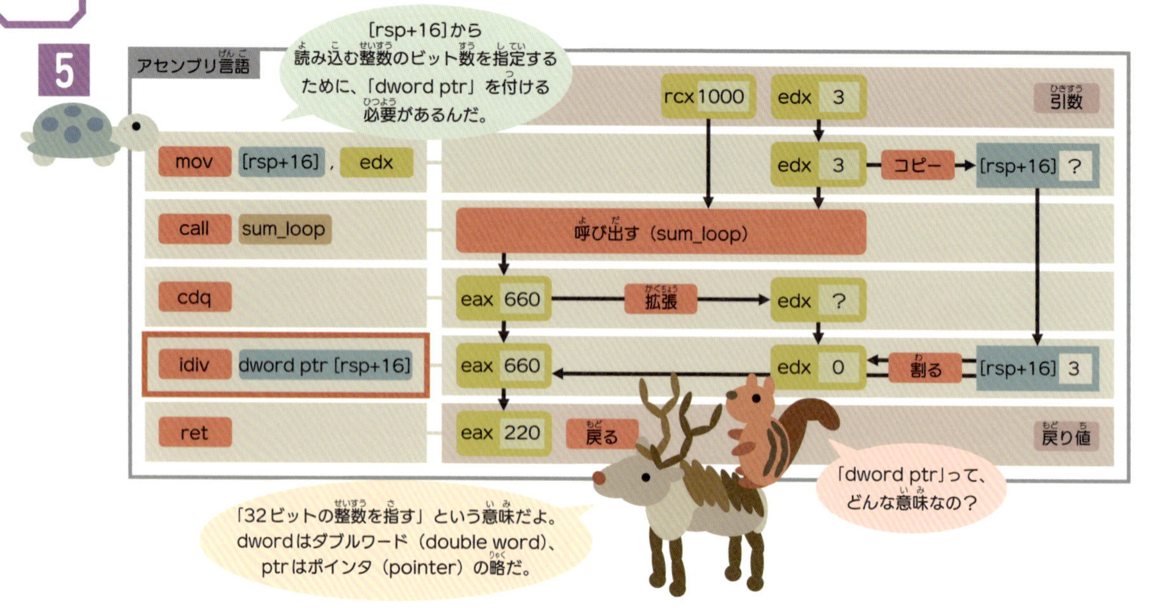
アセンブリ言語
[rsp+16]から
読み込む整数のビット数を指定するために、「dword ptr」を付ける必要があるんだ。
mov [rsp+16], edx
call sum_loop
cdq
idiv dword ptr [rsp+16]
ret
rcx 1000
edx 3
引数
edx 3
コピー
[rsp+16] ?
呼び出す (sum_loop)
eax 660
拡張
edx ?
eax 660
edx 0
割る
[rsp+16] 3
eax 220
戻る
戻り値
「dword ptr」って、どんな意味なの？
「32ビットの整数を指す」という意味だよ。dwordはダブルワード（double word）、ptrはポインタ（pointer）の略だ。

なぜ今回のプログラムでは、「dword ptr」が必要なの？

idiv命令のオペランドにメモリを指定する場合、メモリから読み込む整数のビット数には8、16、32、64という選択肢があるんだ。

そのため[rsp+16]だけでは、メモリから何ビットの整数を読み込めばいいのかわからない。

「dword ptr」と書けば、ダブルワード、つまり32ビットの整数を読み込むように指定できるよ。

8ビットは「byte ptr」、16ビットは「word ptr」、64ビットは「qword ptr」のように指定するよ。

byteはバイト、wordはワードだよ。qwordはquad wordの略で、クアッドワードだ。

（つづく↗）

バイト、ワード、ダブルワード、クアッドワードについては、第2章で学んだね。

一方の「mov [rsp+16], edx」については、なぜ「dword ptr」が不要なの？

edxが32ビットなので、32ビットの整数を扱うことがわかるからだよ。

「mov dword ptr [rsp+16], edx」と書いても正しく動くけど、「dword ptr」は省略できるよ。

何ビットの整数を扱うかがわからないときだけ、「dword ptr」などが必要なんだね。

うん。以下が完成したプログラムだ。関数名はaverage3にしたよ。

sub.asmでaverage3を見つけて、以下のように変更してね。

スタックに値を保存するaverage3関数（sub.asm）

```
average3 proc
    mov  [rsp+16], edx        ; edxをアドレス「rsp+16」に置く
    call sum_loop             ; sum_loop関数を呼び出す
```

（つづく↗）

```
    cdq                         ; eaxをedxとeaxに拡張
    idiv dword ptr [rsp+16]     ; edxとeaxをアドレス「rsp+16」に置かれた値で割る
    ret                         ; 戻る
average3 endp
```

変更して保存したよ。

（つづく↗）

C言語プログラムは以下の通り。前回と同様に、「110、220、330」について average3関数を呼び出すよ。

main.cで以下の箇所を見つけて、先頭の//を削除してね。

average3関数を呼び出す（main.c）

```
printf("average3((int[])[110, 220, 330], 3): %d\n",
    average3((int[]){110, 220, 330}, 3));
```

実行してみるね。

以下の結果が表示されたら成功だ。

実行結果：平均（average3関数）

```
average3((int[])[110, 220, 330], 3): 220
```

前回と同じ結果になったね。正しく動いたみたいだ。

よかった。これで、値を保存しておく方法の説明は一段落だよ。

3種類の方法を学んだけど、どの方法を使うといいのかな？

1番目の方法は、関数が変更しないレジスタを使う方法だ。関数が変更しないレジスタが明らかな場合は、この方法が使える。

2番目の方法は、保存されるレジスタを使う方法だよ。この方法は、1番目の方法よりも安全性が高い。

（つづく↗）

3番目の方法は、スタックを使う方法だ。この方法も、2番目の方法と同様に安全性が高いよ。

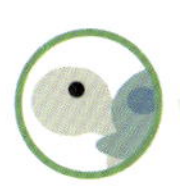
2番目と3番目の方法のどちらが良いかは、プログラムによって変わるよ。

プログラムが高速になる方、あるいはプログラムが簡単になる方を、選んで使うのがおすすめだ。

了解。関数を呼び出すときには、うっかり必要な値を失わないように、レジスタやスタックに保存しよう。

うん。次は最後のセクションだよ。少し変わった関数呼び出しを書いてみよう。

自分自身を呼び出す、再帰呼び出しのプログラムだよ。

5-5

自分自身を呼び出す再帰呼び出し

再帰呼び出しとは、ある関数がその関数自身を呼び出すことです。

関数が関数自身を呼び出す、ってどういうこと？

関数は任意の関数を呼び出せるよ。したがって、その関数自身も呼び出せるんだ。

関数自身を呼び出すことを、再帰呼び出しと言うよ。

再帰呼び出しは何に役立つの？

例えば、数学で使う手法の中には、再帰呼び出しを使うとプログラムが書きやすいものがあるよ。

再帰呼び出しを使うことは必須ではないけど、使うと便利なことがあるんだ。

具体的には、再帰呼び出しはどんなプログラムになるの？

実際に再帰呼び出しを使って、最大公約数を計算する「ユークリッドの互除法」のプログラムを書いてみよう。

最大公約数って、何だっけ…。

（つづく↗）

本書では、正の整数についてだけ考えよう。まず、ある整数を割り切れる整数のことを、約数と呼ぶよ。

2個の整数があるときに、これらのどちらも割り切れる整数が、公約数だ。

そして、公約数のうち最大のものが最大公約数だよ。

例えば、18の約数を全部言ってみて。

ええと、18を割り切れる正の整数だから…1、2、3、6、9、18かな。

その通り。12の約数は？

1、2、3、4、6、12かな。

18と12に共通する約数、つまり公約数は1、2、3、6だ。

なるほど。最大公約数は6だね。

このような最大公約数を計算する手法の一つが、ユークリッドの互除法だよ。

▼ユークリッドの互除法

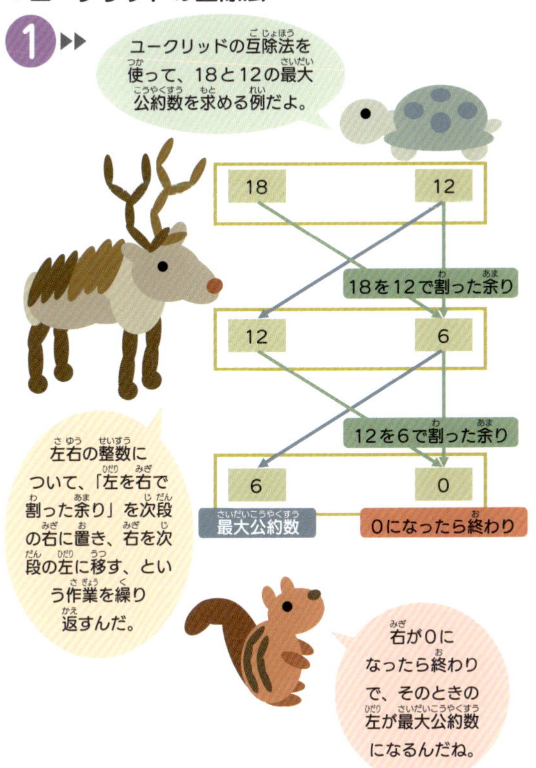
1
ユークリッドの互除法を使って、18と12の最大公約数を求める例だよ。
18
12
18を12で割った余り
12
6
12を6で割った余り
6
0
最大公約数
0になったら終わり
左右の整数について、「左を右で割った余り」を次段の右に置き、右を次段の左に移す、という作業を繰り返すんだ。
右が0になったら終わりで、そのときの左が最大公約数になるんだね。

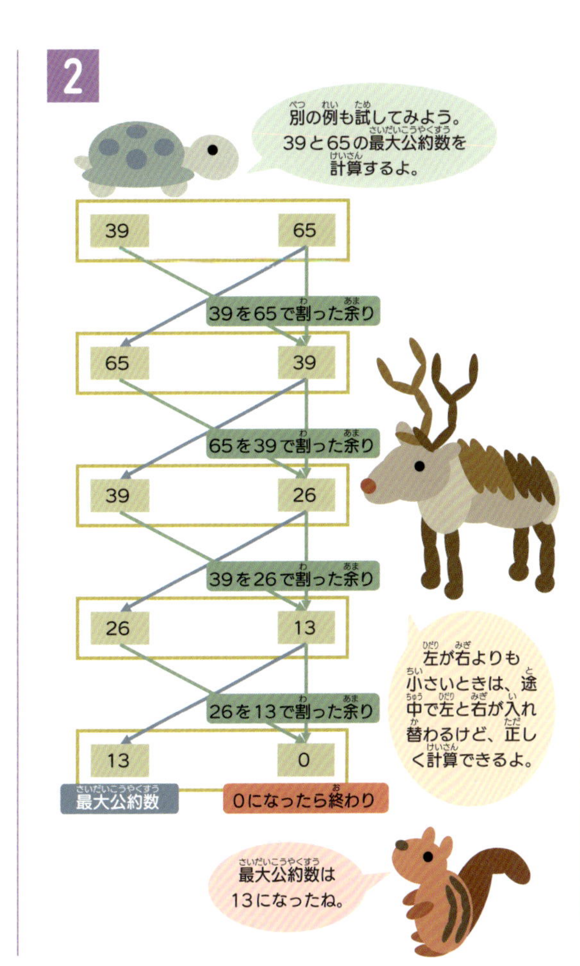
2
別の例も試してみよう。39と65の最大公約数を計算するよ。
39
65
39を65で割った余り
65
39
65を39で割った余り
39
26
39を26で割った余り
26
13
26を13で割った余り
13
0
最大公約数
0になったら終わり
左が右よりも小さいときは、途中で左と右が入れ替わるけど、正しく計算できるよ。
最大公約数は13になったね。

この方法を使うと、最大公約数を簡単に計算できるよ。

本当だ。機械的に計算できるから、確実だね。

ユークリッドの互除法では、同じ作業を繰り返していることに注目してね。

「左を右で割った余り」を次段の右に置く、右を次段の左に移す、という作業だ。

確かに、同じ作業を繰り返しているね。

(つづく↗)

これはユークリッドの互除法を、最初は「18と12」に使い、次に「12と6」に使い、最後に「6と0」に使っている、とも言える。

つまり、ユークリッドの互除法の関数を書いたとすると、最初は引数を「18と12」として関数を呼び出し、次は同じ関数を「12と6」で呼び出し、最後は「6と0」で呼び出す、ということに相当するんだ。

同じ「ユークリッドの互除法の関数」を、繰り返し呼び出しているね。

こういった処理は、再帰呼び出しを使って書けるよ。

再帰呼び出しを使って、ユークリッドの互除法を実行する手順を考えてみよう。

5-5

▼最大公約数を計算する手順

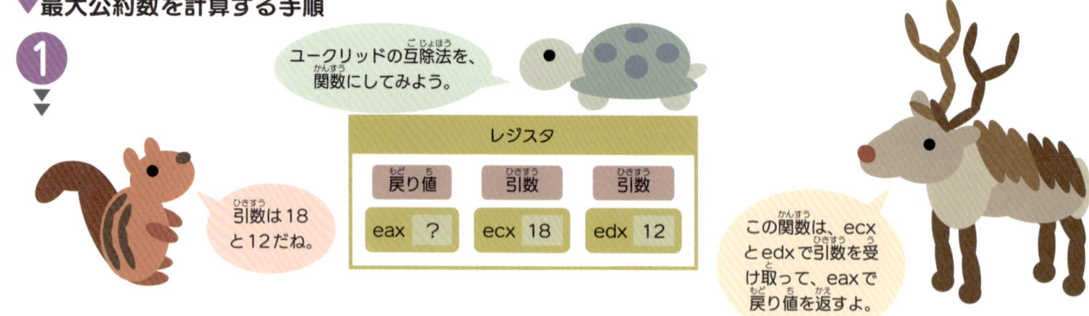

1
ユークリッドの互除法を、関数にしてみよう。
レジスタ
戻り値
引数
引数
eax ？
ecx 18
edx 12
引数は18と12だね。
この関数は、ecxとedxで引数を受け取って、eaxで戻り値を返すよ。

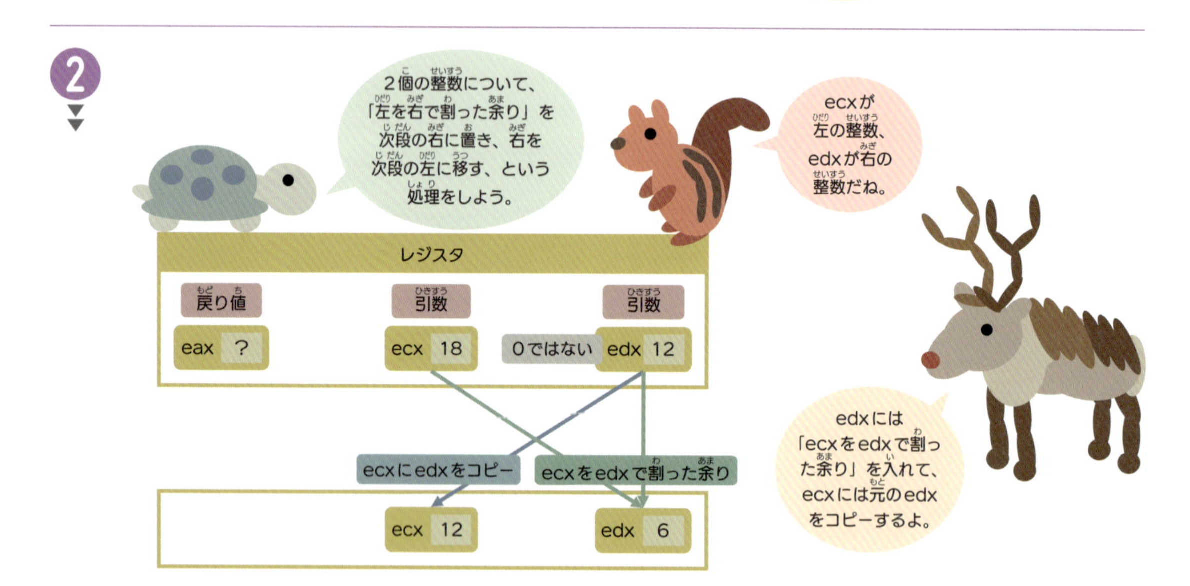

2
2個の整数について、「左を右で割った余り」を次段の右に置き、右を次段の左に移す、という処理をしよう。
ecxが左の整数、edxが右の整数だね。
レジスタ
戻り値
引数
引数
eax ？
ecx 18
0ではない
edx 12
ecxにedxをコピー
ecxをedxで割った余り
ecx 12
edx 6
edxには「ecxをedxで割った余り」を入れて、ecxには元のedxをコピーするよ。

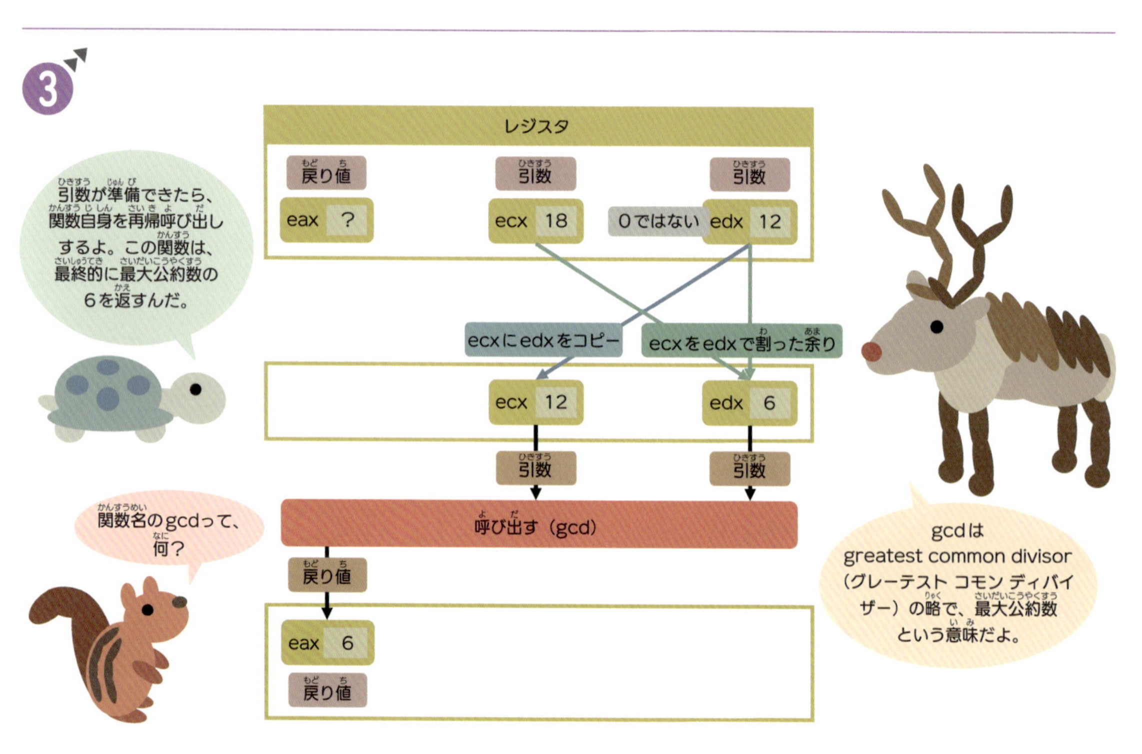

3
引数が準備できたら、関数自身を再帰呼び出しするよ。この関数は、最終的に最大公約数の6を返すんだ。
レジスタ
戻り値
引数
引数
eax ？
ecx 18
0ではない
edx 12
ecxにedxをコピー
ecxをedxで割った余り
ecx 12
edx 6
引数
引数
呼び出す（gcd）
戻り値
eax 6
戻り値
関数名のgcdって、何？
gcdはgreatest common divisor（グレーテスト コモン ディバイザー）の略で、最大公約数という意味だよ。

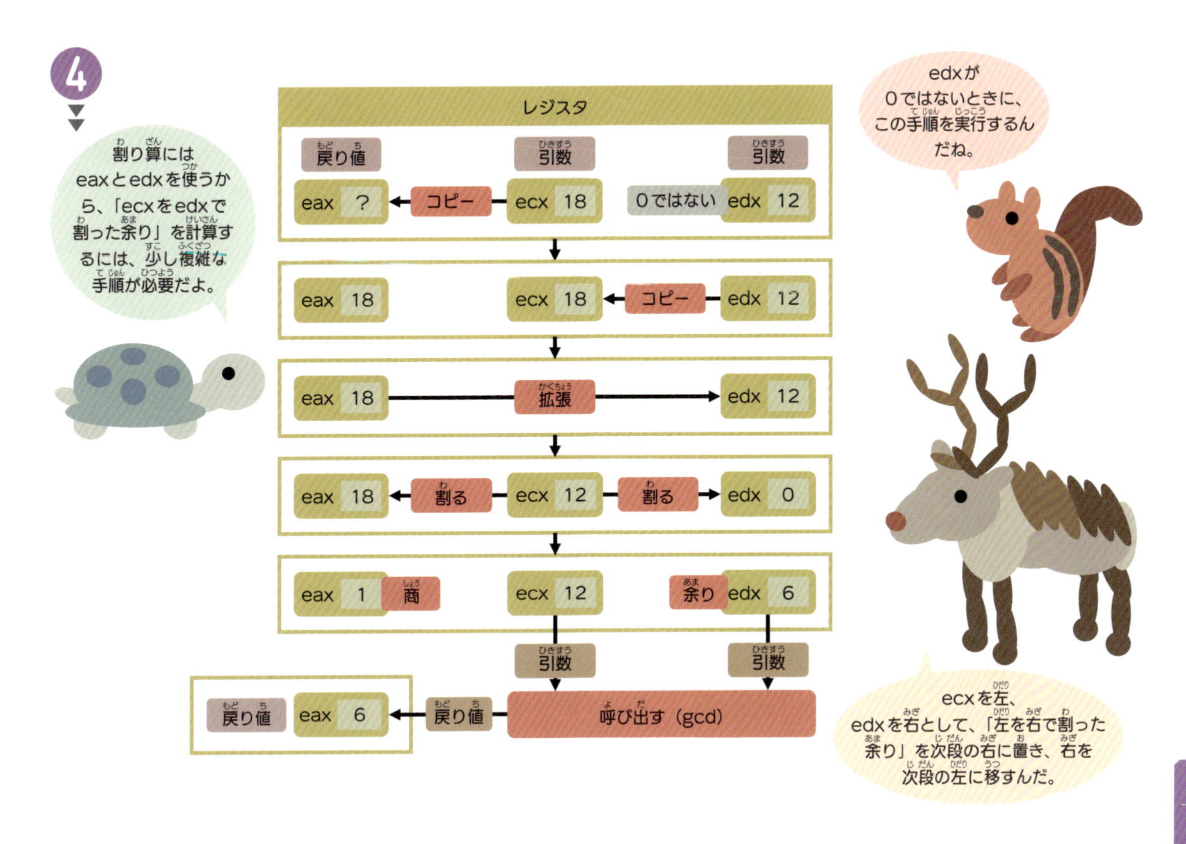
4
割り算にはeaxとedxを使うから、「ecxをedxで割った余り」を計算するには、少し複雑な手順が必要だよ。
レジスタ
戻り値
引数
引数
eax ?
コピー
ecx 18
0ではない
edx 12
eax 18
ecx 18
コピー
edx 12
eax 18
拡張
edx 12
eax 18
割る
ecx 12
割る
edx 0
eax 1
商
ecx 12
余り
edx 6
引数
引数
戻り値
eax 6
戻り値
呼び出す（gcd）
edxが0ではないときに、この手順を実行するんだね。
ecxを左、edxを右として、「左を右で割った余り」を次段の右に置き、右を次段の左に移すんだ。

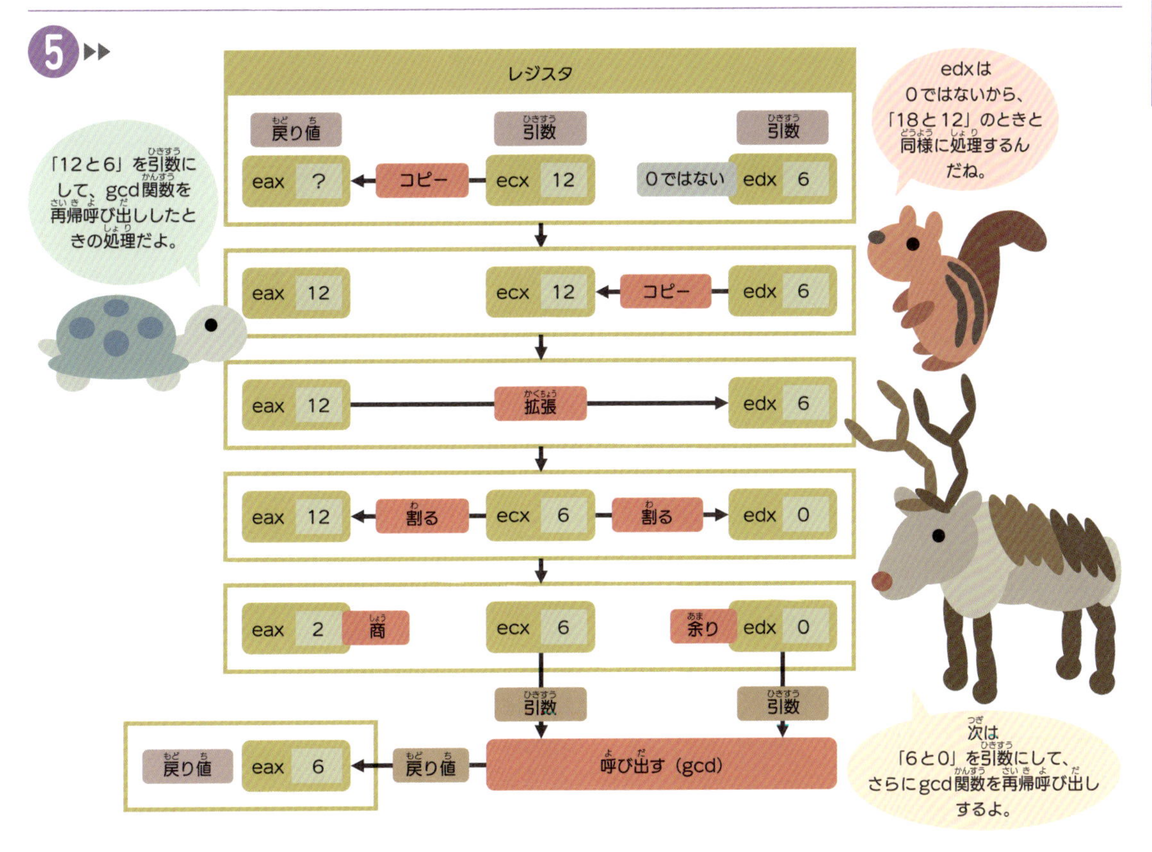
5
「12と6」を引数にして、gcd関数を再帰呼び出ししたときの処理だよ。
レジスタ
戻り値
引数
引数
eax ?
コピー
ecx 12
0ではない
edx 6
eax 12
ecx 12
コピー
edx 6
eax 12
拡張
edx 6
eax 12
割る
ecx 6
割る
edx 0
eax 2
商
ecx 6
余り
edx 0
引数
引数
戻り値
eax 6
戻り値
呼び出す（gcd）
edxは0ではないから、「18と12」のときと同様に処理するんだね。
次は「6と0」を引数にして、さらにgcd関数を再帰呼び出しするよ。

5-5

6

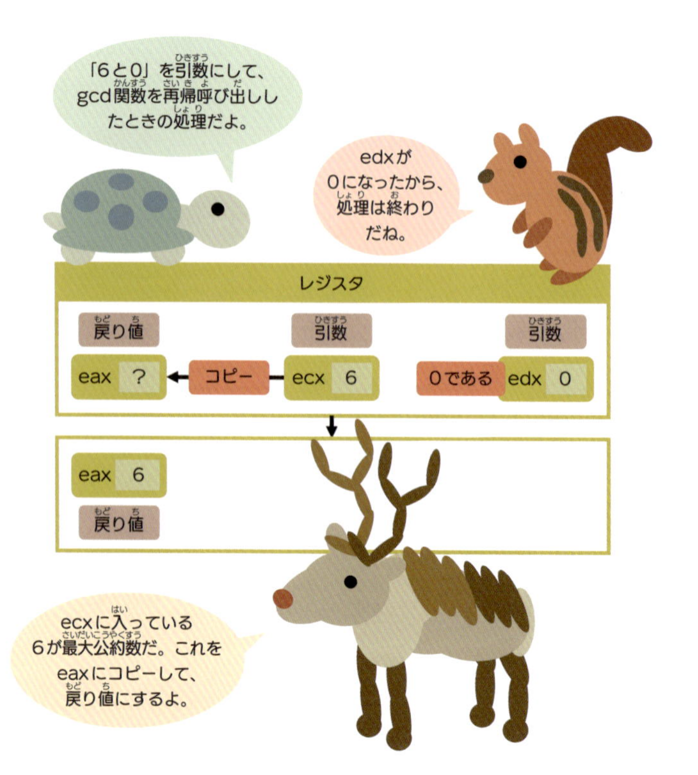
「6と0」を引数にして、gcd関数を再帰呼び出ししたときの処理だよ。
edxが0になったから、処理は終わりだね。
レジスタ
戻り値
引数
引数
eax ?
コピー
ecx 6
0である
edx 0
eax 6
戻り値
ecxに入っている6が最大公約数だ。これをeaxにコピーして、戻り値にするよ。

再帰呼び出しを使って、gcd関数を何度も呼び出すんだね。

うん。1回目は引数が「18と12」の呼び出しだよ。ここで再帰呼び出しをする。

2回目は引数が「12と6」の呼び出しだ。ここでも再帰呼び出しをするよ。

3回目は引数が「6と0」の呼び出しだね。この後はどうなるの？

6を戻り値にして、2回目の呼び出しに戻り、さらに1回目の呼び出しに戻り、最後はC言語に戻るよ。

なるほど、gcd関数を何度も呼び出したから、何度も戻る必要があるんだね。

うん。本章の最初に、「ケーキ作り」「電話」「荷物」という例で、スタックの動きを学んだことを思い出してみて。

（つづく↗）

これは「ケーキ作り」の関数を呼び出し、その中で「電話」の関数を呼び出し、さらに「荷物」の関数を呼び出したことに相当するよ。

戻るときは、どんな動きになると思う？

ええと…。「荷物」が終わったら「電話」の関数に戻り、「電話」が終わったら「ケーキ作り」の関数に戻り、「ケーキ作り」が終わったら完了だ。

その通り。gcd関数を何度も呼び出した後で、何度も戻るのも、同じ動きなんだ。

了解。これでプログラムが書けるかな？

うん。考えた手順に沿って、プログラムを書いてみよう。

▼最大公約数を計算するプログラム

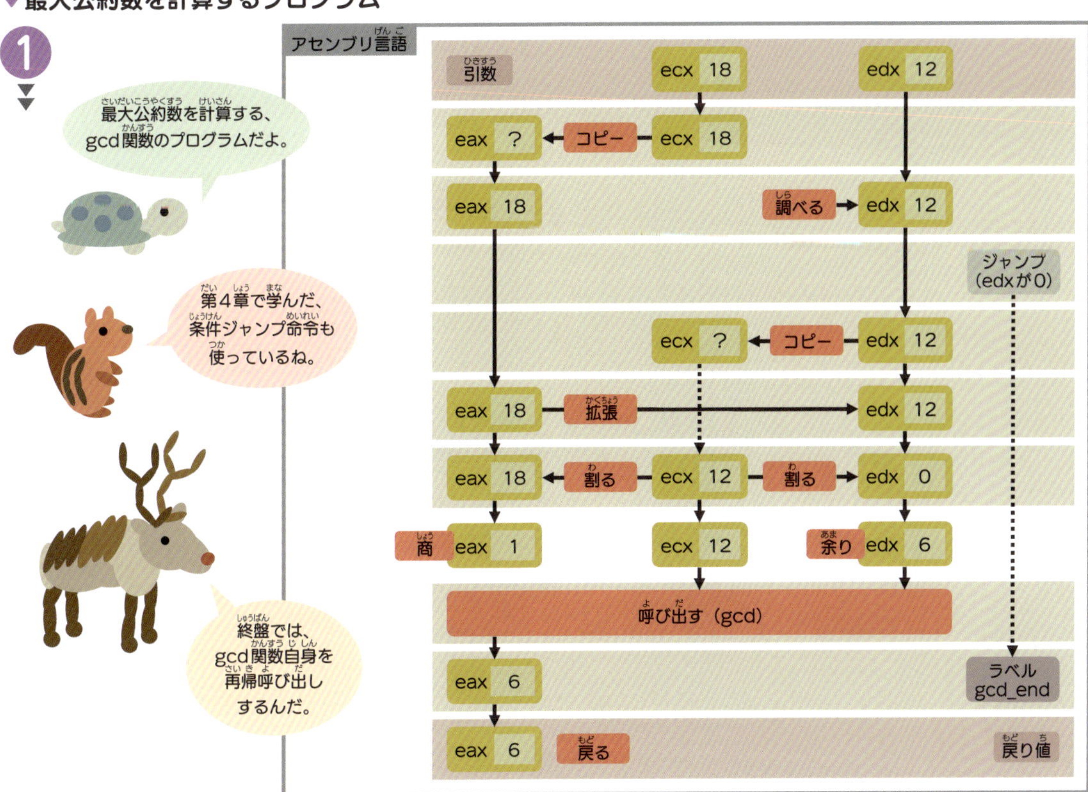

1
最大公約数を計算する、gcd関数のプログラムだよ。
第4章で学んだ、条件ジャンプ命令も使っているね。
終盤では、gcd関数自身を再帰呼び出しするんだ。
アセンブリ言語
引数
ecx 18
edx 12
eax ?
コピー
ecx 18
eax 18
調べる
edx 12
ジャンプ (edxが0)
ecx ?
コピー
edx 12
eax 18
拡張
edx 12
eax 18
割る
ecx 12
割る
edx 0
商
eax 1
ecx 12
余り
edx 6
呼び出す（gcd）
eax 6
ラベル gcd_end
eax 6
戻る
戻り値

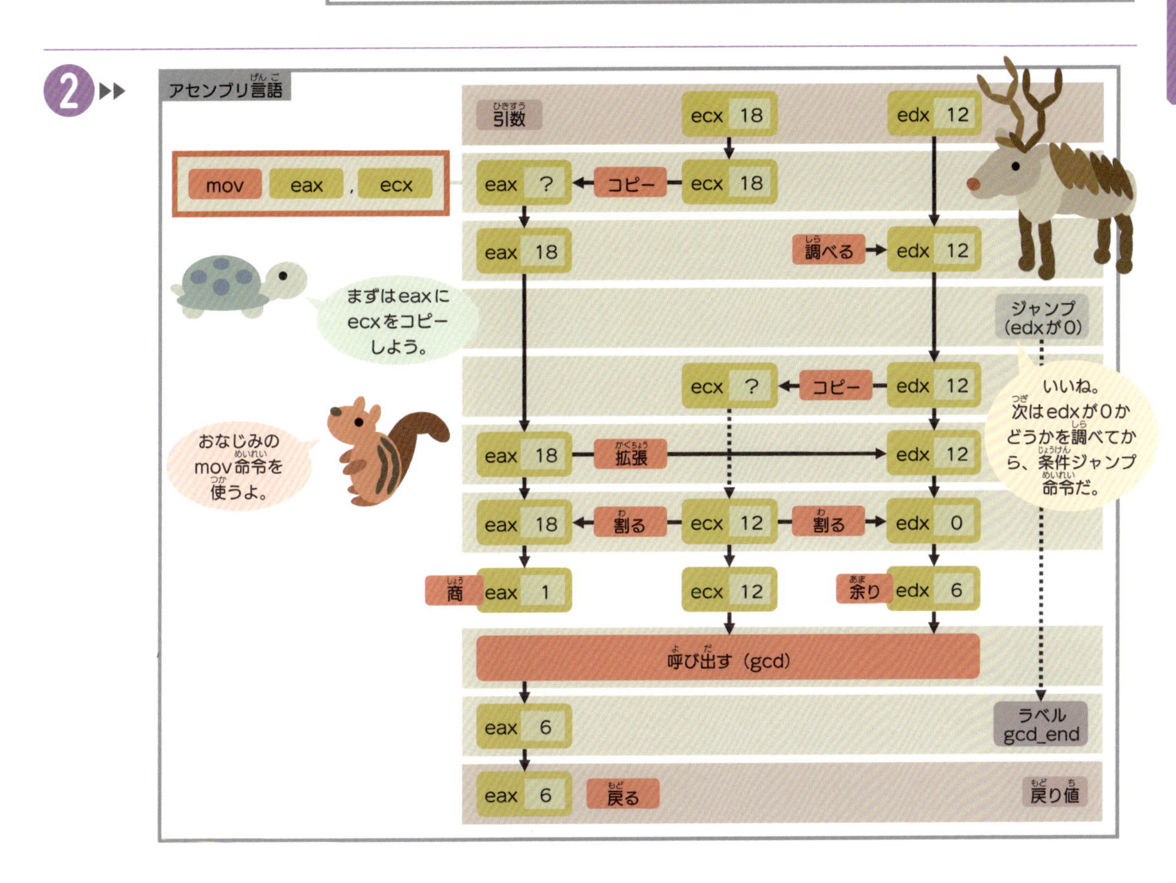

2
アセンブリ言語
mov eax , ecx
まずはeaxにecxをコピーしよう。
おなじみのmov命令を使うよ。
いいね。次はedxが0かどうかを調べてから、条件ジャンプ命令だ。
引数
ecx 18
edx 12
eax ?
コピー
ecx 18
eax 18
調べる
edx 12
ジャンプ (edxが0)
ecx ?
コピー
edx 12
eax 18
拡張
edx 12
eax 18
割る
ecx 12
割る
edx 0
商
eax 1
ecx 12
余り
edx 6
呼び出す（gcd）
eax 6
ラベル gcd_end
eax 6
戻る
戻り値

5 つむ スタック

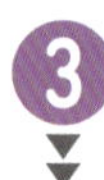

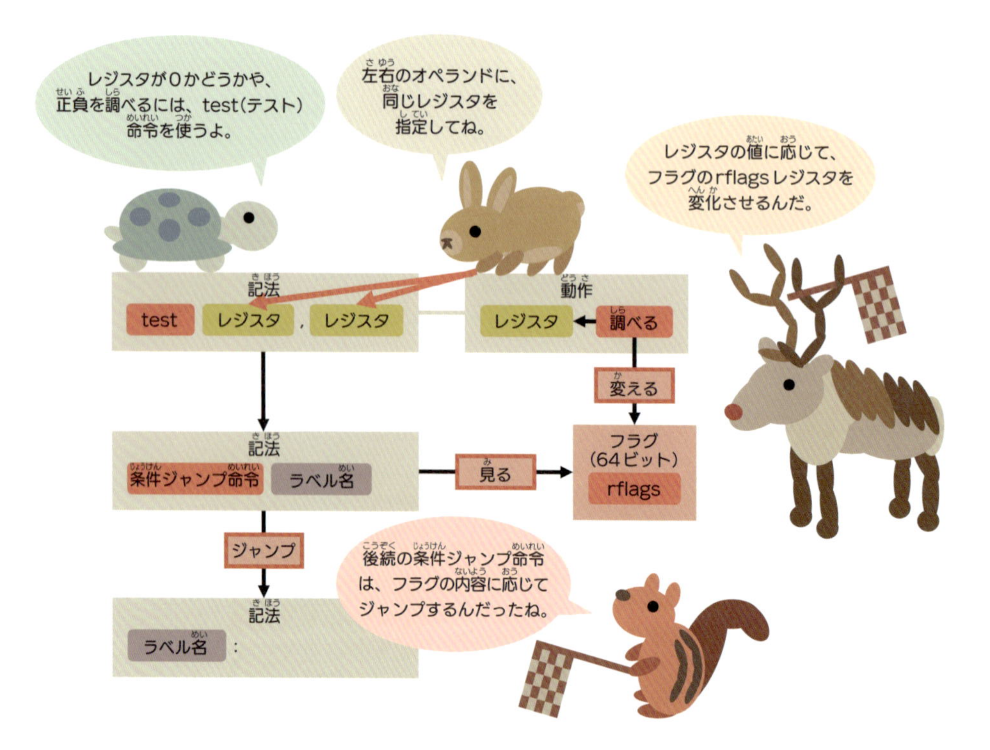

レジスタが0かどうかや、正負を調べるには、test(テスト)命令を使うよ。
左右のオペランドに、同じレジスタを指定してね。
レジスタの値に応じて、フラグのrflagsレジスタを変化させるんだ。
記法
test
レジスタ
,
レジスタ
動作
レジスタ
調べる
変える
記法
条件ジャンプ命令
ラベル名
見る
フラグ
(64ビット)
rflags
ジャンプ
記法
ラベル名
:
後続の条件ジャンプ命令は、フラグの内容に応じてジャンプするんだったね。

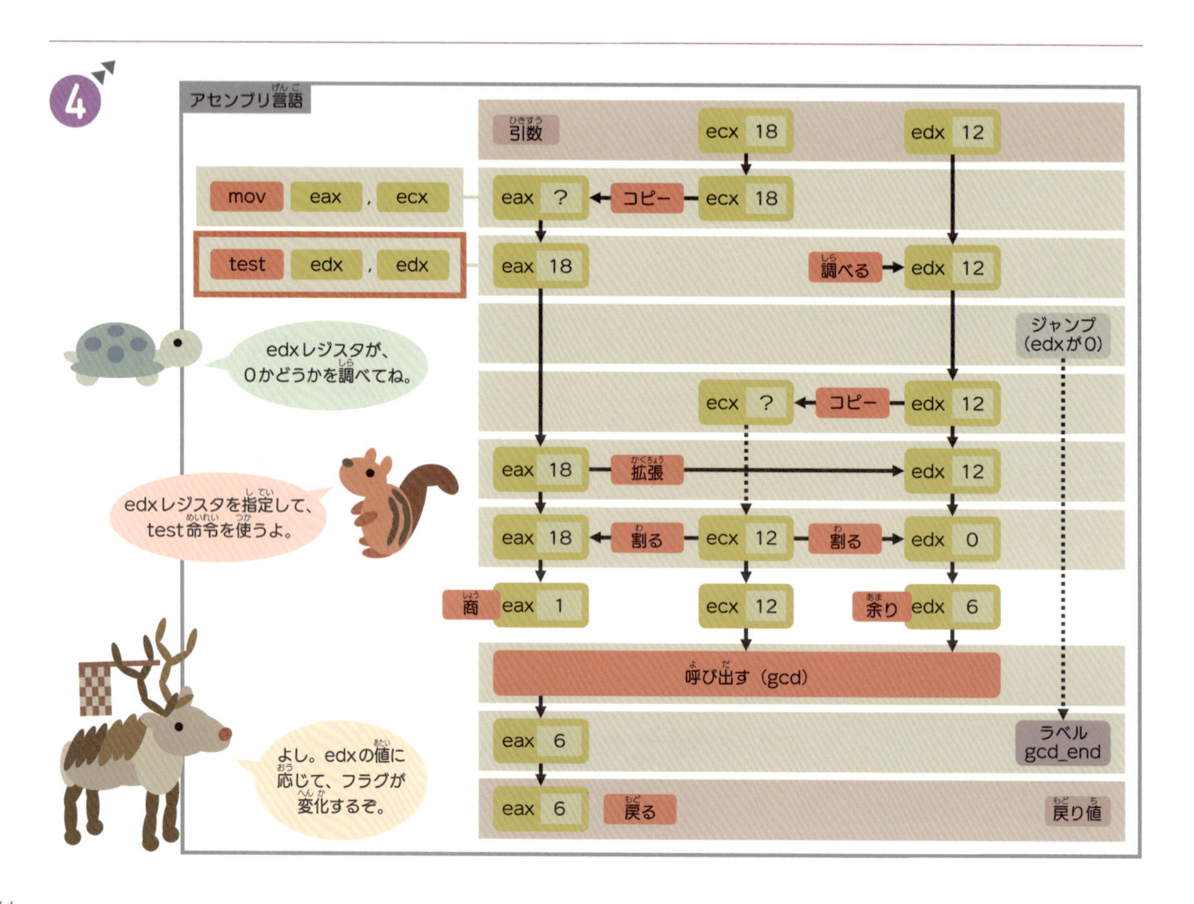

アセンブリ言語
引数
ecx 18
edx 12
mov
eax
,
ecx
eax ?
コピー
ecx 18
test
edx
,
edx
eax 18
調べる
edx 12
ジャンプ
(edxが0)
edxレジスタが、0かどうかを調べてね。
ecx ?
コピー
edx 12
eax 18
拡張
edx 12
edxレジスタを指定して、test命令を使うよ。
eax 18
割る
ecx 12
割る
edx 0
商
eax 1
ecx 12
余り
edx 6
呼び出す (gcd)
eax 6
ラベル
gcd_end
よし。edxの値に応じて、フラグが変化するぞ。
eax 6
戻る
戻り値

5

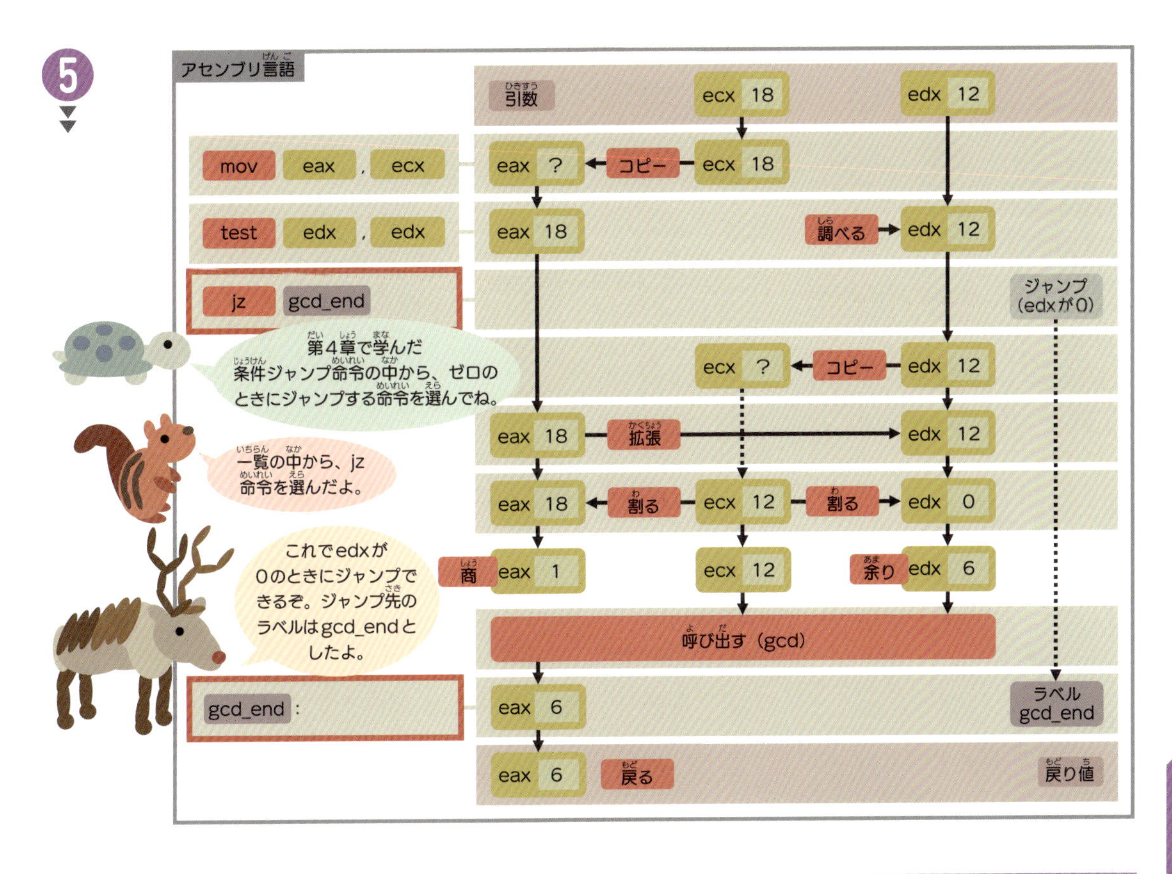
アセンブリ言語
mov eax , ecx
test edx , edx
jz gcd_end
gcd_end :
引数
ecx 18
edx 12
eax ?
コピー
ecx 18
eax 18
調べる
edx 12
ジャンプ (edxが0)
ecx ?
コピー
edx 12
eax 18
拡張
edx 12
eax 18
割る
ecx 12
割る
edx 0
商
eax 1
ecx 12
余り
edx 6
呼び出す (gcd)
eax 6
ラベル gcd_end
eax 6
戻る
戻り値
第4章で学んだ条件ジャンプ命令の中から、ゼロのときにジャンプする命令を選んでね。
一覧の中から、jz命令を選んだよ。
これでedxが0のときにジャンプできるぞ。ジャンプ先のラベルはgcd_endとしたよ。

6

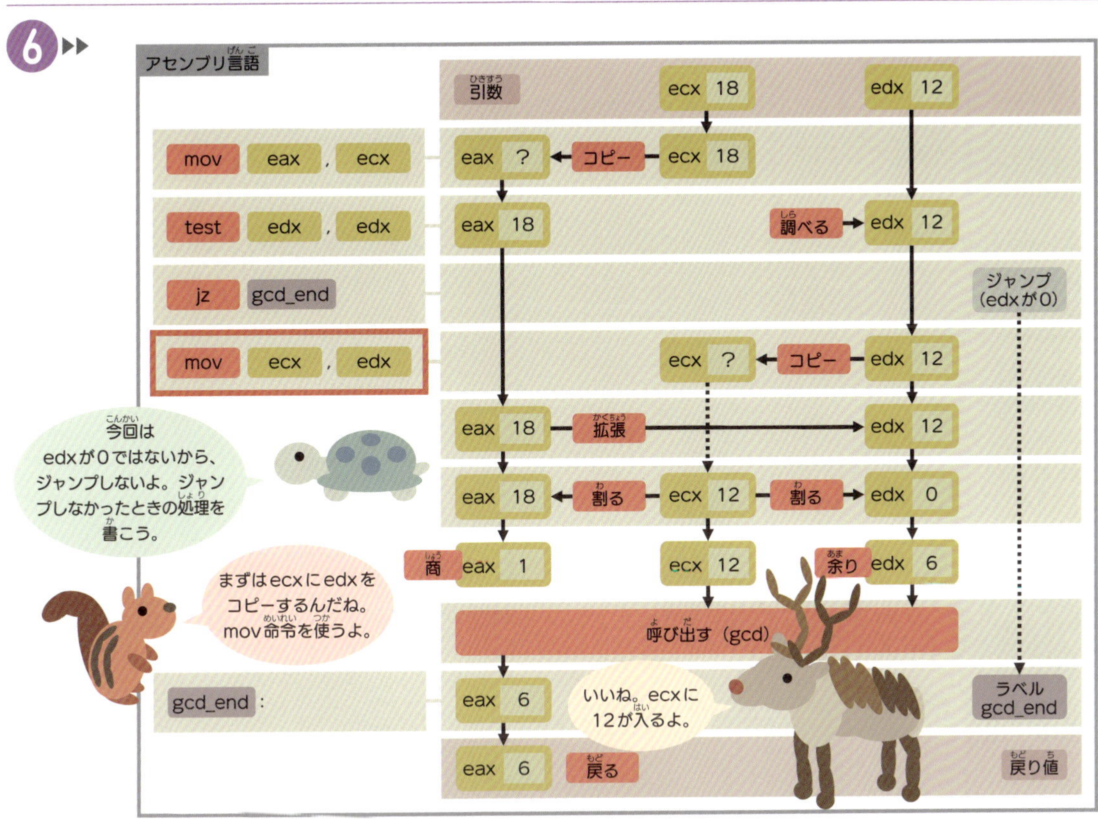
アセンブリ言語
mov eax , ecx
test edx , edx
jz gcd_end
mov ecx , edx
gcd_end :
引数
ecx 18
edx 12
eax ?
コピー
ecx 18
eax 18
調べる
edx 12
ジャンプ (edxが0)
ecx ?
コピー
edx 12
eax 18
拡張
edx 12
eax 18
割る
ecx 12
割る
edx 0
商
eax 1
ecx 12
余り
edx 6
呼び出す (gcd)
eax 6
ラベル gcd_end
eax 6
戻る
戻り値
今回はedxが0ではないから、ジャンプしないよ。ジャンプしなかったときの処理を書こう。
まずはecxにedxをコピーするんだね。mov命令を使うよ。
いいね。ecxに12が入るよ。

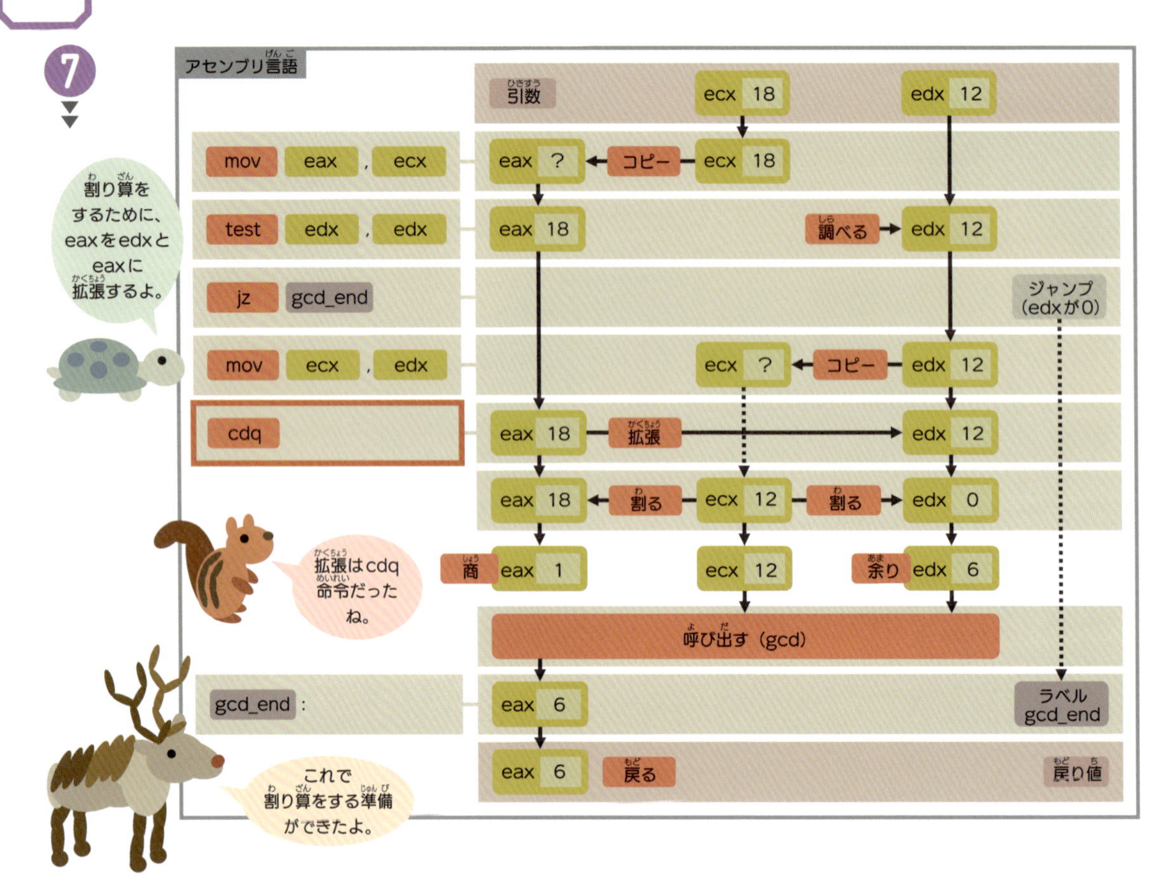
7
アセンブリ言語
引数
ecx 18
edx 12
mov eax , ecx
eax ? コピー ecx 18
test edx , edx
eax 18
調べる edx 12
jz gcd_end
ジャンプ（edxが0）
mov ecx , edx
ecx ? コピー edx 12
cdq
eax 18 拡張 edx 12
eax 18 割る ecx 12 割る edx 0
商 eax 1
ecx 12
余り edx 6
呼び出す（gcd）
gcd_end :
eax 6
ラベル gcd_end
eax 6 戻る
戻り値
割り算をするために、eaxをedxとeaxに拡張するよ。
拡張はcdq命令だったね。
これで割り算をする準備ができたよ。

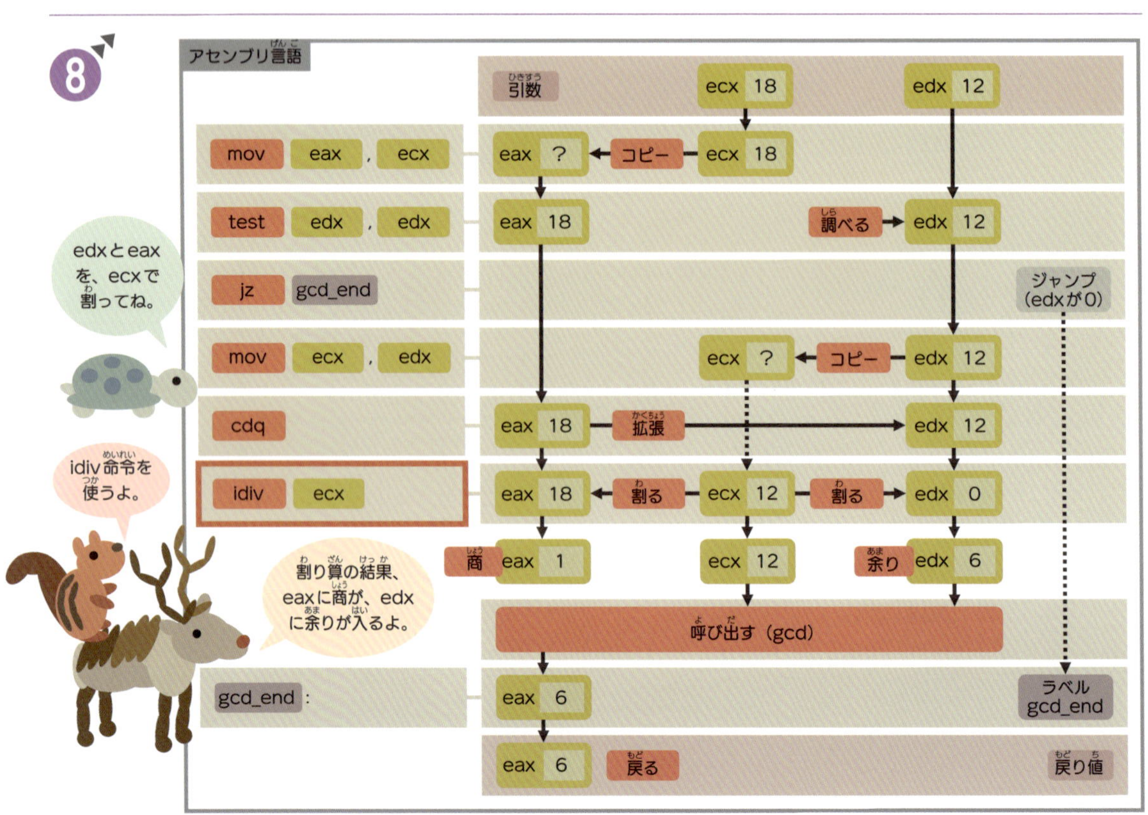
8
アセンブリ言語
引数
ecx 18
edx 12
mov eax , ecx
eax ? コピー ecx 18
test edx , edx
eax 18
調べる edx 12
jz gcd_end
ジャンプ（edxが0）
mov ecx , edx
ecx ? コピー edx 12
cdq
eax 18 拡張 edx 12
idiv ecx
eax 18 割る ecx 12 割る edx 0
商 eax 1
ecx 12
余り edx 6
呼び出す（gcd）
gcd_end :
eax 6
ラベル gcd_end
eax 6 戻る
戻り値
edxとeaxを、ecxで割ってね。
idiv命令を使うよ。
割り算の結果、eaxに商が、edxに余りが入るよ。

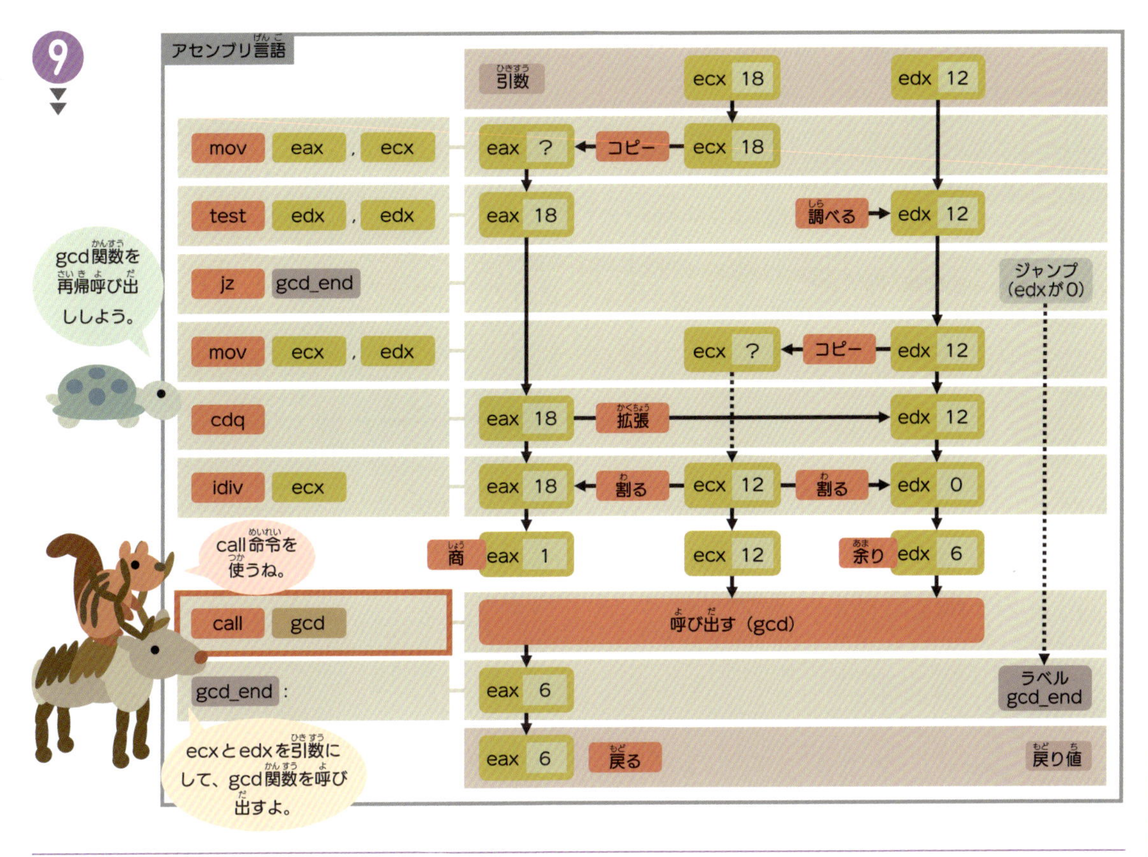
9
アセンブリ言語
引数
ecx 18
edx 12
mov eax , ecx
eax ?
コピー
ecx 18
test edx , edx
eax 18
調べる
edx 12
jz gcd_end
ジャンプ（edxが0）
mov ecx , edx
ecx ?
コピー
edx 12
cdq
eax 18
拡張
edx 12
idiv ecx
eax 18
割る
ecx 12
割る
edx 0
商
eax 1
ecx 12
余り
edx 6
call gcd
呼び出す（gcd）
gcd_end :
eax 6
ラベル gcd_end
eax 6
戻る
戻り値
gcd関数を再帰呼び出ししよう。
call命令を使うね。
ecxとedxを引数にして、gcd関数を呼び出すよ。

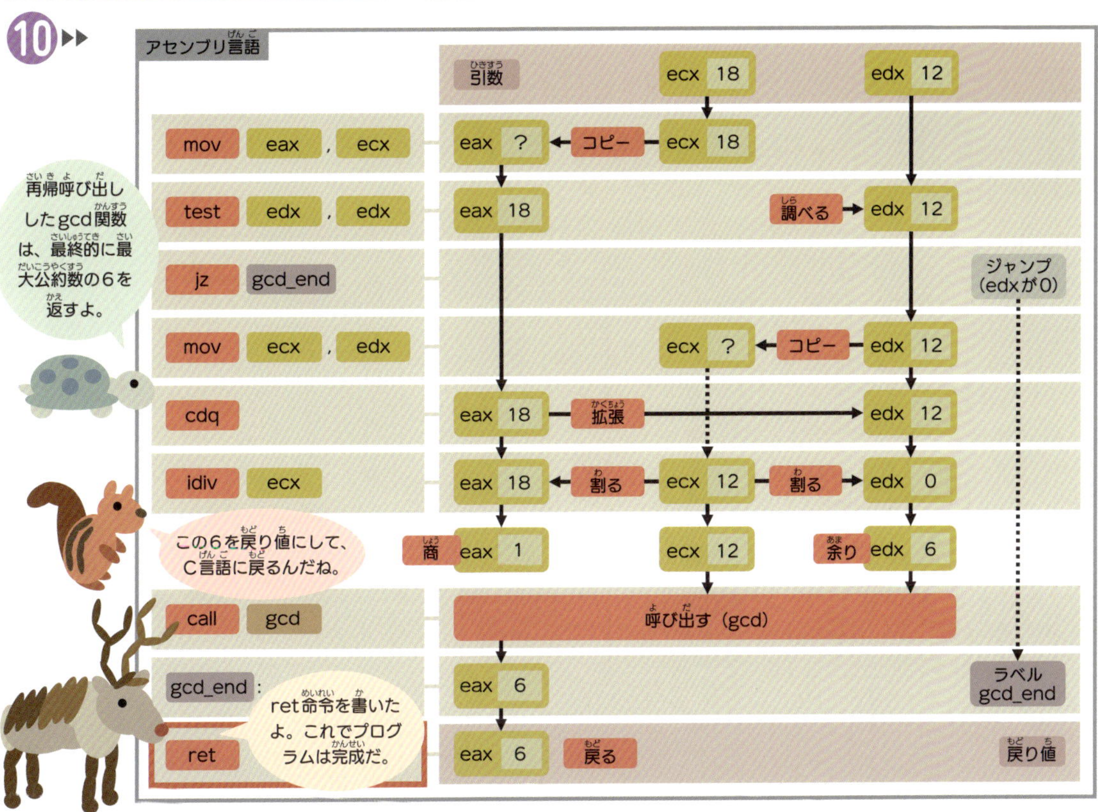
10
アセンブリ言語
引数
ecx 18
edx 12
mov eax , ecx
eax ?
コピー
ecx 18
test edx , edx
eax 18
調べる
edx 12
jz gcd_end
ジャンプ（edxが0）
mov ecx , edx
ecx ?
コピー
edx 12
cdq
eax 18
拡張
edx 12
idiv ecx
eax 18
割る
ecx 12
割る
edx 0
商
eax 1
ecx 12
余り
edx 6
call gcd
呼び出す（gcd）
gcd_end :
eax 6
ラベル gcd_end
ret
eax 6
戻る
戻り値
再帰呼び出ししたgcd関数は、最終的に最大公約数の6を返すよ。
この6を戻り値にして、C言語に戻るんだね。
ret命令を書いたよ。これでプログラムは完成だ。

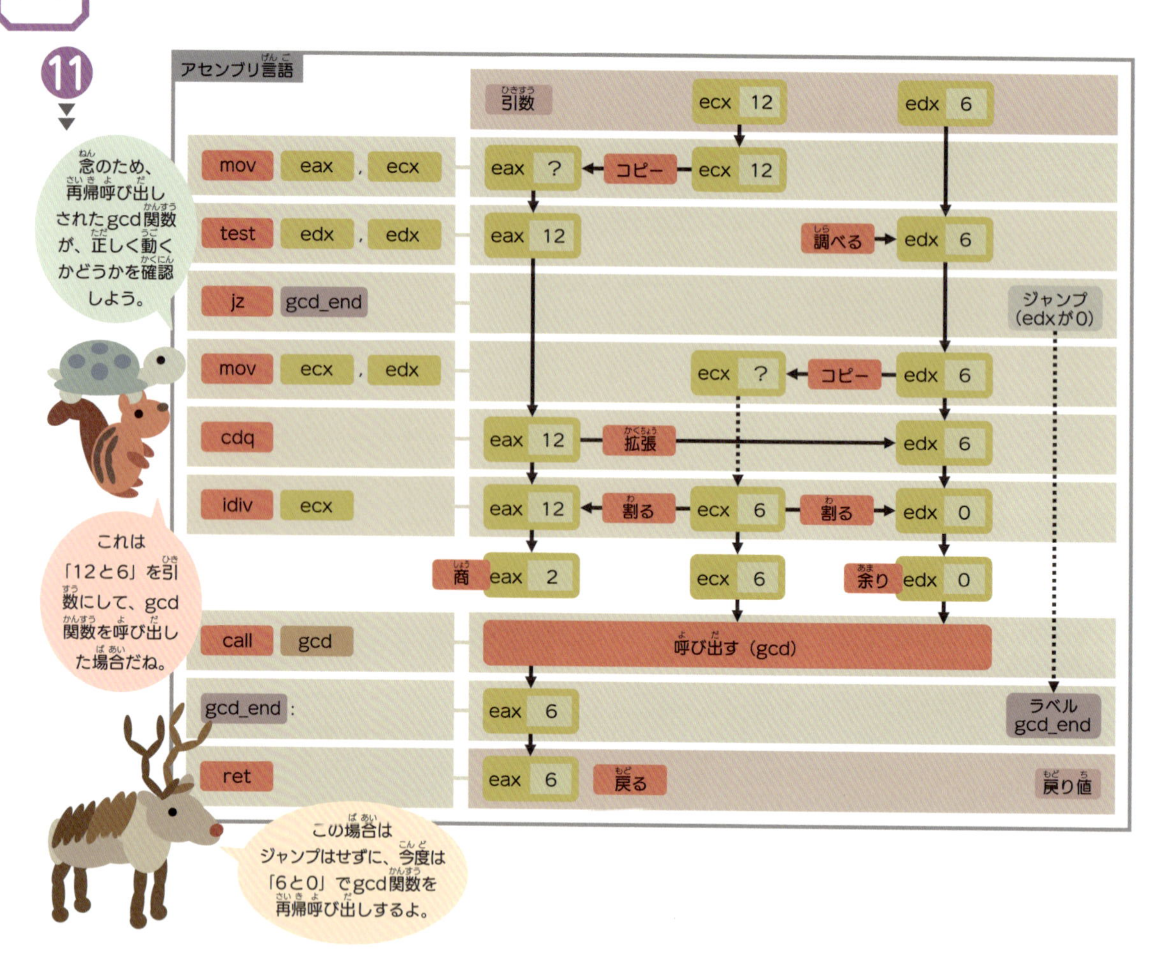
11
アセンブリ言語
引数
ecx 12
edx 6
mov eax , ecx
eax ? コピー ecx 12
test edx , edx
eax 12
調べる edx 6
jz gcd_end
ジャンプ (edxが0)
mov ecx , edx
ecx ? コピー edx 6
cdq
eax 12 拡張 edx 6
idiv ecx
eax 12 割る ecx 6 割る edx 0
商 eax 2
ecx 6
余り edx 0
call gcd
呼び出す（gcd）
gcd_end :
eax 6
ラベル gcd_end
ret
eax 6 戻る
戻り値
念のため、再帰呼び出しされたgcd関数が、正しく動くかどうかを確認しよう。
これは「12と6」を引数にして、gcd関数を呼び出した場合だね。
この場合はジャンプはせずに、今度は「6と0」でgcd関数を再帰呼び出しするよ。

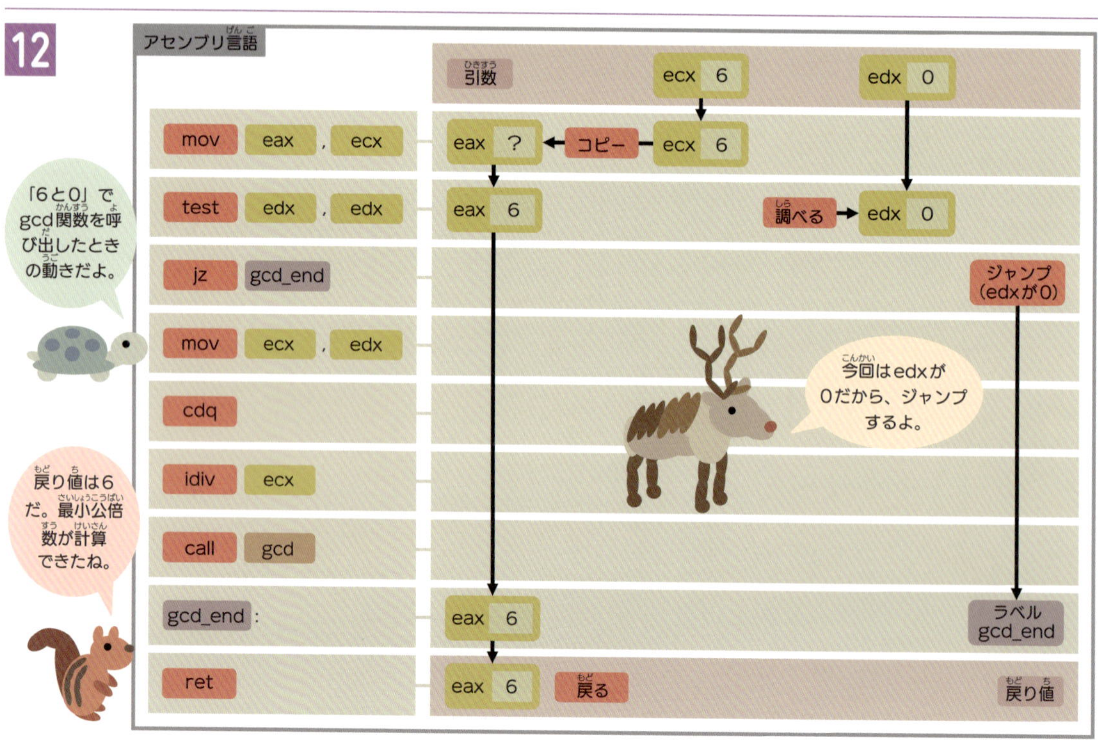
12
アセンブリ言語
引数
ecx 6
edx 0
mov eax , ecx
eax ? コピー ecx 6
test edx , edx
eax 6
調べる edx 0
jz gcd_end
ジャンプ (edxが0)
mov ecx , edx
cdq
idiv ecx
call gcd
gcd_end :
eax 6
ラベル gcd_end
ret
eax 6 戻る
戻り値
今回はedxが0だから、ジャンプするよ。
「6と0」でgcd関数を呼び出したときの動きだよ。
戻り値は6だ。最小公倍数が計算できたね。

「test レジスタ, レジスタ」の部分は、第4章で学んだcmp命令と即値を使って、「cmp レジスタ, 0」と書くこともできるよ。

これは…レジスタと0を比べているの？

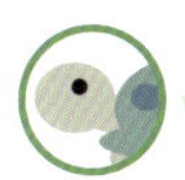

うん。「cmp レジスタ, 整数」と書くと、0以外の整数とも比べられるよ。

（つづく↗）

「cmp レジスタ, 0」とも書けるけど、「test レジスタ, レジスタ」の方が機械語が少し短くなるから、よく使われているんだ。

なるほど。以下が完成したプログラムだね。

関数名はgcdだよ。sub.asmでgcdを見つけて、以下のように変更してね。

再帰呼び出しで最大公約数を計算するgcd関数（sub.asm）

```
gcd proc
    mov eax, ecx        ; eaxにecxをコピー
    test edx, edx       ; edxを調べる
    jz gcd_end          ; edxが0ならば、gcd_endにジャンプ
    mov ecx, edx        ; ecxにedxをコピー
    cdq                 ; eaxをedxとeaxに拡張
    idiv ecx            ; edxとeaxをecxで割る
    call gcd            ; gcd関数を呼び出す（再帰呼び出し）
gcd_end:                ; ラベル（gcd_end）
    ret                 ; 戻る
gcd endp
```

変更して保存したよ。

（つづく↗）

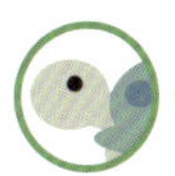

C言語プログラムは以下の通り。「18と12」および「39と65」について、gcd関数を呼び出すよ。

main.cで以下の箇所を見つけて、先頭の//を削除してね。

gcd関数を呼び出す（main.c）

```
printf("gcd(18, 12): %d\n", gcd(18, 12));
printf("gcd(39, 65): %d\n", gcd(39, 65));
```

変更して保存したよ。実行してみるね。

以下の結果が表示されたら成功だよ。

実行結果：最大公約数（gcd関数）

```
gcd(18, 12): 6
gcd(39, 65): 13
```

「18と12」の最大公約数は6、「39と65」の最大公約数は…。

13だよ。正しく計算できたね。

よかった。ところで再帰呼び出しのプログラムは、代わりにループを使って書けることがあるよ。

（つづく↗）

今回のプログラムも、ループを使って書けるんだ。

どう書くの？

call命令の部分を、jmp命令に書き換えるんだ。

gcd関数と区別するために、関数名はgcd2にしたよ。

ループで最大公約数を計算するgcd2関数（sub.asm）

```
gcd2 proc
    mov eax, ecx        ; eaxにecxをコピー
    test edx, edx       ; edxを調べる
    jz gcd2_end         ; edxが0ならば、gcd2_endにジャンプ
    mov ecx, edx        ; ecxにedxをコピー
    cdq                 ; eaxをedxとeaxに拡張
    idiv ecx            ; edxとeaxをecxで割る
    jmp gcd2            ; gcd2にジャンプ
gcd2_end:               ; ラベル（gcd2_end）
    ret                 ; 戻る
gcd2 endp
```

ええと…。「call gcd2」で再帰呼び出しする代わりに、「jmp gcd2」で関数の最初にジャンプして、ループにしたんだね。

うん。今回のプログラムは、こう書いても正しく動くよ。

（つづく↗）

試してみよう。sub.asmでgcd2を見つけて、上記のように変更してね。

main.cについては、次の箇所を見つけて、先頭の//を削除してね。

gcd2関数を呼び出す（main.c）

```
printf("gcd2(18, 12): %d\n", gcd2(18, 12));
printf("gcd2(39, 65): %d\n", gcd2(39, 65));
```

どちらも変更して保存したよ。

（つづく↗）

実行して、正しく最大公約数が計算できるかどうか、確かめてみて。

以下の結果が表示されたら成功だ。

実行結果：最大公約数（gcd2関数）

```
gcd2(18, 12): 6
gcd2(39, 65): 13
```

ループを使っても正しく動いたよ！

再帰呼び出しのプログラムは、このようにループを使って書ける場合もあるんだ。

再帰呼び出しとループの、どちらでも書ける場合は、どっちを使うといいの？

実は再帰呼び出しよりもループの方が、プログラムは高速になる可能性があるよ。

再帰呼び出しは関数を何度も呼び出すけど、関数を呼び出すときにリターンアドレスをスタックにプッシュしたり、関数から戻るときにリターンアドレスをポップしたりするから、処理の負担が重いんだ。

（つづく↗）

だとすると、再帰呼び出しはいつ使えばいいの？

再帰呼び出しを使うとプログラムが書きやすいときに、再帰呼び出しを使ってみてね。

最初は再帰呼び出しを使ってプログラムを書いてみて、もっと速くしたくなったときに、ループに書き換える方法もあるよ。

了解。スタックと呼び出しについて詳しく学んだね。

うん。例えばC言語の関数は、本章で学んだような仕組みで動いているよ。

機械語で仕組みを学んでおくと、C言語などの高水準言語を学ぶときにも、仕組みが理解しやすくなるんだ。

▼機械語を通じてコンピュータの仕組みがわかった！

mov
add
rcx
sub
eax
xmm0
call
cmp
push
edx
pop
rsp
jmp
dec
xmm1
test
ebx
imul
idiv
cdq
ret
もっといろいろなプログラムを書いてみたいな。
機械語を通じて、コンピュータが働く仕組みを学んだね。
機械語やアセンブリ言語の知識は、あらゆるプログラミングに役立つよ。

おわりに

いろいろなプログラムを書きながら、機械語を学んだね。おつかれさま！

機械語を通じて、コンピュータがどう働くのかという、基本的な仕組みを学んだよ。

もし難しく感じた部分があっても大丈夫。気が向いたときに、またこの本を開いて学んでみてね。

（つづく↗）

コンピュータやプログラミングについて、もっと詳しく学びたくなったら、どうするといいかな？

この本と同じ著者の書籍を、何冊か紹介するね。

▶▶①『アルゴリズムがわかる図鑑』（技術評論社、ISBN 978-4-297-12553-0）
▶▶②『親子で学ぶ IT 社会のしくみ図鑑』（技術評論社、ISBN 978-4-297-13771-7）

どちらの本にも、我々リス、カメ、トナカイの3人が出演しているよ。

（つづく↗）

①はプログラミングの基礎となるアルゴリズムについて、身近な例を通じて学べる本だよ。

②はコンピュータやネットワークを使って情報を扱ういろいろな技術を、わかりやすく図解した本だ。

▶▶③『C言語［完全］入門』（SBクリエイティブ、ISBN 978-4-8156-1168-2）
▶▶④『Python［完全］入門』（SBクリエイティブ、ISBN 978-4-8156-0764-7）

③は本書でも使ったC言語について、詳しく学べる入門書だ。C言語は機械語との関係が強い言語だから、機械語を学んだ後だと、C言語をより深く理解できるよ。

より手軽にプログラミングを楽しみたければ、流行のPython言語について学べる④もおすすめだ。

（つづく↗）

それでは最後に。この本で学んだことが、皆さんの仕事・学業・趣味に役立つことを、心から願っています。

楽しかったことや、できるようになったことがあったら、ぜひレビューなどを通じて教えてください。

プログラミングを楽しんでね。パズル感覚で、きっと夢中になれるはず！

2025年3月　**動物たち一同**

記号・数字

アルファベット

カナ

著者プロフィール

松浦 健一郎（まつうら けんいちろう）
東京大学工学系研究科電子工学専攻修士課程修了。研究所において並列コンピューティングの研究に従事した後、フリーのプログラマ＆ライター＆講師として活動中。企業や研究機関向けにソフトウェア、ゲーム、ライブラリ等を受注開発したり、遠隔配信や動画も含む研修の講師を務めたりしている。司 ゆきと共著でプログラミングやゲームに関する著書多数（本書は40冊目）。

司 ゆき（つかさ ゆき）
東京大学理学系研究科情報科学専攻修士課程修了。大学では人工知能（自然言語処理）を学ぶ。研究機関や企業向けのソフトウェア開発や研究支援、ゲーム開発、書籍や研修用テキストの執筆、論文や技術記事の翻訳、翻訳書の技術監修、学校におけるプログラミングの講師を行う。

▶▶著者Webサイト「ひぐぺん工房」
https://higpen.jellybean.jp/
本書のQ&Aも掲載しています。

●ブックデザイン　小川純（オガワデザイン）
●本文編集・DTP　トップスタジオ
●進行　佐藤丈樹

本書へのご意見、ご感想は、技術評論社ホームページ（https://gihyo.jp/）または以下の宛先へ、書面にてお受けしております。電話でのお問い合わせにはお答えいたしかねますので、あらかじめご了承ください。

〒162-0846　東京都新宿区市谷左内町21-13
株式会社技術評論社　書籍編集部
『機械語がわかる図鑑』係
FAX：03-3267-2271

まなびのずかん
機械語がわかる図鑑

2025年3月21日　初版　第1刷発行

著　　者　松浦 健一郎、司 ゆき
発 行 者　片岡 巌
発 行 所　株式会社技術評論社
東京都新宿区市谷左内町21-13
電話　03-3513-6150　販売促進部
03-3267-2270　書籍編集部

印刷／製本　株式会社シナノ

定価はカバーに表示してあります。

ISBN978-4-297-14740-2 C3055
Printed in Japan